河南省"十四~~~~普通高等教育规划教材

一流本科专业一流本科课程建设系列教材
河南省"十二五"普通高等教育规划教材
高等学校专业综合改革试点项目成果:
土木工程专业系列教材

丛书主编　赵顺波

钢结构设计原理

第 2 版

主　编　曲福来　赵顺波

副主编　王　慧　李长永

参　编　李晓克　李长明　马　磊

　　　　赵明爽　杨嫚嫚

机械工业出版社

为满足当前钢结构的发展和高等学校土木工程专业本科生培养的需要，本书按照高等学校土木工程学科专业指导委员会编制的《高等学校土木工程本科指导性专业规范》中所列"钢结构基本原理"课程的核心知识单元和知识点，以《钢结构通用规范》（GB 55006—2021）、《钢结构设计标准》（GB 50017—2017）和《高强钢结构设计标准》（JGJ/T 483—2020）为重要依据，补充了部分现代钢结构案例，融入了新颖的结构设计思想。

全书共分 6 章，主要内容包括绪论、钢结构的材料、钢结构的连接、轴心受力构件的设计、受弯构件的设计、拉弯和压弯构件的设计。本书除在各章编入相应的例题外，还在各章后列出了反映相应重点概念和计算方法的思考题和习题。为便于教学，本书配有免费教学大纲、教学课件、授课视频（读者可扫描书中二维码观看）、习题答案等资源。

本书可作为高等学校土木工程专业学生的课程教材，也可作为土建工程技术人员的继续教育教材。

图书在版编目（CIP）数据

钢结构设计原理/曲福来，赵顺波主编. —2 版. —北京：机械工业出版社，2023.10

河南省"十四五"普通高等教育规划教材　一流本科专业一流本科课程建设系列教材　河南省"十二五"普通高等教育规划教材　高等学校专业综合改革试点项目成果. 土木工程专业系列教材

ISBN 978-7-111-74128-2

Ⅰ.①钢…　Ⅱ.①曲…②赵…　Ⅲ.①钢结构-结构设计-高等学校-教材　Ⅳ.①TU391.04

中国国家版本馆 CIP 数据核字（2023）第 201634 号

机械工业出版社（北京市百万庄大街 22 号　邮政编码 100037）
策划编辑：林　辉　　　　　　责任编辑：林　辉
责任校对：张亚楠　刘雅娜　　封面设计：张　静
责任印制：郜　敏
中煤（北京）印务有限公司印刷
2023 年 12 月第 2 版第 1 次印刷
184mm×260mm · 18.75 印张 · 460 千字
标准书号：ISBN 978-7-111-74128-2
定价：59.80 元

电话服务　　　　　　　　　网络服务
客服电话：010-88361066　　机　工　官　网：www.cmpbook.com
　　　　　010-88379833　　机　工　官　博：weibo.com/cmp1952
　　　　　010-68326294　　金　书　网：www.golden-book.com
封底无防伪标均为盗版　机工教育服务网：www.cmpedu.com

前　言

　　本书为 2012 年度河南省高等学校专业综合改革试点项目"土木工程"的持续教研成果之一，为华北水利水电大学国家级一流本科专业"土木工程"、河南省一流本科课程和河南省高等学校精品在线开放课程"钢结构设计原理"的课程建设教材，先后被列入河南省"十二五"普通高等教育规划教材（河南省教育厅，教高〔2015〕1027 号）、河南省"十四五"普通高等教育规划教材（河南省教育厅，教高〔2020〕469 号），荣获 2020 年河南省本科教育线上教学优秀成果一等奖，是河南省土木道桥专业核心课程群虚拟教研室、河南省土木工程结构类课程教学团队的重点建设教材之一。

　　本书按照高等学校土木工程学科专业指导委员会编制的《高等学校土木工程本科指导性专业规范》中所列"钢结构基本原理"课程的核心知识单元和核心知识点，结合《钢结构通用规范》（GB 55006—2021）、《钢结构设计标准》（GB 50017—2017）和《高强钢结构设计标准》（JGJ/T 483—2020）对原有相关内容进行了修订，并补充了部分计算案例，特别是高强钢材应用例题和习题，以使课程教学能够及时跟进国家规范的更新步伐，将新颖的结构设计思想融入课程教学，将最先进实用的专业知识传授给学生。全书共分 6 章，主要内容包括绪论、钢结构的材料、钢结构的连接、轴心受力构件的设计、受弯构件的设计、拉弯和压弯构件的设计。各章结合重要知识点给出了例题，列出了反映相应重点概念和计算方法的思考题和习题。为了便于教师教学和学生自学，本书配备了各章节的教学视频，提供了习题答案。

　　习近平总书记在 2016 年全国高校思想政治工作会议上指出，"要用好课堂教学这个主渠道，思想政治理论课要坚持在改进中加强，提升思想政治教育亲和力和针对性，满足学生成长发展需求和期待，其他各门课都要守好一段渠、种好责任田，使各类课程与思想政治理论课同向同行，形成协同效应。"党的二十大报告强调："育人的根本在于立德。全面贯彻党的教育方针，落实立德树人根本任务，培养德智体美劳全面发展的社会主义建设者和接班人。"因此，从"育人"本质要求出发，基于对教育规律、思想政治教育规律、人的成长成才规律的揭示与把握，课程思政成为新时代高等教育的全新教育理念。本书结合钢结构的材料研发与提质升级、钢结构设计理论和应用技术创新的发展脉络，在相应章节的知识点上设置了课程思政授课视频，通过典型工程案例解析，让学生获取从感知、认知到共鸣的学习体验，引导学生立大志、明大德、成大才、担大任，努力成为堪当民族复兴重任的时代新人。

　　本书可作为土木工程专业在校学生的课程教材，也可用作土建工程技术人员学习新规范知识的继续教育教材。

本书由华北水利水电大学、中原科技学院"钢结构设计原理"课程的主讲教师联合编写。曲福来教授、赵顺波教授任主编，王慧副教授、李长永副教授任副主编，参编人员还有：李晓克、李长明、马磊、赵明爽和杨嫚嫚。编写分工如下：第1章（曲福来、赵顺波）、第2章（赵明爽、赵顺波）、第3章（王慧、李长永、马磊）、第4章（曲福来、杨嫚嫚）、第5章（李晓克、赵明爽）、第6章（李长明、李长永）、附录（王慧）。全书由团队负责人赵顺波教授组织编写组会议复核定稿。

本书经河南省普通高等学校教材建设指导委员会邀请郑州大学陈淮教授、冯虎教授，河南工业大学庞瑞教授，河南工程学院朱海堂教授，河南省建筑科学研究院有限公司巴松涛教授级高级工程师组成专家组会议审定。

在本书编写过程中，编者参考了许多国内同行的著作，在此谨致谢忱。由于编者水平有限，书中不妥甚至错误之处，恳请读者批评指正。

编　者

目　录

第1章 绪 论

本章导读

➢ **内容及要求** 介绍钢结构的主要特点，钢结构的应用及发展，钢结构的主要破坏形式，以及本课程的任务和特点。通过本章学习，应对钢结构有基本的了解，包括其特点、破坏形式、应用范围、发展现状及发展趋势，建立对钢结构的感性认识。

➢ **重点** 钢结构的主要特点、主要破坏形式。

➢ **难点** 钢结构的主要破坏形式。

1.1 钢结构的主要特点

钢结构是采用钢板、型钢[⊖]连接而成的结构。与其他材料的结构相比，钢结构具有如下优点：

（1）建筑钢材强度高，材性好 与混凝土、砖石和木材等建筑材料相比，钢材强度高。钢材由钢厂生产，质量控制严格，材质均匀性好，且具有良好的塑性和韧性。钢材强度高的特性使它适合于建造大跨度、承载重的结构。钢材均匀的材质和良好的塑性，使钢结构在一般条件下不会因超载而突然破坏，且可以依靠钢材变形来调整结构内力并进行重分配，为进行结构补强加固争取了时间。钢材良好的韧性，使钢结构适宜在动力荷载作用下工作。

（2）钢结构的重量轻 与混凝土、砖石和木材等建筑材料相比，钢材密度较大，但其强度高，钢材的质量密度与强度的比值为 $(1.3 \sim 3.7) \times 10^{-4}/m$，而钢筋混凝土的质量密度与强度的比值约为 $18 \times 10^{-4}/m$，所以采用钢材建造的结构比较轻。以相同跨度的结构承受相同的荷载，钢屋架的重量为钢筋混凝土屋架的 $1/4 \sim 1/3$，冷弯薄壁型钢屋架的重量甚至接近于钢筋混凝土屋架的 $1/10$。钢结构建筑的自重约为同高度混凝土结构建筑的 $1/2 \sim 3/5$，且钢结构柱截面面积较混凝土结构柱的截面面积减少一半左右，有效增加了建筑的使用面积。钢结构重量轻，为其安装、运输提供了便利条件，同时也减轻了基础的负荷，进而降低了地基、基础部分的工程造价。

（3）钢结构制作工业化程度高，施工工期短 钢结构所用材料均为工厂制作。由钢板

⊖ 型钢包括工字钢、H型钢、T型钢、槽钢、角钢、热轧无缝钢管等。

和各种型材加工而成的构件一般是在金属结构厂制作，具备成批生产加工的条件，制作准确度和精密度均较高，运往施工现场后再连接组装成整体，安装简便，施工机械化程度高，施工工期短，可以全天候施工作业，其施工速度可提高到混凝土结构的 1.5 倍左右，进而降低施工管理成本。采用螺栓连接的钢结构，易于拆装搬迁，适宜于结构加固、改建和拆迁。

（4）钢结构密闭性好　钢结构的材料和焊接连接可以做到完全密封，适宜建造对气密性和水密性有一定要求的高压容器、大型油库、气柜、油罐、输油或输水压力管道等。

（5）钢结构抗震性能好　钢结构自重轻，受到的地震作用较小。钢材具有较高的强度和较好的塑性、韧性性能，抗震性能好，震害发生时表现出很好的延性变形能力和抗倒塌能力。在国内外历次地震震害中，钢结构建筑物损坏相对较小。

（6）钢结构造型美观，具有轻盈灵巧的效果　钢结构可以较大程度地超越结构的束缚，通过各种线形的构件组合出多种形式的空间和新奇优美的形象，其强大的造型潜力是砌体结构难以企及的。

（7）钢结构符合可持续发展的需要　钢结构产业对资源和能源的利用相对合理，对环境破坏相对较少，是一项绿色环保型建筑产业。钢材是具有很高再循环利用价值的材料，边角料都可以回收利用。对同样规模的建筑物，钢结构建造过程中有害气体的排放量只相当于混凝土结构的 65%。钢结构建筑物由于很少使用砂、石、水泥等散料，从根本上避免了扬尘、废弃物堆积和噪声等污染问题。

但是，钢结构也存在着可能会影响其选择应用的一些缺点。

（1）失稳和变形过大易造成破坏　钢结构质量轻的优点来自于其构件一般截面小而薄，受压时易受结构稳定和刚度要求的限制，使强度难以得到充分发挥。所以设计时需要附设加劲肋或缀材以达到增强结构稳定性、减小结构使用阶段变形的目的，从而相应增加了构件连接的工作量和繁杂程度。

（2）钢结构耐腐蚀性差　钢材容易腐蚀，对钢结构特别是薄壁构件必须注意防腐保护，故其维护费用较高。因此，处于较强腐蚀性介质内的建筑物不宜采用钢结构。在钢结构施工过程中应避免使结构受潮、淋雨，在构造上应尽量避免存在难于检查、维修的死角。

（3）钢材耐热但不耐火　钢材受热时，当温度在 250℃ 以内时，其主要力学性能（如屈服强度和弹性模量）降低不多。温度超过 250℃ 以后，材质发生较大变化，强度逐步降低。温度达 600℃ 时，钢材已不能继续承载。因此，《钢结构设计标准》规定钢材表面温度超过 150℃ 后即需加以隔热防护，对需防火的结构，应按相关的规范采取防护和保护措施。

（4）钢结构可能发生脆性断裂　钢结构在低温和某些条件下，可能发生脆性断裂以及厚板的层状撕裂，这些情况都应引起设计者的特别注意。

1.2　钢结构的应用及发展

钢结构是土木工程的主要结构形式之一，随着我国国民经济的迅速发展，其发展极为迅速，在土木工程各个领域都得到了广泛的应用，如高层和超高层建筑、多层房屋、工业厂房、体育场馆、会展中心、火车站候车大厅、飞机场航站楼、大型客机检修库、自动化高架仓库、城市桥梁和大跨度公路桥梁、粮仓以及海上采油平台等。为了克服钢结构的缺点，发挥其优势，以适应社会建设不断发展的需要，对钢结构的材料、结构形式、结构设计计算理论等方面的研究也在不断发展。

1.2.1　应用领域及结构形式的发展

1. 高层及超高层钢结构

国外在20世纪70年代建造了多幢高层和超高层钢结构建筑。例如，美国芝加哥西尔斯大厦，110层，高度443m；毁于"9·11事件"的美国纽约世贸中心，双塔都为110层，高度417m。我国从20世纪80年代开始，在上海、北京、深圳等城市相继建成了十几幢高层建筑，在90年代以后又建成了以上海三大地标（见图1-1）——上海金茂大厦（88层，高420.5m）、上海环球金融中心（地上101层，高492m）、上海中心大厦（地上118层，高632m）及北京央视大楼（地上51层，高234m，见图1-2）等为代表的一批超高层钢结构建筑，其建筑高度、结构形式、施工速度和施工管理水平均已进入世界先进行列。

图1-1　上海三大地标　　　　　　　　　图1-2　北京央视大楼

高层和超高层建筑的建造，促进了钢结构与混凝土结构的混合结构、钢板与混凝土和型钢与混凝土组成的钢-混凝土组合结构等新型结构形式和建造技术的发展。例如，上海中心大厦的主楼地上118层、地下5层，为框筒结构体系，核心筒为现浇钢筋混凝土，外框为钢结构与混凝土结构组合而成的巨型框架，是钢结构与混凝土结构混合建造超高层建筑的典范。

在钢管内浇筑混凝土形成的钢管混凝土结构，由于管内混凝土在纵向压力作用下处于三向受压状态并起到抑制钢管局部失稳的作用，因而使构件的承载力和变形能力大大提高；由于钢管充当了混凝土的模板，施工速度大大加快。例如，深圳赛格广场大厦，地上72层，高291.6m，为全钢管混凝土结构。

以型钢或型钢和钢筋焊成的骨架作筋材的钢骨混凝土结构，由于其筋材刚度大，施工时可用其支撑模板和混凝土自重，从而简化支模工作，成为20世纪90年代以来高层和超高层建筑结构的主要结构形式之一。例如，马来西亚吉隆坡城市中心的双塔大厦，88层，高450m，为钢骨混凝土结构。

此外压型钢板-混凝土板组合楼板、压型钢板轻型墙体、型钢与混凝土组合梁楼盖体系、外包钢混凝土柱也得到了比较广泛的应用。这些新型组合结构具有充分利用材料强度、较好的适应变形能力（延性）、施工较简单等特点，从而拓宽了钢结构和钢筋混凝土结构的应用范围。

2. 轻型钢结构住宅

轻型钢结构住宅是以轻型钢构件作为承重骨架，以轻型墙体材料作为维护结构所构成的居住类建筑。与传统的住宅结构相比，轻型钢结构住宅除具有一般钢结构的优点外，还具有建筑空间布置灵活、可有效增大建筑使用面积、降低建造成本等方面的优越性。在美国、日本、澳大利亚等发达国家，轻型钢结构住宅占住宅总建造面积的比例已达25%以上。我国的轻型钢结构住宅研究起步于20世纪90年代末，试点工程的钢结构体系采用了框架结构体系、框支结构体系、框架-剪力墙结构体系、错列桁架体系、钢-混凝土组合结构体系等（见图1-3和图1-4）。近年来出现的超轻型钢结构高级住宅，是目前世界上新型的环保节能型住宅。它以镀锌轻钢龙骨为结构构件，型钢厚度在1.6mm以下，明显区别于H型钢等厚壁型材。轻型钢结构住宅的发展促进了经济钢型材包括冷弯型钢、热轧或焊接H型钢、T型钢、焊接或无缝钢管及其组合构件的研发和生产，也促进了轻质墙体材料包括压型钢板及其组合板材、PC板、蒸压轻质加气混凝土板（ALC板）及稻草板等材料的开发和生产。住宅建筑量大面广，是21世纪我国发展轻型钢结构的主要领域。

图1-3 钢结构小高层住宅

图1-4 轻型钢结构别墅

3. 大跨度空间钢结构

大跨度空间钢结构主要是指网架、网壳结构及其组合结构（两种或两种以上不同建筑材料组成）和杂交结构（两种或两种以上不同结构形式构成），在机场航站楼、火车站候车大厅、体育馆、大型展览馆、机场机库、工业厂房、大跨度屋盖或楼层结构、散料仓库、公路收费站篷等方面得到了广泛应用。

北京首都机场 T3 航站楼钢结构工程体量大，钢结构安装多达 4 万余吨，其屋顶钢网架为双曲面造型，面积约 16 万 m²，对焊接变形、温度变形和安装累计误差等安装精度要求极高（见图 1-5）。郑州新郑国际机场 T2 航站楼主楼屋盖为双曲面钢网架结构，屋盖长 319m，宽 216m，总投影面积约 7.9 万 m²，网架形式为正交斜放四角锥体系（见图 1-6）。随着交通运输事业的高速发展，各地都投入建设一批规模庞大的机场航站楼和高铁车站。其中，南京火车站、上海浦东机场航站楼、广州白云机场航站楼、深圳机场航站楼等均采用空间钢结构建造。高速公路收费站篷有约一半的比例采用各种形式的空间钢结构。

图 1-5　北京首都机场 T3 航站楼

图 1-6　郑州新郑国际机场 T2 航站楼

首都体育馆的屋盖为正交斜放的平面桁架系网架，平面尺寸 99m×112.2m，网架高 6m，网格 4.7m，采用 16Mn 角钢以高强度螺栓连接（见图 1-7）。上海体育中心的万人体育馆和游泳馆，都采用了由圆钢管与焊接空心球节点组成的三向网架，体育馆平面为直径 110m 的圆形，周边挑檐 7.5m，总尺寸为 125m；游泳馆的平面为不对称的六边形，外包尺寸为 90m×90m。天津体育馆为直径 108m，挑檐 13.5m，总直径达 135m 的球面网壳，矢高为 35m，双层网壳厚 3m。各大中城市积极兴建的大型体育馆，以及北京 2008 年奥运会比赛场馆的建设，推动了空间钢结构技术在结构设计、材料选用、施工技术和科研等领域内的发展。

我国大量形态各异的艺术中心、会展中心等建筑都选用了空间结构形式，如国家会展中心（上海）（见图 1-8）、广州会展中心展览大厅、上海新国际博览中心和南京国际展览中心等。其他城市如郑州、西安、成都、兰州、乌鲁木齐、重庆等的大型艺术和会展中心建筑也在近年内落成，钢结构在这个领域的市场潜力很大。

对于飞机库来说，建筑物的一边需要敞开以便设置机库大门，同时在屋盖下还要求悬挂起重机，因此采用三边支承、一边自由的网架是一种合理的结构形式。例如：北京首都机场的四机位机库，跨度为 153m 双跨，进深为 90m，可同时容纳四架波音 747 客机进行维修。网架为三层斜放四角锥式，采用圆钢管与焊接空心球节点，屋盖下设置 10t 多支点悬挂起重机，整个网架有杆件 18000 个、节点 6000 多个，屋盖钢结构耗用钢材约 5000t。长沙黄花机场机库屋盖，平面尺寸 48m×64m，网架高 5m，开口边为高 7.5m 的四层网架。

以钢筋混凝土上弦板代替钢上弦杆的组合网架结构是近十几年来开发的结构体系，它可

图 1-7　首都体育馆　　　　　　　　　　图 1-8　国家会展中心（上海）

充分发挥混凝土受压、钢材受拉的强度优势，使结构的承重和围护作用合二为一，既用于屋盖结构，也用于多层和高层建筑的楼层结构，其形式之多、跨度之大、应用范围之广在世界上是领先的。例如：徐州夹河煤矿大食堂屋盖为平面 21m×54m 的蜂窝形三角锥组合网架，江西抚州体育馆屋盖为平面 45.5m×58m 的组合网架，新乡百货大楼加层改造（增加四层）采用 35m×35m 的组合网架楼层结构，长沙纺织大厦（地下 2 层，地上 11 层）采用柱网 10m×12m 和 7m×12m 的组合网架楼层及平面 24m×27m 的组合网架屋盖结构。

在单层钢网壳结构上敷设预制带肋混凝土面板再连接灌缝形成整体后组合而成的新型空间结构——组合网壳，大大改善了单层钢网壳的性能，克服了其设计由稳定性控制的缺点。例如：山西汾西矿务局工程处食堂屋盖为 18m×24m 三向型双曲组合扁网壳，山西潞安矿务局常村矿井选煤厂倒圆锥台煤仓的顶盖为直径 34.1m 的肋环型组合球面网壳。

预应力大跨度网架和网壳结构是近年发展起来的一种新型空间结构，在传统网架和网壳结构中引入现代预应力技术，可起到提高整个结构的刚度、减小结构挠度、改善内力分布、降低应力峰值的作用，从而可降低材料耗量，具有明显的技术经济效益。例如：上海国际购物中心的七、八层楼，采用在下弦平面下 20cm 处增设 4 束铸锚高强钢丝束的预应力正放四角锥组合网架，平面尺寸 27m×27m，截去一个腰长为 12m 的等腰三角形，采用预应力后节省钢材用量 32%。四川攀枝花体育馆，采用八支点预应力短程线型球面网壳，平面尺寸 74.8m×74.8m 缺角八边形，对角柱跨度 64.9m，周边设八道预应力拉索，比非预应力钢网壳节省用钢量 25%。广东清远市体育馆，采用六支点预应力六块组合型三向扭曲壳，平面尺寸为 46.82m 的正六边形，对角柱跨度 89.0m，周边设六道预应力拉索。据不完全统计，最近十多年来，在体育馆、机场候机大厅或机库、大型剧院、会展中心等领域，我国已建造了 30 余座预应力空间钢结构，使现代预应力技术与钢结构的发展形成了有机结合与快速发展的新格局，目前我国在预应力钢结构技术领域从预应力拉索体系开发、张拉设备研制、张拉施工方式、结构体系与分析方法等方面取得了很多成熟的经验。

4. 桥梁钢结构

交通建设是我国重点发展的基础设施领域，钢结构轻型高强的优点特别适合于大跨度桥梁结构。1968 年修建的公铁两用南京长江大桥，最大跨度 160m（见图 1-9、

图 1-10）；1994 年建成的公铁两用九江长江大桥，主联跨长 (180+216+180)m；1995 年建成的上海杨浦大桥，采用双塔双索面斜拉桥，主跨跨长为602m；1999 年建成的江阴长江大桥，主跨采用悬索桥，跨度1385m。2001 年建成的南京长江第二大桥南汊主桥，为双塔双索面扇形布置拉索的斜拉桥，主跨达628m。这些成就表明我国现代化桥梁的建设水平已进入世界先进行列。

图 1-9 南京长江大桥全景

图 1-10 南京长江大桥施工场景

同时，钢管混凝土在大跨拱桥及斜拉桥和悬索桥塔柱建造中的应用得到迅速发展，工程实例不胜枚举。代表性桥梁有重庆菜园坝大桥主跨 420m（见图 1-11），郑州黄河二桥的主桥为 8 孔、每孔跨度 100m（见图 1-12），四川旺苍东河桥主跨 115m，四川涪陵长江大桥主跨 200m，浙江象山铜瓦门大桥主跨 238m，武汉汉江三桥主跨 280m，浙江千岛湖南浦大桥主跨 330m，广州丫髻沙大桥主跨 360m，四川万县长江公路桥主跨 420m 等。

图 1-11 重庆菜园坝大桥

图 1-12 郑州黄河二桥

5. 特种钢结构

徐州电视塔塔楼采用直径 21m 的单层联方型全球网壳，并采用地面组装、整体提升到99m 设计标高就位的施工安装方法。上海东方明珠电视塔，选取装饰用的单层联方型全球网壳。大连友谊广场中心采用直径 25m，镶嵌镜面的水晶球网壳。广州塔建筑总高度 600m，其中主塔高 450m，天线桅杆高 150m，外框架由 24 根钢柱和 46 个钢椭圆环交叉构成，形成镂空、开放的特点，造型奇特、形体复杂（见图 1-13）。郑州中原福塔总高度 388m，为全钢结构，共使用钢材 2.2 万 t，外立面呈双曲抛物线状，外观新颖、结构独特、造型优美（见图 1-14）。

图 1-13 广州塔　　　　　　　　　　　图 1-14 郑州中原福塔

6. 压力管道及容器

　　水工压力钢管是水电站建设高压引水管道的主要结构形式之一。"西气东输"和"西油东引"工程大量采用了高压输气（油）管道及中转站、终点站的大容量储气（油）罐、库、塔等金属设备容器。城市污水处理厂的沼气罐也多采用钢结构容器。

1.2.2 材料和焊接与防护技术方面的发展

　　（1）钢材　钢结构的广泛应用推动了我国钢铁产量的持续快速发展，据统计，继 1996 年粗钢产量首次突破亿吨大关后，2022 年达到了近 10.18 亿 t 的高水平；2002 年全国建筑行业用钢 1.05 亿 t，其中钢结构用钢 830 万 t 左右；到 2022 年全国建筑行业用钢和钢结构用钢分别达到了 5 亿 t 和 1 亿 t。

　　目前，建筑钢结构用钢材的主要规格有热轧钢板、热轧型钢和薄壁型钢等，特别是热轧 H 型钢的生产对钢结构发展起到了推动作用。随着钢结构建筑的大量兴建，建筑钢材的需求呈多样化趋势，发展趋势是以中厚板为主，型钢、钢管、彩色涂层卷板需求增加，大中型角钢、工字钢、槽钢用量减少。采用控温控轧技术生产的低焊接预热温度的厚钢板（$t \geq$ 50mm）、不随厚度变化固定屈服强度的钢材、超厚高强钢板、高韧性和高耐寒性能钢、高线能量输入焊接和抗撕裂钢、耐候钢（包括抗盐腐蚀）等高性能钢材的研发和生产，是今后结构用钢的发展方向。例如，连接京九铁路的九江长江大桥，采用 15MnVN 高强度、高韧性钢，钢板焊接最大厚度达到 56mm；芜湖长江大桥采用了 14MnNb 新钢种。我国热强化钢材的品种和数量还有限，需要进一步研发。

提高钢结构耐火能力的根本方法是提高钢材的耐火能力。因此，耐火钢的研发成为钢材新的发展方向。耐火钢性能的关键是具有良好的高温强度，同时具有良好的焊接性能，要求其在 350~600℃温度下保持 1~3h 后的强度不低于室温强度的 2/3。日本在 20 世纪 80 年代开始研发耐火钢，并在工程中广泛应用。我国近年来对耐火钢的研制有较快发展，宝钢等大型钢厂生产的耐火钢，在 600℃时屈服强度下降幅度不大于其室温强度的 1/3，性能与国外耐火钢的性能相当。

发展薄片、美观、廉价又能与混凝土牢固结合的钢模板，使钢模板可以作为结构的一部分参与受力，还可省去装修工序，也是钢结构的发展方向之一。

（2）焊接技术　焊接技术的发展与钢结构产业水平的提高密切相关，当前我国焊接材料产量跃居世界首位，但品种明显落后于先进国家，大部分产品集中在普通焊条等低端产品的生产上，焊丝及特种焊条、焊接成套设备等高附加值产品的市场被国外占领。因此，研究先进高效的焊接方法和焊接新能源的应用，研发新型高效优质焊接材料，研制焊接过程自动化、智能化和组装焊接一体化的焊接设备及专用工艺设备，以及焊接结构的寿命评估与延寿技术是当前钢结构产业焊接技术的重要课题。

（3）防腐涂料　在钢结构表面涂敷防腐涂料是提高钢结构耐蚀性能的重要技术措施。水性富锌、无机富锌和环氧富锌底漆均是长效的底漆。以高模数的硅酸钾为基数的水性无机富锌底漆和面漆是高性能防腐防污材料，具有发展潜力。其中，底漆必须解决底材"闪蚀"和耐水性差的难题，带锈防腐是目前研究的热点之一。面漆主要在保证保护性能的前提下，提高其装饰性和耐久性。此外，将纳米技术应用于防腐涂料的开发、电弧喷涂锌复合涂层体系、热喷涂金属阶梯涂层等也得到了发展。

大连振邦氟碳涂料股份有限公司自主研发的常温固化氟碳金属漆和罩面清漆，以环氧富锌底漆和环氧云铁中间漆为配套涂层组成钢结构长效氟碳金属漆配套涂料，在大连 30 万吨原油码头、大连世界博览广场、郑州黄河二桥得到了应用，北京奥运国家主体育场鸟巢钢结构工程也选用了这种涂料。

（4）防火涂料　在钢结构表面涂敷防火涂料是提高钢结构耐火性能的重要技术措施。根据 GB 14907—2002《钢结构防火涂料通用技术条件》的规定，用于提高钢结构耐火能力的防火涂料按涂层厚度可分为厚涂型（涂层厚度不大于 25mm±2mm、耐火极限不低于 2h）、薄涂型（涂层厚度不大于 5.0mm±0.5mm、耐火极限不低于 1h）和超薄涂型（涂层厚度不大于 2.00mm±0.20mm、耐火极限不低于 1h）等，其中厚涂型和薄涂型为传统的防火涂料，施工一般采用喷涂技术。厚涂型涂料一般为无机物，在火灾中涂层不膨胀，依靠材料的不燃性、低导热性或涂层中材料的吸热性，延缓钢材的升温，保护钢构件，由于这种防火涂料组分的颗粒较大，涂层外观不平整，影响建筑的整体美观，多用于耐火极限要求 2h 以上的室内外隐蔽钢结构及多层厂房钢结构。薄涂型涂料通常是用合适的水性乳胶聚合物作基料再配以阻燃剂和添加剂等组成，受火时能膨胀发泡，以膨胀发泡所形成的耐火隔热层延缓钢材的升温，保护钢构件，一般用于耐火极限要求不超过 2h 的钢结构，该涂料一般分为底层（隔热层）和面层（装饰层），其装饰性优于厚涂型防火材料。超薄型涂料是近几年研发的新品种，可采用喷涂、刷涂或辊涂施工，一般为溶剂型，具有优越的黏结强度，耐候耐水性好，在受火时缓慢膨胀发泡形成致密坚硬的防火隔热层，该防火层具有很强的耐火冲击性，延缓了钢材的温升，有效保护钢构件，一般用于耐火极限要求不超过 2h 的钢结构，施工简便，装饰性更好。研制开发高耐候性、耐火性能更高、装饰性能优良的超薄型防火涂料是今后钢结构防火涂料的发展方向。目前国内外已出现了耐火性能达到或超过 2h 的超薄型防火涂料，在各种轻钢结构、网架等工程中得到了应用，是市场上大力推广的品种。

此外，粉末防火涂料、弹性防火涂料、色彩防火涂料、多功能性防火涂料均为重要研发领域，纳米技术和填料表面处理技术、先进的聚合物生产技术、高自动化水平的涂料生产工艺和先进的涂料检测技术也是提高相关产业水平的研究课题。

目前，一项新的钢结构防火保护技术——绝热纤维喷涂材料护层得到了越来越多的应用。绝热纤维喷涂材料是一种不燃、柔软超细无机纤维与专用胶黏剂的混合物，将该材料采用配套喷涂设备喷涂到钢结构表面后形成一定厚度的整体封闭绝热层，不受钢结构复杂程度和基体表面异型程度的限制，一次性施工完成既可同时具有绝热、防火、隔声、防腐、密封、抗冷凝及装饰等功能。

1.2.3 设计计算理论方面的发展

钢结构的设计理论，经历了将材料看作弹性体的容许应力古典理论（结构内力和构件截面计算均套用弹性理论，采用容许应力设计方法）、考虑材料塑性的极限强度理论、按极限状态设计的理论体系等三个阶段。目前在工程结构设计规范中已采用基于概率论和数理统计分析的极限状态可靠度理论。但很多数据的研究分析及理论阐述尚需进一步的完善和发展，体系的可靠度、疲劳计算的极限状态等问题还没有解决。对于板间屈曲后的强度、压弯构件的弯扭屈曲、空间结构的稳定、钢材的断裂理论、钢-混凝土组合结构的设计方法等，尚需进一步深入研究。

随着钢结构应用领域的扩大，我国及时开展了相应的科研与工程实践经验总结工作，部分现行的国家及行业钢结构相关规范、标准见表 1-1。

表 1-1 国家及行业钢结构相关规范、标准（部分）

序号	规范名称	规范编号
1	钢结构通用规范	GB 55006—2021
2	建筑结构荷载规范	GB 50009—2012
3	钢结构设计标准	GB 50017—2017
4	钢结构工程施工规范	GB 50755—2012
5	碳素结构钢	GB/T 700—2006
6	低合金高强度结构钢	GB/T 1591—2018
7	钢结构焊接规范	GB 50661—2011
8	优质碳素结构钢	GB/T 699—2015
9	建筑结构用钢板	GB/T 19879—2015
10	厚度方向性能钢板	GB/T 5313—2010
11	高强钢结构设计标准	JGJ/T 483—2020
12	非合金钢及细晶粒钢焊条	GB/T 5117—2012

（续）

序号	规范名称	规范编号
13	热强钢焊条	GB/T 5118—2012
14	埋弧焊用非合金钢及细晶粒钢实心焊丝、药芯焊丝和焊丝-焊剂组合分类要求	GB/T 5293—2018
15	埋弧焊用热强钢实心焊丝、药芯焊丝和焊丝-焊剂组合分类要求	GB/T 12470—2018
16	焊缝符号表示法	GB/T 324—2008
17	钢结构工程施工质量验收标准	GB 50205—2020
18	紧固件机械性能螺栓、螺钉和螺柱	GB/T 3098.1—2010
19	紧固件公差螺栓、螺钉、螺柱和螺母	GB/T 3103.1—2002
20	六角头螺栓 C 级	GB/T 5780—2016
21	六角头螺栓	GB/T 5782—2016
22	钢结构用高强度大六角头螺栓	GB/T 1228—2006
23	钢结构用高强度大六角螺母	GB/T 1229—2006
24	钢结构用高强度垫圈	GB/T 1230—2006
25	钢结构用高强度大六角头螺栓、大六角螺母、垫圈技术条件	GB/T 1231—2006
26	冷弯薄壁型钢结构技术规范	GB 50018—2002
27	组合结构设计规范	JGJ 138—2016
28	高层民用建筑钢结构技术规程	JGJ 99—2015
29	空间网格结构技术规程	JGJ 7—2010
30	粮食钢板筒仓设计规范	GB 50322—2011
31	立式圆筒形钢制焊接油罐设计规范	GB 50341—2014
32	立式圆筒形钢制焊接储罐施工规范	GB 50128—2014
33	热轧型钢	GB/T 706—2016
34	钢结构用扭剪型高强度螺栓连接副	GB/T 3632—2008
35	钢结构高强度螺栓连接技术规程	JGJ 82—2011

1.3 钢结构的主要破坏形式

钢结构设计的目的是使结构在不发生破坏的前提下满足各种功能要求，做到技术先进、经济合理、安全适用。因此，设计者需要掌握钢结构可能发生的各种破坏形式，才能做到防患于未然。

钢结构的破坏主要是由材料破坏和结构本身的失稳破坏引起。材料破坏主要指结构的塑性破坏、脆性断裂破坏和疲劳破坏；失稳破坏主要指结构的整体失稳和局部失稳破坏。

1. 塑性破坏

随着荷载的不断增加，结构构件截面上的内力达到截面的极限承载力时，结构将形成机构，丧失承载能力而破坏。由于结构钢材的延性性能好，在超静定结构中，一个截面形成塑性铰并不标志着结构丧失承载能力，而是可以利用其延性特征，即塑性内力重分布，使超静定结构在荷载作用下相继出现几个塑性铰直至形成机构而丧失承载能力，此时的结构达到承载能力极限状态。钢结构在破坏时会出现明显变形，容易被使用者察觉，可及时采取有效的加固措施予以加固。

2. 脆性断裂破坏

脆性断裂是钢结构在静力和加载次数不多的情况下发生的破坏。结构在脆性断裂破坏前通常没有明显征兆，如异样和明显的变形等。破坏发生时，荷载可能很小，甚至没有外荷载作用。脆性断裂破坏时产生的变形远不及结构的变形能力，但由于突然发生，来不及补救，危害性很大。一般脆性破坏后的断口平直，呈有光泽的晶粒状或人字纹。

3. 疲劳破坏

钢结构在连续反复荷载作用下会发生疲劳破坏，主要分为裂纹的扩展和最后断裂两个阶段。裂纹的扩展十分缓慢，断裂是裂纹扩展到一定尺寸时瞬间发生的。在裂纹扩展部分，断口因经反复荷载频繁作用的磨合，表面光滑。瞬间断裂的裂口部分比较粗糙，呈现放射和年轮状花纹。钢结构的疲劳破坏具有脆性断裂的特征。

4. 整体失稳破坏

结构整体失稳破坏是结构所承受的外荷载尚未达到按强度计算的破坏荷载时，已不能承载并产生较大的变形，整个结构偏离原来的平衡位置而破坏。钢构件的整体失稳因截面形式的不同和受力状态的不同可以有多种形式。对于轴心受压构件，可以有弯曲失稳（见图 1-15）扭转失稳和弯扭失稳（见图 1-16）；对于受弯构件为弯扭失稳；对于单轴压弯构件，在弯矩作用平面内为弯曲失稳，在弯矩作用平面外为弯扭失稳；对于双轴压弯构件为弯扭失稳。为了防止结构的整体失稳，在结构整体布置时必须考虑整个体系及其组成部分的稳定性要求。

图 1-15　整体弯曲失稳

图 1-16　整体弯扭失稳

5. 局部失稳破坏

结构和构件局部失稳是指结构和构件在保持整体稳定的条件下，局部构件或构件中的板件在外荷载作用下失去稳定。这些局部构件在结构中可以是受压的柱和受弯的梁；在构件中可以是受压的翼缘板和腹板（见图 1-17）。当发生局部失稳时，一般整个结构或构件并不会完全丧失承载能力，具有屈曲后强度。

图 1-17 板件局部失稳

1.4 本课程的任务和特点

尽管钢结构的应用领域广泛，但从各种钢结构的主要形式来看，除了容器和管道类钢结构采用钢板壳体结构外，一般都由杆件系统和索组成。分析这些杆件的受力可以归纳为拉索、拉杆、压杆、受弯杆件、受拉受弯杆件（简称拉弯杆件）、受压受弯杆件（简称压弯杆件）、拱、刚架等。由于这些杆件是组成各种结构形式的最基本单元，因此被称为钢结构的基本构件。

掌握钢结构各种结构形式的受力性能，必须要掌握钢结构基本构件的工作性能及其设计分析的基本理论，这便是本课程的主要任务。与此同时，为了保持所学知识的完整性和连续性，本课程还安排了钢结构材料和连接的相关知识。通过本课程的学习，将为后续的钢结构专业课程和顺利地从事钢结构建筑的设计和研究奠定基础。

实际上，结构设计是一个综合性的问题，包含了结构方案、材料选择、截面形式选择、结构承载力计算和构造等各方面，需要综合考虑安全、适用、经济和施工的可行性等各方面的因素。同一构件在给定荷载作用下，可以有不同的截面，需经过分析比较，才能做出合理的选择。因此，要搞好工程结构设计，往往还需要结合具体情况进行适用性、材料用量、造价、施工等各项指标的综合分析，以获得良好的技术经济效益。

学习本课程需要注意以下特点：

1. 材料力学课程是本课程的重要理论基础

钢材在冶炼和轧制过程中质量可以严格控制，钢材内部组织比较均匀，材质波动性小而接近各向同性，且在一定的应力幅度内材料为弹性。因此，钢结构实际受力情况和材料力学计算结果比较符合，从材料力学课程学得的理论知识和分析方法将在本课程中反复应用。但是，本课程的实用性决定了不是所有钢结构构件的设计方法完全遵循材料力学课程所述的理想状况，必要时需结合试验或工程实践经验对理论公式加以修正。在学习时应注意它们之间的异同点，体会并灵活运用材料力学课程中分析问题的基本原理和基本思路，即由材料的物理关系、变形的几何关系和受力的平衡关系建立的理论分析方法，对学好本课程是十分有益的。

2. 学会运用设计规范至关重要

为了贯彻国家的技术经济政策，保证设计质量，达到设计方法上必要的统一化、标准化，国家制定了钢结构设计规范，对钢结构构件的设计方法和构造细节都做了具体规定。规范反映了国内外钢结构的研究成果和工程经验，是理论与实践的高度总结，体现了该学科在当前一个时期的技术水平。对于规范特别是其规定的强制性条文，设计人员一定要遵循，并能熟练应用。因此，要注意在本课程的学习中，有关基本理论的应用最终都要落实到规范的具体规定中。本课程涉及的规范标准主要有《建筑结构荷载规范》《钢结构设计标准》和《钢结构工程施工质量验收标准》等。

由于受到学制和教学课程安排的限制，本课程后续的专业课程主要学习一般民用建筑或构筑物的设计方法，对于其他领域的钢结构设计以及施工和验收方法则不能一一涉及。如前所述，除了本课程涉及的规范标准以外，根据钢结构的应用领域，国家有关部门还制定有相应的行业标准。在学习本课程的过程中，应积极主动地查阅这些行业标准的相关规定，以便尽可能地扩充专业知识面。

由于科学技术水平和生产实践经验是在不断发展的，设计规范也必然要不断进行修订和补充。因此，要用发展的眼光来看待设计规范，在学习和掌握钢结构理论和设计方法的同时，要善于观察和分析，不断进行探索和创新。由于设计工作是一项创造性工作，在遇到超出规范规定范围的工程技术问题时，不应被规范束缚，而需要充分发挥主动性和创造性，经过试验研究和理论分析等可靠性论证后，积极采用先进的理论和技术。

3. 结构构造知识和构造规定具有重要地位

钢结构重量轻的优点既是以钢材高强为基础，也取决于钢结构构件截面的宽肢薄壁特点。因此，钢结构的承载极限状态常常不是以材料强度控制，而是以构件变形过大造成的失稳破坏为控制条件。在钢结构及其构件的设计过程中，根据结构和构件的形式和受力特点合理地进行加劲肋和各种缀材的敷设，对于钢结构的总体优化具有重要意义。因此，要充分重视对各类构件构造知识的学习。

思 考 题

1-1 钢结构有哪些优缺点？使用中如何扬长避短？

1-2 简述钢结构的主要应用范围和发展方向。

1-3 简述钢材和焊接及保护材料的主要发展方向。

1-4 钢结构的主要破坏形式有哪些？有何特点？

1-5 本课程的主要学习任务是什么？学习本课程须注意哪些关键点？

第2章 钢结构的材料

本章导读

➤ 内容及要求 介绍钢结构对材料的要求、钢材的主要性能、影响钢材性能的主要因素、钢材的种类和规格、钢结构用钢材的选择。通过本章学习，应了解钢材的破坏形式，掌握钢材的力学性能，掌握影响钢材性能的各种因素，掌握钢材对材料性能的要求，掌握建筑常用钢材的种类、规格和选用原则。

➤ 重点 钢结构对材料性能的要求，影响钢材性能的主要因素。

➤ 难点 钢材力学性能，钢材牌号表示方法。

2.1 钢结构对材料的要求

钢材的种类繁多，性能差别很大，适用于钢结构的钢材只是其中的一小部分。用作钢结构的钢材必须满足下列要求。

2.1.1 强度要求

用作钢结构的钢材必须具有合理的抗拉强度和屈服强度（屈服点）。钢结构设计中通常把钢材应力达到屈服强度作为承载能力极限状态的标志，其值高可以减小截面，从而减轻自重，节约钢材，降低造价。而抗拉强度是钢材塑性变形很大且即将破坏时的强度，其值高可以增加结构的安全保障。

2.1.2 变形能力

钢材在各种荷载作用下会呈现两种性质完全不同的破坏形式：塑性破坏和脆性破坏。

塑性破坏的主要特征是构件破坏前产生较大的塑性变形，常在其表面出现明显的相互垂直交错的锈迹剥落线；当构件中的应力达到抗拉强度后，构件发生破坏，断口呈纤维状，色泽发暗。由于构件在塑性破坏前有较大的塑性变形，且变形因持续时间较长而容易被发现，可对结构或构件进行及时的抢修加固，因此不致发生严重后果。钢材塑性破坏前较大的塑性变形能力，可以实现构件和结构中的内力重分布，使结构中原先受力不等的部分应力趋于均匀，因而提高了结构的承载能力。钢结构的塑性设计就是在这种足够的塑性变形能力基础上进行的。

脆性破坏的主要特征是构件破坏前塑性变形很小，或根本没有塑性变形，而突然迅速断裂。计算应力可能小于钢材的屈服强度，断裂从应力集中处开始，破坏后的断口平直，呈有光泽的晶粒状或有人字纹。由于构件破坏前没有任何预兆，破坏速度又极快，无法察觉和补救，而且一旦发生常引发整个结构的破坏，后果非常严重。因此，在钢结构的设计、施工和使用过程中，要特别注意防止这种破坏的发生。

2.1.3 加工性能

加工性能包括冷、热加工和焊接性能。钢材应具有良好的加工性能，以保证其不但易于加工成各种形式的结构，而且不致因加工给强度、塑性及韧性带来较大的不利影响。

此外，根据结构的具体工作条件，在必要时还要求钢材具有适应低温和腐蚀性环境、抵抗冲击及疲劳荷载作用的能力。

2.2 钢材的主要性能

2.2.1 单向均匀拉伸时钢材的性能

钢材的多项性能指标可通过单向一次（也称单调）拉伸试验获得。试验一般都是在标准条件下进行，即采用规定形式和尺寸的标准试件，其表面光滑，没有孔洞、刻槽等缺陷，在常温（20℃±5℃）的条件下，荷载分级逐次增加，直到试件破坏。由于加载速度缓慢，又称静力拉伸试验。图 2-1a 所示为相应钢材的一次拉伸应力-应变曲线。其中低碳钢和低合金高强度结构钢简化的光滑曲线如图 2-1b 所示，曲线可分为五个阶段：弹性阶段（OPE）、弹塑性阶段（ES）、塑性阶段（SC）、应变硬化阶段（CB）、缩颈阶段（BD）。由此曲线可获得钢材的性能指标。

1. 强度

图 2-1b 所示应力-应变曲线的 OP 段为直线，表示钢材具有完全弹性性质，即应力与应

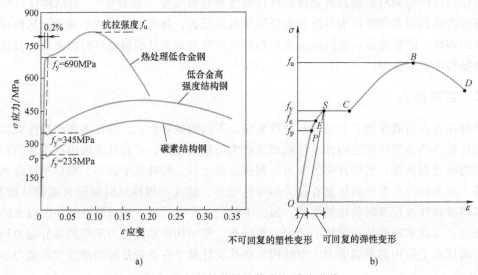

图 2-1 钢材的单调拉伸应力-应变曲线

变呈线性关系，且卸荷后变形完全回复。这时应力可由弹性模量 E 定义，即 $\sigma = E\varepsilon$，而 E 为该直线段的斜率，P 点应力 f_p 称为比例极限。曲线 PE 段仍具有弹性，但呈非线性，即为非线性弹性阶段，E 点的应力 f_e 称为弹性极限。弹性极限和比例极限相距很近，实际上很难区分。故通常略去弹性极限的点，把 f_p 看作弹性极限。

随着荷载的增加，曲线出现 ES 段，这时表现为非弹性性质，卸荷曲线成为与 OP 平行的直线，此时钢材的变形包括卸荷后可回复的弹性变形和不可回复的塑性变形两部分。我们把不可回复的塑性变形称为残余变形或永久变形。进入该阶段后，曲线波动较大，以后逐渐趋于平稳，其最高点和最低点分别称为上屈服点和下屈服点。《碳素结构钢》和《低合金高强度结构钢》规定：采用上屈服点数值作为钢材屈服强度的制定依据，用符号 f_y 表示。

对于低碳钢和低合金高强度结构钢，当应力达到 S 点后，将出现明显的屈服台阶 SC 段，即在应力保持不变的情况下，应变却持续增长。

钢材经屈服阶段的较大塑性变形，内部晶粒结构重新排列后，恢复重新承载的能力，曲线呈上升趋势，如图 2-1b 所示的 CB 段。该段曲线最高点 B 的应力 f_u 称为抗拉强度或极限强度。当应力达到 B 点时，试件出现局部横向收缩变形，即发生缩颈现象，至 D 点而断裂。

对于没有缺陷和残余应力影响的试件，比例极限和屈服强度比较接近，达到相应应力值时的应变也较接近，且数值很小。因此为了简化计算，通常假定应力达到屈服强度之前钢材为完全弹性的，而达到屈服强度之后钢材则为完全塑性的，这样就可把钢材视为理想的弹塑性体，其应力-应变曲线表现为图 2-2 所示的双直线。

当应力达到屈服强度之后，将使结构产生很大的在使用上不容许的残余变形，因此设计时应取屈服强度作为钢材可以达到的最大应力，而抗拉强度 f_u 则成为材料的强度储备。钢材的抗拉强度与屈服强度之比称为强屈比，它是表明钢材设计强度储备的一项重要指标，该值越小，强度储备越小；反之，该值越大，强度储备越大，但强度利用率低且不经济。因此设计中要选定适当的强屈比。塑性设计虽然把钢材看作理想弹塑性体，忽略应变硬化的有利因素，却是以 f_u 高出

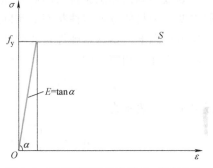

图 2-2 理想弹塑性体的应力-应变曲线

f_y 为条件的。如果没有硬化阶段，或是 f_u 高出 f_y 不多，就不具备塑性设计应有的转动能力。因此规定钢材必须有 $f_u/f_y \geqslant 1.2$ 的强屈比。

热处理钢材虽然有较好的塑性但没有明显的屈服强度和屈服平台，这类钢材的屈服强度是以卸载后试件中残余应变为 0.2% 所对应的应力定义的，称为名义屈服强度，可用 $f_{0.2}$ 表示（见图 2-1a）。由于这类钢材不具有明显的塑性平台，设计中不宜利用其塑性。

2. 塑性

钢材的塑性为当应力超过屈服强度后，能产生显著的残余变形（塑性变形）而不立即断裂的性质。塑性好坏可用伸长率和断面收缩率表示。

（1）伸长率 伸长率是试件被拉断时的绝对变形值与试件原标距之比的百分率。伸长率越大，塑性越好。

（2）断面收缩率 断面收缩率是试件拉断后，缩颈区的断面面积缩小值与原断面面积比值的百分率。断面收缩率越大，塑性性能越好。

伸长率是钢材沿长度的均匀变形和缩颈区的集中变形的总和所确定的，它不能代表钢材的最大塑性变形能力。而断面收缩率是衡量钢材塑性的一个比较真实的指标，但测量时容易产生较大误差，因此一般采用伸长率作为钢材的塑性指标。

综上，屈服强度、抗拉强度和伸长率是钢材的三个重要力学性能指标。钢结构中所采用的钢材都应满足《钢结构设计标准》对这三项力学性能指标的要求。

3. 钢材的物理性能指标

钢材在单向受压时的受力性能基本上与单向拉伸时相同，因此受压时的各强度指标取用受拉时的数值。钢材受剪时所表现出来的应力-应变变化规律也基本上与单向拉伸时相似，只是受剪时的屈服强度及抗剪强度均比受拉时小，剪变模量也低于弹性模量。

钢材和钢铸件的物理性能指标见表2-1。

表2-1　钢材和钢铸件的物理性能指标

弹性模量 E /（N/mm^2）	剪变模量 G /（N/mm^2）	线性膨胀系数 α （以每℃计）	质量密度 ρ /（kg/m^3）
2.06×10^5	7.9×10^4	1.2×10^{-5}	7850

2.2.2　钢材在复杂应力状态下的屈服条件

通过单调拉伸试验得到的屈服强度是钢材在单向应力作用下的屈服条件，即应力达到屈服强度，钢材便进入塑性状态。实际结构中，钢材常常受到平面或三向应力作用。在这种复杂应力状态下，钢材由弹性过渡到塑性的条件是按能量强度理论计算的折算应力与单向应力下的屈服强度相等，即

$$\sigma_{zs} = \sqrt{\sigma_x^2 + \sigma_y^2 + \sigma_z^2 - (\sigma_x\sigma_y + \sigma_y\sigma_z + \sigma_z\sigma_x) + 3(\tau_{xy}^2 + \tau_{yz}^2 + \tau_{zx}^2)} = f_y \quad (2\text{-}1)$$

或以主应力表示为

$$\sigma_{zs} = \sqrt{\frac{1}{2}\left[(\sigma_1 - \sigma_2)^2 + (\sigma_2 - \sigma_3)^2 + (\sigma_3 - \sigma_1)^2\right]} = f_y \quad (2\text{-}2)$$

$\sigma_{zs} < f_y$ 时，为弹性状态；$\sigma_{zs} \geq f_y$ 时，为塑性状态。

由式（2-2）可以明显看出，当 σ_1、σ_2、σ_3 为同号应力且数值接近时，即使它们各自都远大于屈服强度 f_y，但由于差值不大，折算应力 σ_{zs} 仍小于 f_y，钢材就不易进入塑性状态，甚至直到破坏也没有明显的塑性变形产生，破坏表现为脆性。相反，在异号应力场下，钢材就较容易进入塑性状态，通常最大应力尚未达到 f_y 时，材料就已经进入塑性了，因此可以说异号应力场提高了钢材的塑性性能，更容易发生塑性破坏。

在平面应力状态下（如钢材厚度较薄时，厚度方向应力很小，常可忽略不计），式（2-1）简化为

$$\sigma_{zs} = \sqrt{\sigma_x^2 + \sigma_y^2 - \sigma_x\sigma_y + 3\tau_{xy}^2} = f_y \quad (2\text{-}3)$$

当只有正应力和剪应力时，变为

$$\sigma_{zs} = \sqrt{\sigma^2 + 3\tau^2} = f_y \quad (2\text{-}4)$$

当只有剪应力时，变为

$$\sigma_{zs} = \sqrt{3}\,\tau_y = f_y \quad (2\text{-}5)$$

式中　τ_y——钢材的屈服剪应力，或剪切屈服强度。

由式（2-5）可知 $\tau_y = 0.58 f_y$，因此《钢结构设计标准》规定钢材抗剪设计强度为抗拉设计强度的 0.58 倍。

2.2.3　冷弯性能

钢材的冷弯性能由冷弯试验确定（见图 2-3）。试验时，根据钢材的牌号和不同的板厚，按国家相关标准规定的弯心直径，在试验机上采用弯心直径为 d 的冲头加压，使试件弯曲一定角度（一般为 $180°$），以试件表面和侧面不出现裂纹和分层为合格。冷弯试验不仅能检验材料承受规定的弯曲变形能力和塑性性能，还能检验其内部的冶金缺陷，如硫、磷、偏析和硫化物与氧化物的掺杂情况，因此冷弯性能是判断钢材塑性变形能力和冶金质量的综合指标。焊接承重结构以及重要的非焊接承重结构采用的钢材，均应具有冷弯试验的合格保证。

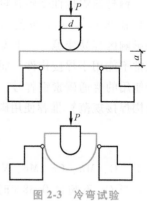

图 2-3　冷弯试验

2.2.4　冲击韧性

韧性是钢材强度和塑性性能的综合指标，用钢材断裂时所吸收的总能量（包括弹性和非弹性）来度量。钢材在一次拉伸静载作用下断裂时所吸收的能量，用单位体积吸收的能量来表示，其值等于应力-应变曲线下的面积。面积越大，韧性值越高。通常钢材的强度提高，韧性降低，钢材趋于脆性。由于单调拉伸试验获得的韧性没有考虑应力集中和动荷作用的影响，只能用来比较不同钢材在正常情况下的韧性好坏。因此实际工作中，不用上述方法衡量钢材的韧性，而用冲击韧性衡量钢材抗脆断的性能。

冲击韧性是评定带有缺口的钢材在冲击荷载作用下抵抗脆性破坏能力的指标，其数值随试件缺口形式和试验机型号不同而异。《碳素结构钢》规定采用国际上通用的带有夏比 V 型缺口（Charpy V-notch）的标准试件做冲击试验，以击断试件所消耗的冲击功的大小来衡量钢材抵抗脆性破坏的能力。夏比缺口韧性用 KV 表示，其值为试件折断所吸收的能量，单位为 J（见图 2-4）。

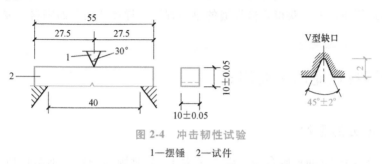

图 2-4　冲击韧性试验

1—摆锤　2—试件

试验表明，钢材的冲击韧性受温度影响显著，它随温度的降低而降低，且不同牌号和质量等级钢材的降低规律又不相同。因此，在寒冷地区承受动力作用的重要承重结构，应根据其工作温度和所用钢材牌号，对钢材提出相当温度下的冲击韧性指标的要求，以防脆性破坏发生。我国钢材标准中将冲击韧性试验分为四档，即 $20℃$ 时的 KV、$0℃$ 时的 KV、$-20℃$ 时

的 KV、$-40℃$ 时的 KV。

2.2.5 焊接性

焊接性是指采用一般焊接工艺就可完成合格的（无裂缝）焊缝的性能。此性能要求在焊接过程中焊缝及焊缝附近金属不产生热裂纹或冷却收缩裂纹，在使用过程中焊缝处的冲击韧性和热影响区内塑性良好，不低于母材的力学性能。

钢材的焊接性受碳含量和合金元素含量的影响。当碳含量（本书中的含量均指质量分数）在 $0.12\%\sim0.20\%$ 范围内时，碳素钢的焊接性能最好；碳含量超过上述范围时，焊缝及热影响区容易变脆。一般 Q235A 的碳含量较高，且碳含量不作为交货条件，因此这一牌号通常不能用于焊接构件。而 Q235B、C、D 的碳含量控制在上述的适宜范围之内，是适合焊接使用的普通碳素钢牌号。在低合金高强度钢中，合金元素大多对焊接性有不利影响，《钢结构焊接规范》推荐使用碳当量来衡量低合金钢的焊接性，其计算公式为

$$C_E = C + \frac{Mn}{6} + \frac{1}{5}(Cr+Mo+V) + \frac{1}{15}(Ni+Cu) \tag{2-6}$$

式中　C、Mn、Cr、Mo、V、Ni、Cu——碳、锰、铬、钼、钒、镍和铜的质量分数。

当 C_E 不超过 0.38% 时，钢材的焊接性很好，可以不用采取措施直接施焊；当 C_E 在 $0.38\%\sim0.45\%$ 范围内时，钢材呈现淬硬倾向，施焊时需要控制焊接工艺、采用预热措施并使热影响区缓慢冷却，以免发生淬硬开裂；当 C_E 大于 0.45% 时，钢材的淬硬倾向更加明显，需严格控制焊接工艺和预热温度才能获得合格的焊缝。《钢结构焊接规范》规定焊接环境温度一般不低于 $-10℃$。低于 $0℃$ 时，应采取加热或防护措施，确保焊接接头和焊接表面各方向大于或等于 2 倍钢板厚度且不小于 100mm 范围内的母材温度不低于 $20℃$，且在焊接过程中均不应低于这一温度。当焊接环境温度低于 $-10℃$ 时，必须进行相应焊接环境下的工艺评定试验，评定合格后方可焊接。该规范还给出了常用结构钢材最低预热温度要求。厚度不超过 40mm 的 Q235 钢和厚度不超过 20mm 的 Q355 钢，在温度不低于 $0℃$ 时一般不需预热。除碳当量外，预热温度还和钢材厚度及构件变形受到约束的程度有直接关系。因此，重要结构施焊时实际采用的焊接方法最好由工艺试验确定。

由此可见，钢材焊接性的优劣是指钢材在采用一定的焊接方法、焊接材料、焊接工艺参数以及结构形式等条件下，获得合格焊缝的难易程度。焊接性稍差的钢材，要求更为严格的工艺措施。

2.3 影响钢材性能的主要因素

2.3.1 化学成分的影响

钢是碳含量小于 2% 的铁碳合金，碳含量大于 2% 时则为铸铁。钢结构所用的钢材主要为碳素结构钢中的低碳钢和普通低合金结构钢。

纯铁在碳素结构钢中约占 99%；碳和其他元素仅占 1%。其他元素主要包括锰（Mn）、硅（Si）、硫（S）、磷（P）、氧（O）、氮（N）等。低合金结构钢的组成，通常在此基础上加入总量不超过 5% 的合金元素，如钒（V）、铌（Nb）、钛（Ti）、铬（Cr）、镍（Ni）、

铜（Cu）等。尽管碳和其他元素所占比例不大，但却左右着钢材的性能。

1. 基本元素

铁是钢材中最基本的元素，其在钢中的含量一般超过 97%。对于碳素结构钢而言，铁素体的晶粒越细，钢的性能越好。

碳是钢中的重要元素之一，在碳素结构钢中则是除铁以外的最主要元素。碳是形成钢材强度的主要成分，随着碳含量的提高，钢的强度逐渐增高，而塑性和韧性、冷弯性能、焊接性及抗锈蚀能力等下降。因此，建筑钢结构用钢不选用碳含量高的钢材，以便保持除强度以外其他指标的优良性能。碳素钢按碳含量区分：小于 0.25% 的为低碳钢，介于 0.25% 和 0.6% 之间的为中碳钢，大于 0.6% 的为高碳钢。碳含量超过 0.3% 时，钢材的抗拉强度很高，但却没有明显的屈服，且塑性很小。碳含量超过 0.2% 时，钢材的焊接性能将开始恶化。因此，建筑钢结构用的钢材基本上都是低碳钢，碳含量均不超过 0.22%，对于焊接结构则应严格控制在 0.2% 以内。

2. 有益元素

锰在普通碳素钢中是一种弱脱氧剂。它可提高钢材强度，消除硫对钢的热脆影响，改善钢的冷脆倾向，含量适宜时不显著降低塑性和韧性。但锰对焊接性能不利，因此含量也不宜过高。碳素结构钢中，锰的含量为 0.3% ~ 0.8%。低合金高强度结构钢中，锰的含量可达 1.0% ~ 1.6%。

硅在普通碳素钢中是一种强脱氧剂。它常与锰共同除氧，生产镇静钢。适量的硅，可以细化晶粒，提高钢的强度，而对塑性、韧性、冷弯性能和焊接性能无显著不良影响。硅的含量在碳素镇静钢中为 0.12% ~ 0.3%，在低合金钢中为 0.2% ~ 0.55%，过量时则会劣化焊接性和抗锈蚀性。

钒、铌、钛等元素在钢中形成微细碳化物，加入适量，能起细化晶粒的作用，作为锰以外的合金元素可以提高钢材的强度，又可使钢材保持良好的塑性和韧性。

铝是强脱氧剂。用铝进行补充脱氧，不仅能进一步减少钢中的有害氧化物，而且还能细化晶粒，可提高钢的强度和低温韧性，在要求低温冲击韧性合格保证的低合金钢中，其含量不小于 0.015%。

铬、镍是提高钢材强度的合金元素，用于 Q390 及以上牌号的钢材中，但其含量应受限制，以免影响钢材的其他性能。

3. 有害元素

硫常以硫化铁的形式夹杂于钢中。当温度达 800 ~ 1000℃ 时，硫化铁会熔化使钢材变脆，因而在进行焊接或热加工时，有可能引发热裂纹，称为热脆。硫还会降低钢材的冲击韧性、抗锈蚀性和焊接性等。此外，非金属硫化物夹杂经热轧加工后还会在厚钢板中形成局部分层现象，在采用焊接连接的节点中，沿板厚方向承受拉力时，会发生层状撕裂破坏。因此应严格限制钢材中的硫含量，随着钢材牌号和质量等级的提高，硫含量的限值由 0.05% 依次降至 0.025%，厚度方向性能钢板（Z 向钢）的硫含量要求控制在 0.01% 以下。

磷既是有害元素也是可以利用的合金元素。磷的存在严重地降低钢的塑性、韧性、冷弯性能和焊接性，特别是在温度较低时促使钢材变脆，称为冷脆。因此，要严格控制磷含量。随着钢材牌号和质量等级的提高，磷含量的限值由 0.045% 依次降至 0.025%。但是磷可以提高钢的强度和抗锈蚀能力，当采取特殊的冶炼工艺时，磷可作为一种合金元素来制造含磷的低合金钢，此时其含量最高可达 0.13%，这时应减少钢材中的碳含量，以保持一定的塑性和韧性。

氧和氮属于有害元素。氧与硫类似使钢热脆，氮与磷类似使钢冷脆，因此均应严格控制其含量。但当采用特殊的合金组分匹配时，氮可作为一种合金元素来提高低合金钢的强度和耐蚀性，如在九江长江大桥中已成功使用的 15MnVN 钢，就是 Q420 中的一种含氮钢，氮含量控制在 0.010% ~ 0.020%。由于氧和氮容易在冶炼过程中逸出，一般不会超过极限含量，故通常不要求做含量分析。

2.3.2 成材过程的影响

1. 冶炼

钢材的冶炼方法主要有平炉炼钢、氧气转炉炼钢及电炉炼钢。平炉炼钢由于周期长、效率低、成本高，现已被氧气顶吹转炉炼钢所取代。氧气顶吹转炉钢具有投资少、生产率高、原料适应性强等特点。在建筑钢结构中，主要使用该法生产的钢材。而碱性侧吹转炉炼钢生产的钢材质量较差，目前已基本被淘汰。电炉钢质量精良，但成本高、电耗大，建筑结构中一般不用。

2. 脱氧和浇铸

传统的浇铸方法是将熔炼好的钢液浇入铸模做成钢锭，经初轧机制成钢坯。采用传统浇铸方法，熔炼好的钢液中通常都残留氧，这将造成钢材晶粒粗细不均匀并发生热脆现象。因此应在炼钢炉中或盛钢桶内加入脱氧剂以消除氧，从而改善钢材的质量。《碳素结构钢》按脱氧方法的不同，将碳素结构钢分为沸腾钢、镇静钢和特殊镇静钢三类。

沸腾钢采用脱氧能力较弱的锰作脱氧剂，脱氧不完全，在将钢液浇注入钢锭模时，会有气体逸出，出现钢液的沸腾现象。沸腾钢在铸模中冷却很快，钢液中的氧化铁和碳反应生成的一氧化碳气体不能全部逸出，凝固后在钢材中留有较多的氧化铁夹杂和气孔。因而使钢材的构造和晶粒粗细不均匀，氧含量高，硫、磷的偏析大，氮是以固溶氮的形式存在。所以沸腾钢的塑性、冲击韧性和焊接性均较差，且容易发生时效和变脆，轧制成的钢板和型钢常有夹层和偏析现象。

镇静钢采用锰和硅作脱氧剂，脱氧较完全，硅在还原氧化铁的过程中还会产生热量，使钢液冷却缓慢，使气体充分逸出，浇注时不会出现沸腾现象，这种钢质量好，但成本高。

特殊镇静钢是在锰和硅脱氧后，再用铝补充脱氧，其脱氧程度高于镇静钢。

随着冶炼技术的不断发展，用连铸法生产钢坯的工艺和设备已逐渐取代了传统的铸锭—开坯—初轧的工艺流程和设备。连铸法的特点是：钢液由钢包经过中间包连续注入被水冷却的铜制铸模中，冷却后的坯材被切割成半成品。连铸法的机械化、自动化程度高，生产的钢坯整体质量均匀，只有轻微的偏析现象，但只有镇静钢才适合连铸工艺，因此国内大钢厂已很少生产沸腾钢。若采用沸腾钢，不但质量差，而且供货困难，价格并不便宜。

钢材在冶炼及浇铸过程中不可避免地存在冶金缺陷，包括偏析、非金属夹杂、气孔、裂纹及分层等。偏析是指金属结晶后化学成分分布不匀。非金属夹杂是指钢中含有硫化物和氧化物等杂质。气孔是浇铸钢锭时，由氧化铁与碳作用生成的一氧化碳气体不能充分逸出而形成的微小空洞。这些缺陷都将影响钢材的力学性能。

3. 轧制

钢材的轧制是通过一系列轧辊，使钢坯逐渐辊轧成所需厚度的钢板或型钢，钢材的轧制使金属晶粒变细，也能使气泡、裂纹等闭合，因而改善了钢材的力学性能。薄板因辊轧次数多，其强度比厚板略高，经过轧制的钢材，由于其内部的非金属夹杂物被压成薄片，在较厚的钢板中会出现分层现象。因此，对于厚钢板，设计时应尽量避免拉力垂直于板面，以防层间撕裂。

4. 热处理

一般钢材以热轧状态交货，而某些特殊用途的钢材在轧制后还经常经过热处理进行调质，以改善钢材性能。热处理是将钢在固态范围内，施以不同的加热、保温和冷却措施，通过改变钢的内部组织构造而改善其性能的一种加工工艺。热处理的目的在于取得高强度的同时能够保持良好的塑性和韧性。钢材的普通热处理包括退火、正火、淬火和回火四种基本工艺。《低合金高强度结构钢》规定：钢一般应以热轧、正火、正火轧制或热机械轧制状态交货。具体交货状态由需方提出并在合同中注明，否则由供方自行决定。

退火和正火是应用非常广泛的热处理工艺，用其可以消除加工硬化、软化钢材、细化晶粒、改善组织以提高钢的力学性能，消除残余应力以防钢件的变形和开裂，为进一步的热处理做好准备。对一般低碳钢和低合金钢而言，其操作方法为：在炉中将钢材加热至 850～900℃，保温一段时间后，若随炉温冷却至 500℃ 以下，再放至空气中冷却的工艺称为完全退火；保温后从炉中取出在空气中冷却的工艺称为正火。正火的冷却速度比退火快，正火后的钢材组织比退火细，强度和硬度有所提高。如果钢材在终止热轧时的温度正好控制在上述范围内，可得到正火的效果，称为控轧。如果热轧卷板的成卷温度正好在上述范围内，则卷板内部的钢材可得到退火的效果，钢材会变软。还有一种去应力退火，又称低温退火，主要用来消除铸件、热轧件、锻件、焊接件和冷加工件中的残余应力。去应力退火的操作是将钢件随炉缓慢加热至 500～600℃，经一段时间后，随炉缓慢冷却至 300～200℃ 出炉。钢在去应力退火过程中并无组织变化，残余应力是在加热、保温和冷却过程中消除的。

正火轧制是指最终变形是在一定温度范围内的轧制过程中进行，使钢材达到一种正火后的状态，以便即使正火也可达到规定力学性能数值的轧制工艺。

热机械轧制是指钢材的最终变形是在一定温度范围内进行的轧制工艺，从而保证钢材获得仅通过热处理无法获得的性能。热机械轧制可以包括回火或无回火状态下冷却速率提高的过程，回火包括自回火但不包括直接淬火及淬火加回火。

淬火工艺是将钢件加热到 900℃ 以上，保温后快速在水中或油中冷却。该工艺增加了钢材的强度和硬度，但同时使钢材的塑性和韧性降低。回火工艺是将淬火后的钢材加热到某一温度进行保温，而后在空气中冷却。其目的是消除残余应力，调整强度和硬度，减少脆性，增加塑性和韧性。将淬火后的钢材加热至 500～650℃，保温后在空气中冷却，称为高温回火。高温回火后的钢具有强度、塑性、韧性都较好的综合力学性能。通常称淬火加高温回火的工艺为调质处理。强度较高的钢材，包括高强度螺栓的材料都要经过调质处理。

2.3.3　钢材硬化的影响

钢材的硬化有三种情况：冷作硬化（或应变硬化）、时效硬化和应变时效硬化。

在常温下对钢材进行加工称为冷加工。冷拉、冷弯、冲孔、机械剪切等加工使钢材产生很大塑性变形。产生塑性变形后的钢材在重新加荷时将提高屈服强度，同时降低塑性和韧性的现象称为冷作硬化。由于降低了塑性和韧性性能，普通钢结构中不利用冷作硬化所提高的强度，重要结构还把钢板因剪切而硬化的边缘部分刨去。而用作冷弯薄壁型钢结构的冷弯型钢，是由钢板或钢带经冷轧成型，或是经压力机模压成型或在弯板机上弯曲成型的。由于冷成型操作，实际构件截面上各点的屈服强度和抗拉强度都有不同程度的提高，其性能与原钢板已经有所不同了，故冷弯薄壁型钢设计中允许利用因局部冷加工而提高的强度。

在高温时溶于铁中的少量氮和碳，随着时间的增长逐渐由固溶体中析出，生成氮化物和碳化物，对纯铁体的塑性变形起遏制作用，从而使钢材的强度提高，塑性和韧性下降，这种现象称为时效硬化，俗称老化。产生时效硬化的过程一般较长，但在振动荷载、反复荷载及温度变化等情况下，会加速其发展。

在钢材产生一定数量的塑性变形后，铁素晶体中的固溶氮和碳将更容易析出，从而使已经冷作硬化的钢材又发生时效硬化现象，称为应变时效硬化。这种硬化在高温作用下会快速发展，人工时效就是据此提出来的，方法是：先使钢材产生10%左右的塑性变形，卸载后再加热至250℃，保温一小时后在空气中冷却。用人工时效后的钢材进行冲击韧性试验，可以判断钢材的应变时效硬化倾向，确保结构具有足够的抗脆性破坏能力。

2.3.4 温度的影响

钢材的性能受温度的影响十分明显，温度升高与降低都将使钢材性能发生变化。总的趋势是温度升高，钢材强度降低，变形增大；反之，当温度降低时，钢材的强度会略有增加，但同时塑性和韧性降低从而使钢材变脆。

当温度在200℃以内时，钢材性能没有很大变化；在430~540℃时，强度急剧下降；温度达到600℃时，强度几乎为零（已不能承担荷载）。但当温度在250℃左右时，抗拉强度有局部性提高，屈服强度也有回升，同时塑性有所降低，出现了所谓的蓝脆现象（钢材表面氧化膜呈现蓝色）。在蓝脆区进行热加工，可能引起裂纹，因此钢材的热加工应避开这一温度区段。当温度在260~320℃时，在应力持续不变的情况下，钢材以很缓慢的速度继续变形，这种现象称为徐变现象。根据200℃以内钢材材性变化不大的特点，结构表面所受的辐射温度应不超过这一温度。设计时以150℃规定为适宜，超过之后应对结构采取有效的防护措施。

当温度从常温开始下降，特别是在负温范围内时，随着温度的降低，钢材的强度提高，而塑性和韧性降低，逐渐变脆，称为钢材的低温冷脆。钢材的冲击韧性对温度十分敏感，图2-5所示为钢材的冲击韧性与温度的关系曲线。由图可见，随着温度的降低，冲击吸收能量KV值迅速下降，材料将由塑性破坏转变为脆性破坏，同时可见，这一转变是在一个温度区间$T_1 \sim T_2$内完成的，此温度区间称为钢材的脆性转变温度区。此区间内曲线的反弯点（或最陡点）对应的温度T_0称为转变温度。不同牌号和等级的钢材具

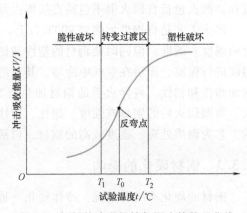

图2-5 钢材的冲击韧性与温度的关系曲线

有不同的转变温度区和转变温度。转变温度区和转变温度应通过试验来确定。在结构设计中，要求避免完全脆性破坏，所以结构所处温度应大于 T_1，而不要求一定大于 T_2，因为这样虽然安全，但对材料将会造成浪费。

2.3.5 应力集中的影响

由单调拉伸试验所获得的钢材性能，只能反映钢材在标准试验条件下的性能，即应力均匀分布而且是单向的。实际结构中不可避免地存在孔洞、槽口、凹角、截面突然改变以及钢材内部缺陷等，此时截面中的应力分布不再保持均匀，而是在某些区域产生局部高峰应力，在另外一些区域则应力降低，形成所谓的应力集中现象（见图 2-6）。这主要是由于主应力线在绕过孔口等缺陷时发生弯转，不仅在孔口边缘处会产生沿作用方向的应力高峰，而且会在孔口附近产生垂直于力的作用方向的横向应力，甚至会产生三向拉应力，而且厚度越厚的钢板，在其缺口中心部位的三向拉应力也越大，这是因为在轴向拉力作用下，缺口中心沿板厚方向的收缩变形受到较大的限制，形成所谓平面应变状态所致。高峰区的最大应力与净截面的平均应力的比值称为应力集中系数，应力集中的严重程度用应力集中系数来衡量，其值越大，钢材变脆的倾向越严重。

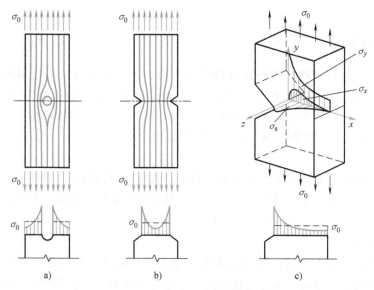

图 2-6 板件孔洞、缺口处的应力集中

a) 薄板圆孔处的应力分布　b) 薄板缺口处的应力分布　c) 厚板缺口处的应力分布

研究表明，在应力高峰区域总是存在着同号的双向或三向应力，使材料处于复杂受力状态，这种同号的平面或立体应力场有使钢材变脆的趋势，而且应力集中越严重，出现的同号三向力场的应力水平越接近，钢材越趋于脆性。具有不同缺口形状的钢材拉伸试验结果也表明，截面改变尖锐程度越大的试件，其应力集中现象就越严重，引起钢材脆性破坏的危险性就越大。

应力集中现象还可能由内应力产生。内应力的特点是力系在钢材内自相平衡，而与外力无关，其在浇铸、轧制和焊接加工过程中，因不同部位钢材的冷却速度不同，或因不均匀加热和冷却而产生。其中焊接残余应力的量值往往很高，在焊缝附近的残余拉应力常达到屈服强度，而且在焊缝交叉处经常出现双向、甚至三向残余拉应力场，使钢材局部变脆。当外力引起的应力与内应力处于不利组合时，会引发脆性破坏。

因此，在进行钢结构设计时，应尽量使构件和连接节点的形状和构造合理，防止截面的突然改变。在进行钢结构的焊接构造设计和施工时，应尽量减少焊接残余应力。

2.3.6　反复荷载作用的影响

事实上钢材总是有"缺陷"的。在直接、连续的反复荷载作用下，先在其缺陷处发生塑性变形和硬化而生成微观裂痕，此后这种微观裂痕逐渐发展成宏观裂纹，构件截面削弱并在裂纹尖端出现应力集中现象，使材料处于三向拉伸应力状态，塑性变形受到限制，钢材的微裂纹和内部缺陷将不断扩展直至断裂，钢材的强度将低于一次静力荷载作用下的拉伸试验的极限强度，表现为脆性特征的疲劳破坏。

研究证明，构件的应力水平不高或荷载反复次数不多的钢材一般不会发生疲劳破坏，计算中不必考虑疲劳的影响。但是对于长期频繁的直接承受动力荷载的钢结构构件及其连接，在设计中必须进行钢材的疲劳计算。

2.4　钢材的种类和规格

2.4.1　钢材的种类

钢材的种类（简称钢种）按用途可分为结构钢、工具钢和特殊用途钢等，其中结构钢又分建筑用钢和机械用钢；按化学成分可分为碳素钢和合金钢；按冶炼方法可分为平炉钢、转炉钢和电炉钢等；按脱氧方法可分为沸腾钢、镇静钢和特殊镇静钢；按成型方法可分为轧制钢（热轧和冷轧）、锻钢和铸钢；按硫、磷含量和质量控制分类，有高级优质钢、优质钢和普通钢等。

我国的建筑用钢主要为碳素结构钢和低合金高强度结构钢两种。另外，优质碳素结构钢在冷拔碳素钢丝和连接用紧固件中也有应用，高性能建筑结构用钢板、Z向钢（厚度方向性能钢板）、耐候钢等在某些情况下也有应用。

1. 碳素结构钢

碳素结构钢的质量等级按由低到高的顺序分为 A、B、C、D 四级。质量的高低主要是以对冲击韧性的要求区分的，对冷弯性能的要求也有所区别。碳素结构钢交货时，应有化学成分和力学性能的合格保证书。化学成分要求碳、锰、硅、硫、磷含量符合相应级别的规定，A 级钢的碳、锰含量可以不作为交货条件。力学性能要求屈服强度、抗拉强度、伸长率和冷弯性能合格，A 级钢的冷弯性能只在需方要求时才提供，B、C、D 级钢应分别保证 20℃，0℃，-20℃ 的冲击韧性合格。B、C、D 级钢在其各自不同温度要求下，均要求纵向冲击吸收能量 $KV \geqslant 27J$。随着质量等级的提高，对化学元素碳（C）、硫（S）和磷（P）的含量限制更加严格。

碳素结构钢有 Q195、Q215、Q235、Q275 四个牌号，Q 是屈服强度的汉语拼音的首位字母，数字代表钢材厚度（直径）≤16mm 时的屈服强度（N/mm^2）。数字由低到高，不仅代表了钢材强度由低到高，在较大程度上也代表了钢材碳含量由低到高和塑性、韧性、焊接性由好变差。建筑结构用碳素结构钢主要应用 Q235 钢，其碳含量不大于 0.22%，强度、塑性和焊接性能均适中，冶炼方法一般由供方自行决定，设计者不再另行提出，如需方有特殊要求时可在合同中加以注明。

碳素结构钢的牌号由代表屈服强度的字母 Q、屈服强度数值、质量等级、脱氧方法符号等四部分按顺序组成。对 Q235 钢来说，A、B 两级的脱氧方法可以是沸腾钢（F）和镇静钢（Z），C 级为镇静钢（Z），D 级为特殊镇静钢（TZ）。脱氧方法符号 Z 和 TZ 在牌号中予以省略。

2. 低合金高强度结构钢

低合金高强度结构钢是在冶炼碳素结构钢时加入一种或几种适量的合金元素（锰、硅、钒等）而炼成的钢种，可提高强度、冲击韧性、耐腐蚀性又不太降低塑性。由于合金元素的总质量分数低于 5%，故称为低合金高强度结构钢。《低合金高强度结构钢》根据钢材厚度（直径）≤16mm 时的最小上屈服强度（N/mm^2）有 Q355、Q390、Q420、Q460、Q500、Q550、Q620、Q690 八个牌号。

1）低合金高强度结构钢的牌号由代表屈服强度的字母 Q、规定的最小上屈服强度数值、交货状态代号、质量等级符号四部分组成。交货状态为热轧时，其代号可省略；为正火或正火轧制时，代号用 N 表示；为热机械轧制时，代号用 M 表示。质量等级包含 B、C、D、E、F 五个级别。几类主要钢材的质量等级设置情况见表 2-2。

表 2-2 几类主要钢材的质量等级设置情况

牌 号	质量等级	牌 号	质量等级
Q355	B、C、D	Q420M	B、C、D、E
Q355N	B、C、D、E、F	Q460	C
Q355M	B、C、D、E、F	Q460N	C、D、E
Q390	B、C、D	Q460M	C、D、E
Q390N	B、C、D、E、	Q500M	C、D、E
Q390M	B、C、D、E、	Q550M	C、D、E
Q420	B、C	Q620M	C、D、E
Q420N	B、C、D、E	Q690M	C、D、E

注：钢材牌号中材料屈服强度后无字母表示热轧型钢材，含 N 代表正火轧制钢材，含 M 代表热机械轧制钢材。

2）和碳素结构钢一样，不同质量等级是按对冲击韧性的要求区分的，E 级主要是要求 -40℃ 的冲击韧性，F 级主要是要求 -60℃ 的冲击韧性。低合金高强度结构钢属于镇静钢或特殊镇静钢，因此钢的牌号中不注明脱氧方法。冶炼方法也由供方自行选择。低合金高强度结构钢交货时，应有化学成分和屈服点、抗拉强度、冷弯等力学性能的合格保证书。当需要时，还应提出 20℃，0℃，-20℃、-40℃ 或 -60℃ 的冲击韧性合格的附加交货条件。

3）值得注意的是，在《低合金高强度结构钢》中，对各级钢材的制作方法、质量等级、强度指标、化学成分等均作出相应调整，且由 Q355 钢材取代 Q345 钢材。由于《钢结构设计标准》中未有与 Q355 相匹配的钢材设计用强度指标和连接用强度指标，本章暂不对上述材料特性的变化作详细阐述。今后将随规范的更新和设计经验的积累，作以修正。

3. 高性能建筑结构用钢板

高性能建筑结构用钢板简称高建钢板，它具有易焊接、抗震、抗低温冲击等性能，主要应用于高层建筑、超高层建筑、大跨度体育场馆、机场、会展中心以及钢结构厂房等大型建筑工程。高建钢板与碳素结构钢或低合金高强度结构钢相比，屈服强度设定了上限，抗拉强度有提高，对碳当量、屈强比指标有要求。高性能建筑结构用钢板有厚度 6～200mm 的 Q355GJ，厚度 6～150mm 的 Q235GJ、Q390GJ、Q420GJ、Q460GJ，及厚度 12～40mm 的 Q500GJ、Q550GJ、Q620GJ 和 Q690GJ 九种。其牌号由代表屈服强度的汉语拼音字母 Q、屈服强度数值、汉语拼音字母 GJ、质量等级符号 B、C、D、E（分别要求 20℃，0℃，-20℃ 或 -40℃ 的冲击韧性）组成。

4. 优质碳素结构钢

优质碳素结构钢与碳素结构钢的主要区别在于钢中含杂质元素较少，磷、硫等有害元素的质量分数均不大于 0.035%，其他缺陷的限制也较严格，具有较好的综合性能。按照《优质碳素结构钢》生产的钢材共有两大类，一类为普通锰含量的钢，另一类为较高锰含量的钢，两类的钢号均用两位数字表示，它表示钢中的平均碳含量的万分数，前者数字后不加 Mn，后者数字后加 Mn，如 45 钢，表示平均碳含量为 0.45% 的优质碳素钢；45Mn 钢，则表示同样碳含量、但锰的含量也较高的优质碳素钢。可按不进行热处理或热处理（正火、淬火或高温回火）状态交货，要求热处理状态交货的应在合同中注明，未注明者按不进行热处理交货。由于价格较高，钢结构中较少使用优质碳素结构钢，仅用经热处理的优质碳素结构钢冷拔高强钢丝或制作高强度螺栓、自攻螺钉等。

5. Z 向钢和耐候钢

Z 向钢是在某一级结构钢（母级钢）的基础上，经过特殊冶炼、处理的钢材。Z 向钢在厚度方向有较好的延展性，有良好的抗层状撕裂能力，适用于高层建筑和大跨度钢结构的厚钢板结构。我国生产的 Z 向钢板的标记为在母级钢牌号后面加上 Z 向钢板等级标记，如 Z15、Z25、Z35 等，数字分别表示沿厚度方向的断面收缩率大于或等于 15%、25% 和 35%。

耐候钢是在低碳钢或低合金结构钢中加入铜、铬、镍等合金元素冶炼成的一种耐腐蚀钢材，在大气作用下，表面自动生成一种致密的防腐薄膜，起到耐蚀作用。这种钢材适用于外露环境，且对耐腐蚀有特殊要求的或在腐蚀性气体和固态介质作用下的承重结构。

2.4.2 钢材的规格

钢结构采用的型材主要为热轧成型的钢板和型钢，以及冷弯（或冷压）成型的薄壁型钢。由工厂生产供应的钢板和型钢等有成套的截面形状和一定的尺寸间隔，称为钢材规格。

1. 热轧钢板

热轧钢板包括厚钢板、薄钢板和扁钢等。厚钢板的厚度为 4.5～60mm，宽度为 600～3000mm，长度为 4～12m，被广泛用于组成焊接构件和连接钢板。薄钢板的厚度为 0.35～4mm，宽度为 500～1500mm，长度为 0.5～4m，是冷弯薄壁型钢的原料。扁钢的厚度为 4～60mm，宽度为 12～200mm，长度为 3～9m。

热轧钢板的表示方法为在钢板横断面符号"-"后加"厚×宽×长"（单位为 mm），如：-12×800×2100。

2. 热轧型钢

热轧型钢包括角钢、工字钢、槽钢、H型钢、T字钢和钢管等（见图2-7）。

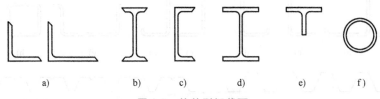

图2-7 热轧型钢截面

a）角钢 b）工字钢 c）槽钢 d）H型钢 e）T字钢 f）钢管

角钢分为等边角钢和不等边角钢两种，主要用来制作桁架等格构式结构的杆件和支撑等连接杆件。等边角钢的表示方法为在符号"L"后加"边长×厚度"，如L 125×8；不等边角钢的表示方法为在符号"L"后加"长边宽×短边宽×厚度"，如L 125×80×8，单位均为mm。角钢的长度一般为3~19m，规格有L 20×3~L 200×24和L 25×16×3~L 200×125×18。

工字钢分为普通工字钢和轻型工字钢。这两种工字钢的两个主轴方向的惯性矩相差较大，不宜单独用作受压构件，而宜用作腹板平面内受弯的构件，或由工字钢与其他型钢组成的组合构件或格构式构件。普通工字钢的型号用符号"工"后加截面高度的厘米数来表示；20号以上的工字钢，又按腹板的厚度不同，同一号数分为a、b或a、b、c等类别，a类腹板较薄；如工36a表示截面高度为36cm的a类工字钢。轻型工字钢的腹板和翼缘均比普通工字钢的薄，因而在相同重量的前提下截面回转半径较大。

H型钢是目前使用很广泛的热轧型钢，与普通工字钢相比，其翼缘板的内外两侧平行，便于与其他构件连接。其基本类型可分为宽翼缘H型钢（代号HW，翼缘宽度b与截面高度h相等）、中翼缘H型钢 [代号HM，$b = (1/2 \sim 2/3)h$] 及窄翼缘H型钢 [代号HN，$b = (1/3 \sim 1/2)h$] 三类。各种H型钢均可剖分为T型钢供应，代号分别为TW、TM、TN。H型钢和剖分T型钢的型号分别为代号后加"高度h×宽度b×腹板厚度t_1×翼缘厚度t_2"，例如HW400×400×13×21和TW200×400×13×21等，单位均为mm。宽翼缘和中翼缘H型钢可用于钢柱等受压构件，窄翼缘H型钢则适用于钢梁等受弯构件。

槽钢分为普通槽钢和轻型槽钢两种，适于作檩条等双向受弯的构件，也可用其组成组合构件或格构式构件。普通槽钢的型号与工字钢相似，如匚36a指截面高度为36cm、腹板厚度为a类的槽钢。号码相同的轻型槽钢，其翼缘和腹板较普通槽钢宽而薄，回转半径较大，重量较轻。

钢管有热轧无缝钢管和由钢板卷焊成的焊接钢管两种。钢管截面对称，外形圆滑，受力性能良好，由于回转半径较大，常用作桁架、网架、网壳等平面和空间格构式结构的杆件，在钢管混凝土柱中也有广泛的应用。规格用符号"φ"后加"外径×壁厚"表示，如φ400×16，单位为mm。

3. 薄壁型钢

薄壁型钢是用薄钢板经模压或弯曲成形，其壁厚一般为1.5~5mm，截面形式和尺寸可按工程要求合理设计，通常有角钢、卷边角钢、槽钢、卷边槽钢、Z型钢、卷边Z型钢、方管、圆管及各种形状的压型钢板等（见图2-8）。压型钢板是近年来开始使用的薄壁型材，是由热轧薄钢板经冷压或冷轧成型的，所用钢板厚度为0.4~2mm，主要用作轻型屋面及墙面等构件。

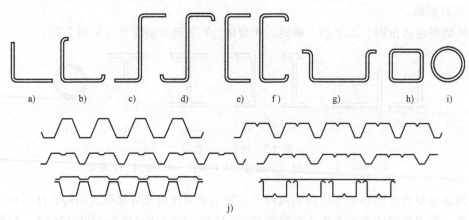

图 2-8　薄壁型钢的截面形式

a）等边角钢　b）等边卷边角钢　c）Z 型钢　d）卷边 Z 型钢　e）槽钢　f）卷边槽钢

g）向外卷边槽钢（帽型钢）　h）方管　i）圆管　j）压型钢板

2.5　钢结构用钢材的选择

2.5.1　钢材的选用原则

钢材的选用既要确保结构物的安全可靠，又要经济合理。为了保证承重结构的承载能力，防止在一定条件下出现脆性破坏，应根据结构或构件的重要性、荷载特性、连接方法、工作条件、钢材厚度等因素综合考虑，选用合适牌号和质量等级的钢材。

（1）结构或构件的重要性　根据建筑结构的重要程度和安全等级选择相应的钢材等级。对重型工业建筑结构、大跨度结构、高层或超高层的民用建筑等重要结构，应选用质量好的钢材。

（2）荷载特性　根据荷载性质的不同，包括静力或动力、经常作用还是偶然作用、满载还是不满载等情况选用适当的钢材，并相应的提出必要的质量保证措施。

（3）连接方法　钢结构的连接方法有焊接和非焊接两种。由于在焊接过程中，会产生焊接变形、焊接应力以及其他焊接缺陷，可能导致结构产生裂纹或脆性断裂，因此采用焊接连接时对材质的要求较严格。相对于非焊接连接的结构而言，焊接连接时所用钢材的碳、硫、磷及其他有害化学元素的含量应较低，塑性和韧性指标要高，焊接性能要好。

（4）工作条件　钢材处于低温时容易发生冷脆，因此在低温条件下工作的结构，尤其是焊接结构，应选用具有良好抗低温脆断能力的镇静钢。露天结构易产生时效，有害介质作用的钢材易腐蚀、疲劳和断裂，也应区别选择。

（5）钢材厚度　厚度大的钢材不但强度较小，而且塑性、冲击韧性和焊接性能也较差。因此，采用厚度大的钢材的焊接结构应采用材质较好的钢材。

2.5.2　《钢结构设计标准》的基本规定

1）承重结构采用的钢材应具有屈服强度、抗拉强度、断后伸长率和硫、磷含量的合格保证，对焊接结构尚应具有碳当量的合格保证。焊接承重结构以及重要的非焊接承重结构采用的钢材应具有冷弯试验的合格保证；对直接承受动力荷载或需验算疲劳的构件所用钢材尚应具有冲击韧性的合格保证。

2）钢材质量等级的选用应符合下列规定：

① A 级钢仅可用于结构工作温度高于 0℃的不需要验算疲劳的结构，且 Q235A 钢不宜用于焊接结构。

② 需验算疲劳的焊接结构：当工作温度高于 0℃时，其钢材的质量等级不应低于 B 级；当工作温度不高于 0℃但高于−20℃时，Q235、Q355 钢不应低于 C 级，Q390、Q420 及 Q460 钢不应低于 D 级；当工作温度不高于−20℃时，Q235、Q355 钢不应低于 D 级，Q390、Q420 及 Q460 钢应选用 E 级。

③ 需验算疲劳的非焊接结构，其钢材质量等级要求可较上述焊接结构降低一级但不应低于 B 级。起重量不小于 50t 的中级工作制吊车梁，其质量等级要求应与需要验算疲劳的构件相同。

3）工作温度不高于−20℃的受拉构件及承重构件的受拉板材应符合下列规定：

① 所用钢材厚度或直径不宜大于 40mm，质量等级不宜低于 C 级。

② 当钢材厚度或直径不小于 40mm 时，质量等级不宜低于 D 级。

③ 重要承重结构的受拉板材宜满足《建筑结构用钢板》的要求。

4）在 T 形、十字形和角形焊接的连接节点中，当其板件厚度不小于 40mm 且沿板厚方向有较高撕裂拉力作用，包括较高约束拉应力作用时，该部位板件钢材宜具有厚度方向抗撕裂性能即 Z 向性能的合格保证，其沿板厚方向断面收缩率不小于按《厚度方向性能钢板》规定的 Z15 级允许限值。钢板厚度方向承载性能等级应根据节点形式、板厚、熔深或焊缝尺寸、焊接时节点拘束度以及预热、后热情况等综合确定。

5）《高强钢结构设计标准》中规定的高强钢的选用原则与第 1）条一致。

本章总结框图

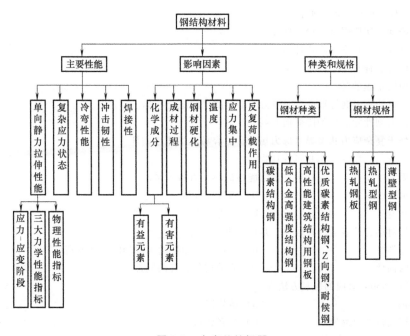

图 2-9 本章总结框图

思　考　题

2-1　何谓钢材的塑性破坏和脆性破坏？它们对钢结构设计有何影响？

2-2　为什么通常取屈服强度作为钢材强度的标准值，而不取抗拉强度？

2-3　钢材有哪几项主要力学性能？各项主要指标可用来衡量钢材哪些方面的性能？

2-4　何谓钢材的焊接性？影响钢材焊接性的化学元素有哪些？

2-5　什么情况下钢材会产生应力集中？应力集中对材性有何影响？

2-6　钢材的化学成分对力学性能有何影响？

2-7　钢材中常见的冶金缺陷有哪些？

2-8　何谓钢材的热处理？热处理对钢材的性能有哪些影响？

2-9　何谓冷作硬化、时效硬化和应变时效硬化？

2-10　随着温度的变化，钢材的力学性能有何变化？

2-11　选择钢材应考虑的因素有哪些？

习　题

2-1　钢材的设计强度是根据_____确定的。

（A）比例极限　　（B）弹性极限　　（C）屈服强度　　（D）抗拉强度

2-2　钢材的伸长率是反映材料_____的性能指标。

（A）承载能力　　　　　　　（B）抵抗荷载冲击能力

（C）弹性变形能力　　　　　（D）塑性变形能力

2-3　四种厚度不同的Q390钢，其中_____钢板设计强度最高。

（A）16mm　　（B）20mm　　（C）60mm　　（D）80mm

2-4　钢材的三大力学性能指标为_____。

（A）抗拉强度、屈服强度、伸长率

（B）抗拉强度、屈服强度、冷弯性能

（C）抗拉强度、伸长率、冷弯性能

（D）屈服强度、伸长率、冷弯性能

2-5　下列说法正确的是_____。

（A）冷弯性能是鉴定钢材塑性应变能力和冶金质量的综合指标。

（B）钢材冲击韧性随温度的降低而升高。

（C）钢材处于复杂应力状态异号应力场时，更容易发生脆性破坏。

（D）随着碳含量的增加，钢材可焊性提高。

2-6　下列因素中_____与钢构件发生脆性破坏无直接关系。

（A）钢材屈服点的大小　　　　（B）钢材碳含量

（C）负温环境　　　　　　　　（D）应力集中

2-7　钢结构对动力荷载适应性较强，是由于钢材具有_____。

（A）良好的塑性　　　　　　　（B）钢材冲击韧性随温度的降低而升高

（C）良好的韧性　　　　　　　（D）质地均匀、各向同性

2-8　高强钢Q550M对应的脱氧方法为_____。

（A）沸腾钢　　　　　　　　　（B）镇静钢

（C）镇静钢或特殊镇静钢　　　（D）三者皆可

第3章 钢结构的连接

本章导读

➤ **内容及要求** 钢结构的连接方法，焊缝连接的特性，对接焊缝的构造要求和计算，角焊缝的构造要求和计算，焊接残余应力和焊接残余变形，螺栓连接的排列和构造要求，普通螺栓连接的工作性能和计算以及高强度螺栓连接的工作性能和计算。通过本章学习，应了解焊缝连接形式和焊缝形式，焊缝缺陷及质量检验，焊缝表示方法；熟悉减少焊接残余应力和残余变形的方法，高强度螺栓预拉力的施加方法和摩擦面的处理方法；掌握钢结构对连接的要求及连接方法，焊接连接的特性、构造和计算，普通螺栓连接的性能和计算，高强度螺栓连接的性能和计算。

➤ **重点** 角焊缝的计算，普通螺栓和高强度螺栓连接的计算。

➤ **难点** 角焊缝在轴心力、弯矩和扭矩作用下的计算，普通螺栓及高强度螺栓的受剪和受拉计算。

3.1 钢结构的连接方法和特点

钢结构的连接是将型钢或钢板等组合成构件，并将各构件组装成整个结构的节点和关键部件。连接的方法及其质量优劣直接影响钢结构的工作性能。因此，在进行连接的设计时，必须遵循安全可靠、传力明确、构造简单、制造方便和节约钢材的原则，根据环境条件和作用力性质选择其连接方法。

钢结构的连接方法通常有焊接连接、螺栓连接和铆钉连接三种，后两种又通称为紧固件连接（见图3-1）。

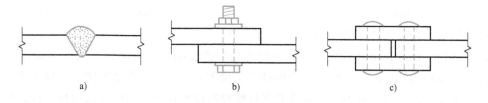

a)   b)   c)

图 3-1 钢结构的连接方法

a）焊接连接 b）螺栓连接 c）铆钉连接

3.1.1 焊接连接

焊接连接是通过高温使连接处的钢材熔化，然后冷却从而连成一体的方法，是现代钢结构最主要的连接方式（见图 3-2）。其优点是：

1）构造简单，对几何形体适应性强，任何形式的构件均可直接连接。

2）不削弱截面，省工省材。

3）制作加工方便，可实现自动化操作，工效高，质量可靠。

4）连接的密闭性好，刚度大。

焊接连接的缺点是：

1）在焊缝附近的热影响区内，钢材的金相组织发生改变，导致局部材质劣化变脆。

2）焊接残余应力和残余变形使受压构件的承载力降低。

图 3-2 焊接钢构件

3）焊接结构对裂纹很敏感，一旦发生局部裂纹，就容易扩展到整体，低温冷脆问题较为突出。

4）对材质要求高，焊接程序严格，质量检验工作量大。

3.1.2 螺栓连接

螺栓连接是通过预先在被连接件上开设螺栓孔，然后用螺栓紧固件紧固连接的方法（见图 3-3）。其优点是装拆便利，不需要特殊设备。螺栓连接可分为普通螺栓连接和高强度螺栓连接两种。

普通螺栓分为 A、B 和 C 三级。A 级、B 级螺栓由毛坯在车床上经过切削加工精制而成，螺杆直径与螺栓孔径相同，对成孔质量要求高，因而受剪性能好。但制造和安装复杂，价格较高，已很少在钢结构中采用。C 级螺栓由未经加工的圆钢压制而成，螺栓杆与螺栓孔之间有较大的间隙，受剪力作用时将会产生较大的剪切滑移。但安装方便，能够有效地传承拉力，故一般可用于沿螺栓杆轴向受拉的连接中，以及次要结构的抗剪连接、可拆卸结构的连接或安装时的临时固定。

图 3-3 螺栓连接网架节点

高强度螺栓连接分为摩擦型连接和承压型连接，需要螺栓、螺母和垫圈（合称为高强度螺栓的连接副）配套而成。其安装时需通过特别的扳手，以较大的扭矩旋紧螺母，使螺杆产生很大的预拉力，将被连接的部件夹紧。当以部件的接触面摩擦力传递剪力时，称为高强度螺栓摩擦型连接。当同普通螺栓一样，允许接触面滑移，依靠螺栓受剪和孔壁承压来传递剪力时，称为高强度螺栓承压型连接。摩擦型连接的优点是施工较简单，可拆换，连接的剪切变形小，动力工作性能好，耐疲劳，韧性好，包含了普通螺栓和铆钉连接的各自优点，目前已成为代替铆钉连接的优良连接形式，特别适用于承受动力荷载的结构。承压型连接的承载力一般高于摩擦型连接，但整体性、刚度均较差，剪切变形大，强度储备相对较低，故不得用于承受动力荷载的结构中。

3.1.3 铆钉连接

铆钉连接是利用铆钉将两个或两个以上的元件（一般为板材或型材）连接在一起的一种不可拆卸的静连接方法（见图3-4），按其制造方式有热铆和冷铆之分。热铆是把加热到 $900\sim1000℃$ 的钉坯插入构件的钉孔中，用铆钉枪或压铆机铆合而成。冷铆是在常温下铆合而成。在建筑钢结构中一般都采用热铆。

铆钉的材料应有良好的塑性，通常采用专用钢材（BL2钢和BL3钢）制成。

铆钉打铆完成后，钉杆充满钉孔，钉杆由高温逐渐冷却而发生收缩，但被钉头之间的钢板阻止住，故钉杆中产生收缩拉应力，对钢板则产生压紧力，使得连接十分紧密。当构件受剪力作用时，钢板接触面上产生很大的摩擦力，因而大大提高连接的工作性能。

图3-4 铆钉连接支座

铆钉连接的质量和受力性能与钉孔的制作方法密切相关。钉孔的制作方法分为Ⅰ、Ⅱ两类。Ⅰ类孔是用钻模钻成，或先冲成较小的孔，装配时再扩钻而成，孔的对准精度高，内壁光滑，孔的轴线垂直于被连接板件的接触面，孔的质量好。Ⅱ类孔是冲成或不用钻模钻成，虽然制法简单，但构件拼装时钉孔不易对齐，质量较差。重要的结构应该采用Ⅰ类孔。

与焊缝连接比较，铆钉连接的钢结构塑性和韧性好，质量易于检查，传力可靠，动力工作性能好，对主体钢材的材质要求低。但是铆钉连接的构造复杂，制孔和打铆费工、费料，钉孔削弱主材截面。因此，除了在一些重型和直接承受动力荷载的结构中有时仍有应用外，一般建筑钢结构中已很少采用。

3.2 焊缝连接的设计规定、形式和焊缝的质量等级

3.2.1 焊缝连接的设计规定

焊缝连接构造设计应符合《钢结构设计标准》的规定：

1）尽量减少焊缝的数量和尺寸。

2）焊缝的布置宜对称于构件截面的形心轴。

3）节点区留有足够空间，便于焊接操作和焊后检测。

4）应避免焊缝密集和双向、三向相交。

5）焊缝位置宜避开最大应力区。

6）焊缝连接宜选择等强匹配；当不同强度的钢材连接时，可采用与低强度钢材相匹配的焊接材料。

3.2.2 常用的焊接方法

钢结构常用的焊接方法有电弧焊、气体保护焊、电阻焊和气焊等，电弧焊又分为焊条电弧焊（手工焊）、自动（或半自动）埋弧焊。

1. 焊条电弧焊

焊条电弧焊是最常用的一种焊接方法（见图3-5），通电后，在涂有药皮的焊条和焊件之间产生电弧，电弧提供温度可高达3000℃的热源，使焊条中的焊丝熔化，滴落在焊件上被电弧所吹成的小凹槽熔池中，由焊条药皮形成的熔渣和气体覆盖着熔池，防止空气中的氧、氮等气体与熔化的液体金属接触，避免形成脆性易裂的化合物，焊缝金属冷却后把被连接件连成一体。

焊条电弧焊的设备简单，操作灵活方便，适于任意空间位置的焊接，特别适于焊接短焊缝。但焊条电弧焊生产效率低，劳动强度大，焊接质量与焊工的技术水平和精神状态有很大关系。

焊条电弧焊所用的焊条应与主体钢材相适应，例如，对Q235钢采用E43型（E43××）和E50型（E50××-X）焊条；对Q355钢和Q390钢采用E50型和E55型（E55××-X）焊条；对Q420钢和Q460钢采用E55型和E60型（E60××-X）焊条。焊条型号中字母E表示焊条，前两位数字为熔敷金属的最小抗拉强度（单位为N/mm²）。例如，E43型焊条的熔敷金属的抗拉强度 $f_u \geq 430 \mathrm{N/mm^2}$。第三、四位数字××表示适用焊接位置、电流以及药皮类型等。E50型以上低合金钢焊条型号中半字线后面的字母X代表熔敷金属化学成分分类代号等。具体规定详见《非合金钢及细晶粒钢焊条》和《热强钢焊条》。不同钢种的钢材相焊接时，如Q235钢与Q355钢相焊接，宜采用与低强度钢材相适应的焊条。其熔敷金属的力学性能应符合设计规定，且不低于相应母材标准的下限值。对直接承受动力荷载或需要疲劳验算的结构，以及低温环境下工作的厚板结构，宜采用低氢型焊条。

2. 自动（或半自动）埋弧焊

埋弧焊是电弧在焊剂层下燃烧的一种电弧焊方法。焊丝送进和焊机的移动有专门机构控制的称自动埋弧焊；焊丝送进有专门机构控制，而焊机的移动靠人工操作的称半自动埋弧焊（见图3-6）。埋弧焊的焊丝不涂药皮，但施焊端被由焊剂漏头自动流下的颗粒状焊剂所覆

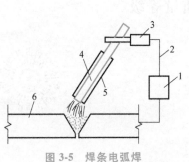

图3-5 焊条电弧焊

1—电源 2—导线 3—焊钳
4—焊条芯 5—药皮 6—焊件

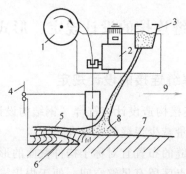

图3-6 （半）自动埋弧焊

1—焊丝转盘 2—转动焊丝的电动机 3—焊剂漏斗 4—电源
5—熔渣 6—焊缝金属 7—焊件 8—焊剂 9—移动方向

盖，电弧完全被埋在焊剂之内，电弧热量集中，熔深大，适于厚板的焊接，具有很高的生产效率。由于采用了自动或半自动化操作，焊接时的工艺条件稳定，焊缝的化学成分均匀、质量好，焊件变形小。同时，较高的焊速也减小了热影响区的范围。但埋弧对焊件边缘的装配精度（如间隙）要求比焊条电弧焊高。

埋弧焊所用的焊丝和焊剂应与主体钢材的力学性能相适应，并应符合《埋弧焊用非合金钢及细晶粒钢实心焊丝、药芯焊丝和焊丝-焊剂组合分类要求》和《埋弧焊用热强钢实心焊丝、药芯焊丝和焊丝-焊剂组合分类要求》的规定。其熔敷金属的力学性能应符合设计规定，且不低于相应母材标准的下限值。

3. 气体保护焊

气体保护焊是利用 CO_2 气体或其他惰性气体作为保护介质的一种电弧熔焊方法，直接依靠保护气体在电弧周围形成局部保护层，以防止有害气体的侵入并保证了焊接过程的稳定性。在合金钢和有色金属的焊接中，CO_2 气体保护焊应用最广泛。CO_2 气体保护焊的保护气体有纯 CO_2 和 CO_2 与 Ar（氩气）的混合气体两种类型，其中，Ar 与 20%的 CO_2 的混合气体能获得最稳定的电弧，多在焊接较重要的结构中使用。

气体保护焊的焊缝熔化区没有熔渣，焊工能够清楚地看到焊缝成形的过程。由于保护气体是喷射的，有助于熔滴的过渡。由于热量集中，焊接速度快，焊件熔深大，故所形成的焊缝强度比焊条电弧焊高，塑性和耐蚀性好，适用于全位置的焊接。但在风速较大的环境中施焊时，需搭防风棚。

4. 电阻焊

电阻焊是利用电流通过焊件接触点表面电阻所产生的热来熔化金属，再通过加压使其焊合（见图3-7）。电阻焊只适用于板叠厚度不大于12mm的焊接。对冷弯薄壁型钢构件，电阻焊可用来缀合壁厚不超过5mm的构件，如将两个冷弯槽钢或C型钢组合成工字截面构件等。

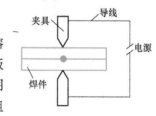

图 3-7 电阻焊

5. 气焊

气焊是利用 C_2H_2（乙炔）在氧气中燃烧形成的高温使焊条和焊件金属熔化形成焊缝，而把被连接件连接在一起的焊接方法。气焊用于薄钢板的焊接或小型结构的连接；另外，在没有电源的地方，也可以用气焊施焊。

3.2.3 焊接连接的形式

焊接连接的形式（见图3-8），按被连接件的相互位置可分为对接（也称为平接）连接、搭接连接、T形连接和角接连接四种，其中，对接连接又分为采用拼接盖板的对接连接和采用拼接板的对接连接。这些连接所采用的焊缝主要有对接焊缝和角焊缝。

对接连接主要用于厚度相同或接近相同的两构件的相互连接。采用对接焊缝的对接连接（见图3-8a），由于相互连接的两构件在同一个平面内，因而传力均匀平缓，没有明显的应力集中，且用料经济，但是焊件边缘需要加工，被连接两板的间隙和坡口尺寸有严格的要求。采用双层拼接盖板和角焊缝的对接连接（见图3-8b），传力不均匀、费料，但施工简便，所连接两板的间隙大小无须严格控制。采用拼接板和角焊缝的对接连接（见图3-8c），传力均匀，但施工复杂、费料，所连接两板需正对齐地分别与拼接板相连接。采用双角钢、节点板和角焊缝的搭接连接（见图 3-8d），比较费料，但传力均匀、施工简便，广泛应用于钢桁架结构中。T 形连接省工省料，常用于制作组合截面。当采用角焊缝连接时（见图 3-8e），焊件间存在缝隙，截面突变，应力集中现象严重，疲劳强度较低，可用于不直接承受动力荷载的结构连接。对于直接承受动力荷载的结构，如吊车梁上翼缘与腹板的连接，可采用如图 3-8f 所示焊透的 T 形对接 K 形坡口焊缝进行连接。

角接连接（见图 3-8g、h）主要用于制作箱形截面。

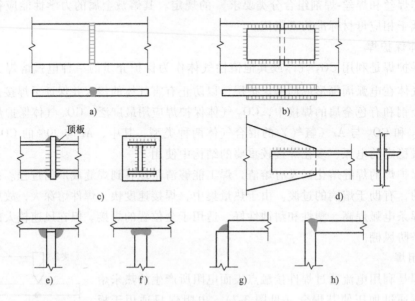

图 3-8 焊接连接的形式

a）对接连接　b）用双层拼接盖板和角焊缝的对接连接　c）用拼接板和角焊缝的对接连接

d）搭接连接　e）、f）T 形连接　g）、h）角接连接

3.2.4 焊缝的形式

1. 对接焊缝

对接焊缝按所受力的方向可分为正对接焊缝（见图 3-9a）和斜对接焊缝（见图 3-9b）。对接焊缝的焊件常需加工成坡口，故又叫坡口焊缝。焊缝金属填充在坡口内，所以对接焊缝是被连接件的组成部分。

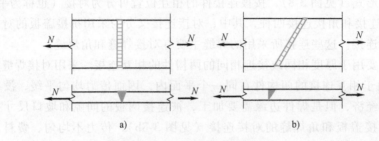

图 3-9 对接焊缝的形式

a）正对接焊缝　b）斜对接焊缝

2. 角焊缝

角焊缝按其与作用力的关系可分为：焊缝长度方向与作用力垂直的正面角焊缝、焊缝长度方向与作用力平行的侧面角焊缝和斜焊缝（见图 3-10）。

角焊缝按其截面形式可分为直角角焊缝和斜角角焊缝。

两焊脚边的夹角为 90° 的焊缝称为直角角焊缝，直角边边长 h_f 称为角焊缝的焊脚尺寸，$h_e = 0.7h_f$ 为直角角焊缝的计算厚度。直角角焊缝通常做成表面微凸的等腰直角三角形截面（见图 3-11a）。在直接承受动力荷载

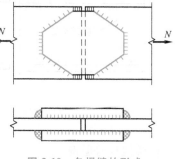

图 3-10　角焊缝的形式

的结构中，正面角焊缝的截面常采用如图 3-11b 所示的坦式，侧面角焊缝的截面则做成凹面式（见图 3-11c）。

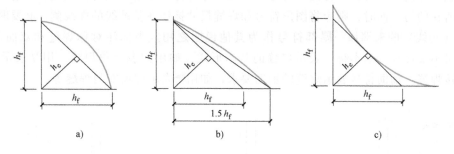

图 3-11　直角角焊缝截面

两焊脚边的夹角 $\alpha > 90°$ 或 $\alpha < 90°$ 的焊缝称为斜角角焊缝（见图 3-12）。斜角角焊缝常用于料仓壁板、钢漏斗和钢管结构的 T 形接头连接中。对于夹角 $\alpha > 135°$ 或 $\alpha < 60°$ 的斜角角焊缝，除钢管结构外，不宜用作受力焊缝。

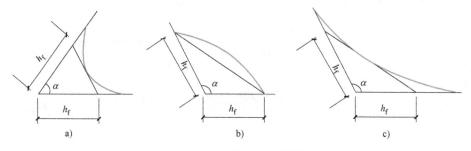

图 3-12　斜角角焊缝截面

焊缝沿长度方向布置分为连续角焊缝和断续角焊缝两种（见图 3-13）。连续角焊缝的受力性能较好，为主要的角焊缝形式。断续角焊缝的起、灭弧处容易引起应力集中，重要构件应避免采用，腐蚀环境中也不宜采用，只能用于一些次要构件的连接或受力很小的连接中。断续角焊段的长度不得小于 $10h_f$ 或 50mm；其间断距离 e 不宜过长，以免连接不紧密，潮气侵入引起构件锈蚀，一般应满足在受压构件中 $e \leqslant 15t$；在受拉构件中 $e \leqslant 30t$，其中，t 为较薄焊件的厚度。腐蚀环境中不宜采用断续角焊缝。

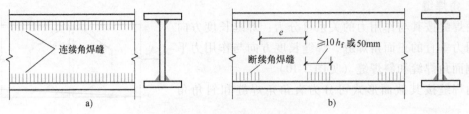

图 3-13 连续角焊缝和断续角焊缝

a) 连续角焊缝 b) 断续角焊缝

3. 焊缝代号图例

《焊缝符号表示法》规定：焊缝代号由指引线、基本符号和辅助符号等部分组成。指引线由箭头线和两条基准线（一条为实线、另一条为虚线）组成（见图3-14）。箭头指到图形上的相应焊缝处，基准线的实线侧或虚线侧用来标注图形符号和焊缝尺寸。当指引线的箭头指向焊缝所在的一面时，应将图形符号和焊缝尺寸等标注在基准线的实线侧；当箭头指向对应焊缝所在的另一面时，则应将图形符号和焊缝尺寸标注在基准线的虚线侧。必要时，可在基准线（实线）的末端加一尾部符号作为其他说明之用。当标注对称焊缝和双面焊缝时，基准线可不加虚线。基本符号表示焊缝的基本形式，如用△表示角焊缝，用 $\bigvee$ 表示 V 形坡口的对接焊缝。辅助符号表示焊缝的辅助要求，如用 $\blacktriangleright$ 表示现场安装焊缝等。

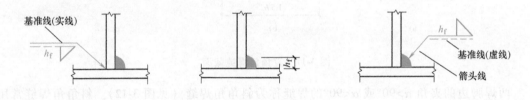

图 3-14 焊缝符号表示示例

表 3-1 列出了一些常用的焊缝表示方法，可供设计时参考。

表 3-1 常用的焊缝表示方法

名称		焊缝示意图	符号	示例
基本符号	I 形焊缝		$\parallel$	
	V 形焊缝		$\bigvee$	
	单边 V 形焊缝		$\bigvee$	

（续）

名称		焊缝示意图	符号	示例
基本符号	带钝边 V 形焊缝		Y	
	带钝边 U 形焊缝		Y	
	角焊缝		◁	
	封底焊缝		⌄	
	点焊缝		○	
	塞焊缝与槽焊缝		⊓	
辅助符号	平面符号		—	
	凹面符号		⌣	
补充符号	三面围焊符号		⊏	

（续）

名称		焊缝示意图	符号	示例
补充符号	周边围焊符号		○	
	现场焊符号		▸	或
	焊缝底部有垫板的符号			
	尾部符号		<	

当焊缝分布比较复杂或用上述标注方法不能表达清楚时，在标注焊缝代号的同时，可在图形上加栅线表示（见图 3-15）。

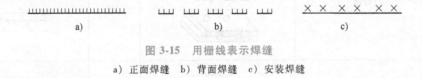

图 3-15　用栅线表示焊缝

a）正面焊缝　b）背面焊缝　c）安装焊缝

3.2.5　焊缝的施焊位置

焊缝按施焊位置分为平焊、立焊、横焊及仰焊（见图 3-16）。平焊（又称俯焊）施焊方便，质量最好。立焊和横焊要求焊工的操作水平比较高，焊缝质量及生产效率比平焊差一些。仰焊的操作条件最差，焊缝质量不易保证，因此应尽量避免采用仰焊。

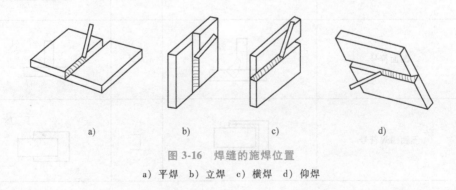

图 3-16　焊缝的施焊位置

a）平焊　b）立焊　c）横焊　d）仰焊

3.2.6 焊缝的缺陷、质量检验及质量等级

1. 焊缝的缺陷

焊缝的缺陷是指焊接过程中产生于焊缝金属或附近热影响区钢材表面或内部的缺陷。常见的缺陷有裂纹、气孔、烧穿、夹渣、未焊透、未熔合、咬边、焊瘤等（见图 3-17）；以及焊缝尺寸不符合要求、焊缝成形不良等。裂纹是焊缝连接中最危险的缺陷。产生裂纹的原因很多，如钢材的化学成分不当、焊接工艺条件（如电流、电压、焊速、施焊次序等）选择不合适、焊件表面油污未清除干净等。

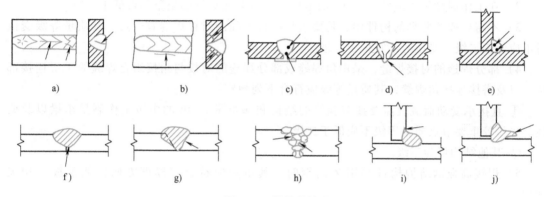

图 3-17 焊缝的缺陷

a）热裂纹 b）冷裂纹 c）气孔 d）烧穿 e）夹渣 f）根部未焊透
g）边缘未熔合 h）层间未熔合 i）咬边 j）焊瘤

2. 焊缝的质量检验

焊缝缺陷的存在将削弱焊缝的受力面积，在缺陷处产生应力集中，对连接的强度、冲击韧性及冷弯性能等均有不利影响。因此，焊缝质量检验极为重要。

焊缝质量检验一般可用外观检查以及无损检查，前者检查外观缺陷和几何尺寸，后者检查内部缺陷。无损检查有超声波探伤和 X 射线探伤，采用超声波无损探伤，操作简单快速、灵活、经济，对内部缺陷反应灵敏，应用广泛。但厚度小于 8mm 钢材的对接焊缝，若用超声波探伤确定焊缝质量等级，结果不太可靠，应采用 X 射线探伤，否则，焊缝的强度设计值只能采用三级焊缝。

《钢结构工程施工质量验收标准》规定，焊缝按其检验方法和质量要求分为一级、二级和三级，其中三级焊缝只要求通过外观检查，即检查焊缝实际尺寸是否符合设计要求和有无看得见的裂纹、咬边等缺陷。在进行外观检查时，若存在异议，则采用渗透或磁粉探伤检查。对于重要结构或要求焊缝金属强度等于被焊金属强度的对接焊缝，必须进行一级或二级质量检验，即在外观检查的基础上再做无损检验。其中二级要求用超声波检验每条焊缝长度的 20%；一级要求用超声波检验整条焊缝，以便揭示焊缝内部缺陷；探伤总长度不应小于200mm。当超声波探伤不能对缺陷做出判断时，应采射线探伤，探伤比例和长度同超声波检验。

3. 焊缝的质量等级要求

《钢结构设计标准》规定，焊缝的质量等级应根据结构的重要性、荷载特性、焊缝形式、工作环境以及应力状态等情况，按下列原则选用：

1）在承受动荷载且需要进行疲劳验算的构件中，凡要求与母材等强连接的焊缝应焊透，其质量等级应符合下列规定：

① 作用力垂直于焊缝长度方向的横向对接焊缝或 T 形对接与角接组合焊缝，受拉时应为一级，受压时不应低于二级。

② 作用力平行于焊缝长度方向的纵向对接焊缝不应低于二级。

③ 重级工作制（A6~A8）和起重量 $Q \geqslant 50t$ 的中级工作制（A4、A5）吊车梁的腹板与上翼缘之间以及吊车桁架上弦杆与节点板之间的 T 形连接部位焊缝应焊透，焊缝形式宜为对接与角接的组合焊缝，其质量等级不应低于二级。

2）在工作温度等于或低于 −20℃ 的地区，构件对接焊缝的质量不得低于二级。

3）不需要疲劳验算的构件中，凡要求与母材等强的对接焊缝宜焊透，其质量等级受拉时不应低于二级，受压时不宜低于二级。

4）部分焊透的对接焊缝，采用角焊缝或部分焊透的对接与角接组合焊缝的 T 形连接部位，以及搭接连接角焊缝，其质量等级应符合下列规定：

① 直接承受动荷载且需要疲劳验算的结构和起重量 $\geqslant 50t$ 的中级工作制吊车梁以及梁柱、牛腿等重要节点质量等级不应低于二级。

② 其他结构可为三级。

5）焊接高强钢结构构件采用 Z 向钢时，其质量应符合《厚度方向性能钢板》相关规定。

3.3 对接焊缝的构造要求和计算

3.3.1 对接焊缝的构造要求

对接焊缝的焊件常需做成坡口，故又称为坡口焊缝。坡口形式与焊件厚度有关。当焊件厚度很小（焊条电弧焊 $t \leqslant 6mm$，埋弧焊 $t \leqslant 10mm$）时，可用直边缝（见图 3-18a）。对于一般厚度的焊件（$t = 10 \sim 20mm$）可采用具有斜坡口的单边 V 形或 V 形焊缝（见图 3-18b、c）。斜坡口和根部间隙 c 共同组成一个焊条能够运转的施焊空间，使焊缝易于焊透；钝边 p 有托住熔化金属的作用。对于较厚的焊件（$t > 20mm$），则采用 U 形、K 形和 X 形坡口（见图 3-18d、

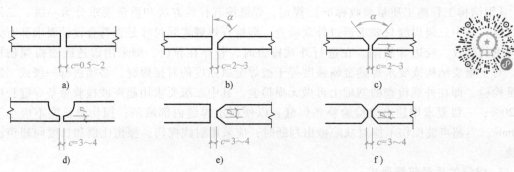

图 3-18　对接焊缝的坡口形式

a）直边缝　b）单边 V 形坡口　c）V 形坡口　d）U 形坡口　e）K 形坡口　f）X 形坡口

e、f)。对于 V 形焊缝和 U 形焊缝需对焊缝根部进行补焊。对接焊缝坡口形式的选用，应根据板厚和施工条件按《钢结构焊接规范》的要求进行选择。

在对接焊缝的拼接处，当焊件的宽度或厚度不同时，应分别在宽度方向或厚度方向从一侧或两侧做成坡度不大于 1：2.5 的斜角（见图 3-19），以使截面过渡平缓，减小应力集中。

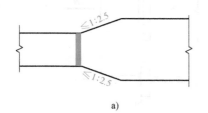

a)   b)

图 3-19　不等宽度或厚度钢板的拼接

a）钢板不等宽度　b）钢板不等厚度

在焊缝的起、灭弧处，常会出现"弧坑"等缺陷，这些缺陷对承载力影响极大，故焊接时一般应设置引弧板和引出板（见图 3-20），焊后将它们割除。对受静力荷载的结构设置引弧（出）板有困难时，允许不设置引弧（出）板，此时，可令焊缝计算长度等于实际长度减 2t（此处 t 为较薄焊件的厚度）。

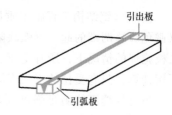

图 3-20　用引弧板和引出板焊接

3.3.2　焊透的对接焊缝的计算

焊透的对接焊缝的强度与所用钢材的牌号、焊条型号及焊缝质量的检验标准等因素有关。

如果焊缝中不存在任何缺陷，焊缝金属的强度是高于母材的。试验证明，焊接缺陷对受压、受剪的对接焊缝影响不大，故可以认为受压、受剪的对接焊缝与母材强度相等，但受拉的对接焊缝对缺陷甚为敏感，当缺陷面积与焊缝面积之比超过 5% 时，对接焊缝的抗拉强度将明显下降。由于质量等级为三级的焊缝允许存在的缺陷较多，故其抗拉强度取为母材强度的 85%，而质量等级为一、二级的焊缝的抗拉强度可认为与母材强度相等。焊缝的强度指标见附录中表 A-4。

由于对接焊缝可以看成是焊件截面的延续，焊缝中的应力分布基本上与焊件的情况相同，因此除考虑焊缝长度是否减少和焊缝强度是否折减外，对接焊缝的计算方法与构件的强度计算完全相同。

1. 轴心力作用的对接焊缝

在对接接头和 T 形接头中，垂直于轴心拉力或轴心压力的对接焊缝（见图 3-21），其强度应按下式计算

$$\sigma = \frac{N}{l_w t} \leqslant f_t^w \ 或 \ f_c^w \tag{3-1}$$

式中　N——轴心拉力或压力设计值；

　　　l_w——焊缝的计算长度。当未采用引弧板时，取实际长度减去 $2t$；

t——对接接头中为连接件的较小厚度，T 形接头中为腹板厚度；

f_t^w、f_c^w——对接焊缝的抗拉、抗压强度设计值，取值见附录表 A-4。

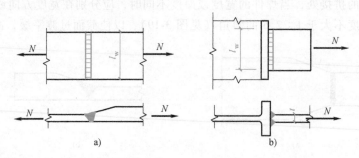

图 3-21　直对接焊缝

a）对接接头　b）T 形接头

　　按照《钢结构工程施工质量验收标准》的规定：一、二级对接焊缝施焊时应加引弧板，以避免焊缝两端的起、灭弧缺陷。这样，焊缝计算长度应取为实际长度。因此，在一般加引弧板施焊的情况下，所有受压、受剪的对接焊缝以及受拉的一、二级焊缝，均与母材等强，不用计算，只有受拉的三级焊缝才需要进行强度计算。

　　当直焊缝不能满足强度要求时，可采用斜对接焊缝。图 3-22 所示的轴心受拉斜焊缝，可按下列公式计算

$$\sigma = \frac{N\sin\theta}{l_w t} \leqslant f_t^w \tag{3-2}$$

$$\tau = \frac{N\cos\theta}{l_w t} \leqslant f_v^w \tag{3-3}$$

式中　l_w——焊缝的计算长度。当采用引弧板时，取 $l_w = b/\sin\theta$；当不采用引弧板时，取 $l_w = b/\sin\theta - 2t$；

f_v^w——对接焊缝的抗剪强度设计值，取值见附录表 A-4。

当斜焊缝倾角 $\theta \leqslant 56.3°$，即 $\tan\theta \leqslant 1.5$ 时，可认为与母材等强，不用计算。

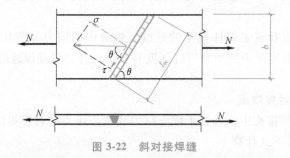

图 3-22　斜对接焊缝

　　【例 3-1】　试验算如图 3-23 所示钢板的对接焊缝的强度。图中 $a = 520\text{mm}$，$t = 20\text{mm}$，轴心力设计值为 $N = 2000\text{kN}$。钢材为 Q235，焊条电弧焊，焊条为 E43 型，焊缝质量等级三级，施焊时加引弧板。

　　解：直缝连接的计算长度 $l_w = 520\text{mm}$。依据题中条件，查附录表 A-4 知 $f_t^w = 175\text{N/mm}^2$，

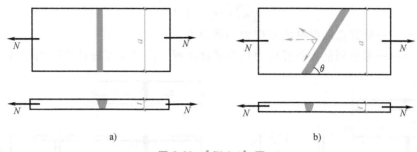

a)   b)

图 3-23 【例 3-1】图

$f_v^w = 120\text{N}/\text{mm}^2$。焊缝正应力为

$$\sigma = \frac{N}{l_w t} = \frac{2000 \times 10^3}{520 \times 20}\text{N}/\text{mm}^2 = 192.3\text{N}/\text{mm}^2 > f_t^w = 175\text{N}/\text{mm}^2 (\text{不满足要求})$$

改用斜对接焊缝，取截割斜度为 1.5：1，即 $\theta = 56.3°$，焊缝长度 $l_w = \dfrac{a}{\sin\theta} = \dfrac{520}{\sin56.3°}\text{mm} =$ 625mm。此时，焊缝正应力为

$$\sigma = \frac{N\sin\theta}{l_w t} = \frac{2000 \times 10^3 \times \sin56.3°}{625 \times 20}\text{N}/\text{mm}^2 = 133.1\text{N}/\text{mm}^2 < f_t^w = 175\text{N}/\text{mm}^2$$

焊缝剪正应力为

$$\tau = \frac{N\cos\theta}{l_w t} = \frac{2000 \times 10^3 \times \cos56.3°}{625 \times 20}\text{N}/\text{mm}^2 = 88.8\text{N}/\text{mm}^2 < f_v^w = 120\text{N}/\text{mm}^2$$

这说明当 $\tan\theta \leq 1.5$ 时，焊缝强度能够保证，可不必验算。

2. 弯矩和剪力共同作用的对接焊缝

图 3-24a 所示对接焊缝受到弯矩和剪力的共同作用，由于焊缝截面是矩形，正应力与剪应力图形分别为三角形与抛物线形，其最大值应分别满足下列强度条件

$$\sigma = \frac{M}{W_w} \leqslant f_t^w \tag{3-4}$$

$$\tau = \frac{VS_w}{I_w t} \leqslant f_v^w \tag{3-5}$$

式中 W_w——焊缝有效截面的截面模量；

$\quad\quad\; S_w$——焊缝有效截面的截面面积矩；

$\quad\quad\; I_w$——焊缝有效截面的截面惯性矩。

对矩形截面的焊缝，最大正应力和最大剪应力还可以分别用下式进行计算

$$\sigma = \frac{6M}{l_w^2 t}$$

$$\tau = \frac{3}{2} \times \frac{V}{l_w t}$$

图 3-24b 所示工字形或 H 形截面梁的接头，采用对接焊缝，除应分别用式（3-4）、式（3-5）验算最大正应力和剪应力外，对于同时受较大正应力和较大剪应力处，如腹板与翼缘的交界处，还应按下式验算折算应力

$$\sqrt{\sigma_1^2 + 3\tau_1^2} \le 1.1 f_t^w \tag{3-6}$$

式中 σ_1、τ_1——验算点处焊缝的正应力和剪应力;

         1.1——考虑到最大折算应力只在局部出现,而将强度设计值适当提高所需系数。

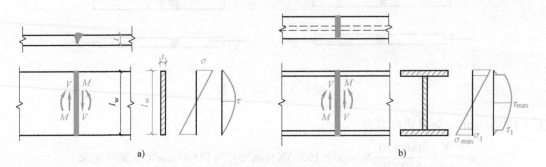

图 3-24   对接焊缝受弯矩和剪力共同作用

a) 矩形截面   b) 工字形截面

3. 轴心力、弯矩和剪力共同作用的对接焊缝

当轴心力与弯矩、剪力共同作用时,焊缝的最大正应力为轴心力和弯矩引起的应力之和,剪应力、折算应力仍分别按式(3-5)和式(3-6)验算。

【例 3-2】   验算如图 3-25 所示工字形截面牛腿与钢柱连接的对接焊缝强度。荷载设计值 $F = 520\text{kN}$,偏心距 $e = 300\text{mm}$。采用 Q235 钢材,E43 型焊条,焊条电弧焊。焊缝质量等级为三级,使用引弧板。

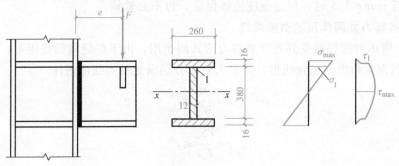

图 3-25   【例 3-2】图

解: 查附录表 A-4 知 $f_t^w = 185\text{N/mm}^2$,$f_v^w = 125\text{N/mm}^2$。焊缝受力为

$$V = F = 520\text{kN}, M = Fe = 520\text{kN} \times 0.3\text{m} = 156\text{kN} \cdot \text{m}$$

对接焊缝的计算截面与牛腿的截面相同,因而

$$I_x = \frac{1}{12} \times 12 \times 380^3 \text{mm}^4 + 2 \times 16 \times 260 \times 198^2 \text{mm}^4 = 3.81 \times 10^8 \text{mm}^4$$

$$S_x = 260 \times 16 \times 198 \text{mm}^3 + 190 \times 12 \times \frac{190}{2} \text{mm}^3 = 1040280 \text{mm}^3$$

$$S_{x1} = 260 \times 16 \times 198 \text{mm}^3 = 823680 \text{mm}^3$$

最大正应力为

$$\sigma_{\max} = \frac{M}{I_x} \times \frac{h}{2} = \frac{156 \times 10^6}{3.81 \times 10^8} \times 206 \text{N/mm}^2 = 84.3 \text{N/mm}^2 < f_t^w = 185 \text{N/mm}^2$$

最大剪应力为

$$\tau_{\max} = \frac{VS_x}{I_x t} = \frac{520 \times 10^3 \times 1040280}{3.81 \times 10^8 \times 12} \text{N/mm}^2 = 118.3 \text{N/mm}^2 < f_v^w = 125 \text{N/mm}^2$$

上翼缘与腹板交界处"1"点的正应力为

$$\sigma_1 = \sigma_{\max} \times \frac{h_1}{h} = 84.3 \times \frac{380}{412} \text{N/mm}^2 = 77.8 \text{N/mm}^2$$

上翼缘与腹板交界处剪应力为

$$\tau_1 = \frac{VS_{x1}}{I_x t} = \frac{520 \times 10^3 \times 823680}{3.81 \times 10^8 \times 12} \text{N/mm}^2 = 93.7 \text{N/mm}^2$$

由于"1"点同时受有较大的正应力和剪应力,其折算应力

$$\sqrt{\sigma_1^2 + 3\tau_1^2} = \sqrt{77.8^2 + 3 \times 93.7^2} \text{N/mm}^2 = 180.0 \text{N/mm}^2$$

$$< 1.1 f_t^w = 1.1 \times 185 \text{N/mm}^2 = 203.5 \text{N/mm}^2 \quad (满足要求)$$

【例 3-3】 验算图 3-26 所示 T 形截面牛腿与柱翼缘连接的对接焊缝。牛腿翼缘板宽 130mm,腹板高 200mm,厚 10mm。牛腿承受竖向荷载设计值 $V = 90\text{kN}$,力作用点到焊缝截面距离 $e = 200\text{mm}$。钢材为 Q235,焊条 E43 型,焊缝质量标准为三级,施焊时不加引弧板。

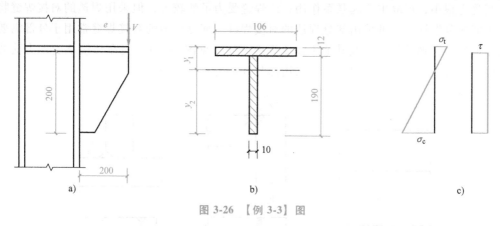

图 3-26 【例 3-3】图

解:查附录表 A-4 知 $f_c^w = 215 \text{kN/mm}^2$,$f_t^w = 185 \text{kN/mm}^2$,$f_v^w = 125 \text{kN/mm}^2$。焊缝受力为

$$V = F = 90\text{kN}, \quad M = Fe = 90 \times 0.2 \text{kN} \cdot \text{m} = 18 \text{kN} \cdot \text{m}$$

由于施焊时未加引弧板,故翼缘焊缝计算长度为:130mm−2×12mm=106mm,腹板焊缝计算长度为:200mm−10mm=190mm。焊缝的有效截面如图 3-26 所示,焊缝有效截面形心轴的位置为

$$y_1 = \frac{106 \times 12 \times 6 + 190 \times 10 \times \left(\frac{190}{2} + 12\right)}{106 \times 12 + 190 \times 10} \text{mm} = 66.5 \text{mm}$$

$$y_2 = 190 \text{mm} + 12 \text{mm} - 66.5 \text{mm} = 135.5 \text{mm}$$

焊缝有效截面惯性矩为

$$I_x = \frac{1}{12} \times 10 \times 190^3 \text{mm}^4 + 190 \times 10 \times \left(135.5 - \frac{190}{2}\right)^2 \text{mm}^4 + 106 \times 12 \times \left(66.5 - \frac{12}{2}\right)^2 \text{mm}^4$$

$$= 1.35 \times 10^7 \text{mm}^4$$

翼缘上边缘产生最大拉应力为

$$\sigma_t = \frac{My_1}{I_x} = \frac{18 \times 10^6 \times 66.5}{1.35 \times 10^7} \text{N/mm}^2 = 88.7 \text{N/mm}^2 < f_t^w = 185 \text{N/mm}^2$$

腹板下边缘最大压应力为

$$\sigma_c = \frac{My_2}{I_x} = \frac{18 \times 10^6 \times 135.5}{1.35 \times 10^7} \text{N/mm}^2 = 180.7 \text{N/mm}^2 < f_c^w = 215 \text{N/mm}^2$$

简化考虑由腹板焊缝承受剪力，且剪力沿焊缝均匀分布，剪应力为

$$\tau = \frac{V}{A_w} = \frac{90 \times 10^3}{190 \times 10} \text{N/mm}^2 = 47.4 \text{N/mm}^2 < f_v^w = 125 \text{N/mm}^2$$

腹板下边缘同时受有较大的正应力和剪应力，其折算应力为

$$\sqrt{\sigma_c^2 + 3\tau^2} = \sqrt{180.7^2 + 3 \times 47.4^2} \text{N/mm}^2 = 198.5 \text{N/mm}^2$$

$$< 1.1 f_t^w = 1.1 \times 185 \text{N/mm}^2 = 203.5 \text{N/mm}^2 (\text{满足要求})$$

3.3.3 部分焊透的对接焊缝的计算

当受力很小，焊缝主要起联系作用；或焊缝受力虽然较大，但采用焊透的对接焊缝将使强度不能充分发挥时，可采用部分焊透的对接焊缝。部分焊透的对接焊缝常用于外部需要平整的箱形柱和T形连接，以及其他不需要焊透之处（见图3-27）。但在直接承受动力荷载的结构中，垂直于受力方向的焊缝不宜采用部分焊透的对接焊缝。

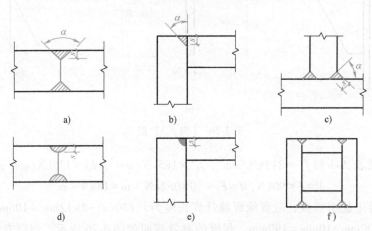

图 3-27　部分焊透的对接焊缝与对接和角接组合焊缝

a)、b) V形坡口　c) K形坡口　d) U形坡口　e) J形坡口　f) 焊缝只起联系作用的坡口焊缝

箱形柱的纵向焊缝通常只承受剪力，采用对接焊缝时往往不需要焊透全厚度。但在与横梁刚性连接处有可能要求焊透。

厚板和受力大的T形连接，当采用直角角焊缝的焊脚尺寸很大时，可将竖直板开坡口做成带坡口的角焊缝（见图3-27c），这种焊缝也称为T形对接与角接组合焊缝，与普通角

焊缝相比，在相同的焊缝计算厚度 h_e 的情况下，可以大大节约焊条。此种焊缝国外常归入角焊缝的范畴，我国定名为不焊透的对接焊缝。

部分焊透的对接焊缝必须在设计图上注明坡口的形式和尺寸。坡口形式分为 V 形、单边 V 形、K 形、U 形和 J 形。在转角处采用单边 V 形和 J 形坡口时，宜在板的厚度上开坡口（见图 3-27b、e），这样可避免焊缝收缩时在板厚度方向产生裂纹。

部分焊透的对接焊缝，在焊件之间存在缝隙，焊根处有较大的应力集中，受力性能接近于角焊缝。故部分焊透的对接焊缝（见图 3-27a~e）的强度，应按第 3.4.2 节中直角角焊缝的计算公式进行计算，在垂直于焊缝长度方向的压力作用下，取正面角焊缝的强度增大系数 $\beta_f = 1.22$，其他受力情况取 $\beta_f = 1.0$。

焊缝的计算厚度 h_e 一般采用坡口深度，即坡口根部至焊缝表面（不考虑余高）的最短距离 s（mm）。但对坡口角 $\alpha < 60°$ 的 V 形坡口焊缝（见图 3-27a），考虑到焊缝根部不易焊满，取 $h_e = 0.75s$；对单边 V 形和 K 形坡口（见图 3-27b、c），当 $\alpha = 45° \pm 5°$ 时，取 $h_e = s - 3\text{mm}$。

当熔合线处焊缝截面边长等于或接近于最短距离 s 时（见图 3-27b、c、e），应验算焊缝在熔合线上的抗剪强度，其抗剪强度设计值取 0.9 倍角焊缝的强度设计值。但对于垂直于焊缝长度方向受力的不予焊透的对接焊缝，因取 $\beta_f = 1.0$，已具有一定的潜力，此种情况下不再乘以 0.9。

3.4　角焊缝的构造要求和计算

3.4.1　角焊缝的构造要求

1. 应力分布特点

角焊缝按其与作用力的关系可分为正面角焊缝、侧面角焊缝和斜焊缝。正面角焊缝的焊缝长度方向与作用力垂直，侧面角焊缝的焊缝长度方向与作用力平行，斜焊缝的焊缝长度方向与作用力倾斜，由正面角焊缝、侧面角焊缝和斜焊缝组成的混合焊缝，通常称作围焊缝。

试验结果表明，正面角焊缝（见图 3-28）受力较复杂，焊缝截面的各面上均存在正应力和剪应力，焊根处有很大的应力集中。一是由于传力线的弯折，二是焊根处正好是两焊件接触间隙的端部，相当于裂缝的尖端。正面角焊缝的静力强度高于侧面角焊缝，但塑性变形能力差。

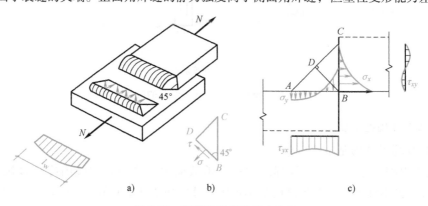

a)　　　　　　　　b)　　　　　　　　c)

图 3-28　正面角焊缝的应力分布

侧面角焊缝（见图 3-29）主要承受剪应力。其塑性较好，弹性模量低（$E = 7 \times 10^4 \, \text{N/mm}^2$），强度也较低。传力线通过侧面角焊缝时产生弯折，应力沿焊缝长度方向的分布不均匀，呈两端大而中间小的状态。焊缝越长，应力分布的不均匀性越显著，但在进入塑性工作阶段后产生应力重分布，可使应力分布的不均匀现象渐趋缓和。

试验结果表明，角焊缝的强度和外力的方向有直接关系（见图 3-30），其中，侧面角焊缝的强度最低，正面角焊缝的强度最高，斜焊缝的强度介于二者之间；正面角焊缝的平均破坏强度是侧面角焊缝的 1.35～1.55 倍。

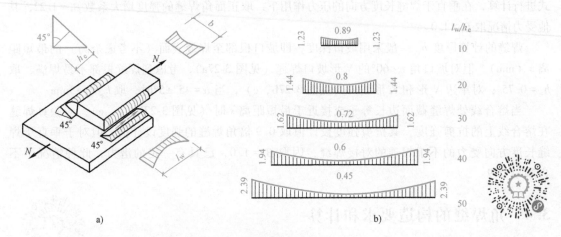

图 3-29　侧面角焊缝的应力分布

a）焊缝破坏形式　b）焊缝剪应力分布与长度的关系

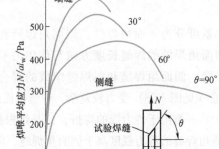

图 3-30　角焊缝的荷载与变形的关系

2. 焊缝尺寸构造要求

（1）角焊缝尺寸的基本要求

1）最小焊脚尺寸。为了保证焊缝的最小承载能力，并防止焊缝因冷却过快而产生裂纹，焊脚尺寸也不宜太小。角焊缝的最小焊脚尺寸宜按表 3-2 取值，承受动荷载时角焊缝焊脚尺寸不宜小于 5mm。

表 3-2 角焊缝最小焊脚尺寸 （单位：mm）

母材厚度 t	$t \leq 6$	$6 < t \leq 12$	$12 < t \leq 20$	$t > 20$
角焊缝最小焊脚尺寸 h_f	3	5	6	8

注：1. 采用不预热的非低氢焊接方法进行焊接时，t 取焊接连接部位中较厚件厚度，宜采用单道焊缝；采用预热的非低氢焊接方法或低氢焊接方法进行焊接时，t 等于焊接连接部位中较薄件厚度。

　　2. 焊缝尺寸 h_f 不要求超过焊接连接部位中较薄件厚度的情况除外。

2）焊缝的最小计算长度。角焊缝的焊脚尺寸大而长度较小时，焊件的局部加热严重，焊缝起、灭弧所引起的缺陷相距太近，加之焊缝中可能产生的其他缺陷使焊缝不够可靠。对搭接连接的侧面角焊缝而言，如果焊缝长度过小，由于力线弯折大，也会造成严重的应力集中。因此，角焊缝的计算长度均不得小于 $8h_f$ 和 40mm。

3）被焊构件中较薄板件厚度不小于 25mm 时，宜采用开局部坡口的焊缝。

4）采用角焊缝焊接连接时，不宜将厚板焊接到较薄板上。

（2）搭接连接

1）搭接焊缝最大焊脚尺寸。使用搭接焊缝连接的板件，当母材厚度 $t \leq 6$mm 时，通常采用小焊条施焊，易于焊满全厚度，取沿母材棱边的最大焊脚尺寸 $h_f \leq t$（见图 3-31a）；当 $t > 6$mm 时，根据焊工的施焊经验，不易焊满全厚度，则取 $h_f \leq t - (1 \sim 2)$mm（见图 3-31b）。

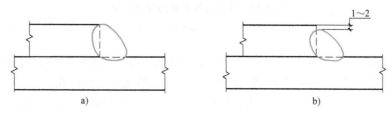

图 3-31 搭接焊缝沿母材棱边的最大焊脚尺寸

a）母材厚度 $t \leq 6$mm　b）母材厚度 $t > 6$mm

2）搭接焊缝连接的最大计算长度。角焊缝的应力沿长度分布不均匀，焊缝越长，其中部与端部应力差别越大，虽然有因塑性变形产生的内力重分布，但应力较大区域仍有可能首先达到强度极限而破坏。因此，搭接角焊缝的计算长度不宜超过 $60h_f$。①对于普通钢结构中的角焊缝连接，当焊缝计算长度超过上述数值时，焊缝的承载力设计值应乘以折减系数 α_f，$\alpha_f = 1.5 - \dfrac{l_w}{120 h_f}$，且 $\alpha_f \geq 0.5$，焊缝长度不宜超过 $180h_f$；②对于高强钢结构中的角焊缝连接，当焊缝长度超过上述数值时，焊缝承载力设计值折减系数 $\alpha_f = \left(1.2 - \dfrac{l_w}{300 h_f}\right) \dfrac{460}{f_y}$，且 $\alpha_f \geq 0.7$ $\left(\dfrac{460}{f_y}\right)$，焊缝长度不宜超过 $150h_f$。若内力沿侧面角焊缝全长分布时，如焊接梁翼缘板与腹板的连接焊缝，计算长度可不受上述限制。

3）传递轴向力的部件，其搭接连接最小搭接长度应为较薄件厚度的 5 倍，且不应小于 25mm（见图 3-32），并应施焊纵向或横向双角焊缝。

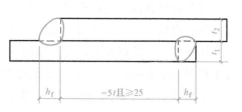

图 3-32 搭接连接双角焊缝的要求

4）只采用纵向角焊缝连接型钢杆件端部时，型钢杆件的宽度不应大于 200mm，当宽度大于 200mm 时，应加横向角焊缝或中间塞焊，型钢杆件每一侧纵向角焊缝的长度不应小于型钢杆件的长度。

（3）围焊和绕角焊　杆件端部搭接采用三面围焊时，在转角处截面突变会产生应力集中，如在此处起灭弧，可能出现弧坑或咬边等缺陷，从而加大应力集中的影响，故所有围焊的转角处必须连续施焊。对于非围焊情况，当角焊缝的端部在构件转角处时，可连续地做长度为 $2h_f$ 的绕焊。

杆件与节点板的连接焊缝宜采用两面侧焊，也可用三面围焊，对角钢杆件可采用 L 形围焊（见图 3-33），所有围焊的转角处必须连续施焊。

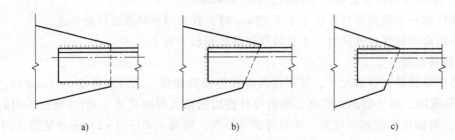

图 3-33　杆件与节点板的焊缝连接

a）两面侧焊　b）三面围焊　c）L 形围焊

（4）塞焊和槽焊　塞焊和槽焊焊缝的尺寸、间距、焊缝高度应符合下列规定：

1）塞焊和槽焊的有效面积应为贴合面上圆孔或长槽孔的标称面积。

2）塞焊焊缝的最小中心间隔应为孔径的 4 倍，槽焊焊缝的纵向最小间距应为槽孔长度的 2 倍，垂直于槽孔长度方向的两排槽孔的最小间距应为槽孔宽度的 4 倍。

3）塞焊孔的最小直径不得小于开孔板厚度加 8mm，最大直径应为最小直径加 3mm 或开孔件厚度的 10 倍，最小及最大槽宽规定应与塞焊孔的最小及最大孔径规定相同。

4）塞焊和槽焊的焊缝高度应符合下列规定：当母材厚度不大于 16mm 时，应与母材厚度相同；当母材厚度大于 16mm 时，不应小于母材厚度的一半或 16mm 两值中较大者。

5）塞焊和槽焊焊缝的尺寸应根据贴合面上承受的剪力计算确定。

3.4.2　直角角焊缝的计算

1. 强度计算的基本公式

试验表明，直角角焊缝的破坏通常发生在 45°方向的最小截面，因此该截面被称为有效截面，它是焊缝计算厚度与焊缝计算长度的乘积。计算厚度为不考虑熔深和凸度的焊缝横截面的内接等腰三角形的最短距离 h_e（见图 3-34）。

作用于焊缝有效截面上的应力如图 3-35 所示，包括垂直于焊缝有效截面的正应力 $\sigma_\perp$、垂直于焊缝长度方向的剪应力 $\tau_\perp$、沿焊缝长度方向的剪应力 $\tau_{//}$。

为了明确正应力 $\sigma_\perp$、剪应力 $\tau_\perp$ 及 $\tau_{//}$ 对角焊缝强度的影响，许多国家对角焊缝进行了大量不同应力状态下的试验。试验表明，角焊缝的强度条件与母材类似，在复杂应力状态下，可用第四强度理论即能量强度理论表示

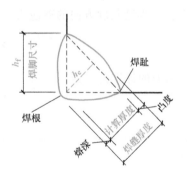

图 3-34 直角角焊缝的截面

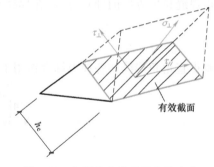

图 3-35 角焊缝有效截面上的应力

$$\sqrt{\sigma_\perp^2 + 3(\tau_\perp^2 + \tau_{/\!/}^2)} \leqslant \sqrt{3} f_f^w \tag{3-7}$$

式中 f_f^w——由抗剪条件决定的角焊缝强度设计值。

现以图 3-36a 所示承受互相垂直的两个轴心力 N_x 和 N_y 作用的直角角焊缝为例，说明角焊缝基本公式的推导。垂直于焊缝长度方向的轴心力 N_y 在焊缝有效截面上产生垂直于焊缝一个直角边的应力 σ_f，该应力对焊缝有效截面既不是正应力，也不是剪应力，而是 $\sigma_\perp$ 和 $\tau_\perp$ 的合应力。

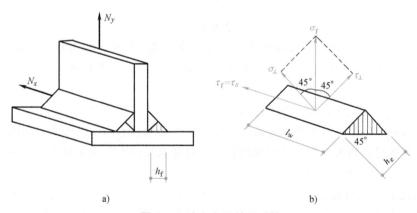

a)   b)

图 3-36 直角角焊缝的计算

$$\sigma_f = \frac{N_y}{\sum h_e l_w} \tag{3-8}$$

式中 h_e——直角角焊缝的计算厚度（见图 3-37），当两焊件间隙 $b \leqslant 1.5$mm 时，$h_e = 0.7 h_f$；1.5mm$< b \leqslant 5$mm 时，$h_e = 0.7(h_f - b)$，h_f 为焊脚尺寸；

l_w——焊缝的计算长度，考虑起灭弧缺陷，按各条焊缝的实际长度减去 $2h_f$ 计算。

如图 3-36b 所示，对直角角焊缝

$$\sigma_\perp = \tau_\perp = \sigma_f / \sqrt{2}$$

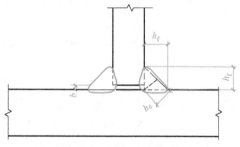

图 3-37 直角角焊缝计算厚度

沿焊缝长度方向的轴心力 N_x 在焊缝有效截面上引起平行于焊缝长度方向的剪应力

$$\tau_f = \tau_{/\!/} = \frac{N_x}{\sum h_e l_w} \tag{3-9}$$

则得直角角焊缝在各种力综合作用下，σ_f 和 τ_f 共同作用处的计算公式为

$$\sqrt{4\left(\frac{\sigma_f}{\sqrt{2}}\right)^2 + 3\tau_f^2} \leqslant \sqrt{3} f_f^w$$

或

$$\sqrt{\left(\frac{\sigma_f}{\beta_f}\right)^2 + \tau_f^2} \leqslant f_f^w \tag{3-10}$$

式中　β_f——正面角焊缝的强度增大系数，对承受静力荷载和间接承受动力荷载的结构 $\beta_f = \sqrt{3/2} = 1.22$；对直接承受动力荷载的结构，$\beta_f = 1.0$。

对正面角焊缝，此时 $\tau_f = 0$，得

$$\sigma_f = \frac{N_y}{\sum h_e l_w} \leqslant \beta_f f_f^w \tag{3-11}$$

对侧面角焊缝，此时 $\sigma_f = 0$，得

$$\tau_f = \frac{N_x}{\sum h_e l_w} \leqslant f_f^w \tag{3-12}$$

式（3-10）~式（3-12）即为角焊缝的基本计算公式。只要将焊缝应力分解为垂直于焊缝长度方向的应力 σ_f 和平行于焊缝长度方向的应力 τ_f，上述基本公式可适用于任何受力状态。

角焊缝的强度与熔深有关。埋弧自动焊熔深较大，若在确定焊缝计算厚度时考虑熔深对焊缝强度的影响，可带来较大的经济效益，如美国、前苏联等均予以考虑。我国规范不分焊条电弧焊和埋弧焊，均未考虑焊缝熔深的影响，对埋弧自动焊来说是偏于保守的。

2. 轴心力作用的角焊缝连接计算

（1）采用盖板的对接连接　当焊件承受轴心力作用，且轴心力通过连接焊缝中心时，可认为焊缝应力是均匀分布的。如图 3-38 所示采用盖板的对接连接中，当只有侧面角焊缝时，按式（3-12）计算；当只有正面角焊缝时，按式（3-11）计算；当采用三面围焊时，对矩形拼接板，可先按式（3-11）计算正面角焊缝承担的内力 N'

$$N' = \beta_f f_f^w \sum h_e l_w' \tag{3-13}$$

式中　$\sum l_w'$——连接一侧的正面角焊缝计算长度的总和。如图 3-38 所示，有
　　　　$\sum l_w' = 2b$。

再由力 $(N-N')$ 计算侧面角焊缝的强度

$$\tau_f = \frac{N-N'}{\sum h_e l_w} \leqslant f_f^w \tag{3-14}$$

式中　$\sum l_w$——连接一侧的侧面角焊缝计算长度的总和。如图 3-38 所示，有
　　　　$\sum l_w = 4(l-h_f)$（考虑了弧坑缺陷）。

（2）承受斜向轴心力的角焊缝　图 3-39 所示为承受斜向轴心力的角焊缝连接，将力 N 分解为垂直于焊缝长度的分力 $N_x = N\sin\theta$ 和平行于焊缝长度的分力 $N_y = N\cos\theta$，则

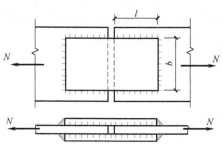

图 3-38 承受轴心力的盖板的对接连接

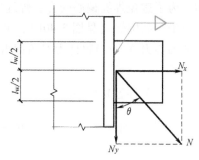

图 3-39 承受斜向轴心力的角焊缝连接

$$\begin{cases} \sigma_f = \dfrac{N\sin\theta}{\sum h_e l_w} \\[3mm] \tau_f = \dfrac{N\cos\theta}{\sum h_e l_w} \end{cases} \qquad (3\text{-}15)$$

代入式（3-10）中，得

$$\sqrt{\left(\frac{N\sin\theta}{\beta_f \sum h_e l_w}\right)^2 + \left(\frac{N\cos\theta}{\sum h_e l_w}\right)^2} \leqslant f_f^w$$

取 $\beta_f^2 = 1.22^2 \approx 1.5$，得

$$\frac{N}{\sum h_e l_w}\sqrt{\frac{\sin^2\theta}{1.5} + \cos^2\theta} = \frac{N}{\sum h_e l_w}\sqrt{1 - \frac{\sin^2\theta}{3}} \leqslant f_f^w$$

令 $\beta_{f\theta} = \dfrac{1}{\sqrt{1 - \sin^2\theta/3}}$

则斜焊缝的计算式为

$$\frac{N}{\sum h_e l_w} \leqslant \beta_{f\theta} f_f^w \qquad (3\text{-}16)$$

式中 θ——作用力（或焊缝应力）与焊缝长度方向的夹角；

       $\beta_{f\theta}$——斜焊缝的强度增大系数，其值为 1.0~1.22。对于直接承受动力荷载结构中的焊缝，取 $\beta_{f\theta} = 1.0$。

（3）承受轴心力的角钢与节点板的角焊缝连接   钢桁架中角钢腹杆与节点板的连接焊缝一般采用两面侧焊或三面围焊，特殊情况也可采用 L 形围焊（见图 3-40）。腹杆受轴心力

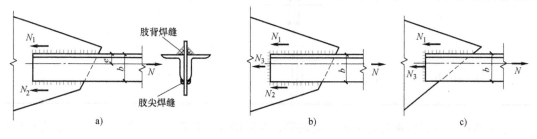

图 3-40 角钢腹杆与节点板的连接

a）两面侧焊   b）三面围焊   c）L 形围焊

作用，为了避免焊缝偏心受力，焊缝所传递的合力作用线应与角钢杆件的轴线重合。

对于三面围焊（见图 3-40b），可先假定正面角焊缝的计算厚度 h_{e3}，求出正面角焊缝所分担的轴心力 N_3。当腹杆为双角钢组成的 T 形截面，且肢宽为 b 时，则

$$N_3 = 2h_{e3}b\beta_f f_f^w \tag{3-17}$$

由平衡条件 $\sum M = 0$ 可得

$$N_1 = \frac{N(b-e)}{b} - \frac{N_3}{2} = k_1 N - \frac{N_3}{2} \tag{3-18}$$

$$N_2 = \frac{Ne}{b} - \frac{N_3}{2} = k_2 N - \frac{N_3}{2} \tag{3-19}$$

式中　N_1、N_2——角钢肢背和肢尖上的侧面角焊缝所承受的轴力；

　　　　e——角钢的形心距；

　　　k_1、k_2——角钢肢背和肢尖焊缝的内力分配系数，可按表 3-3 查用。

对于两面侧焊（见图 3-40a），因 $N_3 = 0$，得

$$N_1 = k_1 N \tag{3-20}$$

$$N_2 = k_2 N \tag{3-21}$$

求得各条焊缝所受的内力后，按角焊缝的尺寸构造要求选取肢背和肢尖焊缝的焊脚尺寸，即可求出焊缝的计算长度。例如，对双角钢截面

$$l_{w1} = \frac{N_1}{2h_{e1}f_f^w} \tag{3-22}$$

$$l_{w2} = \frac{N_2}{2h_{e2}f_f^w} \tag{3-23}$$

式中　h_{e1}、l_{w1}——一个角钢肢背上的侧面角焊缝的焊脚尺寸及计算长度；

　　　h_{e2}、l_{w2}——一个角钢肢尖上的侧面角焊缝的焊脚尺寸及计算长度。

表 3-3　角钢焊缝的内力分配系数

连接情况	连接形式	分配系数	
		k_1	k_2
等肢角钢		0.70	0.30
不等肢角钢短肢连接		0.75	0.25
不等肢角钢长肢连接		0.65	0.35

考虑到每条焊缝两端的起灭弧弧坑缺陷，实际的焊缝长度应为计算长度加上弧坑对长度的影响（每个弧坑的影响长度取 h_f）。对于三面围焊，肢背（肢尖）焊缝的实际长度为计算长度加 h_f；对于采用绕角焊的侧面角焊缝的实际长度等于计算长度加 h_f（绕角焊缝长度 $2h_f$

不计入计算）。

当杆件受力很小时，也可采用 L 形围焊（见图 3-40c），由于只有正面角焊缝和肢背侧面角焊缝，令式（3-19）中的 $N_2 = 0$，得

$$N_3 = 2k_2N \tag{3-24}$$

$$N_1 = N - N_3 \tag{3-25}$$

角钢肢背上的侧面角焊缝计算长度可按式（3-22）计算，角钢端部正面角焊缝的长度已知，可按下式计算其焊缝计算厚度

$$\begin{cases} h_{e3} = \dfrac{N_3}{2l_{w3}\beta_f f_f^w} \\ l_{w3} = b - h_{f3} \end{cases} \tag{3-26}$$

【例 3-4】 试设计采用拼接盖板的对接连接（见图 3-41 和图 3-42）。已知钢板宽 $B = 270$mm，厚度 $t_1 = 28$mm，拼接盖板厚度 $t_2 = 16$mm，焊件间无间隙。该连接承受轴心力设计值 $N = 1400$kN，钢材为 Q235，焊条电弧焊，焊条为 E43 型，低氢焊。

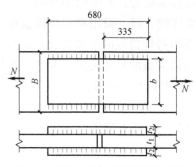

图 3-41 【例 3-4】采用两面侧焊缝

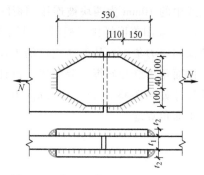

图 3-42 【例 3-4】采用菱形拼接盖板

解：设计拼接盖板的对接连接有两种方法。一种方法是假定焊脚尺寸求得焊缝长度，再由焊缝长度确定拼接盖板的尺寸；另一方法是先假定焊脚尺寸和拼接盖板的尺寸，然后验算焊缝的承载力。如果假定的焊缝尺寸不能满足承载力要求时，则应调整焊脚尺寸，再进行验算，直到满足承载力要求为止。

角焊缝的焊脚尺寸 h_f 应根据板件厚度由构造要求确定：

由于此处的焊缝在板件边缘施焊，且拼接盖板厚度 $t_2 = 16$mm>6mm，$t_2 < t_1$，则

$$h_{fmax} = t - (1 \sim 2)\,mm = 16mm - (1 \sim 2)\,mm = 14 \sim 15mm$$

低氢焊，较薄板件厚度 12mm$< t_2 = 16$mm< 20mm，查表 3-2 知

$$h_{fmin} = 6mm$$

取 $h_f = 10$mm。查附录表 A-4 得角焊缝强度设计值 $f_f^w = 160$N/mm^2。

（1）采用两面侧焊缝时（见图 3-41）

1）布置盖板：按等强度设计原则，拼接盖板的强度应不小于被连接钢板的强度。查附录表 A-1 知：拼接盖板 $t_2 = 16$mm，其强度设计值 $f = 215$N/mm^2，而被连接钢板厚度 $t_1 = 28$mm，其强度设计值 $f = 205$N/mm^2，则拼接盖板的宽度 b 为

$$b \geqslant \frac{Bt_1f_1}{2t_2f_2} = \frac{270 \times 28 \times 205}{2 \times 16 \times 215}\,mm = 225.2mm$$

因取 $h_f = 10mm$，所以盖板边缘到构件边缘的施焊空间每边留不小于 15mm 即可，如取 20mm，则盖板的宽度 $b = 270mm - 2 \times 20mm = 230mm > 225.2mm$。

采用两面侧焊的形式连接。

则连接一侧一条侧焊缝所需的计算长度为

$$l_w \geq \frac{N}{4h_e f_f^w} = \frac{1400 \times 10^3}{4 \times 0.7 \times 10 \times 160} mm = 312.5mm，取 l_w = 313mm$$

2）检验所取 l_w 是否符合构造要求。因为 $40mm < 8h_f = 80mm < l_w = 313mm < 60h_f = 600mm$
所以取 l_w 满足计算长度的构造要求。

则连接一侧一条侧焊缝的实际长度应为

$l \geq l_w + 2h_f = 313mm + 2 \times 10mm = 333mm，取 l = 335mm$

3）确定盖板的长度：所需拼接盖板长度为

$$L = 2l + 10mm = 2 \times 335mm + 10mm = 680mm$$

式中的 10mm 为两块被连接钢板间的间隙。故选定拼接盖板为：2-16×230×680。

（2）采用菱形拼接盖板时（见图 3-42） 当拼接板宽度较大时，采用菱形拼接盖板可减小角部的应力集中，从而使连接的工作性能得以改善。菱形拼接盖板的连接焊缝由正面角焊缝、侧面角焊缝和斜焊缝等组成。设计时，一般先假定拼接盖板的尺寸再进行验算。拼接盖板的尺寸如图 3-43 所示，仍取 $h_f = 10mm$，则各部分焊缝的承载力分别为：

正面角焊缝

$$N_1 = 2h_e l_{w1} \beta_f f_f^w = 2 \times 0.7 \times 10 \times 40 \times 1.22 \times 160N = 109.3kN$$

侧面角焊缝

$$N_2 = 4h_e l_{w2} f_f^w = 4 \times 0.7 \times 10 \times (110 - 10) \times 160N = 448.0kN$$

斜焊缝与作用力的夹角 $\theta = \arctan\left(\frac{100}{150}\right) = 33.7°$，可得 $\beta_{f\theta} = \dfrac{1}{\sqrt{1 - \sin^2 33.7°/3}} = 1.06$，则有

$$N_3 = 4h_e l_{w3} \beta_{f\theta} f_f^w = 4 \times 0.7 \times 10 \times 180 \times 1.06 \times 160N = 854.8kN$$

连接一侧焊缝所能承受的内力为

$N' = N_1 + N_2 + N_3 = 109.3kN + 448.0kN + 854.8kN = 1412kN > N = 1400kN（满足要求）$

【例 3-5】 试确定图 3-43 所示承受轴心力的三面围焊连接的承载力及肢尖焊缝的长度。已知角钢 2∟125×10 与厚度为 8mm 的节点板焊接连接，其搭接长度为 300mm，焊件间无间隙，焊脚尺寸 $h_f = 8mm$，钢材为 Q235，焊条电弧焊，焊条为 E43 型。

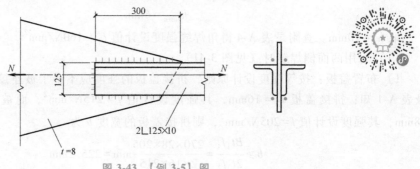

图 3-43 【例 3-5】图

解： 由附录表 A-4 查得角焊缝强度设计值 $f_f^w = 160\text{N/mm}^2$。由两等肢角钢相并，查表 3-3 得焊缝内力分配系数 $k_1 = 0.70$，$k_2 = 0.30$。正面角焊缝的长度等于相连角钢肢的宽度，即 $l_{w3} = b = 125\text{mm}$，则正面角焊缝所能承受的内力 N_3 为

$$N_3 = 2h_{e3}l_{w3}\beta_f f_f^w = 2\times0.7\times8\times125\times1.22\times160\times10^{-3}\text{kN} = 273.3\text{kN}$$

肢背角焊缝所能承受的内力 N_1 为

$$N_1 = 2h_{e1}l_{w1}f_f^w = 2\times0.7\times8\times(300-8)\times160\times10^{-3}\text{kN} = 523.3\text{kN}$$

由式（3-18）知

$$N_1 = k_1 N - \frac{N_3}{2} = 0.70N - \frac{273.3}{2}\text{kN} = 523.3\text{kN}$$

则得该连接的承载力

$$N = \frac{523.3+273.3/2}{0.70}\text{kN} = 942.8\text{kN}$$

由式（3-19）计算肢尖角焊缝所承受的内力 N_2 为

$$N_2 = k_2 N - \frac{N_3}{2} = 0.30\times942.8\text{kN} - \frac{273.3}{2}\text{kN} = 146.2\text{kN}$$

由此可算出肢尖角焊缝所要求的实际长度为

$$l_2 = \frac{N_2}{2h_{e2}f_f^w} + h_f = \frac{146.2\times10^3}{2\times0.7\times8\times160}\text{mm} + 8\text{mm} = 89.6\text{mm}，取 90\text{mm}。$$

【例 3-6】 试设计图 3-44 所示某桁架节点的连接。已知角钢 $2\llcorner 110\times10$，与厚度为 10mm 的节点板连接，焊件间无间隙，承受静力荷载设计值 $N = 600\text{kN}$，钢材为 Q235，焊条电弧焊，焊条为 E43 型。

解： 按两种焊缝连接方式设计

（1）采用两面侧焊缝

按构造要求确定焊脚尺寸

焊件厚度为 10mm，$h_{fmax} = t - (1\sim2)\text{mm} = 10\text{mm} - (1\sim2)\text{mm} = 8\sim9\text{mm}$，

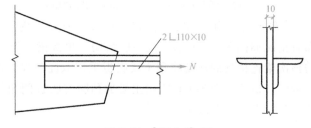

图 3-44 【例 3-6】图

因 6mm<10mm<12mm，查表 3-2 知 $h_{fmin} = 5\text{mm}$，故肢背和肢尖焊缝均选取 $h_f = 8\text{mm}$。查附录表 A-4 得角焊缝强度设计值 $f_f^w = 160\text{N/mm}^2$。

肢背、肢尖焊缝受力为

$$N_1 = k_1 N = 0.7\times600\text{kN} = 420\text{kN}$$
$$N_2 = k_2 N = 0.3\times600\text{kN} = 180\text{kN}$$

肢背、肢尖所需焊缝计算长度为

$$l_{w1} = \frac{N_1}{2h_e f_f^w} = \frac{420\times10^3}{2\times0.7\times8\times160}\text{mm} = 234.4\text{mm}$$

$$l_{w2} = \frac{N_2}{2h_e f_f^w} = \frac{180\times10^3}{2\times0.7\times8\times160}\text{mm} = 100.4\text{mm}$$

考虑 $l_{wmin} = \{8h_f, 40\text{mm}\}_{max} = 64\text{mm}$，$l_w$ 超过 $60h_f = 480\text{mm}$ 时，焊缝承载力需折减，肢

背、肢尖的实际焊缝长度取为

$$l_1 = l_{w1} + 2h_f = 234.4\text{mm} + 16\text{mm} = 250.4\text{mm}，取 260\text{mm}。$$

$$l_2 = l_{w2} + 2h_f = 100.4\text{mm} + 16\text{mm} = 116.4\text{mm}，取 120\text{mm}。$$

（2）采用三面围焊缝

按构造要求取 $h_{f3} = 8\text{mm}$，则正面角焊缝承载力为

$$N_3 = 2h_e l_{w1} \beta_f f_f^w = 2 \times 0.7 \times 8 \times 110 \times 1.22 \times 160\text{N} = 240.5\text{kN}$$

肢背、肢尖焊缝受力为

$$N_1 = k_1 N - \frac{N_3}{2} = 420\text{kN} - \frac{240.5}{2}\text{kN} = 299.8\text{kN}$$

$$N_2 = k_2 N - \frac{N_3}{2} = 180\text{kN} - \frac{240.5}{2}\text{kN} = 59.8\text{kN}$$

肢背、肢尖所需焊缝计算长度为

$$l_{w1} = \frac{N_1}{2h_e f_f^w} = \frac{299.8 \times 10^3}{2 \times 0.7 \times 8 \times 160}\text{mm} = 167.3\text{mm}$$

$$l_{w2} = \frac{N_2}{2h_e f_f^w} = \frac{59.8 \times 10^3}{2 \times 0.7 \times 8 \times 160}\text{mm} = 33.4\text{mm}$$

考虑 $l_{wmin} = \{8h_f, 40\text{mm}\}_{max} = 64\text{mm}$，$l_w$ 未超过 $60h_f = 480\text{mm}$ 时，焊缝承载力无须折减，肢背、肢尖的实际焊缝长度取为

$$l_1 = l_{w1} + h_f = 167.3\text{mm} + 8\text{mm} = 175.3\text{mm}，取 180\text{mm}。$$

$$l_2 = l_{wmin} + h_f = 64\text{mm} + 8\text{mm} = 72\text{mm}，取 80\text{mm}。$$

【例 3-7】 为增加使用面积，在某既有建筑内加建一全钢结构夹层，Q500 钢材，梁格布置情况如图 3-45a 所示。该夹层结构一根次梁传给主梁的集中荷载设计值为 587kN，主梁与该次梁连接处的加劲肋和主梁腹板采用双面角焊缝连接，焊脚尺寸 $h_f = 6\text{mm}$，考虑焊缝灭弧缺陷。试验算图 3-45b 所示主梁加劲肋与腹板间角焊缝连接的强度。（根据某年度注册结构工程师考试试题改编）

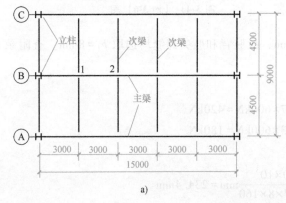
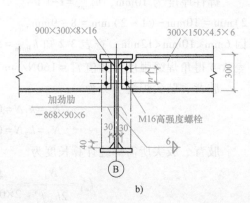

图 3-45 【例 3-7】图

a）柱网平面布置图 b）主次梁连接图

解：加劲肋和主梁腹板间焊缝焊脚尺寸 $h_f = 6\text{mm}$

焊缝计算长度 $l_w = 868\text{mm} - 2 \times 40\text{mm} - 2 \times 6\text{mm} = 776\text{mm}$

$$60h_f = 360\text{mm} < 776\text{mm} < 150h_f = 900\text{mm}$$

工程中大于 $60h_f$ 的长角焊缝应用增多，根据现行《高强钢结构设计标准》：在计算焊缝强度时可以对计算长度超过 $60h_f$ 的角焊缝进行承载力折减，以考虑长焊缝内力分布不均匀的影响。

承载力折减系数 $\alpha_f = \left(1.2 - \dfrac{l_w}{300h_f}\right)\left(\dfrac{460}{f_y}\right) = \left(1.2 - \dfrac{776}{300 \times 6}\right) \times \left(\dfrac{460}{500}\right) = 0.707$

$$> 0.7 \times \left(\dfrac{460}{500}\right) = 0.644$$

取 $\alpha_f = 0.707$，则

焊缝强度 $\tau_f = \dfrac{N}{\sum h_e l_w} = \dfrac{587 \times 10^3}{2 \times 0.7 \times 6 \times 776}\text{N/mm}^2 = 90.1\text{N/mm}^2$

$$< \alpha_f f_f^w = 0.707 \times 255\text{N/mm}^2 = 180.3\text{N/mm}^2 \quad (\text{满足要求})$$

3. 弯矩作用的角焊缝连接计算

图 3-46 所示为受到弯矩 M 作用的角焊缝连接，由于焊缝计算截面为两个矩形，应力图形为三角形分布，其最大值应满足

$$\sigma_f = \frac{M}{W_e} \leqslant \beta_f f_f^w \tag{3-27}$$

式中　W_e——角焊缝有效截面的截面模量，如图 3-47 所示，$W_e = 2 \times \dfrac{h_e l_w^2}{6}$。

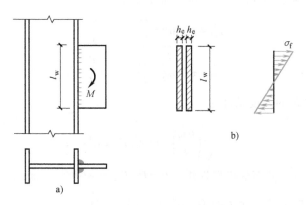

图 3-46　弯矩作用的角焊缝应力

4. 扭矩作用的角焊缝连接计算

（1）环形角焊缝承受扭矩作用　如图 3-47 所示，环形角焊缝承受扭矩 T 作用，由于焊缝计算厚度 h_e 比圆环直径 D 小得多，通常 $h_e < 0.1D$，因此，可视为薄壁圆环的受扭问题。在有效截面的任一点上所受切线方向的剪应力 τ_f，应按下式计算

$$\tau_f = \frac{TD}{2I_p} \leqslant f_f^w \tag{3-28}$$

式中　I_p——焊缝有效截面的极惯性矩，对于薄壁圆环可取 $I_p \approx \pi h_e D^3 / 4$。

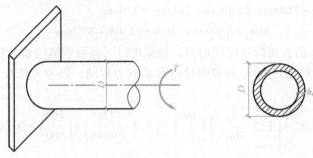

图 3-47 环形角焊缝承受扭矩作用

（2）承受扭矩作用围焊角焊缝的连接计算 图 3-48 所示为三面围焊角焊缝承受扭矩 T 的作用；计算时按弹性理论假定：

1）被连接件是绝对刚性的，它有绕焊缝形心 O 旋转的趋势，而角焊缝是弹性的。

2）角焊缝群上任一点的应力方向垂直于该点与形心 O 的连线，且应力大小与连线长度 r 的大小成正比。

如图 3-49 所示，A 点距形心 O 最远，故 A 点由扭矩 T 引起的剪应力 τ_A 最大，即

$$\tau_A = \frac{Tr}{I_p} = \frac{Tr}{I_x + I_y} \qquad (3-29)$$

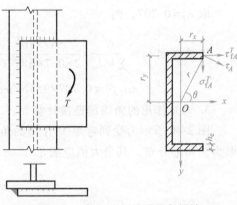

图 3-48 扭矩作用的围焊角焊缝

将扭矩 T 引起的剪应力 τ_A 沿 x 轴和 y 轴分解为两个应力

$$\tau_{fA}^T = \tau_A \sin\theta = \frac{Tr}{I_p} \cdot \frac{r_y}{r} = \frac{Tr_y}{I_p} \qquad (3-30)$$

$$\sigma_{fA}^T = \tau_A \cos\theta = \frac{Tr}{I_p} \cdot \frac{r_x}{r} = \frac{Tr_x}{I_p} \qquad (3-31)$$

则 A 点的应力满足的强度条件为

$$\sqrt{\left(\frac{\sigma_{fA}^T}{\beta_f}\right)^2 + (\tau_{fA}^T)^2} \leqslant f_f^w \qquad (3-32)$$

式中　I_p——角焊缝有效截面的极惯性矩，$I_p = I_x + I_y$；

　　　r——角焊缝群上 A 点至形心 O 的距离，$r = \sqrt{r_x^2 + r_y^2}$。

5. 弯矩、轴心力和剪力共同作用的角焊缝连接计算

如图 3-49a 所示，双面角焊缝连接承受偏心斜向拉力 F 的作用，计算时，将作用力 F 分解为 N 和 V 两个分力，则角焊缝同时承受轴心力 N、剪力 V 和弯矩 $M = Ne$ 的共同作用。焊缝有效截面上的应力分布如图 3-49b 所示。图 3-49a 中 A 点应力最大，为控制设计点，此处垂直于焊缝长度方向的应力由两部分组成，即

由轴心拉力 N 产生的应力

$$\sigma_f^N = \frac{N}{A_e} = \frac{N}{2h_e l_w} \qquad (3-33)$$

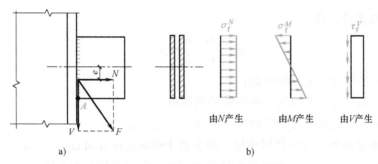

图 3-49 承受偏心斜向拉力的角焊缝

由弯矩 M 产生的应力

$$\sigma_f^M = \frac{M}{W_e} = \frac{6M}{2h_e l_w^2} \qquad (3-34)$$

这两部分应力在 A 点处的方向相同，可直接叠加，故 A 点垂直于焊缝长度方向的应力

$$\sigma_f = \sigma_f^N + \sigma_f^M = \frac{N}{2h_e l_w} + \frac{6M}{2h_e l_w^2} \qquad (3-35)$$

剪力 V 在 A 点处产生平行于焊缝长度方向的应力

$$\tau_f = \tau_f^V = \frac{V}{A_e} = \frac{V}{2h_e l_w} \qquad (3-36)$$

则焊缝的强度计算式为

$$\sqrt{\left(\frac{\sigma_f}{\beta_f}\right)^2 + \tau_f^2} \leq f_f^w \qquad (3-37)$$

对于工字梁（或牛腿）与钢柱翼缘的角焊缝连接（见图 3-50），通常只承受弯矩 M 和剪力 V 的共同作用。由于翼缘的竖向刚度较差，在剪力作用下，如果没有腹板焊缝存在，翼缘将发生明显挠曲。这就说明，翼缘板的抗剪能力很差。因此，计算时通常假设腹板焊缝承受全部剪力，而弯矩则由全部焊缝承受。

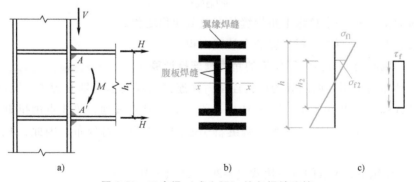

图 3-50 工字梁（或牛腿）的角焊缝连接

为保证焊缝分布较合理，宜在每个翼缘上下两侧均匀的布置焊缝，弯曲应力沿梁高度呈三角形分布，最大应力发生在翼缘焊缝的最外边沿纤维处，由于翼缘焊缝只承受垂直于焊缝长度方向的弯曲应力，为了保证此焊缝的正常工作，应使翼缘焊缝最外边沿纤维处的应力满

足角焊缝的强度条件，即

$$\sigma_{f1} = \frac{M}{I_w} \times \frac{h}{2} \leqslant \beta_f f_f^w \qquad (3\text{-}38)$$

式中　M——全部焊缝所承受的弯矩；

$\quad I_w$——全部焊缝有效截面对中和轴的惯性矩；

$\quad h$——上下翼缘焊缝有效截面最外边沿纤维之间的距离。

腹板焊缝承受两种应力的共同作用，即垂直于焊缝长度方向且沿梁高度呈三角形分布的弯曲应力和平行于焊缝长度方向且沿焊缝截面均匀分布的剪应力的共同作用，设计控制点为翼缘焊缝与腹板焊缝的交界点 A，此处的弯曲应力和剪应力分别按下式计算

$$\sigma_{f2} = \frac{M}{I_w} \times \frac{h_2}{2} \qquad (3\text{-}39)$$

$$\tau_f = \frac{V}{\sum(h_{e2} l_{w2})} \qquad (3\text{-}40)$$

式中　$\sum(h_{e2} l_{w2})$——腹板焊缝有效截面积之和；

$\quad h_2$——腹板焊缝的实际长度。

则腹板焊缝在 A 点的强度验算式为

$$\sqrt{\left(\frac{\sigma_{f2}}{\beta_f}\right)^2 + \tau_f^2} \leqslant f_f^w \qquad (3\text{-}41)$$

工字梁（或牛腿）与钢柱翼缘角焊缝连接的另一种计算方法是使焊缝传递应力与母材所承受应力相协调，即假设腹板焊缝只承受剪应力，翼缘焊缝承担全部弯矩，并将弯矩 M 化为一对水平力（见图 3-50）$H = M/h_1$。则翼缘焊缝的强度计算式为

$$\sigma_f = \frac{H}{\sum(h_{e1} l_{w1})} \leqslant \beta_f f_f^w \qquad (3\text{-}42)$$

腹板焊缝的剪应力计算式为

$$\tau_f = \frac{V}{2 h_{e2} l_{w2}} \leqslant f_f^w \qquad (3\text{-}43)$$

式中　$\sum(h_{e1} l_{w1})$——一个翼缘上角焊缝的有效截面积之和；

$\quad 2 h_{e2} l_{w2}$——两条腹板焊缝的有效截面积。

6. 扭矩、轴心力和剪力共同作用的角焊缝连接计算

图 3-51 所示为采用三面围焊的搭接连接。该连接角焊缝承受轴心力 N、竖向剪力 $V = F$ 和扭矩 $T = F(e+a)$ 的共同作用。图 3-51 中 A 点距形心 O 点最远，故 A 点由扭矩 T 引起的剪应力 τ_A 最大，由剪力 V、轴心力 N 在焊缝群引起的应力为均匀分布，因此，A 点为设计控制点。

在扭矩 T 作用下，A 点的应力按式（3-29）~式（3-31）计算。

在剪力 V 作用下，在 A 点引起的应力为

$$\sigma_{fA}^V = \frac{V}{\sum h_e l_w} \qquad (3\text{-}44)$$

在轴心力 N 作用下，在 A 点引起的应力为

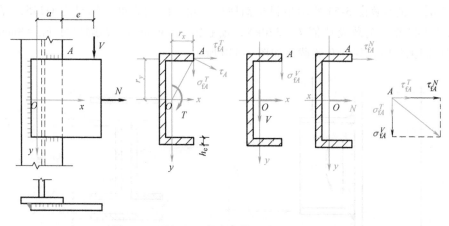

图 3-51 受扭矩、剪力和轴心力作用的角焊缝

$$\tau_{fA}^N = \frac{N}{\sum h_e l_w} \quad (3\text{-}45)$$

则 A 点受到垂直于焊缝长度方向的应力 σ_f、平行于焊缝长度方向的应力 τ_f 分别为

$$\sigma_f = \sigma_{fA}^T + \sigma_{fA}^V, \ \tau_f = \tau_{fA}^T + \tau_{fA}^N \quad (3\text{-}46)$$

故 A 点的合应力满足的强度条件为

$$\sqrt{\left(\frac{\sigma_{fA}^T + \sigma_{fA}^V}{\beta_f}\right)^2 + (\tau_{fA}^T + \tau_{fA}^N)^2} \leqslant f_f^w \quad (3\text{-}47)$$

承受竖向偏心力作用的三面围焊角焊缝（见图 3-52）也可采用近似方法计算，即将偏心力移至竖直焊缝处，则产生的扭矩为

$$T' = F(e_1 + r_x) \quad (3\text{-}48)$$

两水平焊缝所承担的扭矩为

$$T_1 = Hh = h_{e1} l_{w1} f_f^w h \quad (3\text{-}49)$$

式中 H——一条水平焊缝所传递的水平剪力；

$h_{e1} l_{w1}$——一条水平焊缝的有效截面面积；

h——两条水平焊缝之间的距离。

当 $T_2 = T' - T_1 \leqslant 0$ 时，表示水平焊缝已足以承担全部扭矩。竖直焊缝只承担竖向力 F，按下式计算

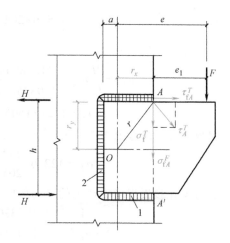

图 3-52 承受竖向偏心力作用的三面围焊角焊缝

$$\frac{F}{h_{e2} l_{w2}} \leqslant f_f^w \quad (3\text{-}50)$$

式中 $h_{e2} l_{w2}$——竖直焊缝的有效截面面积。

当 $T_2 = T' - T_1 > 0$ 时，表示水平焊缝不足以承担全部扭矩。此不足部分应由竖直焊缝承担，按下式计算

$$\sqrt{\left(\frac{6T_2}{\beta_f h_{e2} l_{w2}^2}\right)^2 + \left(\frac{F}{h_{e2} l_{w2}}\right)^2} \leqslant f_f^w \quad (3\text{-}51)$$

【例 3-8】 试验算图 3-53 所示牛腿与钢柱连接角焊缝的强度。钢材为 Q235，焊条电弧焊，焊条为 E43 型。荷载设计值 $F = 320$kN，偏心距 $e = 360$mm，焊脚尺寸 $h_{f1} = 8$mm，$h_{f2} = 6$mm，焊件间无间隙，焊缝有效截面如图 3-53b 所示。

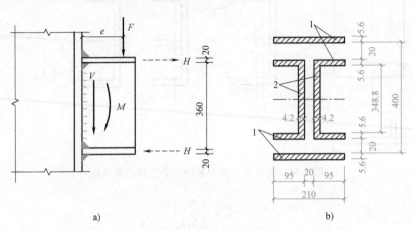

a)   b)

图 3-53 【例 3-8】图

解：偏心力 F 在角焊缝形心处引起剪力 $V = F = 320$kN，弯矩 $M = Fe = 320 \times 0.36$kN·m = 115.2kN·m。

（1）考虑腹板焊缝参与传递弯矩的计算方法

全部焊缝有效截面对中和轴的惯性矩为

$$I_w = 2 \times \frac{4.2 \times 348.8^3}{12}\text{mm}^4 + 2 \times 210 \times 5.6 \times 202.8^2\text{mm}^4 + 4 \times 95 \times 5.6 \times 177.2^2\text{mm}^4 = 1.9326 \times 10^8\text{mm}^4$$

翼缘焊缝的最大应力

$$\sigma_{f1} = \frac{M}{I_w} \times \frac{h}{2} = \frac{115.2 \times 10^6}{1.9326 \times 10^8} \times 205.6\text{N/mm}^2 = 122.6\text{N/mm}^2$$

$$< \beta_f f_f^w = 1.22 \times 160\text{N/mm}^2 = 195.2\text{N/mm}^2$$

腹板焊缝中由弯矩 M 引起的最大应力

$$\sigma_{f2} = 122.6 \times \frac{174.4}{205.6}\text{N/mm}^2 = 104.0\text{N/mm}^2$$

剪力 V 在腹板焊缝中产生的平均剪应力

$$\tau_f = \frac{V}{\sum (h_{e2}l_{w2})} = \frac{320 \times 10^3}{2 \times 0.7 \times 6 \times 348.8}\text{N/mm}^2 = 109.2\text{N/mm}^2$$

则腹板焊缝的强度（A 点为设计控制点）

$$\sqrt{\left(\frac{\sigma_{f2}}{\beta_f}\right)^2 + \tau_f^2} = \sqrt{\left(\frac{104.0}{1.22}\right)^2 + 109.2^2}\text{N/mm}^2 = 138.5\text{N/mm}^2$$

$$< f_f^w = 160\text{N/mm}^2 \text{（满足强度要求）}$$

（2）不考虑腹板焊缝传递弯矩的计算方法

翼缘焊缝所承受的水平力

$$H = \frac{M}{h} = \frac{115.2 \times 10^3}{380}\text{kN} = 303.2\text{kN （h 值近似取为翼缘中线间的距离）}$$

翼缘焊缝的强度

$$\sigma_f = \frac{H}{h_{e1}l_{w1}} = \frac{303.2 \times 10^3}{0.7 \times 8 \times (210 + 2 \times 95)} \text{N/mm}^2 = 135.4 \text{N/mm}^2$$

$$< \beta_f f_f^w = 1.22 \times 160 \text{N/mm}^2 = 195.2 \text{N/mm}^2$$

腹板焊缝的强度

$$\tau_f = \frac{V}{2h_{e2}l_{w2}} = \frac{320 \times 10^3}{2 \times 0.7 \times 6 \times 348.8} \text{N/mm}^2 = 109.2 \text{N/mm}^2 < f_f^w = 160 \text{N/mm}^2 \text{（满足强度要求）}$$

【例 3-9】 试验算图 3-54a 所示钢管柱与钢底板的连接角焊缝强度。图中内力均为设计值，其中 $N = 260\text{kN}$，$M = 18\text{kN} \cdot \text{m}$，$V = 180\text{kN}$。钢材为 Q235，钢管与底板间有 0.5mm 间隙，焊脚尺寸 $h_f = 8\text{mm}$，焊条电弧焊，焊条为 E43 型。

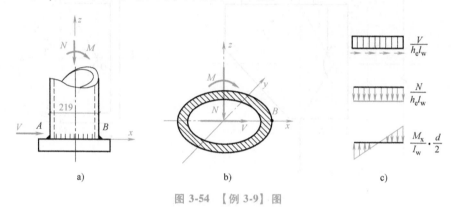

图 3-54 【例 3-9】图

解：如图 3-54 所示，钢管柱与钢底板的连接角焊缝承受轴心力 N、弯矩 M 和剪力 V 的共同作用，显然 B 点为最危险点。在焊缝的有效截面上，轴心力 N 和弯矩 M 产生垂直于焊缝一个直角边方向的应力 σ_{fz}，而剪力 V 产生垂直于焊缝另一个直角边方向的应力 σ_{fx}。此种受力状态较为少见，可偏于安全地取 $\beta_f = 1.0$，按各方向应力的合应力计算。

钢管与底板间有 0.5mm 间隙，因其小于 1.5mm，故 $h_e = 0.7h_f$

环形焊缝有效截面的惯性矩（可偏于安全地取环形焊缝直径与钢管柱直径相同）

$$I_w \approx \frac{1}{8}\pi h_e d^3 = \frac{1}{8} \times \pi \times 0.7 \times 8 \times 219^3 \text{mm}^4 = 2.31 \times 10^7 \text{mm}^4$$

B 点所受应力为

$$\sigma_{fx} = \sigma_f^V = \frac{V}{h_e l_w} = \frac{180 \times 10^3}{0.7 \times 8 \times \pi \times 219} \text{N/mm}^2 = 46.7 \text{N/mm}^2$$

$$\sigma_{fz} = \sigma_f^N + \sigma_f^M = \frac{N}{h_e l_w} + \frac{M}{I_w} \times \frac{d}{2} = \frac{260 \times 10^3}{0.7 \times 8 \times \pi \times 219} \text{N/mm}^2 + \frac{18 \times 10^6}{2.31 \times 10^7} \times \frac{219}{2} \text{N/mm}^2 = 152.8 \text{N/mm}^2$$

B 点处的连接角焊缝强度按应力 σ_{fz} 与 σ_{fx} 的合应力计算，即

$$\sqrt{\sigma_{fx}^2 + \sigma_{fz}^2} = \sqrt{46.7^2 + 152.8^2} \text{N/mm}^2 = 159.8 \text{N/mm}^2 < f_f^w = 160 \text{N/mm}^2 \text{（满足强度要求）}$$

【例 3-10】 图 3-55 所示为搭接连接的三面围焊角焊缝，钢板长度 $l_1 = 400\text{mm}$，搭接长度 $l_2 = 300\text{mm}$，焊件间无间隙，荷载设计值 $F = 200\text{kN}$，至柱边缘的偏心距 $e_1 = 300\text{mm}$，钢材为 Q235，焊条电弧焊，焊条为 E43 型。试确定该焊缝的焊脚尺寸 h_f，并验算该焊缝的强度。

解：如图 3-55 所示搭接连接的三面围焊角焊缝承受剪力 $V = F$ 和扭矩 $T = F(e_1 + e_2)$ 的共同作用，假设焊缝的焊脚尺寸均为 $h_f = 8\text{mm}$。

由于焊缝的实际长度稍大于 l_1 和 l_2，在计算中，焊缝的计算长度直接采用 l_1 和 l_2，不再扣除水平焊缝的两端缺陷。同时，由于焊缝的计算厚度 h_e 远小于 l_1、l_2，所以焊缝计算截面的形心位置可采用如下的简化方法进行计算，其形心至搭接钢板端部的距离为

$$x_0 = \frac{2l_2 \times l_2/2}{l_1 + 2l_2} = \frac{2 \times 300 \times 300/2}{400 + 2 \times 300}\text{mm} = 90\text{mm}$$

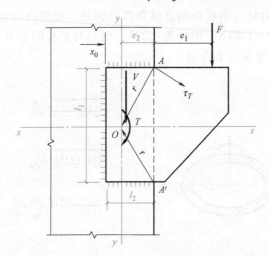 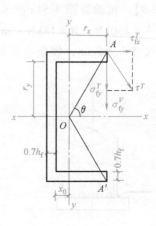

图 3-55 【例 3-10】图

焊缝计算截面的惯性矩为

$$I_x = \frac{0.7 \times 8 \times 400^3}{12}\text{mm}^4 + 2 \times 0.7 \times 8 \times 300 \times 200^2\text{mm}^4 = 1.64 \times 10^8\text{mm}^4$$

$$I_y = 2 \times \frac{0.7 \times 8 \times 300^3}{12}\text{mm}^4 + 2 \times 0.7 \times 8 \times 300 \times (150-90)^2\text{mm}^4 + 0.7 \times 8 \times 400 \times 90^2\text{mm}^4$$

$$= 0.55 \times 10^8\text{mm}^4$$

焊缝计算截面的极惯性矩为

$$I_p = I_x + I_y = 1.64 \times 10^8\text{mm}^4 + 0.55 \times 10^8\text{mm}^4 = 2.19 \times 10^8\text{mm}^4$$

由于 $e_2 = l_2 - x_0 = 300\text{mm} - 90\text{mm} = 210\text{mm}$，$A$ 点处 $r_x = e_2 = 210\text{mm}$，$r_y = l_1/2 + h_e = 205.6\text{mm}$
剪力 $V = F = 200\text{kN}$
扭矩 $T = F(e_1 + e_2) = 200 \times (300 + 210) \times 10^{-3}\text{kN} \cdot \text{m} = 102.0\text{kN} \cdot \text{m}$
扭矩 T 在 A 点处产生的应力为

$$\tau_{fx}^T = \frac{Tr_y}{I_p} = \frac{102.0 \times 205.6 \times 10^6}{2.19 \times 10^8}\text{N/mm}^2 = 95.8\text{N/mm}^2$$

$$\sigma_{fy}^T = \frac{Tr_x}{I_p} = \frac{102.0 \times 210 \times 10^6}{2.19 \times 10^8}\text{N/mm}^2 = 97.8\text{N/mm}^2$$

剪力 V 在 A 点处产生的应力为

$$\sigma_{fy}^V = \frac{V}{\sum h_e l_w} = \frac{200 \times 10^3}{0.7 \times 8 \times (400 + 2 \times 300)}\text{N/mm}^2 = 35.7\text{N/mm}^2$$

在 A 点处 σ_{fy}^T 和 σ_{fy}^V 垂直于焊缝长度方向，τ_{fx}^T 平行于焊缝长度方向，则

$$\sigma_f = \sigma_{fy}^T + \sigma_{fy}^V = 97.8\text{N/mm}^2 + 35.7\text{N/mm}^2 = 133.5\text{N/mm}^2, \quad \tau_f = \tau_{fx}^T = 95.8\text{N/mm}^2$$

故 $\sqrt{\left(\dfrac{\sigma_f}{\beta_f}\right)^2 + \tau_f^2} = \sqrt{\left(\dfrac{133.5}{1.22}\right)^2 + 95.8^2}\,\text{N/mm}^2 = 145.4\text{N/mm}^2 < f_f^w = 160\text{N/mm}^2$

所以，取焊脚尺寸 $h_f = 8\text{mm}$ 的三面围焊角焊缝连接满足强度要求。

3.4.3 斜角角焊缝的计算

两焊脚边夹角为 $60° \leqslant \alpha \leqslant 135°$ 的 T 形连接的斜角角焊缝，其计算方法与直角角焊缝相同，应按式（3-10）~式（3-12）计算，但应注意：

1）不考虑应力方向，任何情况都取 β_f（或 $\beta_{f\theta}$）= 1.0。这是因为目前对斜角角焊缝研究很少。而且规范的计算公式也是根据直角角焊缝简化而成，不能用于斜角角焊缝。

2）在确定斜角角焊缝的计算厚度时（见图 3-56），假定焊缝在其所成夹角的最小截面上发生破坏。

① 当根部间隙（b、b_1 或 b_2）不超过 1.5mm 时，焊缝计算厚度取为

$$h_e = h_f \cos\frac{\alpha}{2} \tag{3-52}$$

② 当根部间隙（b、b_1 或 b_2）大于 1.5mm 但不超过 5mm 时，焊缝计算厚度取为

$$h_e = \left[h_f - \frac{\text{根部间隙}(b, b_1 \text{ 或 } b_2)}{\sin\alpha}\right]\cos\frac{\alpha}{2} \tag{3-53}$$

③ 当两焊脚边夹角 $30° \leqslant \alpha \leqslant 60°$ 或 $\alpha < 30°$ 时，斜角角焊缝计算厚度应按《钢结构焊接规范》的有关规定计算。

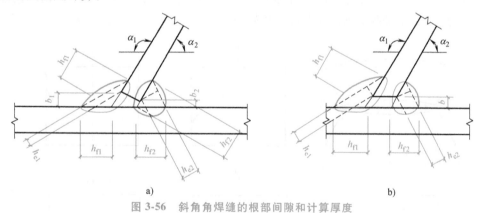

图 3-56 斜角角焊缝的根部间隙和计算厚度

3.5 焊接残余应力和焊接残余变形

3.5.1 焊接残余应力的分类和产生的原因

焊接残余应力简称焊接应力，它是受焊接过程影响在焊件内部引起的应力，有沿焊缝长度方向的纵向焊接应力 σ_x，垂直于焊缝长度方向的横向焊接应力 σ_y 和沿厚度方向的焊接应力 σ_z。

（1）沿焊缝长度方向的纵向焊接应力 σ_x　焊接过程是一个不均匀加热和冷却的过程。在施焊时，焊件上产生不均匀的温度场，焊缝及其附近温度最高，可达 1600℃ 以上，而邻近区域温度则急剧下降（见图 3-57），不均匀的温度场产生不均匀的膨胀，温度高的钢材膨胀大，但受到两侧温度较低、膨胀量较小的钢材限制，产生了热塑性压缩。焊缝冷却时，被塑性压缩的焊缝区趋向于缩短，但受到两侧钢材限制而产生纵向拉应力。在低碳钢和低合金钢中，这种拉应力经常达到钢材的屈服强度。焊接应力是一种无荷载作用下的内应力，因此会在焊件内部自相平衡，这就必然在距焊缝稍远区段内产生压应力（见图 3-57c）。

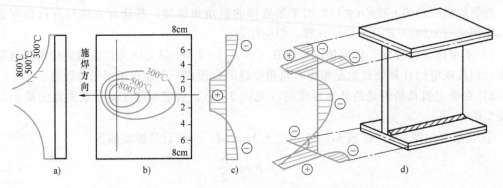

图 3-57　施焊时焊缝及附近的温度场和纵向焊接残余应力

a）、b）施焊时焊缝及附近的温度场　c）钢板上纵向焊接残余应力

d）焊接工字形截面翼缘上和腹板上的纵向焊接残余应力

（2）垂直于焊缝长度方向的横向焊接应力 σ_y　横向焊接应力产生的原因有二：一是由于焊缝纵向收缩，使两块钢板趋向于形成反方向的弯曲变形，但实际上焊缝将两块钢板连成整体，不能分开，于是两块钢板的中间产生横向拉应力，而两端则产生压应力（见图 3-58b）；

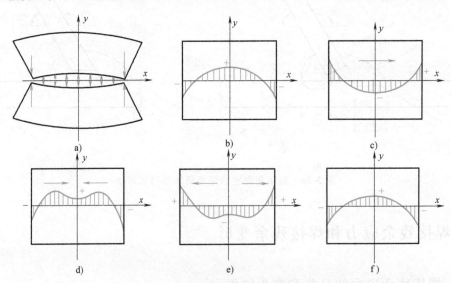

图 3-58　焊缝的横向焊接残余应力

a）由于焊缝纵向收缩产生的变形趋势　b）由于焊缝纵向收缩产生的横向焊接应力

c）、d）、e）由于不同的施焊方向，横向收缩产生的横向焊接应力

f）焊缝的横向焊接应力，即 b）与 c）应力合成的结果

二是由于先焊的焊缝已经凝固，会阻止后焊焊缝在横向自由膨胀，使其发生横向塑性压缩变形，当焊缝冷却时，后焊焊缝的收缩受到已凝固的焊缝限制而产生横向拉应力，而先焊部分则产生横向压应力（见图3-58c、d、e）。焊缝的横向焊接应力是上述两种原因产生的应力合成的结果（见图3-58f）。实际上，焊接残余应力的分布与大小，还与焊缝长度、焊接速度、冷却方法等因素有关，具有一定的复杂性。

（3）沿厚度方向的焊接应力 σ_z　在厚钢板的焊缝连接中，焊缝需要多层施焊，因此，除有纵向焊接应力 σ_x 和横向焊接应力 σ_y 外，还存在着沿钢板厚度方向的焊接应力 σ_z（见图3-59）。在最后冷却的焊缝中部，这三种应力形成同号三向拉应力，将大大降低连接的塑性。

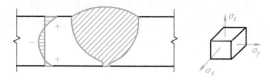

图 3-59　厚板中的焊接残余应力

3.5.2　焊接残余应力对结构工作性能的影响

（1）对结构静力强度的影响　在常温下工作并具有一定塑性的钢材，在静荷载作用下，焊接应力是不会影响结构强度的。假设轴心受拉构件在受荷前截面上就存在纵向焊接应力，并假设其分布如图3-60a所示。在轴心力 N 作用下，截面 bt 部分的焊接拉应力已达屈服强度 f_y，应力不再增加，如果钢材具有一定的塑性，拉力 N 就仅由受压的弹性区承担。两侧受压区应力由原来受压逐渐变为受拉，最后应力也达到屈服强度 f_y，这时全截面应力都达到 f_y（见图3-60b）。由于焊接应力自相平衡，故受拉区 N_{At}（总残余拉力）必然与受压区 N_{Ac}（总残余压力）相等，即 $N_{At} = N_{Ac} = btf_y$。则构件全截面达到屈服强度 f_y 时所承受的外力为 $N_y = N_{Ac} + (B-b)tf_y = Btf_y$，而 Bf_y 就是无焊接应力且无应力集中现象的轴心受拉构件全截面应力均达到屈服强度 f_y 时所承受的外力。由此可知，焊接残余应力不会影响结构的静力强度。

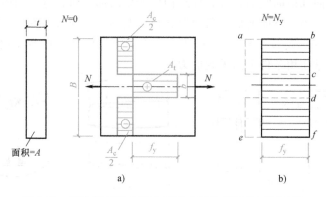

图 3-60　具有焊接残余应力的轴心受拉构件的受荷过程

（2）对结构刚度的影响　构件上的焊接应力会降低结构的刚度。仍以轴心受拉构件为例（见图3-60），由于截面 bt 部分的拉应力已达 f_y，所以这部分的抗拉刚度为零；图3-60a所示有残余应力的拉杆的抗拉刚度为 $E(B-b)t$，当其承受轴心拉力 N 作用时，其应变增量为 $\Delta\varepsilon_1 = N/[E(B-b)]$。而无残余应力的相同截面的拉杆的抗拉刚度为 EBt，应变增量为 $\Delta\varepsilon_2 = N/[EBt]$。显然 $EBt > E(B-b)t$，$\Delta\varepsilon_1 > \Delta\varepsilon_2$，即焊接残余应力的存在降低了结构的刚度，增大了结构的变形, 对结构的工作不利。

(3) 对受压构件稳定承载力的影响 对于轴心受压构件, 残余应力的存在使其挠曲刚度减小, 因而降低压杆的稳定承载力, 有关内容参见第 4 章。

(4) 对低温冷脆的影响 焊接残余应力对低温冷脆的影响通常是决定性的, 必须引起足够的重视。在厚板和具有严重缺陷的焊缝中, 以及存在交叉焊缝 (见图 3-61) 的情况下, 焊缝中产生了阻碍塑性变形的三轴拉应力, 裂纹容易产生和发展。

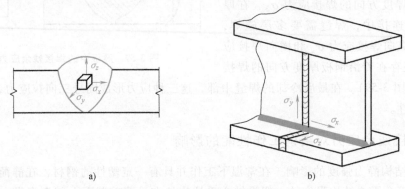

图 3-61 三向交叉焊缝的残余应力

(5) 对疲劳强度的影响 焊缝及其附近的主体金属内的残余拉应力通常可达到钢材的屈服强度, 此部位正是产生和发展疲劳裂纹最为敏感的区域。因此, 焊接残余应力对结构的疲劳强度有明显的不利影响。

3.5.3 焊接残余变形

在焊接过程中, 由于不均匀的受热, 使得焊接区局部产生了热塑性压缩变形, 当焊接区冷却时, 将产生纵向和横向收缩, 势必导致构件产生局部鼓曲、弯曲和扭转等。焊接残余变形包括纵向和横向收缩、弯曲变形、角变形和扭曲变形等 (见图 3-62), 且通常是几种变形的组合。任一焊接变形超过《钢结构工程施工质量验收标准》的规定时, 必须进行校正, 以免影响构件在正常使用条件下的承载能力。

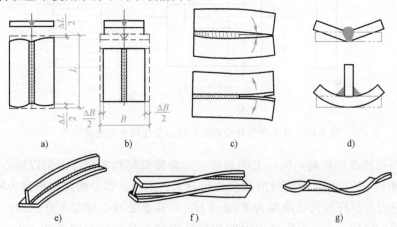

图 3-62 焊接残余变形类别示意图

a)、b) 纵、横向收缩 c) 面内弯曲变形 d) 角变形 e) 弯曲变形 f) 扭曲变形 g) 薄板翘曲波浪变形

3.5.4 减小焊接残余应力和焊接残余变形的措施

可通过合理的焊缝设计和焊接工艺来减小焊接结构的焊接残余应力和残余变形。

1. 焊缝设计

1）合理选择焊缝的尺寸和形式。在保证结构承载能力的条件下，设计时应尽量采用细长焊缝，不用短粗焊缝，以避免因焊脚尺寸过大引起较大焊接残余应力和施焊时过热、烧穿的危险。

2）尽量减少不必要的焊缝。在设计焊接结构时，常常采用加劲肋来提高板结构的稳定性和刚度。但是为了减轻自重而采用薄板，再大量采用加劲肋来增加稳定性和刚度，反而不经济。这样做不但增加了装配和焊接的工作量，而且易引起较大的焊接变形，增加校正工时。

3）合理地安排焊缝的位置。只要结构上允许，安排焊缝时尽可能对称于截面形心轴，或者使焊缝接近形心轴，以减小构件的焊接变形，如图 3-63a、c 所示；而图 3-63b、d 所示是不正确的。

4）尽量避免焊缝的过分集中和交叉。例如，几块钢板交汇一处进行连接时，应采用图 3-63e 所示的方式，避免采用图 3-63f 的方式，以免热量集中，引起过大的焊接变形和应力，恶化母材的组织构造。又如图 3-63g 所示，为了让腹板与翼缘的纵向连接焊缝连续通过，加劲肋进行切角，其与翼缘和腹板的连接焊缝均在切角处中断，避免了三条焊缝的交叉。

5）尽量避免在母材厚度方向的收缩应力。例如，图 3-63h 所示的构造措施是正确的，而图 3-63i 所示的构造常引起厚板的层状撕裂（由约束收缩焊接应力引起的）。

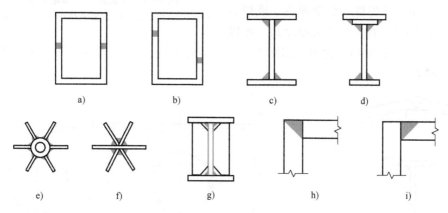

图 3-63 焊缝布置示例

2. 焊接工艺

1）采用合理的焊接顺序和方向。尽量使焊缝能自由收缩，先焊受力较大或收缩量较大的焊缝。例如，钢板对接时采用分段退焊，厚焊缝采用分层焊，工字形截面采用对角跳焊，钢板分块拼接，先焊短焊缝 1、2、3，后焊长焊缝 4、5 等（见图 3-64）。工地焊接工字梁的接头时（见图 3-65），应留出一段翼缘角焊缝 3 最后焊接，先焊受力最大的翼缘对接焊缝 1，再焊腹板对接焊缝 2。上述措施均可有效地降低焊接应力。

2）采用反变形法减小焊接变形或焊接应力。事先估计好结构变形的大小和方向。然后在装配时给予一个相反方向的变形与焊接变形相抵消，使焊后的构件保持设计的要求。图 3-66 所示为焊接前反变形的设置。

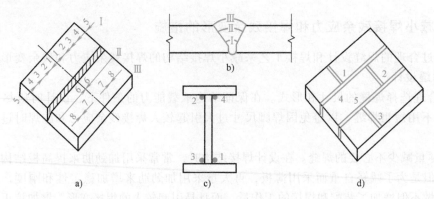

图 3-64　合理的焊接顺序和方向

a) 分段退焊　b) 沿厚度分层焊　c) 对角跳焊　d) 钢板分块拼接

在焊接封闭焊缝或其他刚性较大、自由度较小的焊缝时，可以采用反变形法来增加焊缝的自由度，减小焊接应力，如图 3-67 所示。

3) 锤击或辗压焊缝，使焊缝得到延伸，从而降低焊接应力。锤击或辗压焊缝均应在刚焊完时进行。锤击应保持均匀、适度，避免锤击过分产生裂纹。

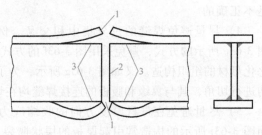

图 3-65　按受力大小确定焊接顺序

1—翼缘对接焊缝　2—腹板对接焊缝　3—翼缘角焊缝

4) 对于小尺寸焊件，焊前预热，或焊后回火加热至 600℃ 左右，然后缓慢冷却，可以消除焊接应力和焊接变形，也可采用刚性固定法将构件加以固定来限制焊接变形，但却会增大焊接残余应力。

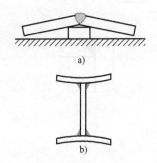

图 3-66　焊接前反变形

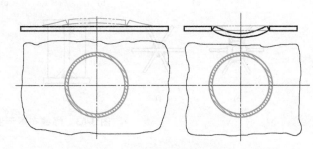

图 3-67　降低局部刚度减小内应力

3.6　螺栓连接的排列和构造要求

3.6.1　螺栓连接的种类

1. 普通螺栓连接

普通螺栓分为 A、B 级和 C 级。A 级和 B 级螺栓所用钢材的性能等为 5.6 级或 8.8 级，其抗拉强度分别不小于 500N/mm^2 和 800N/mm^2，屈强比分别为 0.6 和 0.8。A、B级螺栓表面光滑，尺寸准确，一般采用 I 类孔，螺杆直径仅允许负公差，螺栓孔直径仅允许正公差，对成孔质量要求高，需要 I 类孔。B 级螺栓的孔径 d_0 较螺栓公称直径 d 大 0.2~0.5mm。

C 级螺栓所用钢材的性能等级为 4.6 级或 4.8 级。其抗拉强度不小于 400N/mm^2，屈强比为 0.6 或 0.8。C 级螺栓由于螺栓杆表面粗糙，一般采用在单个零件上一次冲成或不用钻模钻成设计孔径的孔（II 类孔）。螺栓孔的直径 d_0 比螺栓杆的直径 d 大 1.0~1.5mm。

普通螺栓质量应符合《紧固件机械性能 螺栓、螺钉和螺柱》和《紧固件公差 螺栓、螺钉、螺柱和螺母》的规定；C 级螺栓与 A 级、B 级螺栓的规格和尺寸应分别符合《六角头螺栓 C 级》与《六角头螺栓》的规定。

2. 高强度螺栓连接

高强度螺栓按所用材料的性能等级分为 8.8S 级、10.9S 级和 12.9S 级三类（字母"S"表示高强度螺栓的意思，但在实际应用中常将其省略）。高强度螺栓一般采用优质碳素钢（例如 35 钢和 45 钢）和合金钢（例如 40B、35VB 钢和 20MnTiB 钢）加工制作而成；经热处理后，螺栓的抗拉强度应分别不低于 800N/mm^2、1000N/mm^2 和 1200N/mm^2，且屈强比分别为 0.8、0.9 和 0.9。

高强度螺栓摩擦型连接可采用标准孔、大圆孔和槽孔，孔型尺寸可按表 3-4 采用。采用扩大孔连接时，同一连接面只能在盖板和芯板中之一的板上采用大圆孔或槽孔，其余仍采用标准孔。按大圆孔或槽孔制孔时，应增大垫圈厚度或连续型垫板（其孔径与标准垫圈相同），对 M24 及以下的螺栓，厚度不宜小于 8mm；对 M24 以上的螺栓，厚度不宜小于 10mm。高强度螺栓承压型连接采用标准圆孔时，其直径 d_0 也可按表 3-4 采用。

在高强钢结构中使用高强度螺栓摩擦型连接时，非抗震设计下宜采用标准孔，不宜采用标准大圆孔或槽孔；抗震设计时，应采用标准孔或开孔方向与受力方向垂直的槽孔；使用承压型连接时应采用标准孔。

钢结构大六角头高强度螺栓的质量应符合《钢结构用高强度大六角头螺栓》《钢结构用高强度大六角螺母》《钢结构用高强度垫圈》《钢结构用高强度大六角头螺栓、大六角螺母、垫圈技术条件》的规定。扭剪型高强度螺栓的质量应符合《钢结构用扭剪型高强度螺栓连接副》的规定。

表 3-4 高强度螺栓连接的孔型尺寸匹配 （单位：mm）

螺栓公称直径		M12	M16	M20	M22	M24	M27	M30
孔型	标准孔 直径	13.5	17.5	22	24	26	30	33
	大圆孔 直径	16	20	24	28	30	35	38
	槽孔 短向	13.5	17.5	22	24	26	30	33
	槽孔 长向	22	30	37	40	45	50	55

3.6.2 螺栓的排列

螺栓在构件上的排列应简单划一、力求紧凑，通常采用并列和错列两种形式（见图 3-68）。并列简单整齐，所用连接板尺寸小，但由于螺栓孔的存在，对构件截面的削弱较大；错列可减少截面削弱，但排列较繁，连接板尺寸较大。不论采用哪种排列，螺栓在构件上的中距、端距和边距都须满足以下要求：

（1）受力要求 螺栓中距不应过小，否则会使构件截面削弱过多。当构件承受压力作

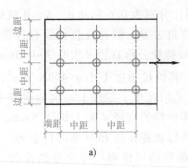 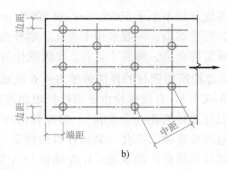

a)　　　　　　　　　　　　　　b)

图 3-68　钢板的螺栓群排列

a）并列　b）错列

用时，顺压力方向的中距不宜太大，否则在被连接板件间易产生鼓曲。为防止构件端部钢板被剪开，沿内力方向最外一排螺栓应有足够的端距。

（2）构造要求　螺栓的中距不应过大，否则钢板不能紧密贴合。外排螺栓的中距、边距和端距更不应过大，否则接触面不够紧密，以致潮气侵入引起锈蚀。

（3）施工要求　螺栓间应保持足够距离，以便于转动扳手，拧紧螺母。

根据上述要求，《钢结构设计标准》规定的钢板上螺栓的最大、最小容许距离详见图 3-68 及表 3-5。螺栓在型钢（角钢、工字钢、槽钢）上的排列除应满足表 3-5 的最大、最小容许距离外，还应符合各自的线距和最大孔径 d_{0max} 要求（见图 3-69，表 3-6~表 3-8）。在 H 型钢上排列螺栓的线距：腹板上的 c 值可参照普通工字钢，翼缘上的 e 值可根据其外伸宽度参照角钢。

表 3-5　螺栓或铆钉的最大、最小容许距离

名称	位置和方向			最大容许距离（取两者的较小值）	最小容许距离
中心间距	外排（垂直内力方向或顺内力方向）			$8d_0$ 或 $12t$	$3d_0$
	中间排	垂直内力方向		$16d_0$ 或 $24t$	
		顺内力方向	压力	$12d_0$ 或 $18t$	
			拉力	$16d_0$ 或 $24t$	
	沿对角线方向			—	
中心至构件边缘距离	顺内力方向			$4d_0$ 或 $8t$	$2d_0$
	垂直内力方向	剪切边或手工气割边			$1.5d_0$
		轧制边、自动精密气割或锯割边	高强度螺栓		$1.5d_0$
			其他螺栓或铆钉		$1.2d_0$

注：1. d_0 为螺栓的孔径，对槽孔为短向尺寸，t 为外层较薄板件的厚度。

2. 钢板边缘与刚性构件（如角钢、槽钢等）相连的螺栓或铆钉的最大间距，可按中间排的数值采用。

3. 计算螺栓引起的截面削弱时可取 $d+4$mm 和 d_0 的较大者。

表 3-6　工字钢和槽钢腹板上螺栓的最小容许线距　（单位：mm）

工字钢型号	12	14	16	18	20	22	25	28	32	36	40	45	50	56	63
线距 c	40	45	45	45	50	50	55	60	60	65	70	75	75	75	75
槽钢型号	12	14	16	18	20	22	25	28	32	36	40	—	—	—	—
线距 c	40	45	50	50	55	55	55	60	60	70	75	—	—	—	—

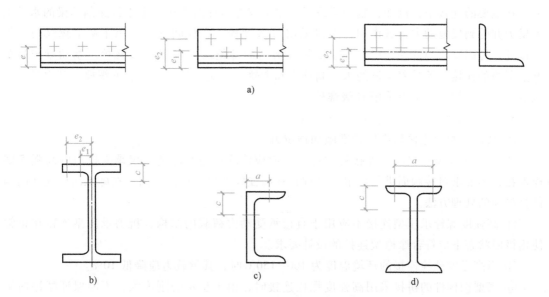

图 3-69 型钢上的螺栓排列

表 3-7 角钢上螺栓的最小容许线距和最大孔径 （单位：mm）

单行排列	角钢肢宽	40	45	50	56	63	70	75	80	90	100	110	125
	线距 e	25	25	30	30	35	40	40	45	50	55	60	70
	最大孔径 d_{0max}	11.5	13.5	13.5	15.5	17.5	20	22	22	24	24	26	26

双行错列	角钢肢宽	125	140	160	180	200	双行并列	角钢肢宽	160	180	200
	线距 e_1	55	60	70	70	80		线距 e_1	60	70	80
	线距 e_2	90	100	120	140	160		线距 e_2	130	140	160
	最大孔径 d_{0max}	24	24	26	26	26		最大孔径 d_{0max}	24	24	26

表 3-8 工字钢和槽钢翼缘上螺栓的最小容许线距 （单位：mm）

工字钢型号	12	14	16	18	20	22	25	28	32	36	40	45	50	56	63
线距 a	40	40	50	55	60	65	65	70	75	80	80	85	90	95	95
槽钢型号	12	14	16	18	20	22	25	28	32	36	40				
线距 a	30	35	35	40	40	45	45	45	50	56	60				

螺栓连接除了要满足上述螺栓排列的容许距离外，根据不同情况还应满足下列要求：

1）为了使连接可靠，每一杆件在节点上以及拼接接头的一端，永久螺栓的数量不宜少于两个。但对于格构式构件的缀条，其端部连接可采用一个螺栓。

2）沿杆轴方向受拉的螺栓连接中的端板（法兰板），宜设置加劲肋。

3）对直接承受动力荷载的普通螺栓连接应采用双螺母或其他防止螺母松动的措施。例如，采用弹簧垫圈，或将螺母和螺杆焊死等方法。抗拉连接时应采用高强度螺栓摩擦型连接。

4）由于 C 级螺栓与孔壁有较大间隙，只宜用于沿杆轴方向受拉的连接。承受静力荷载结构的次要连接、可拆卸结构的连接和临时固定构件用的安装连接中，也可用 C 级螺栓受剪。在重要的连接中，例如，制动梁或吊车梁上翼缘与柱的连接，由于传递制动梁的水平支承反力并受到反复动力荷载作用，不得采用 C 级螺栓。在柱间支撑处吊车梁下翼缘与柱的连接处，柱间支撑与柱的连接处等承受较大剪力的部位均不得用 C 级螺栓。制动梁与吊车梁上翼缘的连接，承受着反复的水平制动力和卡轨力，应优先采用高强度螺栓，其次是采用低氢型焊条的焊接，不得采用 C 级螺栓。

5）高强度螺栓连接应符合下列规定：

① 高强度螺栓连接均应按标准施加预拉力。

② 采用承压型连接时，连接处构件接触面应清除油污及浮锈，仅承受拉力的高强度螺栓连接，不要求对接触面进行抗滑移处理；在高强度螺栓连接范围内，在施工图中应注明构件接触面的处理方法。

③ 高强度螺栓承压型连接不应用于直接承受动力荷载的结构，抗剪承压型连接在正常使用极限状态下应符合摩擦型连接的设计要求。

④ 当高强度螺栓连接的环境温度为 100~150℃时，其承载力应降低 10%。

⑤ 当型钢构件的拼接采用高强度螺栓连接时，由于型钢的刚度大，不能保证摩擦面接触紧密，故不宜用型钢作为拼接件，而应采用钢板。

3.6.3 螺栓、螺栓孔及电焊铆钉的表示方法

螺栓、螺栓孔及电焊铆钉的表示方法见表 3-9，在钢结构施工图上需要将螺栓及其孔眼的施工要求用图形表示清楚，以免引起混淆。

表 3-9 螺栓、螺栓孔、电焊铆钉的表示方法

序号	名称	图例	序号	名称	图例
1	永久螺栓	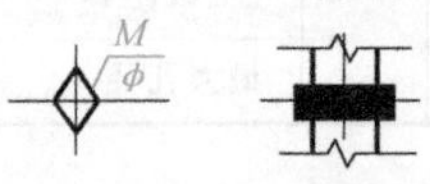	5	圆形螺栓孔	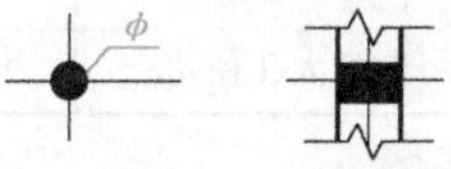
2	高强度螺栓	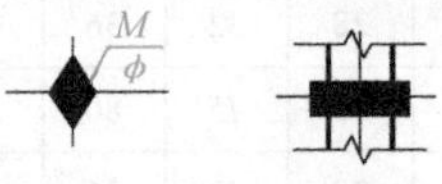	6	长圆形螺栓孔	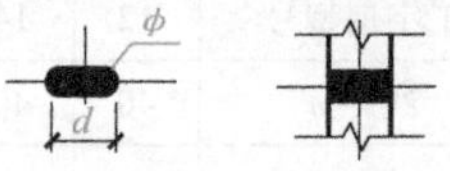
3	安装螺栓	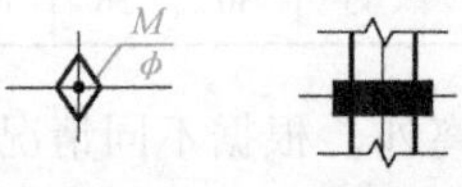	7	电焊铆钉	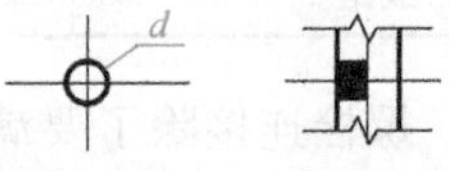
4	胀锚螺栓	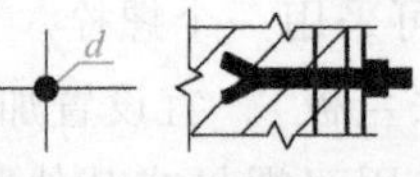			

注：1. 细"+"线表示定位线。
2. M 表示螺栓型号。
3. φ 表示螺栓孔直径。
4. d 表示膨胀螺栓、电焊铆钉直径。
5. 采用引出线标注螺栓时，横线上标注螺栓规格，横线下标注螺栓孔直径。

3.7 普通螺栓连接的工作性能和计算

3.7.1 普通螺栓连接的工作性能

普通螺栓连接按螺栓传力方式可分为受剪螺栓连接、受拉螺栓连接和拉剪螺栓连接三种。受剪螺栓连接是靠栓杆受剪和孔壁承压传力，受拉螺栓连接是靠沿杆轴方向受拉传力，拉剪螺栓连接则是同时兼有上述两种传力方式。

1. 受剪螺栓连接

（1）受力性能 如图 3-70 所示，曲线 1 所示为单个普通螺栓受剪连接的荷载-变形曲线。起始为较短的上升直线段，表示连接处在弹性工作阶段，靠板件间的摩擦力传力。但是普通螺栓的预拉力很小，故很快即出现表示钢板相对滑移的水平直线段，直至螺栓杆和孔壁靠紧，曲线上升，连接进入弹性工作阶段；外力继续增加，连接进入弹塑性工作阶段，此时栓杆除受剪力外，还受有弯曲和轴向拉伸的作用，而孔壁则承受挤压。随着外力的进一步增加，连接变形迅速增大，曲线趋于平坦，连接也随之达到破坏。

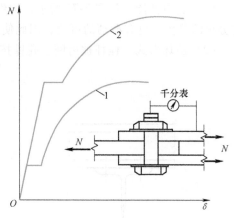

图 3-70 单个受剪螺栓的受力性能曲线
1—C 级普通螺栓 2—高强度螺栓

（2）破坏形式 受剪螺栓连接的破坏可能有如下六种形式：

1）栓杆被剪断（见图 3-71a）——当栓杆直径较细而板件相对较厚时可能发生。

2）孔壁挤压破坏（见图 3-71b）——当栓杆直径较粗而板件相对较薄时可能发生。

3）钢板毛截面屈服破坏（见图 3-71c）——当钢板毛截面屈服强度较低时发生受拉屈服破坏。

4）钢板净截面拉断破坏（见图 3-71d）——当板件因螺栓孔削弱过多时，可能沿开孔截面发生破断；也可能发生钢板毛截面受拉屈服破坏。

5）端部钢板被剪开（见图 3-71e）——当顺受力方向的端距过小时可能发生。

6）栓杆受弯破坏（见图 3-71f）——当栓杆过长时可能发生。

上述六种破坏形式中的后两种，可采取构造措施加以防止，如规定端距 $\geq 2d_0$；螺栓的

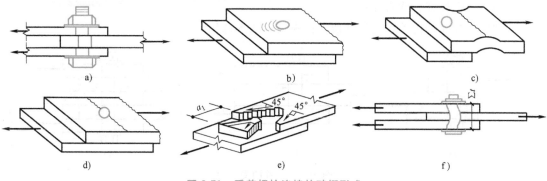

a)   b)   c)

d)   e)   f)

图 3-71 受剪螺栓连接的破坏形式

夹紧长度 $\sum t \leqslant (4 \sim 6)d$（普通螺栓），或 $\sum t \leqslant (5 \sim 7)d$（高强度螺栓）；式中，$d$ 为螺栓的直径。但对于其他三种形式的破坏，则需通过计算来防止。

2. 受拉螺栓连接

（1）受力性能　如图 3-72 所示，构件为受拉螺栓连接，在外力作用下，构件相互间有分离的趋势，因此螺栓沿杆轴方向受拉。

（2）破坏形式　栓杆被拉断，其部位多在被螺纹削弱的截面处。

3. 拉剪螺栓连接

（1）受力性能　如图 3-73 所示，构件为拉剪螺栓连接，在外力作用下，构件相互间既有分离的趋势，也有滑动的可能，因此使栓杆受剪、孔壁承压，并使螺栓沿杆轴方向受拉。

（2）破坏形式　栓杆被剪断、孔壁挤压破坏或栓杆被拉断。

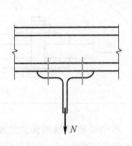

图 3-72　受拉螺栓连接

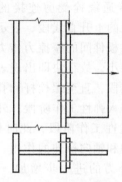

图 3-73　拉剪螺栓连接

3.7.2　普通螺栓的受剪承载力

1. 单个普通螺栓的受剪承载力

普通螺栓的受剪承载力应考虑螺栓杆受剪和孔壁承压两种情况。

（1）受剪承载力设计值　假定螺栓受剪面上的剪应力是均匀分布的，则单个螺栓的受剪承载力设计值为

$$N_v^b = n_v \frac{\pi d^2}{4} f_v^b \qquad (3-54)$$

式中　n_v——受剪面数，单剪 $n_v=1$、双剪 $n_v=2$、四剪 $n_v=4$（见图 3-74）；

d——螺栓杆公称直径；

f_v^b——螺栓的抗剪强度设计值，按附录表 A-5 选用。

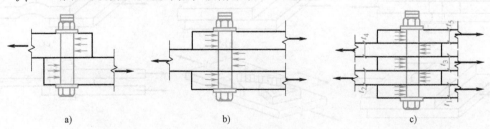

图 3-74　螺栓的受剪面
a）单剪　b）双剪　c）四剪

（2）承压承载力设计值　螺栓的实际挤压应力很不均匀，为计算简便，假定承压应力沿螺栓直径投影面均匀分布（见图 3-75），则单个螺栓的承压承载力设计值为

$$N_c^b = d \sum t f_c^b \qquad (3\text{-}55)$$

式中　$\sum t$——在同一受力方向的承压构件的较小总厚度（如图 3-74 所示，构件的四剪连接，$\sum t$ 取 $t_1 + t_3 + t_5$ 或 $t_2 + t_4$ 中的较小值）；

f_c^b——螺栓（孔壁）的承压强度设计值，按附录表 A-5 选用。

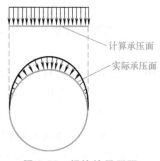

图 3-75　螺栓的承压面

（3）单个受剪螺栓的承载力设计值　显然，单个受剪螺栓的承载力设计值应取 N_v^b 和 N_c^b 的较小者，以 N_{min}^b 表示。

2. 剪力作用的普通螺栓群计算

钢构件在节点上以及拼接接头的一端，按规定永久螺栓数不宜少于两个，因此螺栓连接一般都以螺栓群的形式出现。图 3-76 所示为采用普通螺栓群连接的构件，两被连接件分别受轴心力作用时，螺栓的受力状态。试验表明，当连接处于弹性工作阶段时，螺栓群中各螺栓受力不相等，两端大而中间小；但进入弹塑性工作阶段后，由于内力重分布，使各螺栓受力趋于均匀，故可按平均受力计算。在构件的节点处或拼接接头的一端，当螺栓沿受力方向的连接长度 l_1 过大时，各螺栓的受力将很不均匀，端部螺栓受力最大，往往首先破坏，然后依次向内逐个破坏，即出现所谓"解纽扣现象"。因此，当 l_1 所处范围不同时，应将螺栓的承载力设计值乘以相应的折减系数 β，具体取值如下

$$\beta = \begin{cases} 1.0 & l_1 \le 15d_0 \\ 1.1 - \dfrac{l_1}{150d_0} & 15d_0 < l_1 < 60d_0 \\ 0.7 & l_1 \ge 60d_0 \end{cases}$$

$$(3\text{-}56)$$

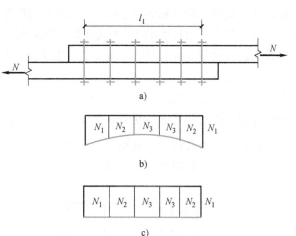

图 3-76　螺栓群的不均匀受力状态

a）螺栓群受剪　b）弹性阶段受力状态
c）塑性阶段受力状态

这样，在设计时，当外力通过螺栓群的中心时，可以认为所有螺栓受力相同。那么，连接一侧需要的螺栓数目为

$$n = \frac{N}{\beta N_{min}^b} \qquad (3\text{-}57)$$

由于螺栓孔削弱了板件的截面，为防止板件在净截面上被拉断，需验算板件净截面断裂强度

$$\sigma_n = N/A_n \leqslant 0.7f_u \tag{3-58}$$

同时需要验算轴心拉力作用下板件毛截面屈服强度

$$\sigma = N/A \leqslant f \tag{3-59}$$

式中　f 和 f_u——钢材的抗拉、压、弯强度设计值和极限抗拉强度设计值，按附录表 A-1
　　　　　　选用；

　　　　　N——构件的 1—1 截面、两块盖板的 3—3 截面上所传递的力；

　　　　　A_n——净截面面积，其计算方法如下：

图 3-77a 所示的并列螺栓排列，左侧板件所承担的力 N，通过左边 9 个螺栓传给两块盖板，每个螺栓传递 $\dfrac{N}{9}$。再由两块盖板通过右边的 9 个螺栓把力传给右边板件，左右板件内力达到平衡。在力的传递过程中，左右板件和两块盖板的各个截面受力大小，如图 3-77c 所示。左边板件在 1—1 截面受力为 N，在 1—1 截面和 2—2 截面之间受力为 $\dfrac{2}{3}N$，因为第一列螺栓已将 $\dfrac{N}{3}$ 传给盖板。即板件 1—1 截面受力为 N，2—2 截面受力为 $N-\dfrac{n_1}{n}N$，3—3 截面受力为 $N-\dfrac{n_1+n_2}{n}N$，故 1—1 截面受力最大。其中，n_1 和 n_2 分别为 1—1 截面、2—2 截面上的螺栓数，其净截面面积分别为 $A_{n1}=t(b-n_1d_0)$。因为螺栓是并列排列，各个截面的净面积相同，故只需验算受力最大的 1—1 截面的净截面强度即可。而两块盖板的危险截面为 3—3 截面，其净截面面积为 $A_{n3}=2t_1(b-n_3d_0)$。由于设计时考虑盖板截面不小于构件截面，构件强度满足后一般可不计算盖板净截面强度。

图 3-77b 所示构件错列螺栓排列，对于构件不仅要考虑沿垂直截面 1—1（正交截面）破坏的可能，还需要考虑沿折线截面 2—2（锯齿截面）破坏的可能，因为 2—2 截面虽然较长，但截面内螺栓孔较多，此时 $A_{n2}=t\left[2e_4+(n_2-1)\sqrt{e_1^2+e_2^2}-n_2d_0\right]$，式中 n_2 为折线截面上的螺栓数。对于盖板净截面面积的计算，方法同构件，但计算部位应在盖板受力最大处。

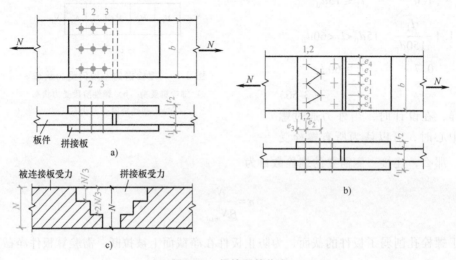

图 3-77　螺栓群的传力

在下列情况的连接中，螺栓的数目应予增加：

1）当一个构件借助填板或其他中间板件与另一个构件连接的螺栓（摩擦型连接的高强度螺栓除外）的数目应按计算增加10%。

2）当采用搭接或拼接板的单面连接传递轴心力，因偏心引起连接部位发生弯曲时，螺栓（摩擦型连接的高强度螺栓除外）数目应按计算增加10%。

3）在构件的端部连接中，当利用短角钢连接型钢（角钢或槽钢）的外伸肢以缩短连接长度时，在短角钢两肢中的一肢上，所用螺栓数目应按计算增加50%。

【例3-11】　如图3-78所示，构件的连接采用普通C级螺栓M20，孔径$d_0 = 21.5\text{mm}$，连接所用的钢材为Q235。求当该连接达到承载能力极限状态时能承受的最大拉力设计值。

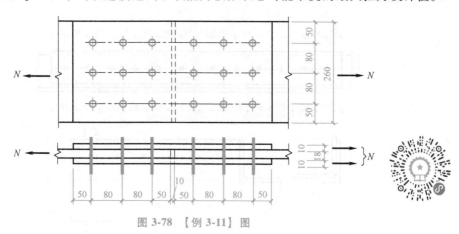

图3-78　【例3-11】图

解：（1）按螺栓连接强度确定承载力设计值

单个螺栓的受剪承载力设计值为

$$N_v^b = n_v \frac{\pi d^2}{4} f_v^b = 2 \times \frac{3.14 \times 20^2}{4} \times 140 \times 10^{-3}\text{kN} = 87.9\text{kN}$$

单个螺栓的承压承载力设计值

$$N_c^b = d \sum t f_c^b = 20 \times 18 \times 305 \times 10^{-3}\text{kN} = 109.8\text{kN}$$

单个受剪螺栓的承载力设计值

$$N_{min}^b = 87.9\text{kN}$$

$l_1 = 160\text{mm} < 15d_0 = 15 \times 21.5\text{mm} = 322.5\text{mm}$，故$\beta = 1.0$

连接一侧9个螺栓的总承载力设计值为

$$N_1 = \beta n N_{min}^b = 1.0 \times 9 \times 87.9\text{kN} = 791.1\text{kN}$$

（2）按钢板净截面强度确定承载力设计值

按主钢板净截面强度计算

$$A_{n1} = (b - n d_0) t_1 = (50 \times 2 + 80 \times 2 - 3 \times 21.5) \times 18\text{mm}^2 = 3519\text{mm}^2$$

$$N_2 = A_{n1} \times 0.7 f_u = 3519 \times 0.7 \times 370\text{N} = 911421\text{N} = 911.4\text{kN}$$

按两盖板强度计算

$$A_{n2} = (b - n d_0) t_2 = (50 \times 2 + 80 \times 2 - 3 \times 21.5) \times 20\text{mm}^2 = 3910\text{mm}^2$$

$$N_3 = A_{n2} \times 0.7 f_u = 3910 \times 0.7 \times 370\text{N} = 1012690\text{N} = 1012.7\text{kN}$$

（3）按构件毛截面强度确定承载力设计值

因主钢板厚度18mm<两盖板厚度之和20mm，故按主钢板计算

$$A_1 = bt_1 = 260 \times 18 \text{mm}^2 = 4680 \text{mm}^2$$

$$N_4 = A_1 f = 4680 \times 205 \text{N} = 959400 \text{N} = 959.4 \text{kN}$$

（4）最大拉力设计值

$$N_{\max} = \min\{N_1, N_2, N_3, N_4\} = 791.1 \text{kN}$$

【例3-12】 如图3-79所示，两角钢用C级普通螺栓的拼接。已知角钢型号为∟125×8，承受的轴心拉力设计值为 $N = 470 \text{kN}$ ，拼接角钢的型号与构件相同，钢材 Q355，螺栓直径 $d = 20 \text{mm}$ ，孔径 $d_0 = 21.5 \text{mm}$ 。

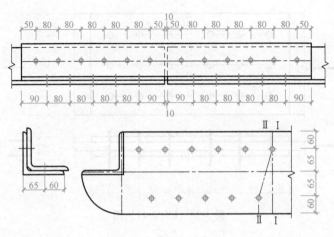

图 3-79 【例 3-12】图

解：（1）计算螺栓的数目

单个螺栓的受剪承载力设计值

$$N_v^b = n_v \frac{\pi d^2}{4} f_v^b = 1 \times \frac{3.14 \times 20^2}{4} \times 140 \times 10^{-3} \text{kN} = 44.0 \text{kN}$$

单个螺栓的承压承载力设计值

$$N_c^b = d \sum t f_c^b = 20 \times 8 \times 385 \times 10^{-3} \text{kN} = 61.6 \text{kN}$$

单个螺栓的承载力设计值

$$N_{\min}^b = 44.0 \text{kN}$$

连接一侧需要的螺栓数目

$$n = N/N_{\min}^b = 470 \text{kN} \div 44.0 \text{kN/个} = 10.7 \text{个}$$

取11个，连接构造如图3-79所示。

因 $l_1 = 400 \text{mm} > 15 d_0 = 15 \times 21.5 \text{mm} = 322.5 \text{mm}$ ，所以 $N_{\min}^b$ 需折减，依据式（3-56），则

$$\beta = 1.1 - \frac{l_1}{150 d_0} = 1.1 - \frac{400}{150 \times 21.5} = 0.98 > 0.7$$

那么， $N_{\min}^b$ 折减后需要的螺栓数目 $n = N/(\beta N_{\min}^b) = 470 \div (0.98 \times 44.0) = 10.90 < 11$

故11个螺栓的承载力满足要求。

（2）构件净截面强度验算

角钢的毛截面面积 $A = 1975 \text{mm}^2$；将角钢按中线展开，如图3-79所示。截面 Ⅰ-Ⅰ（正交截面）的净面积为

$$A_{n1} = A - n_1 d_0 t = 1975 \text{mm}^2 - 1 \times 21.5 \times 8 \text{mm}^2 = 1803 \text{mm}^2$$

截面 Ⅱ-Ⅱ（折线截面）的净面积为

$$A_{n2} = t \left[2e_2 + (n_2 - 1) \sqrt{e_1^2 + e_4^2} - n_2 d_0 \right] = 8 \times \left[2 \times 60 + (2-1) \sqrt{40^2 + (2 \times 65)^2} - 2 \times 21.5 \right] \text{mm}^2$$
$$= 1704 \text{mm}^2$$

故角钢的净截面强度为

$$\sigma_n = N/A_{n2} = 470 \times 10^3 \text{N} / (17.04 \times 10^2 \text{mm}^2) = 275.8 \text{N/mm}^2$$
$$< 0.7 f_u = 329 \text{N/mm}^2 \quad (\text{满足强度要求})$$

（3）构件毛截面强度验算

$$\sigma = N/A = 470 \times 10^3 \text{N} / (19.75 \times 10^2) \text{mm}^2 = 238.0 \text{N/mm}^2 < f = 305 \text{N/mm}^2 \quad (\text{满足强度要求})$$

【例 3-13】　如图3-80所示，两块250mm宽的Q235钢板，厚度分别为20mm和14mm，使用两块10mm厚盖板进行拼接连接。C级普通螺栓，直径 $d = 20 \text{mm}$，孔径 $d_0 = 21.5 \text{mm}$。承受静力荷载设计值为 $N = 335 \text{kN}$。

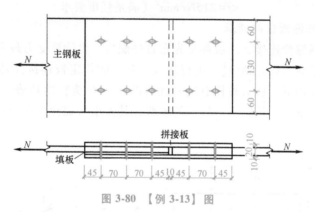

图 3-80　【例 3-13】图

解：厚度不同的钢板进行对接，必须采用厚度为 $t = 20 \text{mm} - 14 \text{mm} = 6 \text{mm}$ 的填板，该填板不传力，只是提供一个"厚度"使接缝两侧等厚。

（1）计算螺栓的数目

单个螺栓的受剪承载力设计值

$$N_v^b = n_v \frac{\pi d^2}{4} f_v^b = 2 \times \frac{3.14 \times 20^2}{4} \times 140 \times 10^{-3} \text{kN} = 87.96 \text{kN}$$

单个螺栓的承压承载力设计值

当 $\sum t = 14 \text{mm}$ 时

$$N_c^b = d \sum t f_c^b = 20 \times 14 \times 305 \times 10^{-3} \text{kN} = 85.4 \text{kN}$$

当 $\sum t = 20 \text{mm}$ 时

$$N_c^b = d \sum t f_c^b = 20 \times 20 \times 305 \times 10^{-3} \text{kN} = 122 \text{kN}$$

则在拼接板右侧（板厚20mm处）

一个螺栓的承载力设计值　$N_{min}^b = 87.96 \text{kN}$

所需螺栓数目为：$n = N/N_{min}^b = 335 \text{kN} \div 87.96 \text{kN}/\text{个} = 3.81$ 个，采用4个。

而在拼接板左侧（板厚 14mm 处），一个螺栓的承载力设计值 $N_{\min}^{b} = 85.4\text{kN}$。

由于栓杆在此种情况下易发生弯曲变形，所需螺栓数目为

$n = 1.1 \times N/N_{\min}^{b} = 1.1 \times 335\text{kN}/85.4\text{kN}/\text{个} = 4.31$ 个，采用 6 个。

连接构造如图 3-79 所示。

因 $l_1 = 140\text{mm} < 15d_0 = 15 \times 21.5\text{mm} = 322.5\text{mm}$，所以 $N_{\min}^{b}$ 不需折减，故 6 个螺栓的承载力满足要求。

（2）构件净截面强度验算

取 14mm 厚钢板进行净截面强度验算。钢板毛截面面积 $A = 3500\text{mm}^2$，扣除螺栓孔后的净截面面积为 $A_{n1} = A - n_1 d_0 t = 3500\text{mm}^2 - 2 \times 21.5 \times 14\text{mm}^2 = 2898\text{mm}^2$

故净截面强度为

$$\sigma_n = N/A_{n1} = 335 \times 10^3\text{N} \div 2898\text{mm}^2 = 115.6\text{N}/\text{mm}^2$$
$$< 0.7f_u = 259\text{N}/\text{mm}^2 \text{（满足强度要求）}$$

（3）构件毛截面强度验算

$$\sigma = N/A = 335 \times 10^3\text{N} \div 3500\text{mm}^2 = 95.7\text{N}/\text{mm}^2$$
$$< f = 215\text{N}/\text{mm}^2 \text{（满足强度要求）}$$

3. 扭矩作用的普通螺栓群计算

承受扭矩的普通螺栓连接，一般都是先布置好螺栓，再计算受力最大螺栓所承受的剪力和一个受剪螺栓的承载力设计值 $N_{\min}^{b}$ 进行比较。计算时假定被连接件是刚性的，而螺栓则是弹性体；在扭矩作用下，所有螺栓有绕螺栓群的形心 O 旋转的趋势（见图 3-81），因此，每个螺栓受力的方向垂直于该螺栓与形心的连线，其大小与螺栓到形心的距离成正比，故 1 号螺栓受力最大。

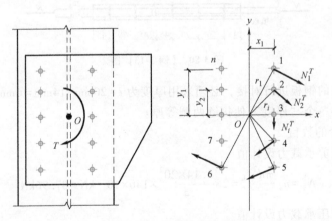

图 3-81 螺栓群受扭矩作用

如图 3-81 所示，构件的连接，螺栓群承受扭矩 T 而使每个螺栓受剪。设各螺栓到其形心的距离分别为 r_1，r_2，$\cdots$，r_i，$\cdots$，r_n，所承受的剪力分别为 N_1^T，N_2^T，N_3^T，$\cdots$，N_n^T，单个螺栓的截面面积为 A_b，则 1 号螺栓受的力

$$N_1^T = A_b \tau_{1T} = A_b \frac{Tr_1}{I_p} = A_b \frac{Tr_1}{A_b(r_1^2 + r_2^2 + \cdots + r_i^2 + \cdots + r_n^2)} = \frac{Tr_1}{\sum r_i^2} = \frac{Tr_1}{\sum(x_i^2 + y_i^2)} \quad (3-60)$$

式中 τ_{1T}——螺栓 1 栓杆横截面上的平均剪应力；

I_p——螺栓群截面对形心 O 的极惯性矩；

x_i、y_i——第 i 个螺栓到形心的距离。

当螺栓布置成狭长带（$y_1 > 3x_1$）时，r_1 趋于 y_1，$\sum x_i^2$ 与 $\sum y_i^2$ 比较可以忽略不计。因此，式（3-60）可简化为

$$N_1^T \approx N_{1x}^T = Ty_1 / \sum y_i^2 \tag{3-61}$$

设计时，求出受力最大的一个螺栓所承受的剪力设计值 N_1^T，使 N_1^T 不大于螺栓的受剪承载力设计值 $N_{\min}^b$ 即可，即

$$N_1^T \leqslant N_{\min}^b \tag{3-62}$$

4. 扭矩、轴心力和剪力共同作用下的普通螺栓群计算

如图 3-82 所示，螺栓群承受扭矩 T、剪力 V 和轴心力 N 的共同作用。设计时，先布置好螺栓，再进行验算。

在扭矩 T 的作用下，螺栓 1、5、6、10 受力最大为 N_1^T，其在 x，y 两方向上的分力分别为

$$N_{1x}^T = N_1^T y_1 / \sum r_i^2 = Ty_1 / (\sum x_i^2 + \sum y_i^2)$$
$$N_{1y}^T = N_1^T x_1 / \sum r_i^2 = Tx_1 / (\sum x_i^2 + \sum y_i^2)$$

在剪力 V 和轴心力 N 的作用下，螺栓均匀受力，每个螺栓受力分别为

$$N_{1y}^V = \frac{V}{n}, \qquad N_{1x}^N = \frac{N}{n}$$

在 T、N 和 V 的共同作用下，1 号螺栓受力最大，其承受的合力（剪力）N_1 应满足下式

$$N_1 = \sqrt{(N_{1x}^T + N_{1x}^N)^2 + (N_{1y}^T + N_{1y}^V)^2} \leqslant N_{\min}^b \tag{3-63}$$

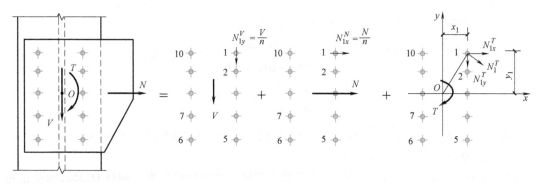

图 3-82　螺栓群受扭矩、轴心力和剪力共同作用计算

【例 3-14】　设计某 C 级普通螺栓的搭接接头（见图 3-83a）。作用力设计值 $F = 230$kN，偏心距 $e = 260$mm，钢材为 Q235。

解：（1）试选 M20 螺栓，直径 $d = 20$mm。

（2）布置螺栓：采用纵向排列，为减小连接板的尺寸、增大力臂，在容许的螺栓距离范围内，水平距离取较小值，竖向距离取较大值，螺栓排列如图 3-83a 所示。

（3）将偏心力 F 向螺栓群的形心等效，则螺栓群受剪力 V 和扭矩 T 的共同作用（见图 3-83b）。其中 $V = F = 230$kN，$T = Fe = 230 \times 260$kN·mm $= 59800$kN·mm。

（4）单个螺栓的承载力设计值

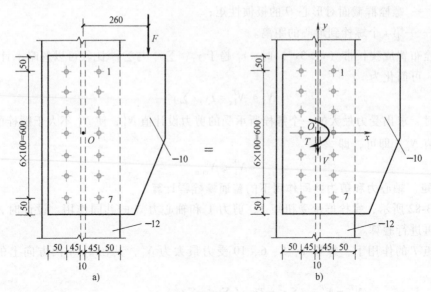

图 3-83 【例 3-14】图

$$N_v^b = n_v \frac{\pi d^2}{4} f_v^b = 1 \times \frac{3.14 \times 20^2}{4} \times 140 \times 10^{-3} kN = 44.0 kN$$

$$N_c^b = d \sum t f_c^b = 20 \times 10 \times 305 \times 10^{-3} kN = 61 kN$$

则 $N_{min}^b = 44 kN$

（5）螺栓的受力计算

在 V 和 T 的共同作用下，1 号和 7 号螺栓受力最大，故对 1 号螺栓进行计算

因 $y_1 = 300mm > 3x_1 = 3 \times 50mm = 150mm$，按式（3-61）得

$$N_{1x}^T = \frac{Ty_1}{\sum y_i^2} = \frac{59800 \times 300}{4 \times (100^2 + 200^2 + 300^2)} kN = 32.1 kN$$

而 $$N_{1y}^V = \frac{V}{n} = \frac{230}{14} kN = 16.4 kN$$

则 $$N_1 = \sqrt{(N_{1x}^T)^2 + (N_{1y}^T)^2} = \sqrt{32.1^2 + 16.4^2} kN = 36.0 kN < N_{min}^b = 44 kN$$

因此，螺栓群的布置满足要求。

【例 3-15】 试设计双盖板拼接的普通螺栓连接。被连接板件为，钢材 Q235。承受扭矩设计值 $T = 20 kN \cdot m$，剪力 $V = 260 kN$，轴力 $N = 320 kN$。采用普通 C 级螺栓，螺栓直径 $d = 20mm$，孔径 $d = 21.5mm$。

解：板件及螺栓群布置如图 3-84 所示。

单个受剪螺栓的承载力设计值为

$$N_v^b = n_v \frac{\pi d^2}{4} f_v^b = 2 \times \frac{3.14 \times 20^2}{4} \times 140 N = 87.97 kN$$

$$N_c^b = d \sum t f_c^b = 20 \times 14 \times 305 N = 85.4 kN$$

$$N_{min}^b = 85.4 kN$$

扭矩作用时，最外螺栓受剪力最大，其值为

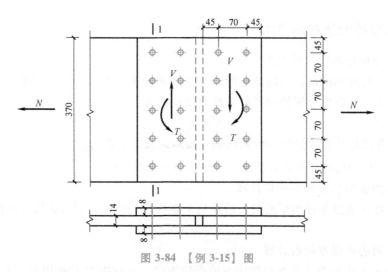

图 3-84 【例 3-15】图

$$N_{1x}^T = \frac{Ty_1}{\sum x_i^2 + \sum y_i^2} = \frac{20 \times 10^6 \times 140}{10 \times 35^2 + 4 \times (70^2 + 140^2)} N = 25.4kN$$

$$N_{1y}^T = \frac{Tx_1}{\sum x_i^2 + \sum y_i^2} = \frac{20 \times 10^6 \times 35}{10 \times 35^2 + 4 \times (70^2 + 140^2)} N = 6.35kN$$

剪力 V 和轴力 N 作用时，每个螺栓所受的剪力相同

$$N_{1x}^N = \frac{N}{n} = \frac{320}{10}kN = 32kN$$

$$N_{1y}^N = \frac{V}{n} = \frac{260}{10}kN = 26kN$$

受力最大的螺栓所受剪力合力为

$$N_1 = \sqrt{(N_{1x}^T + N_{1x}^N)^2 + (N_{1y}^T + N_{1y}^V)^2} = \sqrt{(25.4 + 32)^2 + (6.35 + 26)^2} kN = 65.89kN < N_{min}^b = 85.4kN$$

钢板 1-1 净截面几何性质为

$$A_n = (370 - 21.5 \times 5) \times 14 mm^2 = 3675 mm^2$$

$$I_n = \frac{14 \times 370^3}{12} mm^4 - 2 \times 14 \times 21.5 \times (70^2 + 140^2) mm^4 = 4435 \times 10^3 mm^4$$

$$W_n = \frac{4435 \times 10^3}{18.5} mm^3 = 240 \times 10^3 mm^3$$

$$S_n = \frac{1}{8} \times 14 \times 370^2 mm^3 - 14 \times 21.5 \times (140 + 70) mm^3 = 176.4 \times 10^3 mm^3$$

钢板截面外边缘正应力

$$\sigma = \frac{T}{W_n} + \frac{N}{A_n} = \frac{20 \times 10^6}{240 \times 10^3} N/mm^2 + \frac{320 \times 10^3}{3675} N/mm^2 = 170.4 N/mm^2 < f = 215 N/mm^2$$

钢板截面形心处的剪应力

$$\tau = \frac{260 \times 10^3 \times 176.4 \times 10^3}{4435 \times 10^4 \times 14} N/mm^2 = 73.87 N/mm^2 < f_v = 125 N/mm^2$$

3.7.3 普通螺栓的抗拉承载力

1. 单个普通螺栓的抗拉承载力

如前所述，普通螺栓抗拉时的破坏形式是栓杆被拉断，其部位多在被螺纹削弱的截面处。所以单个螺栓的抗拉承载力设计值为

$$N_t^b = A_e f_t^b \qquad (3\text{-}64)$$

式中　A_e——普通螺栓螺纹处的有效截面积，按附录表 B-1 选用；

f_t^b——螺栓的抗拉强度设计值，按附录表 A-5 选用。

2. 轴心拉力作用的普通螺栓群计算

当轴心拉力 N 通过螺栓的形心时，假定每个螺栓均匀受力，则连接所需螺栓数目为

$$n = N/N_t^b \qquad (3\text{-}65)$$

3. 弯矩作用的普通螺栓群计算

图 3-85 所示为普通螺栓在弯矩作用下的受拉连接。在弯矩 M 的作用下，上部螺栓受拉。与螺栓拉力相平衡的压力产生于牛腿与柱的接触面上，精确确定中和轴位置的计算较复杂，通常近似假定在弯矩指向一侧最外排（图 3-85 中为最底排）螺栓的轴线上，并且忽略压力提供的力矩（因力臂很小）。在弹性阶段，螺栓所受的拉力与螺栓到中和轴的距离成正比；螺栓所受拉力对中和轴的力矩之和，等于外力矩 M，即

$$N_1^M/y_1 = N_2^M/y_2 = \cdots = N_i^M/y_i = \cdots = N_n^M/y_n \qquad (a)$$

$$M = N_1^M y_1 + N_2^M y_2 + \cdots + N_i^M y_i + \cdots + N_n^M y_n \qquad (b)$$

由式（a）得

$$N_1^M = N_i^M y_1/y_i, \quad N_2^M = N_i^M y_2/y_i, \quad \cdots, \quad N_n^M = N_i^M y_n/y_i \qquad (c)$$

将式（c）带入式（b）得螺栓 i 在 M 作用下的拉力为

$$N_i^M = My_i/\sum y_i^2 \qquad (3\text{-}66)$$

设计时要求受力最大的最外排螺栓的拉力不超过单个螺栓的抗拉承载力设计值

$$N_1^M = My_1/\sum y_i^2 \leqslant N_t^b \qquad (3\text{-}67)$$

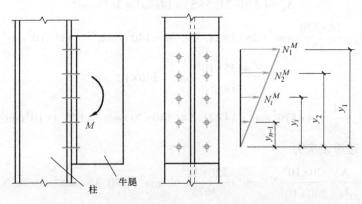

图 3-85　弯矩作用下的抗拉螺栓群计算

4. 弯矩和拉力共同作用的普通螺栓群计算

图 3-86a 所示为普通螺栓偏心受拉连接。将偏心力 F 向栓群的形心 O 等效后，则栓群承

受轴心拉力 N 和弯矩 M 的共同作用（见图 3-86b）。该连接根据偏心距的大小，可能出现小偏心受拉和大偏心受拉两种情况。

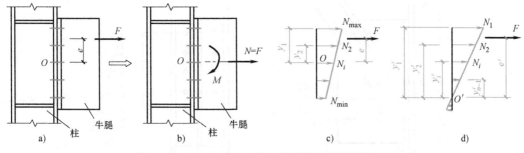

图 3-86　弯矩和拉力共同作用下的抗拉螺栓群计算

（1）小偏心受拉　当偏心距 e 较小，弯矩 M 不大时，连接以承受轴心拉力为主。在此种情况下，螺栓群将全部受拉。此时，中和轴位于螺栓群的形心轴线上（见图 3-86c），轴心拉力 N 由螺栓群均匀承受。因此，受力最大和最小的螺栓所承受的拉力需要满足下列公式（式中的各 y 值均自 O 点算起）

$$\begin{cases} N_{\min} = N/n - Ney_1 / \sum y_i^2 \geq 0 & (3\text{-}68a) \\ N_{\max} = N/n + Ney_1 / \sum y_i^2 \leq N_t^b & (3\text{-}68b) \end{cases}$$

式（3-68a）是判断连接为小偏心受拉的依据，当此式满足时，则表示全部螺栓都受拉，不存在受压区，此时，最大受力螺栓所承受的拉力应满足式（3-68b）的要求。

（2）大偏心受拉　当偏心距 e 较大，弯矩 M 较大时，将有 $N_{\min} < 0$，此时端板下部将出现受压区（见图 3-86d）。仿照式（3-68）近似并偏安全地取中和轴位于最下排螺栓 O' 处，按相似步骤写出对 O' 处中和轴的弯矩平衡方程，可得（e' 和 y' 自 O' 点算起，最上排螺栓的拉力最大）

$$\begin{cases} N = Ne'y_1' / \sum y_i'^2 \leq N_t^b \\ N_i = Ne'y_i' / \sum y_i'^2 \end{cases} \tag{3-69}$$

【例 3-16】　图 3-87 所示为一刚接屋架支座节点，竖向力 226kN 由承托板承受，螺栓为 C 级普通螺栓，只承受偏心拉力 $F = 426\text{kN} - 226\text{kN} = 200\text{kN}$ 的作用。钢材 Q235，设计该连接。如果偏心距为 50mm，试验算该连接是否合适。

解：

1）初选 12 个 M20 C 级螺栓，$d_0 = 21.5\text{mm}$，并按图示尺寸排列，螺栓中距比最小容许距离 $3d_0$ 稍大。

单个螺栓的抗拉承载力设计值

$$N_t^b = A_e f_t^b = 244.8 \times 170\text{N} = 41616\text{N} \approx 41.6\text{kN}$$

判断大、小偏心情况（此处取 $e = 120\text{mm}$）

$$\begin{aligned} N_{\min} &= N/n - Ney_1 / \sum y_i^2 = 200\text{kN}/12 - 200\text{kN} \times 120 \times 200 / [\, 2 \times 2 \times (40^2 + 120^2 + 200^2)\,] \\ &= -4.76\text{kN} < 0 \end{aligned}$$

所以，连接为大偏心受拉情况。按式（3-69）计算，即假定中和轴位于最上排螺栓轴线

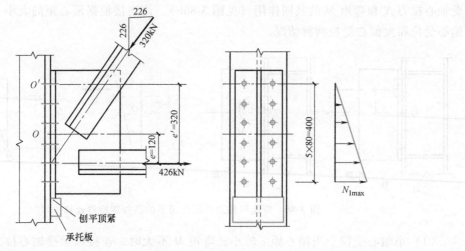

图 3-87 【例 3-16】图

处，$e' = 320\text{mm}$。

$$N_{1\max} = Ne'y_1' / \sum y_i'^2 = 200\text{kN} \times 320 \times 400 / [2 \times (80^2 + 160^2 + 240^2 + 320^2 + 400^2)]$$
$$= 36.4\text{kN} \leqslant 41.6\text{kN}$$

因此这样选择和布置的螺栓满足要求。

2）当偏心距为 50mm 时，判断大、小偏心情况（此处取 $e = 50\text{mm}$）

$$N_{\min} = N/n - Ney_1 \sum y_i^2 = 200\text{kN}/12 - 200\text{kN} \times 50 \times 200 / [2 \times 2 \times (40^2 + 120^2 + 200^2)]$$
$$= 7.73\text{kN} > 0$$

因连接为小偏心受拉，应按式（3-68b）计算。

$$N_{1\max} = N/n + Ney_1 / \sum y_i^2 = 200\text{kN}/12 + 200\text{kN} \times 50 \times 200 / [2 \times 2 \times (40^2 + 120^2 + 200^2)]$$
$$= 25.6\text{kN} < 41.6\text{kN}$$

计算表明在偏心距为 50mm 的情况下该连接同样适用。

5. 普通螺栓在剪力和拉力共同作用下的承载力

同时承受拉力和剪力的栓杆，其工作性能近似满足图 3-88 所示的圆曲线方程；同时为防止当板件较薄时，孔壁挤压破坏，则拉剪螺栓连接应满足的承载力计算公式为

$$\sqrt{\left(\frac{N_v}{N_v^b}\right)^2 + \left(\frac{N_t}{N_t^b}\right)^2} \leqslant 1 \qquad (3-70)$$

$$N_v \leqslant N_c^b \qquad (3-71)$$

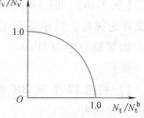

图 3-88 拉剪螺栓的相关曲线

式中 N_v^b、N_c^b、N_t^b——单个普通螺栓的受剪、承压和抗拉承载力设计值；

N_v、N_t——单个螺栓承受的剪力和拉力。

【例 3-17】 图 3-89 所示，为梁与柱翼缘的普通螺栓连接，已知连接节点处的剪力设计值 $V = 258\text{kN}$，弯矩设计值 $M = 38.7\text{kN} \cdot \text{m}$，梁端竖向下设承托。钢材 Q235，C 级普通螺栓 M20。试分别按承托板不传递剪力和承托板传递全部剪力两种情况设计此连接。

解： 1）假定承托板只在安装时起作用，承托板不传递剪力，则螺栓同时承受拉力和剪

力。初选 10 个螺栓，螺栓排列如图 3-89a、b 所示。螺栓群有绕最下一排螺栓转动的趋势，螺栓在弯矩作用下的受力分布如图 3-89c 所示；剪力由 10 个螺栓平均分担。

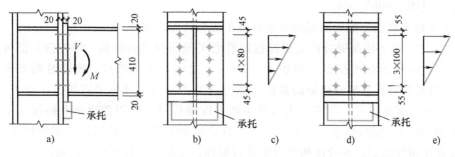

图 3-89 【例 3-17】图

一个螺栓的承载力设计值

$$N_v^b = n_v \frac{\pi d^2}{4} f_v^b = 1 \times \frac{3.1416 \times 20^2}{4} \times 140 \times 10^{-3} kN = 44.0 kN$$

$$N_c^b = d \sum t f_c^b = 20 \times 20 \times 305 \times 10^{-3} kN = 122 kN$$

$$N_t^b = A_e f_t^b = 244.8 \times 170 \times 10^{-3} kN = 41.6 kN$$

受拉力最大的螺栓所承受的拉力

$$N_t = M y_1 / \sum y_i^2 = 38.7 \times 10^3 \times 320 \div [2 \times (80^2 + 160^2 + 240^2 + 320^2)] kN = 32.25 kN$$

一个螺栓所承受的剪力

$$N_v = V/n = 258 kN \div 10 = 25.8 kN$$

剪力和拉力共同作用下

$$\sqrt{\left(\frac{N_v}{N_v^b}\right) + \left(\frac{N_t}{N_t^b}\right)^2} = \sqrt{\left(\frac{25.8}{44}\right)^2 + \left(\frac{32.25}{41.6}\right)^2} = 0.943 < 1 \quad (满足要求)$$

$$N_v = 25.8 kN < N_c^b = 122 kN \quad (满足要求)$$

2）假设承托板承受全部剪力，则螺栓只承受弯矩的作用，那么螺栓的数目可以减少一些，试选 8 个螺栓，螺栓排列如图 3-89d 所示。螺栓群有绕最下一排螺栓转动的趋势，螺栓在弯矩作用下的受力分布如图 3-89e 所示。则

$$N_t = M y_1 / \sum y_i^2 = 38.7 \times 10^3 \times 300 \div [2 \times (100^2 + 200^2 + 300^2)] kN$$
$$= 41.46 kN < 41.6 kN \quad (满足要求)$$

由计算看出，利用承托板承受剪力，可以减少螺栓的数目，同时承托板还可以加快安装施工速度。

3.8 高强度螺栓连接的工作性能和计算

3.8.1 高强度螺栓的工作性能

1. 高强度螺栓的预拉力

准确建立高强度螺栓栓杆的预拉力是保证高强度螺栓工作性能的基础。高强度螺栓的预

拉力是通过拧紧螺帽实现的。

（1）高强度螺栓的紧固方法 高强度螺栓根据其外形可分为大六角头型（见图3-90a）和扭剪型（见图3-90b）两种。

1）大六角头高强度螺栓的紧固方法有扭矩法和转角法两种。

① 扭矩法。扭矩法是通过控制终拧扭矩值来实现预拉力的控制。终拧扭矩值可根据由实验预先测定的扭矩和预拉力（增加5%~10%）之间的关系确定，施拧时偏差不得超过±10%。一般采用可直接显示扭矩的指针式扭力（测力）扳手或预值式扭力（定力）扳手，目前多采用电动扭矩扳手。在安装大六角头高强度螺栓时，先用普通扳手初拧（不小于终拧扭矩值的50%），使板叠靠拢，基本消除板件之间的间隙，然后用终拧扭矩值进行终拧；对大型节点在初拧之后，还应按初拧力矩进行复拧，然后再进行终拧，以提高施工控制预拉力的准确度。扭矩法的优点是操作简单、易实施、费用少，但此法往往由于螺纹条件、螺帽下的表面情况，以及润滑情况等因素的变化，使扭矩和拉力间的关系变化幅度较大且分散。

② 转角法先用普通扳手进行初拧，使被连接件相互紧密贴合，再以初拧位置为起点，做出标记线，用长扳手或风动扳手旋转螺帽，拧至终拧角度时，螺栓的拉力即达到了施工控制的预拉力。

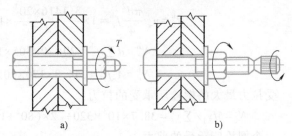

图3-90 高强度螺栓连接
a）大六角头型 b）扭剪型

2）扭剪型高强度螺栓与大六角头高强度螺栓不同，螺纹端部有一个承受拧紧反力矩的十二角体和一个能在规定力矩下剪断的断颈槽（称之为梅花卡头）。在施工时以拧掉螺栓尾部的梅花卡头来控制预拉力的数值。它具有强度高、安装简便、可以单面施拧、质量易于保证和对操作人员没有特殊要求等优点。

扭剪型高强度螺栓在安装时用特制的电动扳手，该扳手有大小两个套筒，大套筒套在螺帽六角体上，小套筒套在螺栓的十二角体上（见图3-91）。拧紧时，对螺帽施加顺时针的力矩，对螺栓十二角体施加大小相等的逆时针力矩（即大套筒正转、小套筒反转），使螺栓断颈部分承受扭剪；其初拧力矩为终拧力矩的50%，复拧力矩等于初拧力矩，终拧力矩为梅花卡头剪断时的力矩。这种螺栓施加预拉力简便、准确，所得预拉力的值能够得到保证，且便于检查螺栓是否存在漏拧，故在钢结构的连接中得到了广泛的应用。

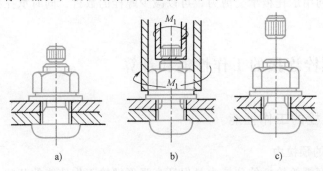

a) b) c)

图3-91 扭剪法施加预拉力

（2）预拉力的确定　高强度螺栓的设计预拉力 P 由下式确定

$$P = \frac{0.9 \times 0.9 \times 0.9}{1.2} A_e f_u \tag{3-72}$$

式中　A_e——螺栓螺纹处的有效截面面积；

　　　f_u——螺栓材料经热处理后的最低抗拉强度。对 8.8 级螺栓，$f_u = 830 \mathrm{N/mm^2}$；对 10.9 级螺栓 $f_u = 1040 \mathrm{N/mm^2}$。

式（3-72）中的系数考虑了如下几个因素：

1）拧紧螺栓时，除使螺栓产生拉应力外，还产生剪应力。在正常施工条件下，即螺母的螺纹和下支承面涂黄油润滑剂的条件下，或在供货状态原润滑剂未干的情况下拧紧螺栓时，实验表明可考虑对应力的影响系数为 1.2。

2）施工时为了补偿螺栓预拉力的松弛，一般超张拉 5%～10%，为此采用超张拉系数 0.9。

3）考虑材质的不均匀性，引进折减系数 0.9。

4）由于以螺栓的抗拉强度 f_u 为准，而不是屈服强度 f_y，为安全起见再引入附加安全系数 0.9。

各种规格高强度螺栓的设计预拉力 P 见表 3-10，表中的数据是按式（3-72）计算，并按 5kN 取整。

表 3-10　单个高强度螺栓的设计预拉力 P　　　　　　（单位：kN）

螺栓的性能等级	螺栓的公称直径/mm					
	M16	M20	M22	M24	M27	M30
8.8 级	80	125	150	175	230	280
10.9 级	100	155	190	225	290	355
12.9 级	115	180	225	260	340	415

2. 抗滑移系数

高强度螺栓摩擦型连接完全依靠被连接件间的摩擦阻力传力，而该阻力的大小除与螺栓的预拉力有关外，还与摩擦面抗滑移系数 μ 有关。试验表明，此系数值有随被连接构件接触面间的压紧力减小而降低的现象，故与物理学中的摩擦系数有区别。

《钢结构设计标准》规定的摩擦面抗滑移系数 μ 值见表 3-11。钢材表面经喷砂除锈处理后，表面看起来光滑平整，实际上金属表面尚存在着微观的凸凹不平，被连接构件表面在很高的压紧力作用下相互啮合，钢材的强度和硬度越高，使这种啮合的面产生相对滑移的力就越大，所以 μ 值与钢种有关。

表 3-11　摩擦面的抗滑移系数 μ 值

连接处构件接触面的处理方法	构件的钢材牌号			
	Q235 钢	Q355 钢或 Q390 钢	Q420 钢	Q460 钢、Q460GJ 钢、Q500 钢、Q550 钢、Q620 钢、Q690 钢
喷硬质石英灰或铸钢棱角砂	0.45	0.45	0.45	0.45
喷丸（喷砂）	0.40	0.40	0.40	0.40

（续）

连接处构件接触面的处理方法	构件的钢材牌号			
	Q235 钢	Q355 钢或 Q390 钢	Q420 钢	Q460 钢、Q460GJ 钢、Q500 钢、Q550 钢、Q620 钢、Q690 钢
钢丝刷清除浮锈或未经处理的干净轧制面	0.30	0.35	—	—
热镀涂锌、铝及其合金	—	—	—	0.50
喷砂除锈后电弧喷铝	—	—	—	0.60

注：1. 钢丝刷除锈方向应与受力方向垂直。
　　2. 当连接构件采用不同钢材牌号时，μ 按相应较低强度者取值。
　　3. 采用其他方法处理时，其处理工艺及抗滑移系数值均需经试验确定。

试验表明，摩擦面涂红丹后，抗滑移系数将变得很低（$\mu < 0.15$），经处理后仍然较低，故严禁在摩擦面上涂刷红丹。另外，在潮湿或淋雨条件下进行拼装，也会降低 μ 值，故应采取有效措施保证连接处表面的干燥。

高强度螺栓的排列和普通螺栓相同，应符合图 3-68、图 3-69 及表 3-5~表 3-8 的要求，当它沿受力方向的连接长度 $l_1 > 15d_0$ 时，也应考虑对设计承载力的不利影响。

3.8.2 高强度螺栓摩擦型连接的承载力计算

摩擦型连接是依靠被连接件接触面之间的摩擦力传力，以荷载设计值引起的剪力等于其摩擦阻力作为其承载力极限状态。

1. 受剪承载力

（1）单个高强度螺栓的受剪承载力　构件接触面摩擦力的大小取决于螺栓的预拉力和摩擦面的抗滑移系数以及连接的传力摩擦面数。因此，单个摩擦型连接的高强度螺栓的受剪承载力设计值为

$$N_v^b = 0.9kn_f\mu P \tag{3-73}$$

式中　k——孔型系数，普通钢结构中的标准孔取 1.0，大圆孔取 0.85，内力与槽孔长向垂直时取 0.7，内力与槽孔长向平行时取 0.6；高强钢结构中的大圆孔取 0.80，内力与槽孔长向垂直时取 0.65，内力与槽孔长向平行时取 0.60；

n_f——传力摩擦面数：单剪时 $n_f = 1$，双剪时 $n_f = 2$；

μ——摩擦面抗滑移系数，按表 3-11 选用；

P——单个高强度螺栓的设计预拉力，按表 3-10 选用；

0.9——抗力分项系数的倒数。

试验表明，低温对摩擦型连接高强度螺栓的受剪承载力没有明显的影响。当温度为 100~150℃时，螺栓的预拉力将产生温度损失，故应将高强度螺栓摩擦型连接的受剪承载力设计值降低 10%。当温度大于 150℃时，应采取隔热措施，使连接温度在 150℃以下。

（2）高强度螺栓群的抗剪计算

1）轴心受剪时，连接所需的螺栓数目仍按式（3-57）计算，其中 $N_{\min}^b$ 按式（3-73）计算。β 的取值须根据钢材类型确定，采用普通钢时，β 按式（3-56）计算；若采用高强钢结构材料，当高强度螺栓群沿轴力方向的连接长度 l_1 大于 $15d_0$ 时，$\beta = \left(1.1 - \dfrac{l_1}{150d_0}\right)\left(\dfrac{460}{f_y}\right)$，

且 $\beta \geqslant 0.7\left(\dfrac{460}{f_y}\right)$。

① 构件净截面强度计算：由于摩擦型连接的高强度螺栓是依靠板件之间的摩擦力传力的，而摩擦力一般可以认为均匀分布于螺栓的周围，故孔前接触面传力占螺栓传力的 50%，如图 3-92 所示。

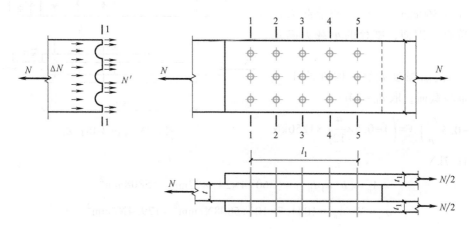

图 3-92　摩擦型连接高强度螺栓的孔前传力

$$\begin{cases} \Delta N = 0.5\,\dfrac{n_1}{n}N \\[2mm] N' = N - \Delta N = \left(1 - 0.5\,\dfrac{n_1}{n}\right)N \\[2mm] \sigma_n = N'/A_n \leqslant 0.7f_u \end{cases} \qquad (3\text{-}74)$$

式中　N'——图 3-92 所示 1—1 截面处的净截面传力；

　　　n_1——1—1 计算截面处的螺栓数；

　　　n——连接一侧的螺栓总数。

② 构件毛截面强度计算：尽管构件毛截面面积比净截面面积大，但毛截面却承受了全部的 N，故可能比开孔处截面还危险，因此还应按下式对其进行强度计算

$$\sigma = N/A \leqslant f \qquad (3\text{-}75)$$

式中　A——构件或连接板的毛截面面积。

2）扭矩作用时，以及扭矩、剪力和轴心力共同作用时，受剪高强度螺栓的计算方法与普通螺栓相同，只是需采用高强度螺栓的承载力设计值。

【例 3-18】　设计用摩擦型高强度螺栓的双盖板连接。已知承受的轴心拉力设计值为 $N=1250\text{kN}$，钢材 Q235，螺栓采用 8.8 级 M22 高强度螺栓，标准孔，连接处构件接触面采用喷砂处理。

解：1）计算螺栓的数目：单个螺栓的受剪承载力设计值

$N_v^b = 0.9kn_f\mu P = 0.9 \times 1.0 \times 2 \times 0.45 \times 150\text{kN} = 121.5\text{kN}$ 所需螺栓数目为

$n = N/N_v^b = 1250 \div 121.5 = 10.3$，取 12 个。

2）布置螺栓。螺栓布置如图 3-93
所示。

3）螺栓承载力检验。因计算需要
10.3 个螺栓，实际取 12 个，又因为图 3-93
布置的螺栓群连接长度 $l_1 = 160mm < 15d_0 = 15 \times 24mm = 360mm$，故螺栓的承载力设
计值不降低。因而，螺栓的承载力满足
要求。

4）净截面强度验算。构件的 1—1
截面为危险截面，取 $d_0 = 24mm$。

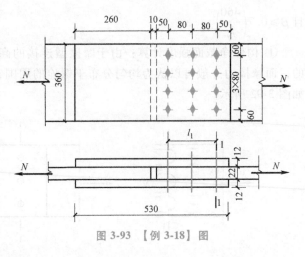

图 3-93 【例 3-18】图

$$N' = \left(1 - 0.5\frac{n_1}{n}\right)N = \left(1 - 0.5 \times \frac{4}{12}\right) \times 1250kN$$

$$= 1041.7kN$$

$$A_n = (b - n_1 d_0)t = (360 - 4 \times 24) \times 22mm^2 = 5808mm^2$$

$$\sigma_n = N'/A_n = 1041.7 \times 10^3 \div 5808 N/mm^2 = 179.4 N/mm^2$$

$$< f = 0.7f_u = 259N/mm^2 （满足强度要求）$$

5）毛截面强度验算。构件的毛截面面积 $A = 360 \times 22mm^2 = 7920mm^2$

$$\sigma = N/A = 1250 \times 10^3 \div 7920 N/mm^2 = 157.8 N/mm^2 < f = 205N/mm^2 （满足强度要求）$$

【例 3-19】 某工业钢平台主梁，采用焊接工字形截面，Q460 钢，如图 3-94a 所示。由
于梁体长度超长，需进行工地拼接。主梁翼缘拟采用 10.9 级 M20 高强度螺栓摩擦型连接进
行双面拼接，螺栓孔径 $d_0 = 22mm$，连接处构件接触面为喷砂处理，如图 3-94b 所示。按照等
强原则计算主梁上翼缘拼接处的高强度螺栓群数量。

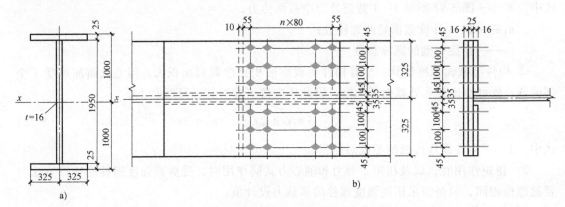

图 3-94 【例 3-19】图

解：按照等强原则，翼缘螺栓传递的轴力应根据下列公式计算并选取较大值

$$N_1 = \frac{A_n \times 0.7f_u}{1 - 0.5\frac{n_1}{n}} \quad 和 \quad N_2 = Af$$

10.9 级 M20 摩擦型高强度螺栓的受剪承载力设计值为

$$N_v^b = 0.9 k n_f \mu P = 0.9 \times 1 \times 2 \times 0.4 \times 155 \text{kN} = 111.6 \text{kN}$$

由 $N_1 = \dfrac{A_n \times 0.7 f_u}{1 - 0.5 \dfrac{n_1}{n}} \leqslant n N_v^b$ 得

$$n_{1-1} \geqslant \frac{A_n \times 0.7 f_u}{N_v^b} + 0.5 n_1 = \frac{25 \times (650 - 6 \times 22) \times 0.7 \times 550}{111.6 \times 10^3} + 0.5 \times 6 = 47.7$$

由 $N_2 = Af \leqslant n N_v^b$ 得

$$n_{2-1} \geqslant \frac{Af}{N_v^b} = \frac{25 \times 650 \times 390}{111.6 \times 10^3} = 56.8$$

节点一侧所需螺栓至少为 60 个,分 10 列布置。螺栓群连接长度为 $l_1 = 9 \times 80 \text{mm} = 720 \text{mm} > 15 d_0 = 15 \times 22 \text{mm} = 330 \text{mm}$,螺栓承载力需考虑折减。

$$\beta_1 = \left(1.1 - \frac{l_1}{150 d_0}\right)\left(\frac{460}{f_y}\right) = \left(1.1 - \frac{720}{150 \times 22}\right) \times \left(\frac{460}{460}\right) = 0.882 > 0.7 \times \left(\frac{460}{460}\right) = 0.7$$

$$n_{1-2} \geqslant \frac{A_n \times 0.7 f_u}{\beta N_v^b} + 0.5 n_1 = \frac{25 \times (650 - 6 \times 22) \times 0.7 \times 550}{0.882 \times 111.6 \times 10^3} + 0.5 \times 6 = 53.7$$

$$n_{2-2} \geqslant \frac{Af}{\beta N_v^b} = \frac{25 \times 650 \times 390}{0.882 \times 111.6 \times 10^3} = 64.4$$

节点一侧所需螺栓至少为 66 个,分 11 列布置。螺栓群连接长度为 $l_1 = 10 \times 80 \text{mm} = 800 \text{mm} > 15 d_0 = 15 \times 22 \text{mm} = 330 \text{mm}$,螺栓承载力仍需考虑折减。

$$\beta_2 = \left(1.1 - \frac{l_1}{150 d_0}\right)\left(\frac{460}{f_y}\right) = \left(1.1 - \frac{800}{150 \times 22}\right) \times \left(\frac{460}{460}\right) = 0.858 > 0.7 \times \left(\frac{460}{460}\right) = 0.7$$

$$n_{1-3} \geqslant \frac{A_n \times 0.7 f_u}{\beta N_v^b} + 0.5 n_1 = \frac{25 \times (650 - 6 \times 22) \times 0.7 \times 550}{0.858 \times 111.6 \times 10^3} + 0.5 \times 6 = 55.1$$

$$n_{2-3} \geqslant \frac{Af}{\beta N_v^b} = \frac{25 \times 650 \times 390}{0.858 \times 111.6 \times 10^3} = 66.2$$

节点一侧近似可取 66 个螺栓。

2. 抗拉承载力

(1) 抗拉高强度螺栓的工作性能　高强度螺栓的特点是靠其本身强大的预拉力使被连接件压紧,以达到传力的目的(承压型高强度螺栓也部分利用了这个特点)。因此,高强度螺栓连接在承受外拉力作用之前,栓杆中已经有了很高的预拉力。

图 3-95a 所示为连接未受外拉力之前的受力状态,预拉力 P 和构件接触面间的压力 C 平衡,即 $C = P$。

当连接受外拉力 $2N_t$ 作用后(见图 3-95b),每个螺栓的拉力由 P 增至 P_f,其长度也随之增加 Δ_b,同时单个螺栓周边构件接触面间的压力则由 C 减至 C_f,原来被压缩的板叠厚度也相应地回弹 Δ_p,且在板叠厚 δ 范围内其值和螺栓的增长量相等,即

$$\Delta_b = \Delta_p$$

若螺栓和被连接构件仍然保持弹性性能,则外力和它们变形的关系为

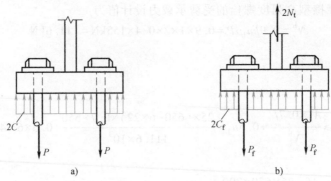

图 3-95 受拉高强度螺栓连接的内力变化

$$\Delta_b = \frac{P_f - P}{EA_b}\delta = \Delta_p = \frac{C - C_f}{EA_p}\delta$$

又因为 $P_f = N_t + C_f$，连同 $C = P$ 代入上式得

$$P_f = P + N_t/(A_p/A_b + 1) \tag{3-76}$$

式中　A_b——螺栓杆截面面积；

　　　A_p——构件挤压面积。

通常螺孔周围构件的挤压面积均远大于螺栓杆截面面积，如取 $A_p/A_b = 10$，代入式（3-76），则得

$$P_f = P + 0.09N_t \tag{3-77}$$

当外拉力 $N_t = P$ 时，螺栓杆中的拉力 $P_f = 1.09P$，也就是说当外拉力为螺栓的预拉力 P 时，螺栓杆的外拉力增量很小，约为其预拉力的 9%。但试验表明，当外拉力大于螺栓的预拉力时，连接产生松弛现象，板件之间的压紧力减小，这将影响连接的受力性能（尤其影响拉剪高强度螺栓连接的受剪能力）。因此《钢结构设计标准》偏安全地规定 N_t 不得大于 $0.8P$。若以 $N_t = 0.8P$ 代入式（3-77），则得 $P_f = 1.07P$，即在规范规定的螺栓设计外拉力下，高强度螺栓杆内的外拉力增加不大。

（2）单个受拉高强度螺栓的抗拉承载力设计值如前所述，在杆轴方向受拉的高强度螺栓摩擦型连接中，单个高强度螺栓的抗拉承载力设计值为

$$N_t^b = 0.8P \tag{3-78}$$

（3）高强度螺栓群的抗拉计算

1）轴心受拉时，连接所需的螺栓数目仍按式（3-65）计算，其中 N_t^b 按式（3-78）计算。

2）弯矩 M 作用时，如图 3-96 所示，由于高强度螺栓的预拉力很大，在弯矩 M 作用下，只要螺栓受到的拉力 $\leqslant N_t^b$，则被连接构件的接触面就一直保持紧密贴合；因此，可以认为中和轴在螺栓群的形心轴线上，最上（外）排螺栓受力最大，即按小偏心受拉计算。因此，最外排螺栓受力应满足如下公式

$$N_1^M = My_1/\sum y_i^2 \leqslant N_t^b = 0.8P \tag{3-79}$$

3）弯矩 M 和轴心拉力 N 同时作用时，只要受拉力最大的螺栓满足抗拉承载力的要求，就能保证板件之间紧密贴合，因此，仍按小偏心受拉计算，则

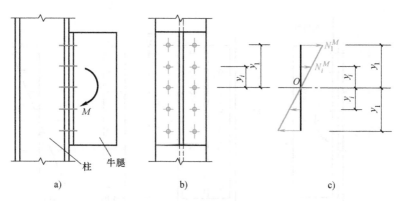

图 3-96 弯矩作用下的高强螺栓群受力分析

弯矩作用下的高强螺栓群抗拉计算

$$N_{max} = N/n + My_1 / \sum y_i^2 \leqslant N_t^b = 0.8P \tag{3-80}$$

3. 在剪力和拉力共同作用下的承载力

(1) 拉剪连接的工作性能及承载力 如前所述，当外拉力 $N_t \leqslant P$ 时，螺栓杆中的预拉力 P 基本不变，但是，板件之间的压紧力将减少到 $P-N_t$。研究表明，接触面的抗滑移系数 μ 也随之降低，而且 μ 值随 N_t 的增大而减小。此时，其承载力可以采用下列的直线相关公式表达

$$\frac{N_v}{N_v^b} + \frac{N_t}{N_t^b} \leqslant 1 \tag{3-81}$$

式中 N_v——单个高强度螺栓承受的剪力；

   N_t——单个高强度螺栓承受的外拉力；

   N_v^b——单个高强度螺栓的受剪承载力设计值，按式（3-73）计算；

   N_t^b——单个高强度螺栓的抗拉承载力设计值，按式（3-78）计算。

(2) 高强度螺栓群的拉剪连接计算 如图 3-97 所示，构件为摩擦型高强度螺栓连接承受拉力、剪力和弯矩共同作用，在弯矩 M、拉力 N 的共同作用下，只要受拉力最大的螺栓受到的拉力不大于其抗拉承载力，则连接仍可保持紧密贴合，因而，可按小偏心受拉情况计算其螺栓承受的拉力 N_t；按螺栓均匀受剪计算其承受的剪力 N_v，然后代入式（3-81）计算即可。

【例 3-20】 如图 3-97 所示，构件为高强度螺栓摩擦型连接的布置及受力情况，采用 10.9 级的 M22 高强度螺栓，标准孔，接触面喷砂处理，钢材为 Q235 钢。试验算此连接的承载力。

解：查表 3-10 和表 3-11 得，$P = 190kN$，$\mu = 0.45$

单个螺栓的承载力

$$N_v^b = 0.9kn_f\mu P = 0.9 \times 1.0 \times 1 \times 0.45 \times 190kN = 77.0kN$$

$$N_t^b = 0.8P = 0.8 \times 190kN = 152kN$$

受力最大的螺栓为最上排螺栓，所受拉力为

$$N_t = N/n + My_1 / \sum y_i^2 = (320kN/16) + (950 \times 10^3 \times 35) \div [2 \times 2 \times (350^2 + 250^2 + 150^2 + 50^2)]kN$$
$$= 20kN + 39.6kN = 59.6kN$$

所受剪力为

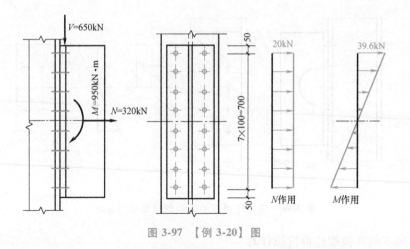

图 3-97　【例 3-20】图

$$N_v = V/n = 650\text{kN} \div 16 = 40.6\text{kN}$$

在拉剪联合作用下

$$\frac{N_v}{N_v^b} + \frac{N_t}{N_t^b} = \frac{40.6}{77.0} + \frac{59.6}{152} = 0.92 < 1$$

故连接满足要求。

3.8.3　高强度螺栓承压型连接的承载力计算

高强度螺栓承压型连接的传力特征是剪力超过摩擦力时，构件间发生相对滑移，螺栓杆身与孔壁接触，开始受剪并和孔壁挤压。摩擦力随外力的继续增大而逐渐减弱，连接达到极限状态时，由于螺栓杆伸长，板件之间的挤压力几乎全部消失，剪力全由杆身承担。高强度螺栓承压型连接以螺栓或钢板的破坏为承载力极限状态，可能的破坏形式与普通螺栓相同。

1. 受剪承载力

当高强度螺栓用作承压型受剪连接时，其工作性能、传力途径、破坏形式均与普通螺栓受剪连接时相同。因此，单个高强度螺栓的承载力设计值为

$$N_v^b = n_v \frac{\pi d^2}{4} f_v^b \qquad (3\text{-}82)$$

$$N_c^b = d \sum t f_c^b \qquad (3\text{-}83)$$

式中　f_v^b——高强度螺栓的受剪强度设计值，按附录表 A-5 选用；

f_c^b——高强度螺栓（孔壁）的承压强度设计值，按附录表 A-5 选用；

其余符号的意义同式（3-54）或式（3-55）。

同样，一个承压型高强度螺栓的实际承载力设计值 $N_{\min}^b$ 应取 N_v^b 和 N_c^b 的较小者。

当剪切面在螺纹处时，其受剪承载力设计值 N_v^b 应按螺纹处的有效截面面积计算。

2. 抗拉承载力

当高强度螺栓承压型连接沿杆轴方向受拉时，其抗拉承载力设计值的计算公式与普通螺栓相同，即

$$N_t^b = A_e f_t^b \tag{3-84}$$

式中　f_t^b——高强度螺栓承压型连接的抗拉强度设计值，按附录表 A-5 选用。

当承受弯矩 M 作用时，由于预拉力很大，被连接件接触面仍能保持紧密贴合。若弯矩进一步增大导致板件被拉开后，螺栓群转动中心轴可转移至弯矩指向一侧最外排螺栓的形心处。

3. 在剪力和拉力共同作用下的承载力

同时承受剪力和杆轴方向拉力的承压型连接的高强度螺栓，应符合下列公式的要求

$$\sqrt{\left(\frac{N_v}{N_v^b}\right)^2 + \left(\frac{N_t}{N_t^b}\right)^2} \leqslant 1 \tag{3-85}$$

$$N_v \leqslant N_c^b / 1.2 \tag{3-86}$$

式中　N_v、N_t——单个高强度螺栓所承受的剪力和拉力；

N_v^b、N_t^b、N_c^b——单个高强度螺栓的受剪、抗拉和承压承载力设计值。

在只承受剪力的连接中，高强度螺栓对板层间有强大的压紧作用，当外力克服板件间的摩擦力而产生滑动使栓杆与孔壁相互挤压时，板件孔前区形成三向压应力场，因而其承压强度设计值比普通螺栓要高得多。但对受有沿杆轴方向拉力的高强度螺栓，板件之间的压紧力随外拉力的增加而减小，因而承压强度设计值也随之降低。高强度螺栓的承压强度设计值是随外拉力的变化而变化的。为计算简便，《钢结构设计标准》规定，只要有外拉力存在，就将其承压强度设计值除以 1.2 予以降低，以考虑外拉力对其承压强度设计值的不利影响。

【例 3-21】　将【例 3-18】中的螺栓改为高强度螺栓承压型连接，接触面清除浮锈和油污；其余条件不变。试重新设计该连接。

解：1）计算螺栓的数目。

单个螺栓的承载力设计值

$$N_v^b = n_v \frac{\pi d^2}{4} f_v^b = 2 \times \frac{3.1416 \times 22^2}{4} \times 250 \times 10^{-3} \text{kN} = 190 \text{kN}$$

$$N_c^b = d \sum t f_c^b = 22 \times 22 \times 470 \times 10^{-3} \text{kN} = 227.5 \text{kN}$$

所需螺栓数目为

$n = N/N_v^b = 1250 \text{kN} \div 190 \text{kN} = 6.6$，取 9 个。

2）布置螺栓。螺栓布置如图 3-98 所示。

3）螺栓承载力检验。如图 3-98 所示，构件布置的螺栓群连接长度 $l_1 = 160 \text{mm} < 15 d_0 = 15 \times 24 \text{mm} = 360 \text{mm}$，所以螺栓的承载力设计值不降低。因而，螺栓的承载力满足要求。

4）净截面强度验算。

构件的 1—1 截面为危险截面，取 $d_0 = 24 \text{mm}$。

$$A_n = (b - n_1 d_0) t = (360 - 3 \times 24) \times 22 \text{mm}^2 = 6336 \text{mm}^2$$

$$\sigma_n = N/A_n = 1250 \times 10^3 \text{N} \div 6336 \text{mm}^2 = 197.3 \text{N/mm}^2$$

$$< 0.7 f_u = 259 \text{N/mm}^2 \text{（满足强度要求）}$$

5）构件毛截面强度验算

$$A = bt = 360 \times 22 \text{mm}^2 = 7920 \text{mm}^2$$

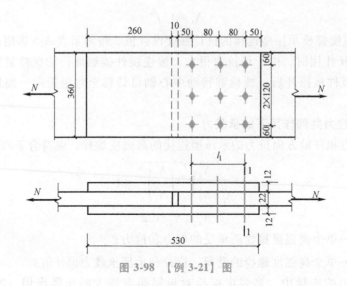

图 3-98 【例 3-21】图

$$\sigma = N/A = 1250 \times 10^3 \, \text{N} \div 7920 \, \text{mm}^2$$
$$= 157.8 \, \text{N/mm}^2$$
$$< 0.7 f_{\text{u}} = 259 \, \text{N/mm}^2 \text{（满足强度要求）}$$

【例 3-22】　如图 3-99 所示的钢板拼接中，螺栓为 M20、10.9 级，$d_0 = 22 \, \text{mm}$，钢材为 Q235。试分别按采用高强度螺栓摩擦型连接和承压型连接计算该连接所能承受的最大轴心力。接触面处理采用钢丝刷清除浮锈。

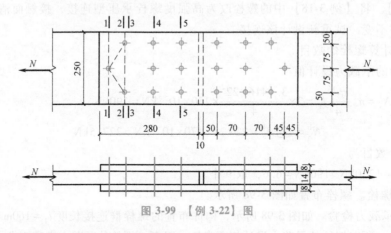

图 3-99 【例 3-22】图

解：（1）采用高强度螺栓摩擦型连接

1）采用式（3-73）计算，单个螺栓的承载力设计值为

$$N_{\text{v}}^{\text{b}} = 0.9 k n_{\text{f}} \mu P = 0.9 \times 1 \times 2 \times 0.3 \times 155 \, \text{kN} = 83.7 \, \text{kN}$$

2）由螺栓确定的承载力设计值 N_1

$l_1 = 185 \, \text{mm} < 15 d_0 = 15 \times 22 \, \text{mm} = 330 \, \text{mm}$，所以 $\beta = 1.0$

$$N_1 \leqslant n \beta N_{\text{v}}^{\text{b}} = 9 \times 1 \times 83.7 \, \text{kN} = 753.3 \, \text{kN}$$

3）由毛截面确定的承载力设计值 N_2

$$N_2 \leqslant A f = 250 \times 14 \times 215 \times 10^{-3} \, \text{kN} = 752.5 \, \text{kN}$$

4）由净截面确定的承载力设计值 N_3

构件可能沿 1—1 垂直截面、2—2 锯齿截面破坏，也可能沿 3—3 垂直截面、4—4 垂直截面破坏，盖板可能沿 5—5 垂直截面破坏。各截面的净截面面积分别为

1—1 垂直截面：$A_{1n} = (b - n_1 d_0)t = (250 - 1 \times 22) \times 14 \, \text{mm}^2 = 3192 \, \text{mm}^2$

2—2 锯齿截面：$A_{2n} = [2 \times 50 + 2 \times \sqrt{75^2 + 45^2} - 3 \times 22] \times 14 \, \text{mm}^2 = 2925 \, \text{mm}^2$

3—3 垂直截面：$A_{3n} = (b - n_3 d_0)t = (250 - 2 \times 22) \times 14 \, \text{mm}^2 = 2884 \, \text{mm}^2$

4—4 垂直截面：$A_{4n} = (b - n_4 d_0)t = (250 - 3 \times 22) \times 14 \, \text{mm}^2 = 2576 \, \text{mm}^2$

5—5 垂直截面：$A_{5n} = (b - n_5 d_0)2t_1 = (250 - 3 \times 22) \times 2 \times 8 \, \text{mm}^2 = 2944 \, \text{mm}^2$

由各净截面承载力确定的连接的承载力设计值分别为

$N_{3-1} \leqslant A_{1n} 0.7 f_u / (1 - 0.5 n_1 / n) = 3192 \times 0.7 \times 370 \times 10^{-3} \, \text{kN} \div (1 - 0.5 \times 1 \div 9) = 875.4 \, \text{kN}$

$N_{3-2} \leqslant A_{2n} 0.7 f_u / (1 - 0.5 n_2 / n) = 2925 \times 0.7 \times 370 \times 10^{-3} \, \text{kN} \div (1 - 0.5 \times 3 \div 9) = 909.1 \, \text{kN}$

$N_{3-3} \leqslant A_{3n} 0.7 f_u / (1 - n_1 / n - 0.5 n_3 / n) = 2884 \times 0.7 \times 370 \times 10^{-3} \, \text{kN} \div (1 - 1 \div 9 - 0.5 \times 2 \div 9)$
$= 960.3 \, \text{kN}$

$N_{3-4} \leqslant A_{4n} 0.7 f_u / (1 - n_2 / n - 0.5 n_4 / n) = 2576 \times 0.7 \times 370 \times 10^{-3} \, \text{kN} \div (1 - 3 \div 9 - 0.5 \times 3 \div 9)$
$= 1334.4 \, \text{kN}$

$N_{3-5} \leqslant A_{5n} 0.7 f_u / (1 - 0.5 n_5 / n) = 2944 \times 0.7 \times 370 \times 10^{-3} \, \text{kN} \div (1 - 0.5 \times 3 \div 9) = 915.0 \, \text{kN}$

所以取 $N_3 \leqslant 875.4 \, \text{kN}$

5）连接的承载力设计值为

$$N = \{N_1, N_2, N_3\}_{\min} = 752.5 \, \text{kN}$$

（2）采用高强度螺栓承压型连接

1）单个螺栓的承载力设计值为

$N_v^b = n_v \dfrac{\pi d^2}{4} f_v^b = 2 \times \dfrac{3.1416 \times 20^2}{4} \times 310 \times 10^{-3} \, \text{kN} = 194.7 \, \text{kN}$

$N_c^b = d \sum t f_c^b = 20 \times 14 \times 470 \times 10^{-3} \, \text{kN} = 131.6 \, \text{kN}$

$N_{\min}^b = 131.6 \, \text{kN}$

且 $\beta = 1.0$

2）由螺栓确定的承载力设计值 N_1

$N_1 \leqslant n \beta N_{\min}^b = 9 \times 1 \times 131.6 \, \text{kN} = 1184.4 \, \text{kN}$

3）由毛截面确定的承载力设计值 N_2

$N_2 \leqslant A f = 250 \times 14 \times 215 \times 10^{-3} \, \text{kN} = 752.5 \, \text{kN}$

4）由净截面确定的承载力设计值 N_3

各可能破坏的截面位置及相应的净截面面积与（1）同。因 1—1 垂直截面、2—2 锯齿截面及 5—5 垂直截面受力相同，均为 N，而 A_{2n} 最小，故由此 3 个截面确定的承载力设计值为

$$N_3' \leqslant A_{2n} 0.7 f_u = 2925 \times 0.7 \times 370 \times 10^{-3} \, \text{kN} = 757.6 \, \text{kN}$$

由 3—3 垂直截面确定的承载力设计值为

$$N_3'' \leqslant A_{3n} 0.7 f_u / (1 - n_1 / n) = 2884 \times 0.7 \times 370 \times 10^{-3} \div (1 - 1 \div 9) \, \text{kN} = 840.3 \, \text{kN}$$

由 4—4 垂直截面确定的承载力设计值为

$$N_3''' \leqslant A_{4n} 0.7 f_u / (1 - n_2 / n) = 2576 \times 0.7 \times 370 \times 10^{-3} \div (1 - 3 \div 9) \, \text{kN} = 1000.8 \, \text{kN}$$

所以 $N_3 \leqslant 757.6\text{kN}$

5) 连接的承载力设计值为

$$N = \{N_1, N_2, N_3\}_{\min} = 752.5\text{kN}$$

3.9 混合连接

通常钢结构在一处连接中只使用焊接、螺栓连接或铆钉连接中的一种连接方法，但也可把两种连接方法混合使用。例如，高强度螺栓和焊缝混合连接，或者高强度螺栓和铆钉混合连接。这类混合连接有两种形式：

第一种形式是不同连接方法分别用于同一节点的两个不同受力面。图 3-100 所示为高层钢结构中梁与柱的刚接连接，其中梁的上、下翼缘分别采用焊缝连接，而腹板则采用高强度螺栓连接。这种构造方式受力合理，施工方便。腹板上的螺栓孔，在安装时可以设置临时性的定位螺栓（采用普通螺栓），以便于梁在施焊前进行就位和调整；待梁翼缘焊接完成后，再将腹板上的临时螺栓换成高强度螺栓，形成永久螺栓。这种混合连接形式，焊缝和高强度螺栓各自的传力路线明确，可按各自的计算方法分别进行计算，不必考虑相互协调传力问题。

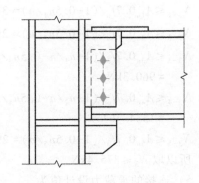

图 3-100　第一种形式的栓-焊混合连接

第二种形式是将不同的连接方法用于同一受力面上。图 3-101 所示为高强度螺栓和角焊缝的混合连接，在同一受剪面上螺栓和焊缝共同受力。使用这种混合连接或是对已有结构进行加固，在已有连接强度不足的情况下再加一种连接进行补强；或是在新设计的连接中同时使用两种方法以减小连接的几何尺寸。两种连接方式共同传力，必须考虑能够协同工作。

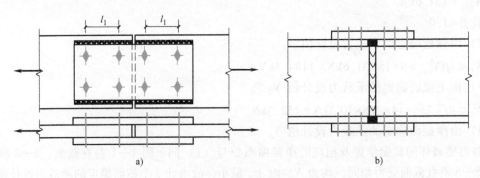

图 3-101　第二种形式的栓-焊混合连接

本节所讨论的是第二种形式的混合连接。

3.9.1 栓-焊混合连接

栓-焊混合连接是指高强度螺栓摩擦型连接与侧面角焊缝或对接焊缝混合连接。由于普通螺栓抗滑移能力极低，不能提高连接的承载力，故不宜采用。高强度螺栓承压型连接只有在栓杆和栓孔之间配合十分紧密时，栓杆才能在加载之初就与孔壁直接接触而与焊缝共同传力，但这种接头的制作费用高，施工也极为不便，故实际工程中一般不用。正面角焊缝刚度较大，不能很好地与高强度螺栓协同工作，故也不宜采用。

　　两种连接方法在同一受剪面上能否协同工作及协同工作能够达到什么程度，承载力能否叠加，是混合连接能否应用的关键，需要从它们的荷载-变形关系来考察。

　　1. 高强度螺栓摩擦型连接与侧面角焊缝的混合连接

　　图 3-102b 所示为高强度螺栓摩擦型连接与侧面角焊缝混合连接的承载力的试验曲线。该混合连接的极限承载力（按焊缝端部出现裂缝，也相当于高强度螺栓连接产生滑移时）近似等于焊缝承载力与螺栓的抗滑移阻力之和。

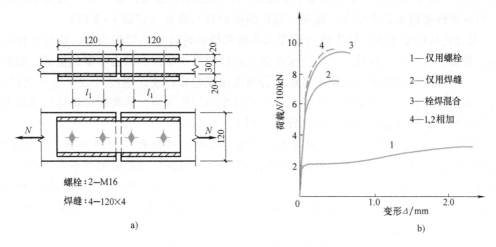

图 3-102　栓-焊混合连接的试验结果

　　焊缝和高强度螺栓在承受静力荷载时能够较好地协同工作，但在承受产生重复荷载时却非如此。试验表明：栓-焊混合连接在焊缝端部的焊趾处会先出现疲劳裂纹，并向内逐渐发展；疲劳寿命和仅有焊缝的连接相近，设计时应按仅有焊缝考虑。所以在直接承受动力荷载作用的构件中，如若采用图 3-102a 所示的焊缝来加强已有的高强度螺栓连接，疲劳强度不但不能提高，甚至还会降低。但如果所加焊缝局限在图 3-102a 所示的 l_1 范围内时情况会有不同，因为这里焊缝应力低，未必先发生破坏。

　　高强度螺栓在特殊情况下也可以和焊缝一起使用。图 3-103 所示为一双层翼缘板的梁，无论是只用纵向角焊缝或兼用正面角焊缝，在外层板切断处总有焊缝引起的严重应力集中。为了改善梁的疲劳性能，可以采用如下的方案：焊缝在外层翼缘板的端部理论切断点（A 点）处停止，将外层翼缘板向外多延伸一些（延伸长度不少于由静力计算所要求

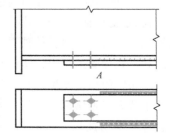

图 3-103　梁外层翼缘板的切断与连接

的切断点所确定的长度），改用摩擦型高强度螺栓来传递板的内力。这样可以大大提高梁的抗疲劳破坏的能力，因为摩擦型高强度螺栓抗剪连接具有很高的疲劳强度。已有的试验表

明，有外层翼缘板的宽翼缘工字梁，当板端部改用螺栓后，疲劳强度提高一倍之多。螺栓数量应足以传递翼缘板的全部内力，施工时可以先在梁翼缘和外层板上钻孔，把二者的接触面清理干净后，先用定位焊缝固定，然后安置和扭紧高强度螺栓，最后焊外层板边缘的纵向角焊缝。

2. 高强度螺栓摩擦型连接与对接焊缝的混合连接

实际工程中，如果原对接焊缝的质量达不到设计要求，或者因房屋改变使用目的而使得焊缝强度不满足要求时，则可用高强度螺栓摩擦型连接来进行加固。只要将翼缘焊缝的突出部分去除，并将接触面按规定处理，则这种混合连接能够共同受力，且不降低连接的疲劳强度。

栓-焊混合连接在具体应用时应注意以下问题：

1）混合连接中螺栓和焊缝的数量应搭配适当，不能相差过大，要考虑二者能够协同受力。一般应使焊缝的承载力略大于高强度螺栓的抗滑移承载力（宜取 1~3 倍）。

2）混合连接的施工顺序以先栓（或先用普通螺栓临时固定）后焊为好，这样可保持摩擦面贴合紧密。若采用先焊后栓，则应采取防止焊件变形、摩擦面贴合不紧的措施。对混合连接用于已有焊接结构的加固应慎重考虑。若被连接板叠较严密，刚度（或厚度）又较小，则可考虑采用，并宜尽量选用较大直径的螺栓和较小的间距排列；必要时可将螺栓承载力设计值适当降低。若板叠缝隙过大，板又较厚，则不宜采用。

3）混合连接若采用先栓后焊，则应考虑焊接对高强度螺栓预拉力的影响。试验证明，焊接时螺栓温度虽有一定的升高，但持续时间比较短，故对预拉力的影响并不大。然而，在焊缝冷却时，若构件的收缩量较大，从而使连接的滑移量也较大，则预拉力将有较大程度的下降，靠近焊缝处可能达到 10% 以上。因此，施工时应根据情况在焊后对高强度螺栓加以补拧。

3.9.2 高强度螺栓与铆钉的混合连接

高强度螺栓和铆钉并用，一般出现在用高强度螺栓替换一部分铆钉时。比较多的情况是厂房中吊车梁和制动梁连接中铆钉有一部分因疲劳而断裂，以及桥梁中某一节点有部分铆钉断裂。

图 3-104 所示为铆钉和高强度螺栓混合连接的荷载-变形曲线。由图可见，连接接头的极限承载力接近于两者单独受力时的极限承载力之和。在加固工程中，实践证明只要用与铆钉直径相同的高强度螺栓代替铆钉，完全有相同的承载力（通常原有铆钉连接接头板件之间不会有严重锈蚀），在动力荷载下，其疲劳强度也有所提高。尤其在长接头中，由于高强度螺栓的夹紧力高于铆钉，且高强度螺栓摩擦型连接的疲劳强度高于铆钉，若在受力较大的接头端部用高强度螺栓代替铆钉，则可提高连接的疲劳强度。

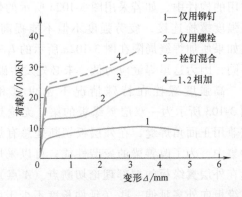

图 3-104 铆钉和高强度螺栓混合连接的荷载-变形曲线

本章总结框图

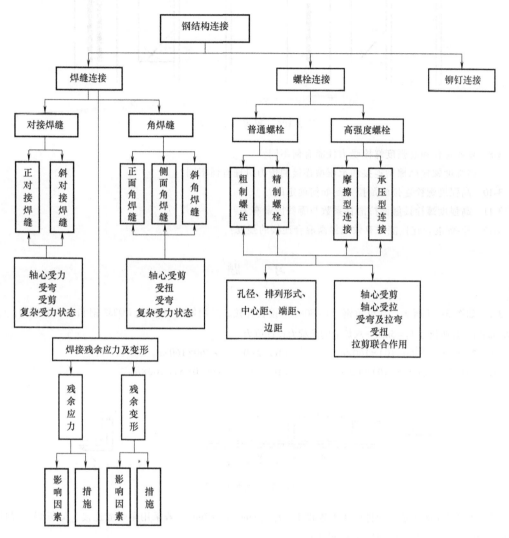

图 3-105 本章总结框图

思 考 题

3-1 简述钢结构连接的类型及特点。

3-2 简要说明常用的焊接方法和各自的优缺点。

3-3 对接焊缝（见图 3-106a）与角焊缝（见图 3-106b）受相同的斜向力，其计算有何异同？

3-4 计算中如何考虑焊缝起、灭弧可能引起的缺陷？

3-5 简述焊接残余应力的类型和产生焊接残余应力的原因？

3-6 焊接残余应力对结构工作性能有何影响？

3-7 螺栓排列时应考虑哪些因素的影响？具体的规定有哪些？

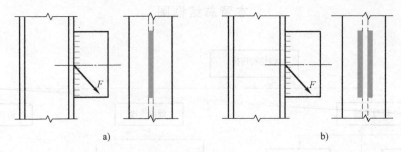

图 3-106　思考题 3-3 图

3-8　普通螺栓和高强度螺栓受力性能有何不同？

3-9　高强度螺栓摩擦型连接和承压型连接的传力机理有何不同？

3-10　高强度螺栓连接的预拉力是如何确定的？

3-11　高强度螺栓接触面抗滑移系数与哪些因素有关？

3-12　栓-焊混合连接能否有效地提高混合连接的强度？

习　题

3-1　如图 3-107 所示，某单角钢（∟ 80×5）接长连接，采用侧面角焊缝（Q235 钢和 E43 型焊条，$f_f^w = 160\text{N/mm}^2$），焊脚尺寸 $h_f = 5\text{mm}$。求焊缝的承载力设计值为_____。

（A）$2×0.7×5×(360-10)×160×\alpha_f$　　　（B）$2×0.7×5×360×160×\alpha_f$

（C）$2×0.7×5×(60×5-10)×160×\alpha_f$　　（D）$2×0.7×5×(60×5)×160×\alpha_f$

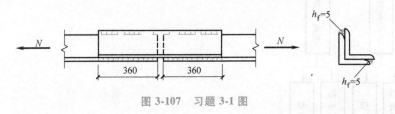

图 3-107　习题 3-1 图

3-2　如图 3-108 所示，构件的 T 形连接中，$t_1 = 5\text{mm}$，$t_2 = 7\text{mm}$，若采用角焊缝连接，低氢焊，焊件间无间隙，按照构造要求，焊脚尺寸 h_f 最小取_____。

3-3　在满足强度的条件下，如图 3-109 所示 a 焊缝和 b 焊缝，低氢焊，焊件间无间隙，合理的 h_f 应分别是_____。

（A）4mm　4mm　　（B）6mm　8mm　　（C）8mm　8mm　　（D）6mm　6mm

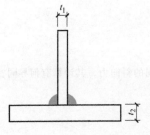

图 3-108　习题 3-2 图

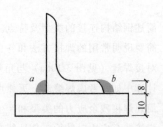

图 3-109　习题 3-3 图

3-4 普通螺栓受剪连接主要有六种破坏形式：即①栓杆剪断；②孔壁挤压破坏；③受拉钢板毛截面屈服破坏；④受拉钢板净截面断裂；⑤端部钢板被剪开；⑥栓杆受弯破坏。在设计时应按下述_____形式进行计算。

(A) ①、②　　　(B) ①、②、⑤　　　(C) ①、②、③、④　　　(D) ①、②、⑥

3-5 如图 3-110 所示，角焊缝在 P 的作用下，最危险点是_____。

(A) a、b 点　　　(B) b、d 点　　　(C) c、d 点　　　(D) a、c 点

3-6 C 级普通螺栓连接宜用于_____。

(A) 吊车梁翼缘的拼接　　　　　(B) 屋盖支撑的连接

(C) 吊车梁与制动结构的连接　　　(D) 采用高强钢材的连接

3-7 某钢梁采用普通工字钢工 50b 制作，钢材为 Q235，承受集中荷载设计值 $F = 150$kN，如图 3-111 所示。构件段内设置对接坡口焊缝连接，焊条采用 E43 型，焊条电弧焊，三级质量标准。请验算该连接是否安全。

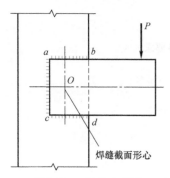

图 3-110 习题 3-5 图

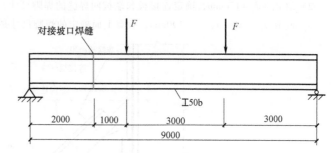

图 3-111 习题 3-7 图

3-8 试验算如图 3-112 所示，牛腿与柱连接的对接焊缝强度。静力荷载设计值 $F = 180$kN。钢材用 Q235，E43 焊条电弧焊，无引弧板，焊缝质量三级（假定剪力全部由腹板部位焊缝承受。$f_t^w = 185$N/mm^2，$f_c^w = 215$N/mm^2，$f_v^w = 125$N/mm^2）。

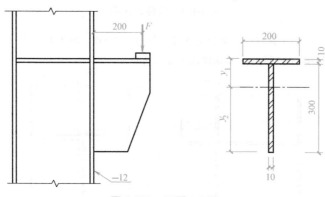

图 3-112 习题 3-8 图

3-9 如图 3-113 所示，焊接连接采用三面围焊，低氢焊，焊脚尺寸为 8mm，钢材为 Q235，试计算此连接所能承受的最大拉力 N？

3-10 如图 3-114 所示，2 ∟100×80×10（长肢相并）通过 14mm 厚的连接板和 20mm 厚的端板连接于柱的翼缘，钢材用 Q235，焊条为 E43 系列，采用焊条电弧焊，低氢焊，使用引弧板，所承受的静力荷载设计值 $N = 500$kN。

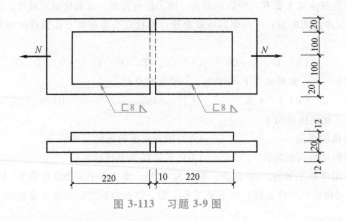

图 3-113　习题 3-9 图

1）要求确定角钢和连接板间的焊缝尺寸。

2）取 $d_1 = d_2 = 170\text{mm}$，确定连接板和端板间焊缝的焊脚尺寸？

3）改取 $d_1 = 150\text{mm}$，$d_2 = 190\text{mm}$，验算上面确定的焊脚尺寸是否满足要求？

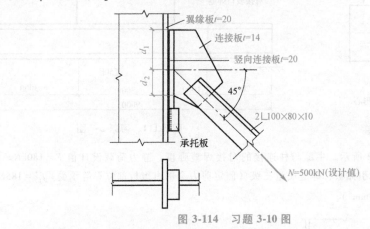

图 3-114　习题 3-10 图

3-11　如图 3-115 所示，牛腿与柱用角焊缝连接。钢材为 Q235，焊条 E43 型，焊条电弧焊，低氢焊，焊脚尺寸 $h_f = 8\text{mm}$，偏心距 $e = 150\text{mm}$，试求此连接能承受的荷载 F。

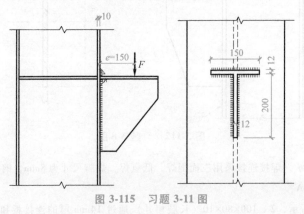

图 3-115　习题 3-11 图

3-12　如图 3-116 所示，牛腿钢材为 Q235，焊条 E43 型，焊条电弧焊，低氢焊，三面围焊缝，焊脚尺寸 $h_f = 10\text{mm}$，承受静力荷载 $P = 100\text{kN}$，试验算焊缝强度。

3-13 如图 3-117 所示，构件为一双盖板的平接连接，已知钢板截面为 340mm×20mm，盖板采用两块截面为 340mm×10mm 的钢板，钢材 Q355，采用 M24 的 C 级螺栓。连接承受的轴心拉力设计值 $N = 1600\text{kN}$。试设计此螺栓连接。

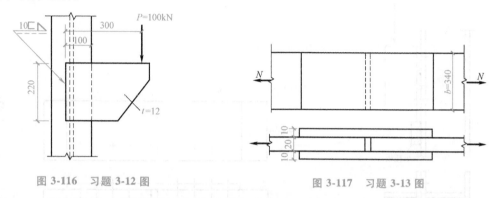

图 3-116 习题 3-12 图   图 3-117 习题 3-13 图

3-14 如图 3-118 所示，构件为双板牛腿与柱的三面围焊角焊缝连接。钢材为 Q235，焊条为 E43 型，低氢焊，牛腿承受静力荷载设计值 $F = 300\text{kN}$。请设计此焊缝连接。

3-15 试验算如图 3-119 所示，构件一受斜向拉力 $F = 35\text{kN}$（设计值）作用的 C 级螺栓的强度。螺栓 M20，钢材 Q235。

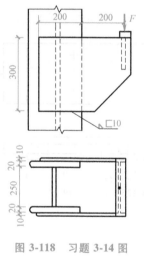

图 3-118 习题 3-14 图

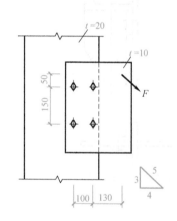

图 3-119 习题 3-15 图

3-16 如图 3-120 所示，构件为 C 级螺栓的连接，钢材为 Q235 钢，已知 $d = 20\text{mm}$，$d_e = 17.65\text{mm}$，$d_0 = 21.5\text{mm}$，承受设计荷载 $p = 130\text{kN}$。

1）假定支托承力，试验算此连接是否安全？

2）假定支托不承力，试验算此连接是否安全？

3-17 如图 3-121 所示的螺栓双盖板连接，构件钢材为 Q235 钢，承受轴心拉力，螺栓为 10.9 级高强度螺栓摩擦型连接，接触面喷砂处理，螺栓直径 $d = 20\text{mm}$，孔径 $d_0 = 22\text{mm}$，试计算此连接最大承载力 N？

3-18 如图 3-122 所示，牛腿用连接角钢 2∟ 100×20（由大角钢截得）及 M22、10.9S 级摩擦型连接高强度螺栓和柱相连，偏心力设计值 $F = 200\text{kN}$，构件钢材 Q355，接触面喷砂处理，确定连接角钢两肢上的螺栓数目。

3-19 如图 3-123 所示，用 M22 C 级普通螺栓连接钢板，钢材为 Q355 钢。试计算此连接能承受的最大轴心力设计值 N。

3-20 若将习题3-14中焊缝连接改为高强度螺栓连接，荷载设计值 F = 100kN，钢材为 Q460，采用12.9级高强度螺栓摩擦型连接，M22，接触面喷砂处理，试确定螺栓数目及布置情况。

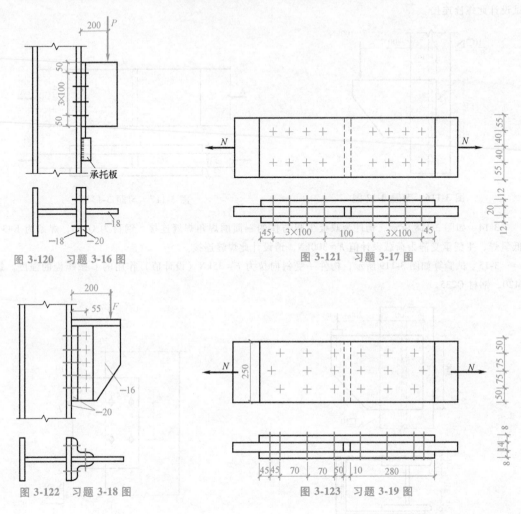

图 3-120 习题 3-16 图

图 3-121 习题 3-17 图

图 3-122 习题 3-18 图

图 3-123 习题 3-19 图

第4章 轴心受力构件的设计

本章导读

➤ **内容及要求** 轴心受力构件的类型、应用及破坏形式，轴心受力构件强度、刚度、整体稳定和局部稳定分析与计算，轴心受压构件的截面设计。通过本章学习，应熟悉轴心受力构件的应用和设计要求；掌握轴心受力构件强度、刚度、整体稳定和局部稳定的计算原理和验算方法；掌握轴心受压构件截面的设计和验算方法及构造要求。

➤ **重点** 轴心受压构件的强度、刚度、整体稳定和局部稳定计算。

➤ **难点** 轴心受压构件的整体稳定和局部稳定分析与计算。

4.1 概述

轴心受力构件只承受通过构件截面形心的轴向力作用，分为轴心受拉构件和轴心受压构件，简称为拉杆和压杆。它们广泛地用于各种平面和空间桁架中，是组成桁架的主要承重构件，还常用于操作平台和其他结构的支柱，对于一些非主要承重构件和支撑，也是按轴心受力构件计算。

4.1.1 构件截面形式

轴心受力构件的截面形式有图 4-1 所示的三种：

1）热轧型钢截面，其优点是制造工作量少，包括圆钢、钢管、角钢、工字钢、H 型钢、T 型钢和槽钢，如图 4-1a 所示。圆钢因截面回转半径小，只宜作拉杆；钢管常在网架中作为以球节点相连的杆件，也可用作桁架杆件，不论其受拉或受压，都具有较大的优越性，但其价格较其他型钢略高；单角钢截面两主轴与角钢边不平行，如用角钢与其他构件相连，不易做到轴心受力，因而常用于次要构件或受力不大的拉杆；轧制普通工字钢因其两主轴方向的惯性矩相差较大，对其较难做到等刚度，除非沿其强轴方向设置中间侧向支点；热轧 H 型钢由于翼缘宽度较大，且为等厚度，常用作柱截面，可节省制造工作量；热轧部分 T 型钢用作桁架的弦杆，可节省连接用的节点板。

2）冷弯薄壁型钢截面，包括带卷边或不带卷边的角形截面或槽形和方管截面等，如图 4-1b 所示，其设计按《冷弯薄壁型钢结构技术规范》进行，由于篇幅限制，本章不做专门介绍。

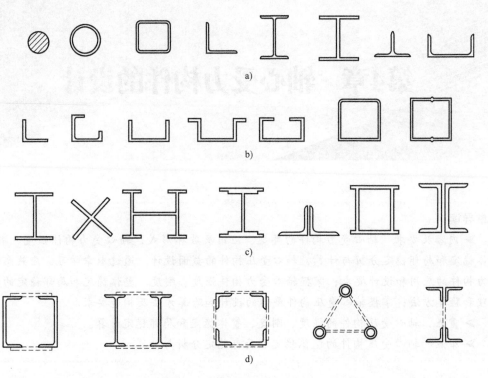

图 4-1　轴心受力构件的截面形式

a）热轧型钢截面　b）冷弯薄壁型钢截面　c）、d）型钢和钢板连接而成的组合截面

3）型钢和钢板连接而成的组合截面，包括实腹式组合截面和格构式组合截面，如图 4-1c、d 所示。实腹式组合截面具有整体连通的截面，应用较多；当受压构件的荷载不太大而长度较长时，为了加大截面的回转半径，可利用轧制型钢由缀件相连而成的格构式组合截面，缀件包括缀条和缀板两种，由于它沿截面高度不是连续的，故图中用虚线表示。典型的实腹式和格构式轴心受力构件如图 4-2 所示。

4.1.2　构件破坏形式及计算内容

轴心受力构件按照轴向力作用方向可分为拉杆和压杆。

拉杆的破坏主要是钢材的屈服或被拉断，两者都属于强度破坏，拉杆不存在失稳问题，是最简单的构件，也是效率最高的构件。对拉杆按承载能力极限状态，只需计算强度一项。

压杆的破坏则主要是由于构件失去整体稳定性（屈曲）或组成压杆的板件局部失去稳定性，

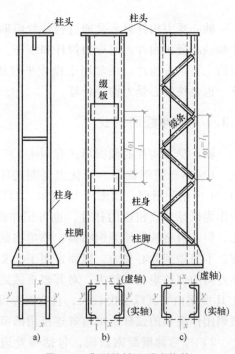

图 4-2　典型的轴心受力构件

a）实腹式柱　b）格构式柱（缀板式）
c）格构式柱（缀条式）

当构件上有较多削弱（如螺栓孔等）时，也可能因强度不足而破坏。因此，对压杆按承载能力极限状态，需要计算强度、整体稳定性和局部稳定性。

同时考虑到轴心受力构件如果过分细长，则在制造、运输和安装时容易发生弯曲变形，或是构件不是处于竖向位置时，其自重也会使构件产生较大的挠度，对承受动力荷载的构件还将产生较大的振幅。因此对轴心受力构件，无论是拉杆或压杆，都要限制其长细比不超过其容许值，即要满足刚度条件，此项验算属于正常使用极限状态。

4.1.3 构件截面要求

对轴心受力构件截面形式的共同要求是：

1）形状力求简单，以减少制造工作量。

2）截面宜具有对称轴，使构件具有良好的工作性能。

3）便于和其他构件的连接。

4）在满足局部稳定性的条件下，同样截面积应具有较大的惯性矩，即截面宽大而壁厚较薄（宽肢薄壁），以满足刚度的要求。

对于轴心受压构件，宽肢薄壁具有重要意义，因为构件的稳定性能直接取决于它的整体刚度，整体刚度大则构件的稳定性好，用料经济。对截面的两个主轴都应如此要求，且尽可能使构件截面两个主轴方向刚度相等。根据以上情况，轴心压杆除经常采用双角钢和宽翼缘工字钢截面外，有时要采用实腹式或格构式组合截面。轮廓尺寸宽大的四肢或三肢格构式组合截面可以用于轴心压力不大但较长的构件，以便节省钢材。

4.2 轴心受拉构件的受力性能和计算

4.2.1 轴心受拉构件的强度

从第 2 章所述钢材的应力-应变关系可知，轴心受拉构件的极限承载能力是危险截面的平均应力达到钢材的抗拉强度 f_u。但同时也应注意当构件毛截面的平均应力超过钢材的屈服强度 f_y 时，由于构件将产生较大的伸长变形，导致实际结构变形过大不满足继续承载的要求。按照承载能力极限状态的定义，当结构或构件达到最大承载力或达到不适于继续承载的变形时，即进入承载能力极限状态。上述轴心受拉构件的两种情况，都将使构件进入承载能力极限状态，因此要进行拉杆毛截面和净截面的强度验算。

对无孔洞削弱的轴心受拉构件，在强度计算时应有足够的安全储备，要求构件截面的应力不应超过钢材抗拉强度设计值 f，即

$$\sigma = N/A \leqslant f \tag{4-1}$$

式中 N——轴心拉力的设计值；

A——构件的毛截面面积；

f——钢材的抗拉强度设计值。

对于有孔洞的受拉构件，构件上将出现两个控制截面：一个是有螺栓孔的净截面，另一个是无螺栓孔的毛截面。在净截面孔洞附近有如图 4-3a 所示的应力集中现象。在弹性阶段，

孔壁边缘的应力 σ_{max} 可能达到拉杆毛截面平均应力 σ_a 的三倍，当孔壁边缘的最大应力达到屈服强度以后，不再继续增加应力而发展塑性变形。此后，由于应力重分布，净截面的应力可以均匀地达到屈服强度。如果拉力仍继续增加，不仅构件的变形会发展过大，而且孔壁附近因塑性应变过分扩展而有首先被拉裂的可能性。此时，净截面应力可简化为均匀分布，如图 4-3b 所示。我国《钢结构设计标准》规定，除采用高强度螺栓摩擦型连接构件，其余截面强度除应满足式（4-1）毛截面屈服条件外，还要验算净截面断裂

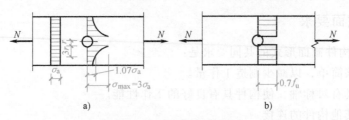

图 4-3 孔洞处截面应力分布

a）弹性状态应力 b）极限状态应力

$$\sigma = N/A_n \leqslant 0.7f_u \tag{4-2}$$

式中 N——轴心拉力的设计值；

A_n——构件的净截面面积；

f_u——钢材的抗拉强度最小值。

4.2.2 轴心受拉构件的刚度

按照结构的使用要求，轴心拉杆应具有必要刚度，保证构件不会因过分柔弱而产生过度变形，如构件在使用过程中由于自重发生挠曲，在运输或安装构件的过程中也易于产生弯曲。如果结构直接承受动力荷载，刚度很弱的轴心受拉构件会导致结构剧烈晃动。

轴心受拉构件的刚度通常是用长细比来衡量的。它是杆件计算长度 l_0 与截面相应回转半径 i 的比值，即 $\lambda = l_0/i$。λ 越小，表示构件刚度越大，反之则刚度越小。对轴心受拉构件，《钢结构设计标准》根据结构是否直接承受动力荷载以及动力荷载工作的繁重程度，规定构件的长细比不超过容许长细比 $[\lambda]$，如表 4-1 所示。

计算构件长细比时，应分别考虑绕截面两个主轴即 x 轴和 y 轴的长细比 λ_x 和 λ_y，都不超过规定的容许长细比 $[\lambda]$

$$\begin{cases} \lambda_x = l_{0x}/i_x \leqslant [\lambda] \\ \lambda_y = l_{0y}/i_y \leqslant [\lambda] \end{cases} \tag{4-3}$$

式中 l_{0x}、l_{0y}——绕截面两个主轴即 x 轴和 y 轴的构件计算长度；

i_x、i_y——绕截面两个主轴即 x 轴和 y 轴的截面回转半径；

$[\lambda]$——容许长细比，取值见表 4-1。

【例 4-1】 如图 4-4 所示为 2∟75×5 （面积为 7.41×2cm²）组成的水平放置的轴心拉杆。轴心拉力的设计值为 270kN，只承受静力作用，计算长度为 3m。杆端有一排直径为 20mm 的螺栓孔。钢材为 Q235 钢。计算时忽略连接偏心和杆件自重的影响。 $[\lambda] = 250$，$i_x = 2.32cm$，$i_y = 3.29cm$。

表 4-1 轴心受拉构件的容许长细比

项次	构件名称	承受静力荷载或间接承受动力荷载的结构			直接承受动力荷载的结构
		一般建筑结构	对腹板提供平面外支点的弦杆	有重级工作制吊车的厂房	
1	桁架的构件	350	250	250	250
2	吊车梁或吊车桁架以下的柱间支撑	300	—	200	—
3	除张紧的圆钢外的其他拉杆、支撑、系杆等(张紧的圆钢除外)	400	—	350	—

注：1. 承受静力荷载的结构，可仅计算受拉构件在竖向平面内的长细比。

2. 在直接或间接承受动力荷载的结构中，计算单角钢受拉构件的长细比时，应采用角钢的最小回转半径，但计算在交叉点相互连接的交叉构件平面外的长细比时，可采用与角钢肢边平行轴的回转半径。

3. 中、重级工作制吊车桁架下弦杆的长细比不应超过 200。

4. 在设有夹钳或刚性料耙等硬钩吊车的厂房中，支撑（表中第2项除外）的长细比不宜超过 300。

5. 受拉构件在永久荷载与风荷载组合作用下受压时，其长细比不宜超过 250。

6. 跨度等于或大于 60m 的桁架，其受拉弦杆和腹杆的长细比不宜超过 300（承受静力荷载或间接承受动力荷载）或 250（直接承受动力荷载）。

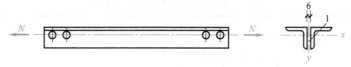

图 4-4 【例 4-1】图

要求：验算强度、刚度。

解：对于 Q235 钢，$f = 215\text{N}/\text{mm}^2$，$f_u = 370\text{N}/\text{mm}^2$

（1）截面强度验算

$$A = 741 \times 2 \text{mm}^2 = 1482 \text{mm}^2$$

$$\sigma = \frac{N}{A} = \frac{270000}{1482} \text{N}/\text{mm}^2 = 182.2 \text{N}/\text{mm}^2 < f = 215 \text{N}/\text{mm}^2$$

$$A_n = 1482 \text{mm}^2 - 20 \times 5 \times 2 \text{mm}^2 = 1282 \text{mm}^2$$

$$\sigma_n = \frac{N}{A_n} = \frac{270000}{1282} \text{N}/\text{mm}^2 = 210.6 \text{N}/\text{mm}^2$$

$$< 0.7 f_u = 0.7 \times 370 \text{N}/\text{mm}^2 = 259 \text{N}/\text{mm}^2$$

（2）刚度验算

因 $i_x < i_y$，则

$$\lambda_{max} = \frac{l}{i_x} = \frac{300 \text{cm}}{2.32 \text{cm}} = 129 < [\lambda] = 250$$

据上述计算，该拉杆强度、刚度均满足要求。

【例 4-2】 冷弯薄壁型钢结构的拉杆，其容许长细比为 $[\lambda] = 400$，如果用方管截面 □100×2.5，其回转半径为 $i_x = i_y = 3.98 \text{cm}$。试确定这种拉杆的最大计算长度。

解：因为拉杆的容许长细比很大，冷弯薄壁方管截面的回转半径又较大，所以易于满足刚度要求。所以，最大计算长度 $l_0 = [\lambda] i = 400 \times 3.98 \text{cm} = 1592 \text{cm}$。

4.3 轴心受压构件的计算

4.3.1 轴心受压构件的强度

根据《钢结构设计标准》，轴心受压构件的强度计算方法与轴心受拉构件相同。无孔洞削弱的轴心受压构件的强度计算可按式（4-1）进行计算。有孔洞削弱的轴心受压构件的强度计算可按式（4-1）和式（4-2）进行计算。

4.3.2 轴心受压构件的刚度

轴心受压构件的刚度仍然用长细比来衡量。对于受压构件，长细比更为重要，长细比过大，会使其承载力降低太多，在较小荷载下就会丧失整体稳定性，因而其容许长细比 $[\lambda]$ 限值应更严。

采用式（4-3）计算受压构件的长细比。《钢结构设计标准》规定的轴心受压构件的容许长细比列入表4-2。

表 4-2　轴心受压构件的容许长细比

项次	构件名称	容许长细比
1	柱、桁架和天窗架中的杆件	150
	柱的缀条、吊车梁或吊车桁架以下的柱间支撑	
2	支撑（吊车梁或吊车桁架以下的柱间支撑除外）	200
	用以减小受压构件长细比的构件	

注：1. 桁架（包括空间桁架）的受压腹杆，当其内力等于或小于承载能力的50%时，容许长细比可取200。
    2. 计算单角钢受压构件的长细比时，应采用角钢的最小回转半径，但计算在交叉点相互连接的交叉构件平面外的长细比时，可采用与角钢肢边平行轴的回转半径。
    3. 跨度等于或大于60m的桁架，其受压弦杆和端压杆的容许长细比值宜取100，其他受压腹杆可取150（承受静力荷载或间接承受动力荷载）或120（直接承受动力荷载）。
    4. 由容许长细比控制截面的构件，在计算其长细比时，可不考虑扭转效应。

4.3.3 轴心受压构件的整体稳定性

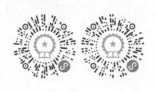

稳定性对钢结构是一个极其重要的问题，不仅轴心压杆有稳定性问题，其他构件如受弯构件和压弯构件等的设计都必须考虑稳定性问题，应该满足整体稳定性和局部稳定性的要求。

对轴心受压构件，除了有些较短的构件因局部有孔洞削弱，净截面的平均应力有可能达到屈服强度而需要计算其强度外，其他长而细的构件主要是失去整体稳定性而破坏。轴心受压构件受外力作用后，当截面上的应力远低于钢材的屈服强度时，常由于其内力和外力间不能保持平衡的稳定性，些微扰动即足以使构件产生很大的变形而丧失承载能力，这种现象称为丧失整体稳定性，或称屈曲。

1. 理想的轴心受压构件

理想的轴心受压构件就是假设构件完全挺直，荷载沿构件形心轴作用，在承受荷载之前构件无初始应力、初弯曲和初偏心等缺陷，截面沿构件是均匀的。实际上理想轴心受压构件不可能存在，只是分析中假定的一种计算模型而已。当轴心压力达到某临界值时，理想轴心受压构件可能发生三种形式的屈曲变形。

（1）弯曲屈曲　构件的截面只绕一个主轴旋转，构件的纵轴由直线变为曲线，这是双轴对称截面构件最常见的屈曲形式。如图 4-5a 所示为两端铰接工字形截面构件发生的绕弱轴的弯曲屈曲。

（2）扭转屈曲　失稳时，构件除支撑端外的各截面均绕纵轴扭转。图 4-5b 所示为长度较小的十字形截面构件可能发生的扭转屈曲。

（3）弯扭屈曲　单轴对称截面构件绕对称轴屈曲时，发生弯曲变形的同时必然伴随着扭转。图 4-5c 所示为 T 形截面构件发生的弯扭屈曲。

轴心受压构件失稳时出现何种变形形态取决于构件的截面形状和尺寸、构件的长度和构件支撑约束等情况。钢结构中轴心受压构件的截面主要是双轴对称截面，这种截面的形心和剪切中心相重合，不可能发生弯扭屈曲，极少数情况如十字形截面构件易扭转屈曲外，大部分情况发生弯曲屈曲。其次应用较多的单轴对称截面，当绕其非对称轴形心轴屈曲时为弯曲屈曲，绕其对称形心轴屈曲时为弯扭屈曲。

（1）弯曲屈曲临界力　本部分重点介绍弯曲屈曲，按理想轴心受压构件失稳（屈曲）时的临界压应力是否低于钢材的比例极限，可分为弹性屈曲和非弹性屈曲两种情况。

1）弹性弯曲屈曲的临界力，图 4-6 所示为一承受轴向压力两端铰接的等截面细长直杆，在轴心压力作用下，杆发生弯曲屈曲时临界力（欧拉临界力）为

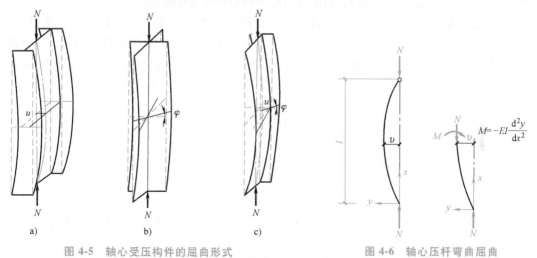

图 4-5　轴心受压构件的屈曲形式

a）弯曲屈曲　b）扭转屈曲　c）弯扭屈曲

图 4-6　轴心压杆弯曲屈曲

$$N_{cr} = \frac{\pi^2 EI}{l^2} \qquad\qquad (4\text{-}4)$$

式中　E——材料的弹性模量；

I——杆弯曲时截面绕屈曲轴的惯性矩；

l——杆的长度。

EI 代表杆段的弯曲刚度，而 EI/l^2 则代表杆的整体刚度。当构件两端不是铰支而是其他情况时，以 $l_0 = ul$ 代替式（4-4）中的 l。l_0 称为计算长度，u 称为计算长度系数。

截面的平均应力 σ_{cr} 称为欧拉临界应力，令 $I = Ai^2$，得到

$$\sigma_{cr} = \frac{N_{cr}}{A} = \frac{\pi^2 E}{(l/i)^2} = \frac{\pi^2 E}{\lambda^2} \tag{4-5}$$

式中 $i = \sqrt{I/A}$ ——截面对屈曲轴的回转半径；

　　　λ ——与回转半径 i 相应的压杆的长细比。

杆截面对两个主轴的回转半径常常并不相同。轴心压杆是在较大长细比的那个平面内发生弯曲屈曲的，这时杆的临界应力最小。从式（4-5）可知，截面的回转半径越大越能提高杆的承载能力，可以获得更好的经济效果。因而宽大的截面可以获得较大的抗弯刚度从而提高其承载能力。

式（4-4）和式（4-5）只适用于确定两端铰接弹性状态屈曲的直杆轴心抗压的承载能力。对于截面应力超过了钢材比例极限 f_p 的杆，E 不再是常量，杆在弹塑性阶段屈曲，式（4-4）和式（4-5）就不再适用。在弹塑性阶段屈曲的轴心压杆，其长细比小于 $\lambda_p = \pi\sqrt{E/f_p}$。

2）弹塑性弯曲屈曲的临界力，对于在弹塑性阶段发生弯曲屈曲的轴心受压构件，截面的应力-应变关系是非线性的，这样确定它的屈曲应力就变得比较复杂和困难，非弹性屈曲问题既需要考虑几何非线性，又需要考虑材料的非线性。理想轴心受压构件非弹性屈曲的理论早在 19 世纪末已经被提出，对于这个问题有两种代表性的理论，一个是切线模量理论，另一个是双模量理论（或称折算模量理论），目前应用较多的是切线模量理论。

这个理论认为轴心受压构件在加载过程中有微小弯曲时，压力增加了 ΔN_{cr}，此值虽然是微小的，但是所增加的平均应力 $\Delta\sigma_{cr}$ 却不小于因杆有微小弯曲产生的应力 $d\sigma_1$。因此，屈曲时结构的整个截面都处在加载的过程中，应力-应变关系假定遵循同一个切线模量 E_t。这时轴心受压构件的屈曲临界力 N_{crt} 称为切线模量屈曲临界力，其值为

$$N_{crt} = \frac{\pi^2 E_t I}{l^2} \tag{4-6}$$

与 N_{crt} 相应的临界应力为

$$\sigma_{crt} = \frac{\pi^2 E_t}{\lambda^2} \tag{4-7}$$

因 E_t 随 σ_{crt} 而变化，直接利用式（4-7）求 σ_{crt} 将需反复迭代。通常可根据公式绘出 λ-σ_{crt} 图直接查用。

研究表明，由式（4-6）得到的切线模量临界力是杆的弹塑性临界力的下限值。切线模量理论确定的临界力能较好地反映轴心受压构件在弹塑性阶段屈曲时的承载能力，并偏于安全。图 4-7 所示是按两种计算理论得到的轴心压杆的临界应力曲线的比较，杆截面是轧制宽翼缘工字钢，它的屈服强度和比例极限分别是 255N/mm² 和 200N/mm²。在长细比小于 40 的范围内屈曲应力 σ_{cr} 超过了钢材的屈服强度 f_y，这是由于材料变硬而提高了压杆的承载能力。

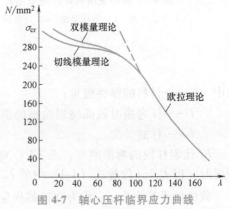

图 4-7　轴心压杆临界应力曲线

（2）扭转屈曲临界力　图 4-8 所示为一双轴对称截面构件，在轴心压力 N 作用下，除可能沿 x 轴或 y 轴弯曲屈曲外，还可能绕 z 轴发生扭转屈曲，根据弹性稳定性理论扭转屈曲的临界力为

$$N_z = \left(\frac{\pi^2 E I_w}{l_w^2} + G I_t \right) \frac{1}{i_0^2} \tag{4-8}$$

在轴心受压构件扭转屈曲的计算中，可以采用扭转屈曲临界力与欧拉临界力相等得到换算长细比 λ_z。由

$$N_z = \left(\frac{\pi^2 E I_w}{l_w^2} + G I_t \right) \frac{1}{i_0^2} = \frac{\pi^2 E}{\lambda_z^2} A \tag{4-9}$$

得

$$\lambda_z = \sqrt{\frac{A i_0^2}{I_w / l_w^2 + G I_t / (\pi^2 E)}} = \sqrt{\frac{A i_0^2}{I_w / l_w^2 + I_t / 25.7}} \tag{4-10}$$

式中　i_0——截面对剪心的极回转半径（对双轴对称截面 $i_0^2 = i_x^2 + i_y^2$）；

l_w——扭转屈曲的计算长度（两端铰支且端截面可自由翘曲，取几何长度 l；两端嵌固且端部截面的翘曲完全受到约束，取 $0.5l$）；

I_t——毛截面的抗扭惯性矩；

I_w——毛截面的扇形惯性矩（对轧制、双板焊接、双角钢组合 T 形截面，十字形截面和角形截面可近似取 $I_w = 0$）；

A——毛截面面积。

对常用的十字形双轴对称截面构件（图 4-9），式（4-10）中的 I_w / l_w^2 项影响很小，通常可忽略不计，则

$$\lambda_z = \sqrt{\frac{25.7 A i_0^2}{I_t}} = \sqrt{\frac{25.7(I_x + I_y)}{4 \times b t^3 / 3}} = 5.07 b / t \tag{4-11}$$

式中　b/t——悬伸板件的宽厚比。

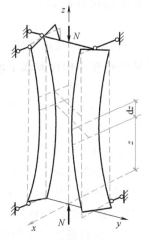

图 4-8　双轴对称截面的扭转屈曲

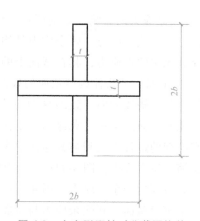

图 4-9　十字形双轴对称截面构件

因此，只要 λ_x、$\lambda_y > \lambda_z$，就不会由扭转屈曲控制设计。《钢结构设计标准》规定双轴对称十字形截面杆件，λ_x 或 λ_y 的取值不得小于 $5.07b/t$，以免发生扭转屈曲。

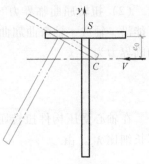

图 4-10　单轴对称截面构件

（3）弯扭屈曲的临界力　图 4-10 所示的单轴对称截面构件，当绕非对称轴（x 轴）屈曲时，截面上的剪应力的合力必然通过剪切中心，所以只有平移没有扭转，即发生弯曲屈曲。当截面绕 y 轴（对称轴）发生弯曲变形时，横截面产生剪力（作用于形心 C）与内剪力流的合力（作用于剪心 S）不重合，必然伴随着扭转，这种现象称为弯扭屈曲。此时，绕对称轴的换算长细比为

$$\lambda_{yz} = \frac{1}{\sqrt{2}}\left[(\lambda_y^2 + \lambda_z^2) + \sqrt{(\lambda_y^2 + \lambda_z^2)^2 - 4\left(1 - \frac{e_0^2}{i_0^2}\right)\lambda_y^2 \lambda_z^2} \right]^{1/2} \qquad （4\text{-}12）$$

式中　λ_y——绕对称轴 y 的弯曲屈曲长细比；

λ_z——扭转屈曲换算长细比；

e_0——截面形心至剪心的距离；

i_0——截面对剪心的极回转半径，$i_0^2 = e_0^2 + i_x^2 + i_y^2$。

单轴对称截面轴心压杆在绕对称轴屈曲时，出现既弯又扭的情况，此力比单纯弯曲的 N_{Ex} 和单纯扭转的 N_z 都低，所以当 T 形截面轴心受压构件发生弯扭屈曲而失稳时，稳定性较差。截面无对称轴的构件总是发生弯扭屈曲，其临界荷载总是既低于相应的弯曲屈曲临界荷载，又低于扭转屈曲临界荷载。因此，对于没有对称轴的截面比单轴对称截面的性能更差，一般不易作轴心受压构件。

2. 实际轴心受压构件

（1）影响因素　在钢结构中，实际的轴心受压构件和上述理想直杆的受力性能之间有很大差别，主要受到截面中的残余应力、杆轴的初弯曲、荷载作用点的初偏心以及杆端的约束条件等因素的影响，其中残余应力、初弯曲和初偏心都是不利的因素，并被看作是轴心受压构件的缺陷；而杆端约束对铰接端构件是有利因素，能提高构件的轴心受压稳定承载能力。

1）残余应力的影响。如前所述，构件在焊接后或经火焰切割、冷校正等加工后，都会在构件中产生残余应力。残余应力是构件还未承受荷载而早已存在于构件截面上的初应力，是与荷载无关的自应力，其在截面上的应力分布必须满足自身静力平衡条件。

图 4-11 列举了几种典型截面的残余应力分布。其数值都是经过实测数据整理后确定的。应力都是与杆轴线方向一致的纵向应力，压应力取"–"号，拉应力取"+"号。图 4-11a 所示为轧制普通工字钢，翼缘的厚度比腹板的厚度大很多，腹板在型钢热轧以后首先冷却，翼缘在冷却的过程中受到与其连接的腹板的牵制作用，因此翼缘产生拉应力，而腹板的中部受到压缩产生压应力。图 4-11b 所示为轧制宽翼缘工字钢的残余应力，由于翼缘的尖端先冷却而具有较高的残余压应力。图 4-11c 所示为翼缘具有轧制边，或火焰切割以后又经过刨边的焊接工字形截面，其残余应力与宽翼缘工字钢类似，只是翼缘与腹板连接处的残余拉应力可能达到屈服强度。图 4-11d 所示为具有火焰切割翼缘的焊接工字形截面，翼缘切割时的温

度场和焊缝施焊时类似，因此边缘产生拉应力，翼缘与腹板连接处的残余拉应力经常达到屈服强度。图 4-11e 所示为用很厚的翼缘板组成的焊接工字形截面，沿翼缘的厚度残余应力也有很大变化，图中板的外表面具有残余压应力；板端的应力很高可达屈服强度，而板的内表面在与腹板连接处具有很高的残余拉应力。图 4-11f 所示为焊接箱形截面，在连接焊缝处具有高达屈服强度的残余拉应力，而在截面的中部残余压应力随板件的宽厚比和焊缝的大小而变化，当宽厚比放大到 40 时残余压应力只有 $0.2f_y$ 左右。图 4-11g 所示为等边角钢的残余应力，其峰值与角钢边的长度有关。图 4-11h 所示为轧制钢管沿壁厚变化的残余应力，它的内表面在冷却时因受到先已冷却的外表面的约束只有残余拉应力，而外表面具有残余压应力。由上面几种典型截面参与应力分布模式的介绍，可知残余应力在截面上的分布与截面形状及尺寸、制作方法和加工过程等密切相关。

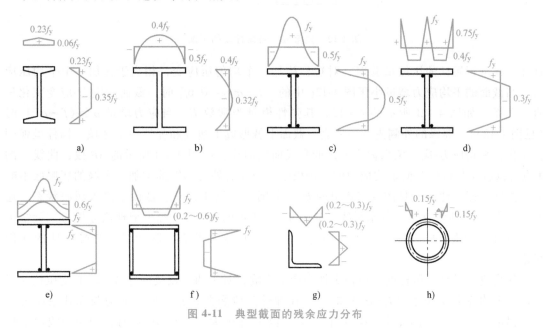

图 4-11 典型截面的残余应力分布

为了考察残余应力对轴心受压短柱平均应力-应变关系的影响，选取长细比不大于 10 的短柱进行试验研究，以避免柱在全截面屈服之前发生屈曲。根据短柱试验测定的构件材料平均应力与压缩应变曲线，这种曲线包括了构件残余应力对其 σ-ε 关系的影响，如图 4-12f 所示实线。图中的虚线为小试件所得的 σ-ε 曲线，由于小试件中的参与应力在割取试件时早已释放，试件中已无残余应力，可以看作在到达屈服强度 f_y 以前 σ-ε 曲线一直保持线性关系，随后应力保持不变而应变不断增加。比较有残余应力的短柱和无残余应力的小试件的 σ-ε 曲线，可见由于残余应力的存在，使短柱平均应力达到 A 点后，出现一过渡曲线 AB，然后到达屈服强度，即试验表明：残余应力的存在降低了构件的比例极限，使构件提前进入弹塑性工作状态。

为了分析残余应力对轴心受压短柱平均应力-应变的影响，选取双轴对称的工字形截面为例，如图 4-12a 所示。为了便于说明问题，对短柱性能影响不大的腹板部分和其残余应力都忽略不计。翼缘的残余应力取三角形分布，具有相同的残余压应力和残余拉应力峰值，即 $\sigma_c = \sigma_t = 0.4f_y$，图 4-12b 所示为其中一个翼缘残余应力分布。假定短柱的材料是理想的弹塑

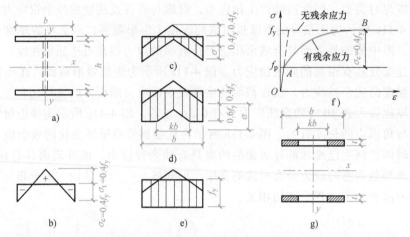

图 4-12 残余应力对短柱段的影响

性体，在进行短柱的压缩试验时，对短柱施加一个均匀压应变，相当于施加一个平均压应力。当截面的平均应力增量小于图 4-12c 中的 $(f_y-\sigma_c)=0.6f_y$ 时，截面的应力-应变变化呈直线关系，如图 4-12f 所示的 OA 段，其弹性模量为常数 E。当应力增量 $\sigma \geqslant (f_y-\sigma_c)$ 时（见图 4-12d），翼缘的外侧先开始屈服，截面上就形成了塑性和弹性两个区域，构件呈弹塑性工作，平均应力-应变关系偏离原来的直线而呈曲线，如图 4-12f 所示的 AB 段，曲线上的 A 点可以看作是短柱截面平均应力的比例极限 f_p。此后外力的继续增加使翼缘的屈服区不断向内扩展，而弹性区（见图 4-12d 中的 kb）范围不断缩小，至全截面都进入屈服状态，这时的应力-应变曲线就是一条水平线，如图 4-12f 所示的 BC 段。经模型理论分析与试验结果比较后可知：残余应力使柱受力提前进入了弹塑性受力状态，降低了轴心受压柱的比例极限。

残余应力对轴心压杆的整体稳定性会产生影响，对于两端铰接的等截面轴心受压柱，当截面的平均应力 σ 小于 $(f_y-\sigma_c)$ 时，柱在弹性阶段屈曲，其弯曲屈曲力与无残余应力一样，仍由式（4-4）确定，即为欧拉临界力。但是当 σ 大于 $(f_y-\sigma_c)$ 时，按照切线模量理论的基本假定，认为柱屈曲时不出现卸载区，这时截面外侧的屈服区，即图 4-12g 所示的阴影部分，在不增加压应力的情况下继续发展塑性变形，而柱发生微小弯曲时只能由截面的弹性区来抵抗弯矩，它的抗弯刚度应是 EI_e，此时的临界力

$$N_{cr}=\frac{\pi^2 EI_e}{l^2}=\frac{\pi^2 EI}{l^2}\times\frac{I_e}{I} \tag{4-13}$$

相应的临界应力

$$\sigma_{cr}=\frac{\pi^2 E}{\lambda^2}\times\frac{I_e}{I} \tag{4-14}$$

综上所述，残余应力对轴心受压构件整体稳定性的影响是：

① 使构件提前进入弹塑性工作。

② 使稳定承载力有所降低，降低的幅度与 I_e/I 有关。

以图 4-13a 所示工字形截面柱为例，这种弯曲型的轴心受压柱有产生两种弯曲变形的可能性，一种是对截面抗弯刚度小的弱轴，即 y-y 轴，另一种是对截面抗弯刚度大的强轴，即

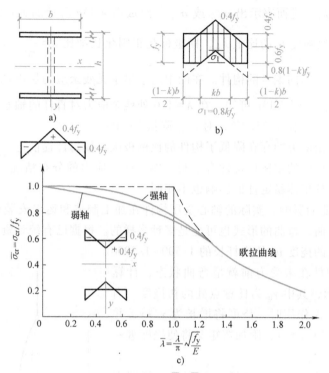

图 4-13　轴心受压柱 $\overline{\sigma}_{cr}$ -$\overline{\lambda}$ 无量纲曲线

x-x 轴。绕不同轴屈曲时，不仅临界应力不同，残余应力对临界应力的影响程度也不相同。

对 y-y 轴屈曲时

$$\sigma_{cry} = \frac{\pi^2 E}{\lambda_y^2} \times \frac{I_{ey}}{I_y} = \frac{\pi^2 E}{\lambda_y^2} \times \frac{2t(kb)^3/12}{2tb^3/12} = \frac{\pi^2 E}{\lambda_y^2} k^3 \tag{4-15}$$

对 x-x 轴屈曲时

$$\sigma_{crx} = \frac{\pi^2 E}{\lambda_x^2} \times \frac{I_{ex}}{I_x} = \frac{\pi^2 E}{\lambda_x^2} \times \frac{2t(kb)h^2/4}{2tbh^2/4} = \frac{\pi^2 E}{\lambda_x^2} k \tag{4-16}$$

式 (4-15) 和式 (4-16) 中的系数 k 实际上是弹性区截面面积 A_e 和全截面面积 A 的比值，kE 正好是对有残余应力的短柱进行试验得到的应力-应变曲线的切线模量 E_t。由此可知，短柱试验的切线模量并不能普遍地用于计算轴心受压柱的屈曲应力，因为由式 (4-15) 计算 σ_{cry} 时用的是 $k^3 E$，而由式 (4-16) 计算 σ_{crx} 时用的是 kE。同时可见，σ_{cry} 与 k^3 有关，而 σ_{crx} 却只与 k 有关，残余应力对弱轴的影响比对强轴严重得多，因为远离弱轴的部分正好是有残余压应力的部分，这部分屈服后对截面抗弯刚度的削弱最为严重。

因为系数 k 是未知量，不能用式 (4-15) 和式 (4-16) 直接计算出屈曲应力。需要根据力的平衡条件再建立一个截面平均应力的计算公式。图 4-13b 所示的阴影区表示了轴线压力作用时截面承受的应力，集合阴影区的力可以得到

$$\sigma_{cr} = \frac{2btf_y - 2kbt \times \frac{1}{2} 0.8kf_y}{2bt} = (1 - 0.4k^2)f_y \tag{4-17}$$

联合求解式 (4-15) 和式 (4-17) 或式 (4-16) 和式 (4-17)，可以得到不同的 k 值相

应的长细比 λ_x 或 λ_y，进而表示出 σ_{crx} 或 σ_{cry}。绘成图 4-13c 所示的无量纲曲线，纵坐标是屈曲应力 σ_{cr} 与屈服强度 f_y 的比值 $\overline{\sigma}_{cr}$，横坐标是正则化长细比 $\overline{\lambda} = \dfrac{\lambda}{\pi}\sqrt{f_y/E}$。采用这一横坐标，曲线可以通用于不同钢号的构件。在图中还绘出了无残余应力影响的柱 $\overline{\sigma}_{cr}$-$\overline{\lambda}$ 曲线，如图 4-13c 所示虚线。从图 4-13c 可知，在 $\overline{\lambda} = 1.0$ 处残余应力对直杆的轴心受压影响最大，经过计算比较，对 σ_{cry} 降低了 31.2%，对 σ_{crx} 降低 23.4%。

综上所述，残余应力的存在降低了构件的比例极限，使构件提前进入弹塑性工作。使构件的刚度降低，对压杆的整体稳定性有不利影响。残余应力的分布情况、杆的长细比不同，残余应力对轴心压杆整体稳定性的影响也不相同。

2）构件初弯曲的影响。实际的轴心受压构件在加工制造和运输安装的过程中，不可避免地会存在微小弯曲，弯曲的形式也可能是多种多样的。根据已有统计资料，两端铰接的压杆的中点处初弯曲的挠度 v_0 约为杆长的 $1/500 \sim 1/2000$。

有初弯曲的构件在未受力前就呈弯曲状态，计算简图如图 4-14 所示，其中 y_0 为任意点处的初挠度。当构件承受轴心压力 N 作用时，挠度将增长为 $y_0 + y$，并同时存在附加弯矩 $N(y_0 + y)$，附加弯矩又将使挠度进一步增加。

这里先讨论两端铰接、具有微小初弯曲、等截面轴心受压构件，在弹性稳定状态时挠度随轴心应力逐渐增长的情况。为了分析方便，假定构件初弯曲 y_0 呈半波正弦曲线分布，即 $y_0 = v_0 \sin\dfrac{\pi x}{l}$，设构件在轴心压力 N 作用下产生挠度为 y，则杆件的平衡微分方程为

$$EI\frac{d^2y}{dx^2} + N(y + y_0) = 0 \qquad (4\text{-}18)$$

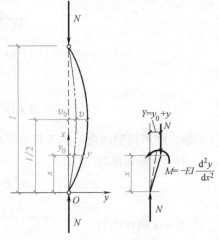

图 4-14 具有初弯曲的轴心受压构件

这是一个非齐次线性二阶常微分方程，解此方程并与 y_0 相加，得到总的挠度

$$Y = y_0 + y = \frac{v_0}{1-\alpha}\sin\frac{\pi x}{l} \qquad (4\text{-}19)$$

式中，比值 $\alpha = N/N_E = \dfrac{N}{\pi^2 EI/l^2}$，$\dfrac{1}{1-\alpha}$ 为挠度增大系数。

则杆的中央总挠度为

$$v_m = v_0 + v = \frac{v_0}{1-\alpha} = \frac{v_0}{1-N/N_E} \qquad (4\text{-}20)$$

由式（4-20）可知杆的中央总挠度 v_m 不是随着压力 N 按比例增加的，当 v_0 一定时，挠度 v 和中央总挠度 v_m 随 N 的增加而加速增大。图 4-15 所示是 $v_0 = 0.1\text{cm}$ 和 0.3cm 的两种轴心压杆的 N/N_E-v_m 曲线，由图可见，有初弯曲的轴心受压构件，其压力 N 接近或

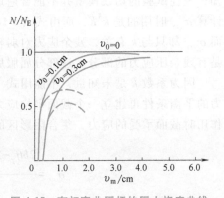

图 4-15 有初弯曲压杆的压力挠度曲线

到达欧拉临界力值 N_E 时，中央总挠度 v_m 趋于无穷大时，曲线以 $N/N_E = 1$ 处的水平线为渐近线。

这两条曲线都是建立在材料是无限弹性基础上的，但实际上压杆的受力情况并非如此，由于钢材实际上不具有无限弹性，如果把钢材看作理想的弹塑性体，在轴心压力 N 和弯矩 $\dfrac{Nv_0}{1-N/N_E}$ 的共同作用下截面边缘纤维开始屈服，杆即进入了弹塑性阶段，从而降低了杆的承载能力，如图 4-15 中虚线所示。此曲线有一极值，代表有初弯曲轴心受压构件的极限荷载 N_u，$N_u < N_E$，因而初弯曲降低了轴心受压构件的稳定临界力，初弯曲越大，则降低的也越多。

对于无残余应力有初弯曲轴心压杆，截面边缘纤维开始屈服的条件是

$$\frac{N}{A} + \frac{Nv_0}{W(1-N/N_E)} = f_y \tag{4-21}$$

式中　W——由受压最大纤维确定的毛截面抵抗矩。

在有初弯曲的格构式轴心压杆绕虚轴弯曲时和冷弯薄壁型钢截面的轴心压杆，截面受压最大的纤维开始屈服后塑性发展的潜力不大，很快就会发生失稳破坏。所以，式（4-21）是确定这类轴心压杆承载能力的准则。

有初弯曲的非薄壁型钢截面的实腹式轴心压杆，在杆的中央截面边缘纤维开始屈服并进入弹塑性发展阶段后，荷载还可以有一定幅度的增加，图 4-15 所示的虚线部分即表示弹塑性阶段杆的压力挠度曲线。

确定有初弯曲的压杆的弹塑性阶段的承载力 N_u 是比较复杂的，但是初弯曲对轴心压杆的影响还是可以从式（4-21）反映出来。《钢结构设计标准》对压杆初弯曲的取值规定 v_0 为杆长的 1/1000。定义 $\varepsilon_0 = \dfrac{v_0}{W/A} = \dfrac{v_0}{\rho}$，则由式（4-21）得到

$$\frac{N}{A}\left[1 + \frac{\varepsilon_0}{(1-N/N_E)}\right] = f_y \tag{4-22}$$

式中的 ε_0 称为相对初弯曲，也就是杆中央截面的荷载相对初偏心率，$\rho = W/A$ 是截面的核心距。如果 v_0 取 $l/1000$，那么 $\varepsilon_0 = \dfrac{l}{1000\rho} = \dfrac{\lambda}{1000} \times \dfrac{i}{\rho}$，以此代入式（4-22）得到

$$\frac{N}{A}\left[1 + \frac{\lambda}{1000} \times \frac{i}{\rho} \times \frac{1}{1-N/N_E}\right] = f_y \tag{4-23}$$

虽然式（4-23）不能反映有塑性发展的轴心压杆的承载力，但仍可反映当压杆的长细比相同时，初弯曲对不同截面形式杆的承载力的影响，因为不同截面形式的比值 i/ρ 是不同的，有时差别很大。i/ρ 值越大，则截面边缘纤维越早屈服，因此初弯曲对承载力的影响也越大。表 4-3 列举了几种钢压杆截面 i/ρ 的近似值。当杆的长细比相同时，对于短杆因初弯曲值很小，而 N_E 值又很大，所以初弯曲对承载力的影响很小，对于中等长度的杆由于初弯曲使截面提前屈服，对承载能力的影响最大。

表 4-3　截面回转半径与核心距的比值

截面形式	○	□	I(x)	⊢(y)	I(x)	I(y)
i/ρ	1.41	1.22	1.25	2.50	1.16	2.10
截面形式	⊥(x)	⌐(y)	I(x)	⬭	▨	✕(x,y)
i/ρ	2.30	2.25	1.14	2.00	1.73	1.73

以欧拉临界力 $N_E = \dfrac{\pi^2 EA}{\lambda^2}$ 和正则化长细比 $\overline{\lambda} = \dfrac{\lambda}{\pi}\sqrt{f_y/E}$ 代入式（4-22）后，可以解出截面的边缘纤维开始屈服时平均应力 $\overline{\sigma}$ 与屈服强度 f_y 的比值 $\overline{\sigma}$

$$\overline{\sigma} = \frac{N}{Af_y} = \frac{1}{2}\left[1+(1+\varepsilon_0)/\overline{\lambda}^2\right] - \sqrt{\frac{1}{4}\left[1+(1+\varepsilon_0)/\overline{\lambda}^2\right]^2 - 1/\overline{\lambda}^2} \qquad (4\text{-}24)$$

3）荷载初偏心的影响。由于构造上的原因和构件截面尺寸的变异，作用在杆端的轴压力实际上不可避免地会偏离截面的形心而形成初偏心 e_0。

图 4-16 所示为有初偏心压杆的计算简图，在弹性工作阶段，取隔离体建立平衡微分方程

$$EI\frac{\mathrm{d}^2 y}{\mathrm{d}x^2} + N(y+e_0) = 0 \qquad (4\text{-}25)$$

由式（4-25）可以得到杆轴的挠曲线为

$$y = e_0\left(\cos kx + \frac{1-\cos kl}{\sin kl}\sin kx - 1\right) \qquad (4\text{-}26)$$

杆中央的最大挠度为

$$v = e_0\left[\sec\frac{\pi}{2}\sqrt{N/N_E} - 1\right] \qquad (4\text{-}27)$$

由式（4-27）可知，挠度 v 也不是随着压力 N 成比例增加的。和初弯曲一样，当压力 N 达到欧拉临界力 N_E 时，不同初偏心的轴心压杆的挠度 v 均达到无限大。图 4-17 所示为 $e_0 =$

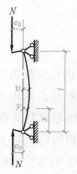

图 4-16　有初偏心的轴心受压构件

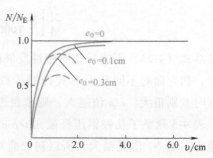

图 4-17　有初偏心压杆的压力挠度曲线

$0.1cm$ 和 $0.3cm$ 的两种轴心压杆的 $N/N_E\text{-}\upsilon$ 曲线，图中虚线表示杆的弹塑性阶段压力挠度曲线。初偏心对压杆的影响本质上和初弯曲是相同的，但影响的程度有差别。因为初偏心的数值很小，除了对短杆稍有影响外，对长杆的影响远不如初弯曲大，为了简化计算，常只考虑一种缺陷来模拟两种缺陷都存在的影响。

4）杆端约束的影响。在实际结构中两端铰接的压杆很少，完全固定的也不多。轴心压杆因与其他杆件相连接而受到端部约束，端部约束对杆的承载能力有相当程度的影响。按照弹性理论可以根据杆端的约束条件用等效的计算长度 l_0 来代替杆的几何长度 l，即取 $l_0 = \mu l$，从而把两端有约束的杆化为等效的两端铰接的杆。μ 称为计算长度系数，这样有约束的轴心压杆的临界力均可表示为

$$N_{cr} = \frac{\pi^2 EI}{l_0^2} = \frac{\pi^2 EI}{(\mu l)^2} \tag{4-28}$$

表 4-4 列举了几种具有理想端部条件的轴心受压构件的计算长度系数 μ。考虑到理想端部条件难于完全实现，表中还给出了用于实际设计的建议值。对于铰接端部条件的杆，因连接而存在的约束所带来的有利影响目前在设计规范中还没有考虑，而对于无转动的端部条件，因实际上很难完全实现，所以 μ 的建议值有所增加。由于轴心受压构件端部的约束并非是理想铰接或刚接情况，《钢结构设计标准》中 7-4 部分给出了桁架弦杆和单系腹杆、钢管桁架构件计算长度。对于无侧移或有侧移框架柱，可参照《钢结构设计标准》附录 E 进行取值。

表 4-4　轴心受压构件计算长度系数 μ

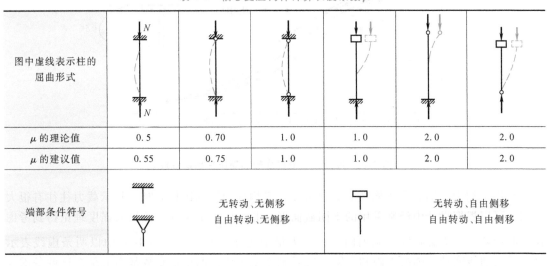

图中虚线表示柱的屈曲形式					
μ 的理论值	0.5	0.70	1.0	1.0	2.0	2.0
μ 的建议值	0.55	0.75	1.0	1.0	2.0	2.0
端部条件符号		无转动、无侧移 自由转动、无侧移			无转动、自由侧移 自由转动、自由侧移	

（2）稳定系数　理想的轴心受压构件不论发生弹性弯曲屈曲（如图 4-18 中的曲线 1，屈曲力为欧拉临界力 N_E），还是发生弹塑性弯曲屈曲（如图 4-18 中的曲线 2，屈曲力为切线模量屈曲力 N_{crt}），都是杆件屈曲时才产生挠度。但是实际的轴心受压构件，因不可避免地存在几何缺陷和残余应力，一经压力作用就产生挠度。图 4-18 中的曲线 3 是具有初弯曲的矢高为 υ_0 的轴心受压构件的压力挠度曲线。在曲线的 A 点表示压杆截面的边缘纤维屈服，边缘屈服准则就是以 A 点所对应的压力为最大承载力。但从极限状态设计来说，压力还可以增加，只是压力超过 A 点后，构件进入弹塑性阶段，随着塑性区的不断扩展，挠度 υ 增加

得很快，到达 C 点后，压杆的抵抗能力开始小于外力的作用，不能维持平衡，曲线的最高点 C 处的压力 N_u 才是具有初弯曲压杆真正的极限承载力，以此为准则计算压杆的稳定承载力，称为"最大强度准则"。

根据概率统计理论，影响柱承载力的几个不利因素，其最大值同时出现的可能性是极小的。理论分析表明，考虑初弯曲和残余应力两个最主要的不利因素比较合理，初偏心不必另行考虑。初弯曲的矢高取构件长度的 1/1000，而残余应力则根据柱的加工条件确定。图 4-19 所示是翼缘经火焰切割后再刨边的焊接工字形截面轴压构件按极限强度理论确定的承载力曲线，

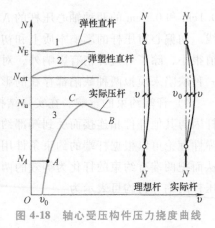

图 4-18　轴心受压构件压力挠度曲线

纵坐标是构件的截面平均应力 σ_u 与屈服点 f_y 的比值 $\overline{\sigma} = \sigma_u/f_y = N_u/(Af_y)$，可以用符号 φ 表示，称为轴心受压构件稳定系数，横坐标为构件的正则化长细比 $\overline{\lambda}$。为了比较，在图中绘出了有初弯曲与不计初弯曲的两组曲线。从图 4-19 可知，初弯曲对绕弱轴屈曲的影响比对绕强轴屈曲的影响大。但在弹塑性阶段，残余应力对轴心受压构件承载力的影响则远比初弯曲的影响大。

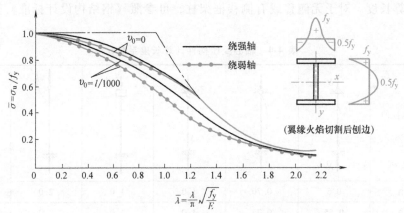

图 4-19　焊接工字形截面轴心受压柱稳定系数

在钢结构中，轴心受压构件的类型很多，当构件的长细比相同时，其承载力往往有很大差别。可以根据设计中经常采用的不同截面形式和不同加工条件，按最大强度理论得到考虑初弯曲和残余应力影响的一系列曲线，即无量纲化 $\varphi\text{-}\overline{\lambda}$ 曲线。在图 4-20 中以两条虚线表示这一系列曲线变动范围的上限和下限。实际轴心受压构件的稳定系数基本上都在这两条虚线之间。由于不同条件轴心受压构件的 φ 值差别很大，以 $\overline{\lambda} = 1.0$ 时的 φ 值为例，上限值可达下限值的 1.4 倍，因此，用一条曲线代表诸多曲线用于设计是不经济合理的。

如前所述，当以截面受压最大的纤维应力达到屈服作为失稳准则时，轴心压杆的承载能力是由式（4-21）确定的，由此式可得到以式（4-24）来表达的稳定系数。由式（4-24）的本意，ε_0 表示压杆初弯曲的相对值。但是，如果把 ε_0 的含义加以改变后，此式可以用来计算既考虑初弯曲，又考虑残余应力影响的轴心压杆的稳定系数 φ 值。这时 φ 值不再以截面的边缘纤维屈服为准则，而是先按极限理论确定杆的承载力 N_u，令 $\varphi = N_u/(Af_y)$，在式（4-24）中用

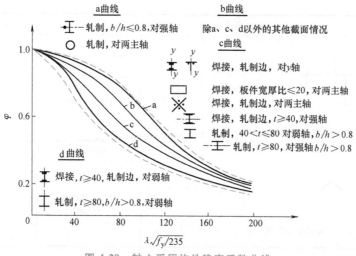

图 4-20 轴心受压构件稳定系数曲线

N_u 代替 N，然后反算出 ε_0 值。这样算出的 ε_0 值称为等效缺陷，它综合考虑了残余应力和初弯曲对轴心压杆的影响。

为了在设计中使用方便，《钢结构设计标准》综合考虑了截面的不同形式和尺寸，不同的加工条件及相应的残余应力，并考虑了 1/1000 杆长的初弯曲，对大量的数据和曲线进行分类，把承载能力相近的截面及其弯曲失稳对应轴合为一类，作为确定 φ 值的依据，共分为 a、b、c、d 四类（见表 4-5~表 4-8）。为便于计算机计算，采用最小二乘法将各类截面的 φ 值拟合为表达公式

当 $\overline{\lambda} \leqslant 0.215$ 时：$\varphi = 1 - \alpha_1 \overline{\lambda}^2$ (4-29)

当 $\overline{\lambda} > 0.215$ 时：$\varphi = \left[(1+\varepsilon_0+\overline{\lambda}^2) - \sqrt{(1+\varepsilon_0+\overline{\lambda}^2) - 4\overline{\lambda}^2} \right] / 2\overline{\lambda}^2 = \left[(\alpha_2 + \alpha_3\overline{\lambda} + \overline{\lambda}^2) - \right.$

$\left. \sqrt{(\alpha_2+\alpha_3\overline{\lambda}+\overline{\lambda}^2)^2 - 4\overline{\lambda}^2} \right] / 2\overline{\lambda}^2$ (4-30)

式中 $\overline{\lambda} = \dfrac{\lambda}{\pi}\sqrt{\dfrac{f_y}{E}}$——构件的相对（或正则化）长细比，等于构件长细比 λ 与欧拉临界应力

              σ_E 为 f_y 时的长细比（$\sqrt{\pi^2 E/f_y} = \pi\sqrt{E/f_y}$）的比值；

      $\varepsilon_0 = \alpha_2 + \alpha_3\overline{\lambda} - 1$——等效初弯曲率，代表初弯曲、初偏心、残余应力等综合初始缺陷的等效初弯曲率；

      α_1、α_2、α_3——系数，按表 4-9 查用。

表 4-5   轴心受压构件的截面分类（板厚 $t<40\text{mm}$）

截面形式	对 x 轴	对 y 轴
（见图） 轧制	a 类	a 类

（续）

截面形式			对 x 轴	对 y 轴
轧制	$b/h \leqslant 0.8$		a 类	b 类
	$b/h > 0.8$	Q235 钢	b 类	c 类
		Q355、Q390、Q420	a 类	b 类
轧制等边角钢	Q235 钢		b 类	b 类
	Q355、Q390、Q420		a 类	a 类
焊接,翼缘为焰切边		焊接		
轧制				
轧制、焊接(板件宽厚比>20)		轧制或焊接	b 类	b 类
焊接		轧制截面和翼缘为焰切边的焊接截面		
格构式		焊接,板件边缘焰边		
焊接,翼缘为轧制或剪切边			b 类	c 类

（续）

截面形式		对 x 轴	对 y 轴
 焊接,板件边缘轧制或剪切	 焊轧、焊接,板件宽厚比≤20	c 类	c 类

注：无对称轴且剪心和形心不重合的截面，其截面分类可按有对称轴的类似截面确定，如不等边角钢采用等边角钢的类别；当无类似截面时，可取 c 类。

表 4-6 轴心受压构件的截面分类（板厚 $t \geqslant 40$mm）

截面形式		对 x 轴	对 y 轴
 轧制工字形或 H 形截面	$t < 80$mm	b 类	c 类
	$t \geqslant 80$mm	c 类	d 类
 焊接工字形截面	翼缘为焰切边	b 类	b 类
	翼缘为轧制或剪切边	c 类	d 类
 焊接箱形截面	板件宽厚比>20	b 类	b 类
	板件宽厚比≤20	c 类	c 类

表 4-7 高强轴心受压构件截面分类（板厚 $t < 40$mm）

截面形式		对 x 轴	对 y 轴
 轧制等边角钢　　焊接		a 类	a 类
 焊接,翼缘为焰切边	Q460、Q460GJ、Q500、Q550	b 类	b 类
	Q620、Q690	a 类	

（续）

截面形式		对 x 轴	对 y 轴
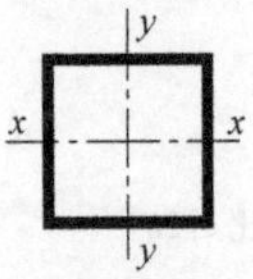 焊接箱形截面		b 类	b 类

表 4-8　高强轴心受压构件截面分类（板厚 $t \geqslant 40mm$）

截面形式		对 x 轴	对 y 轴
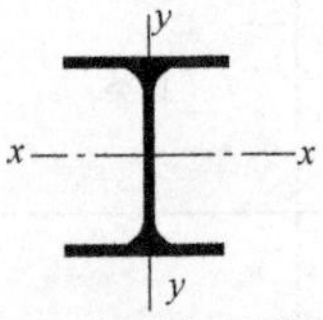 轧制工字形或H形截面	$t < 80mm$	b 类	c 类
	$t \geqslant 80mm$	c 类	d 类
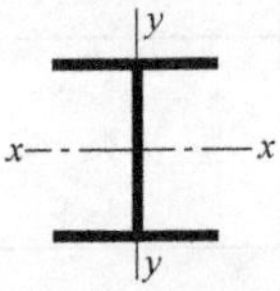 焊接工字形截面	翼缘为焰切边	b 类	b 类
	翼缘为轧制或剪切边	c 类	d 类
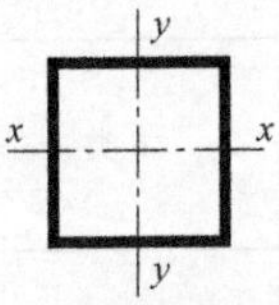 焊接箱形截面	板件宽厚比>20	b 类	b 类
	板件宽厚比≤20	c 类	c 类

表 4-9　系数 α_1、α_2、α_3 值

截面类别		α_1	α_2	α_3
a 类		0.41	0.986	0.152
b 类		0.65	0.965	0.300
c 类	$\overline{\lambda} \leqslant 1.05$	0.73	0.906	0.595
	$\overline{\lambda} > 1.05$		1.216	0.302
d 类	$\overline{\lambda} \leqslant 1.05$	1.35	0.868	0.915
	$\overline{\lambda} > 1.05$		1.375	0.432

（3）轴心受压构件的整体稳定计算

1）计算公式。轴心受压构件的整体稳定计算公式为

$$\frac{N}{\varphi Af} \leqslant 1.0 \tag{4-31}$$

式中　N——轴心受压构件的压力设计值；

A——构件的毛截面面积；

φ——轴心受压构件的稳定系数，根据表 4-5 ~ 表 4-8 的截面分类和构件长细比，由附录表 C-1 ~ 表 C-4 查出；

f——钢材的抗压强度设计值，由附录表 C-1 查出。

2）构件的长细比

① 截面为双轴对称或极对称的构件（截面形心与剪心重合的构件）

当计算弯曲屈曲时，长细比按下列公式计算

$$\lambda_x = \frac{l_{0x}}{i_x} \tag{4-32a}$$

$$\lambda_y = \frac{l_{0y}}{i_y} \tag{4-32b}$$

式中　l_{0x}，l_{0y}——构件对主轴 x 轴和 y 轴的计算长度；

　　　　i_x，i_y——构件对主轴 x 轴和 y 轴的回转半径。

对双轴对称十字形的截面构件，λ_x 或 λ_y 取值不得小于 $5.07b/t$。

当计算扭转屈曲时，长细比应按下式计算，双轴对称十字形截面板件宽厚比不超过 $15\varepsilon_k$ 者，可不计算扭转屈曲

$$\lambda_z = \sqrt{\frac{I_0}{I_t/25.7 + I_w/l_w^2}} \tag{4-33}$$

式中　I_0、I_t、I_w——构件毛截面对剪心的极惯性矩（mm^4）、自由扭转常数（mm^4）和扇性惯性矩（mm^6），对十字形截面可近似取 $I_w = 0$；

　　　　l_w——扭转屈曲的计算长度，两端铰支且端截面可自由翘曲者，取几何长度 l；两端嵌固且端部截面的翘曲完全受到约束者，取 $0.5l$（mm）。

② 截面单轴对称的构件。当计算绕非对称主轴的弯曲屈曲时，长细比应按式（4-32a、b）计算确定。当计算绕对称主轴的弯扭屈曲时，长细比应按规范中公式计算确定。

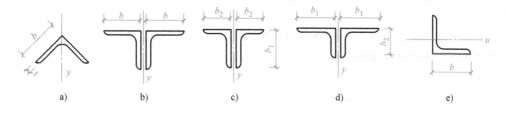

图 4-21　单角钢截面和双角钢组合 T 形截面

如单角钢截面和双角钢组合 T 形截面时，绕对称轴的换算长细比可以采用下列简化方法确定：

等边单角钢轴心受压构件当绕两主轴弯曲的计算长度相等时，可不计算弯扭屈曲。

等边双角钢截面（见图 4-21b）

当 $\lambda_y \geqslant \lambda_z$ 时

$$\lambda_{yz} = \lambda_y \left[1 + 0.16 \left(\frac{\lambda_z}{\lambda_y} \right)^2 \right] \qquad (4\text{-}34)$$

当 $\lambda_y < \lambda_z$ 时

$$\lambda_{yz} = \lambda_z \left[1 + 0.16 \left(\frac{\lambda_y}{\lambda_z} \right)^2 \right] \qquad (4\text{-}35)$$

$$\lambda_z = 3.9 \frac{b}{t} \qquad (4\text{-}36)$$

长肢相并的不等边双角钢截面（见图 4-21c）

当 $\lambda_y \geqslant \lambda_z$ 时

$$\lambda_{yz} = \lambda_y \left[1 + 0.25 \left(\frac{\lambda_z}{\lambda_y} \right)^2 \right] \qquad (4\text{-}37)$$

当 $\lambda_y < \lambda_z$ 时

$$\lambda_{yz} = \lambda_z \left[1 + 0.25 \left(\frac{\lambda_y}{\lambda_z} \right)^2 \right] \qquad (4\text{-}38)$$

$$\lambda_z = 5.1 \frac{b_2}{t} \qquad (4\text{-}39)$$

短肢相并的不等边双角钢截面（见图 4-21d）

当 $\lambda_y \geqslant \lambda_z$ 时

$$\lambda_{yz} = \lambda_y \left[1 + 0.06 \left(\frac{\lambda_z}{\lambda_y} \right)^2 \right] \qquad (4\text{-}40)$$

当 $\lambda_y < \lambda_z$ 时

$$\lambda_{yz} = \lambda_z \left[1 + 0.06 \left(\frac{\lambda_y}{\lambda_z} \right)^2 \right] \qquad (4\text{-}41)$$

$$\lambda_z = 3.7 \frac{b_1}{t} \qquad (4\text{-}42)$$

单轴对称的轴心压杆在绕非对称主轴以外的任一轴失稳时，应按照弯扭屈曲计算其稳定性。

当计算等边单角钢构件绕平行轴（图 4-21e 的 u 轴）稳定时，可用《钢结构设计标准》第 7 章部分规定计算其长细比。

另外还要注意以下几个问题：

无任何对称轴且又非极对称的截面（单面连接的不等边单角钢除外）不宜用作轴心受压构件。

对单面连接的单角钢轴心受压的构件，考虑强度设计值折减系数后，可以不考虑弯扭效应。

【例 4-3】　验算如图 4-22 所示结构中两端铰接的轴心受压柱 AB 的整体稳定。柱所承受的压力设计值 N = 1000kN，柱的长度为 4.2m。在柱截面的强轴平面内有支撑系统以阻止柱的中点在 ABCD 的平面内产生侧向位移。柱截面为焊接工字形，具有轧制边翼缘，其尺寸为翼缘 2 − 10×220，腹板 1 − 6×200。由 Q235 钢制作。

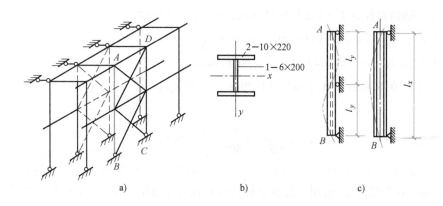

图 4-22 【例 4-3】轴心受压柱 AB

解：已知 $N = 1000\text{kN}$，由支撑体系知对截面强轴弯曲的计算长度 $l_{0x} = 4200\text{mm}$，对弱轴的计算长度 $l_{0y} = 0.5 \times 4200\text{mm} = 2100\text{mm}$。抗压强度设计值 $f = 215\text{N/mm}^2$。

（1）计算截面特性

毛截面面积　$A = 2 \times 10 \times 220\text{mm}^2 + 6 \times 200\text{mm}^2 = 5600\text{mm}^2$

截面惯性矩　$I_x = \dfrac{6 \times 200^3}{12}\text{mm}^4 + 2 \times 220 \times 10 \times 105^2\text{mm}^4 = 5251 \times 10^4\text{mm}^4$，$I_y = 2 \times \dfrac{1}{12} \times 10 \times 220^3\text{mm}^4 = 1775 \times 10^4\text{mm}^4$

截面回转半径　$i_x = \sqrt{I_x/A} = 96.8\text{mm}$，$i_y = \sqrt{I_y/A} = 56.3\text{mm}$

（2）柱的长细比和刚度验算

$$\lambda_x = l_{0x}/i_x = 4200 \div 96.8 = 43.4 < [\lambda] = 150$$

$$\lambda_y = l_{0y}/i_y = 2100 \div 56.3 = 37.3 < [\lambda] = 150$$

（3）整体稳定验算

从截面分类表 4-5 可知，此柱对截面的强轴屈曲时属于 b 类截面，由附录表 C-2 得到 $\varphi_x = 0.885$，对弱轴屈曲时属于 c 类截面，由附录表 C-3 得到 $\varphi_y = 0.856$；那么 $\varphi_{\min} = \varphi_y = 0.856$。

$$\frac{N}{\varphi Af} = \frac{1000 \times 10^3}{0.856 \times 5600 \times 215} = 0.97 < 1.0$$

经验算截面后可知，此柱满足整体稳定性和刚度要求。同时 φ_x 和 φ_y 值比较接近，说明材料在截面上的分布比较合理。对具有 $\varphi_x = \varphi_y$ 的构件，可以称为两个主轴等稳定的轴心压杆；这种杆的材料消耗最少。

【例 4-4】　由型钢组成格构式轴心受压柱截面如图 4-23 所示，钢材为 Q235 钢。考虑初弯曲和残余应力后取等效缺陷 ε_{0x} 为 $l/(500\rho_x)$。试按式（4-30）对虚轴计算稳定系数 φ_x，并与附录表 C-2 中 b 类截面的 φ 值作比较。

解：先对虚轴计算截面特性。由附录表 G-3 查得一个槽钢的截面面积 $A_1 = 45.6\text{cm}^2$，形心距 $z_1 = 2.02\text{cm}$，对本身轴 1-1 的惯性矩 $I_1 = 242\text{cm}^4$。

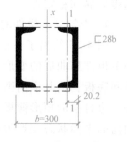

图 4-23 【例 4-4】图

截面对虚轴的惯性矩 $I_x = 2 \times (242 + 45.6 \times 12.98^2) \text{cm}^4 = 15849 \text{cm}^4$，

回转半径 $i_x = \sqrt{I_x/A} = \sqrt{15849 \div 91.2}\text{cm} = 13.2\text{cm}$，

抵抗矩 $W_x = 2I_x/b = 2 \times 15849 \div 30 \text{cm}^3 = 1056.6 \text{cm}^3$，

$\rho_x = W_x/A = 1056.6 \text{cm}^3 \div 91.2 \text{cm}^2 = 11.59 \text{cm}$。比值 $i_x/\rho_x = 13.2 \div 11.59 = 1.139$，可近似地取 1.14。

等效缺陷

$$\varepsilon_{0x} = \frac{l}{500\rho_x} = \frac{\lambda_x}{500} \cdot \frac{i_x}{\rho_x} = 0.023\lambda_x$$

将 ε_{0x} 之值代入式（4-30）后得到与长细比 λ_x 相对应的 φ_x 值见表4-10。与附录表C-2的 φ 值比较可知，b类截面 φ_x 值用于计算这种格构式轴心压杆偏于安全（$\lambda = 20$ 的情况除外）。

表4-10 【例题4-4】轴心受压格构柱的 φ_x 值

λ	0	20	40	60	80	100	120	140	160	180	200	220
公式计算 φ_x	1.000	0.954	0.901	0.826	0.718	0.584	0.459	0.361	0.287	0.233	0.192	0.161
查表得到 φ_x	1.000	0.970	0.899	0.807	0.688	0.555	0.437	0.345	0.276	0.225	0.188	0.156

4.3.4 轴心受压构件的局部稳定性

轴心受压构件的截面设计除考虑强度、刚度和整体稳定性外，还应考虑局部稳定性。例如，实腹式轴心受压构件一般由翼缘和腹板等板件组成，在轴心压力作用下，板件都承受压力。如果这些板件的平面尺寸很大，而厚度又相对很薄时，就可能在构件丧失整体稳定性或强度破坏之前，个别板件先发生屈曲，即板件偏离其原来的平面位置而发生波状鼓曲，如图4-24所示。

因为板件失稳是发生在整体构件的局部部位，所以称为轴心受压构件丧失局部稳定性或局部屈曲。由于部分板件因局部屈曲退出受力将使其他板件受力增大，有可能使对称工字形截面变得不对称，局部屈曲有可能导致构件较早丧失承载能力。另外，格构式轴心受压构件由两个或两个以上的分肢组成，每个分肢又由一些板件组成。各个分肢的板件在轴心压力的作用下有可能在构件丧失整体稳定性之前各自发生屈曲，即丧失局部稳定性。

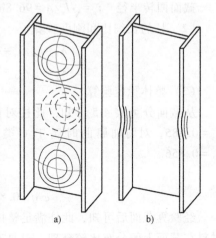

图4-24 轴心受压构件局部屈曲
a）腹板屈曲 b）翼缘屈曲

1. 均匀受压板件的屈曲

图4-25绘出了一根双轴对称工字形截面轴心受压柱的腹板和一块翼缘在均匀压应力作用下板件屈曲后的变形状态。腹板可作为四边支承板，在构件高度方向分别支承于压杆的顶板和底板，沿其横向则分别支承于两翼缘板；对翼缘板而言，可把半块翼缘板看作三边支承和一边自由的矩形薄板。当板端的压应力达到其临界值时，如图4-25a所示的腹板，其由屈曲前的平面状态变形为曲面状态，板的中轴线 AG 由直线变为 ABCDEFG。变形后的板件形成两个向前的凸曲面和一个向后的凹曲面。这块腹板在纵向出现 ABC、CDE 和 EFG 三个屈

曲半波。对于更长的板件，屈曲可能使它出现 m 个半波。在板件的横向，每个波段都只出现一个半波。对于图 4-25b 所示的翼缘，它的支承边是直线 OP，如果这是简支边，在板件屈曲以后在纵向只会出现一个半波；如果支承边有一定约束作用，也可能会出现 m 个半波。

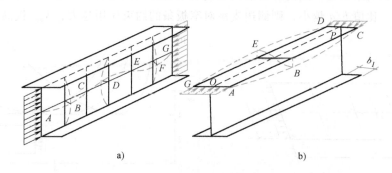

图 4-25　轴心受压柱局部屈曲变形

（1）板件的弹性屈曲应力　在图 4-26 中，虚线表示一块四边简支的均匀受压平板的屈曲变形。在弹性状态屈曲时，单位宽度板的力平衡方程为

$$D\left(\frac{\partial^4 w}{\partial x^4}+2\frac{\partial^4 w}{\partial x^2 \partial y^2}+\frac{\partial^2 w}{\partial y^4}\right)+N_x\frac{\partial^2 w}{\partial x^2}=0 \tag{4-43}$$

$$D=\frac{Et^3}{12(1-\nu^2)}$$

式中　w——板件屈曲以后任一点的挠度；

$\quad\ \ N_x$——单位宽度板所承受的压力；

$\quad\ \ D$——板的柱面刚度，即单位宽度的板弯成圆柱面形状时所表现的弯曲刚度；

$\quad\ \ t$——板的厚度；

$\quad\ \ \nu$——钢材的泊松比。

对于四边简支的板，其边界条件是板边缘的挠度和弯矩均为零，板的挠度可以用下列二重三角级数表示

$$w=\sum_{m=1}^{\infty}\sum_{n=1}^{\infty}A_{mn}\sin\frac{m\pi x}{a}\sin\frac{n\pi y}{b} \tag{4-44}$$

把式（4-44）代入式（4-43）后可以得到板的屈曲力为

$$N_{crx}=\pi^2 D\left(\frac{m}{a}+\frac{a}{m}\times\frac{n^2}{b^2}\right)^2 \tag{4-45}$$

式中　a、b——受压方向板的长度和宽度；

$\quad\ \ m$、n——板屈曲后纵向和横向的半波数。

临界荷载应是板保持微弯状态的最小荷载，因此取 $n=1$，代入式（4-45）后把它写成 N_{crx} 的下列两种表达式，每一种表达式都有其特定的物理意义。

$$N_{crx}=\frac{\pi^2 D}{a^2}\left(m+\frac{1}{m}\frac{a^2}{b^2}\right)^2 \tag{4-46}$$

$$N_{crx} = \frac{\pi^2 D}{b^2}\left(\frac{mb}{a} + \frac{a}{mb}\right)^2 = k\frac{\pi^2 D}{b^2} \tag{4-47}$$

式（4-46）中的 N_{crx} 把平方展开后由三项组成，前一项和推导两端铰接的轴心压杆的临界力时所得到的结果是一致的，而后两项则表示板的两侧边支承对板变形的约束作用提高了板的临界力。比值 b/a 越小，则侧边支承对窄板条的约束作用越大，N_{crx} 提高得也越多。

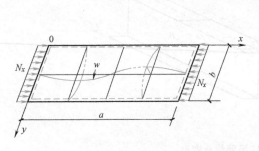

图 4-26 四边简支的均匀受压平板屈曲

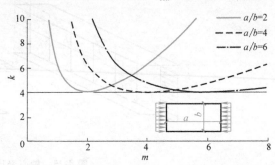

图 4-27 四边简支均匀受压板的屈曲系数

式（4-47）中的系数 k 称为板的屈曲系数，$k = \left(\frac{mb}{a} + \frac{a}{mb}\right)^2$。当 $m = a/b$ 时，k 取最小值，$k_{min} = 4$。当 $a/b = 2$、4 和 6 时，k 值变化如图 4-27 所示。对于 a/b 为其他值时，也有相同的规律。通常板的长度 a 比宽度 b 大得多，因此可以认为当 $a/b > 1$ 时，k 值可取为常数 4。这就说明，对单向受压四边支承矩形板，减小板的长度并不能提高板的临界力，这和轴心压杆是不同的。但是，如果减小板的宽度则能十分明显地提高板的临界力。

从式（4-47）可以得到板的弹性屈曲应力为

$$\sigma_{crx} = \frac{N_{crx}}{t} = \frac{k\pi^2 E}{12(1-\nu^2)}\left(\frac{t}{b}\right)^2 \tag{4-48}$$

对于其他支承条件的板，用相同的方法也可以得到和式（4-48）相同的表达式，只是屈曲系数 k 不相同。对于工字形截面翼缘，与作用压力平行的外侧即图 4-25b 中 AC 边为自由边，而其他三条边 OP、OA 和 PC 为简支边。这时屈曲系数为

$$k = (0.425 + b_1^2/a^2) \tag{4-49}$$

通常翼缘板的长度 a 比它的外伸宽度 b_1 大很多倍，因此可取最小值 $k_{min} = 0.425$。

轴心受压构件是由几块板件连接而成的。这样，板件与板件之间常常不能像简支板那样可以自由转动而是强者对弱者起约束作用。这种受到约束的板边缘称为弹性嵌固边缘。弹性嵌固板的屈曲应力比简支板的高。可以用大于 1 的弹性嵌固系数 χ 对式（4-48）进行修正，则板的弹性屈曲应力为

$$\sigma_{crx} = \frac{\chi k\pi^2 E}{12(1-\nu^2)}\left(\frac{t}{b}\right)^2 \tag{4-50}$$

弹性嵌固的程度取决于相互连接板件的刚度。对于图 4-25b 中工字形截面的轴心压杆，一个翼缘的面积可能接近于腹板面积的二倍，翼缘的厚度也比腹板大得多，因此常常是翼缘对腹板有嵌固作用，计算腹板的屈曲应力时考虑了残余应力的影响后可用嵌固系数 $\chi = 1.3$。相反，腹板对翼缘常常没有嵌固作用，计算翼缘时不能引进大于 1.0 的嵌固系数。图 4-28a 所示为均匀受压的方管或矩形管，管的壁厚是相同的。由于图 4-28b 所示方管在均匀受压时

四块板的屈曲条件都是相同的。因此，板件之间并无约束作用，板的边缘都是简支的。图 4-28c 所示矩形管则有所不同，矩形板的两块宽板 *AB* 和 *CD*，其厚度与宽度之比为 t/b_2，而两块窄板 *AC* 与 *BD*，其厚度与宽度之比为 t/b_1。按式（4-48）所得，宽板的屈曲应力低于窄板。但是宽板屈曲时窄板对它有一定的约束作用，宽板两边可以看作是弹性嵌固边，使板的屈曲应力有所提高。

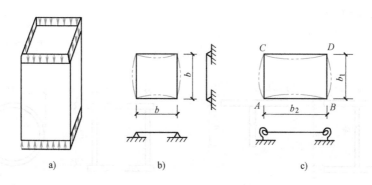

图 4-28 管截面构件中板边缘的支承条件

（2）板件的弹塑性屈曲应力 对于截面没有残余应力的板件，当板屈曲前压应力 σ_x 超过钢材的比例极限而进入弹塑性状态时，板件受力方向的变形应遵循切线模量 E_t 的变化规律，而 $E_t = \eta E$。但是，在与压应力相垂直的方向，材料的弹性性质没有变化，因此仍用弹性模量 E。这样，在弹塑性状态受力的板属于正交异性板，它的屈曲应力可以用下式确定

$$\sigma_{crx} = \frac{\chi\sqrt{\eta}k\pi^2 E}{12(1-\nu^2)}\left(\frac{t}{b}\right)^2 \tag{4-51}$$

根据一系列轴心压杆的试验资料统计，可以得到弹性模量修正系数 η，但 $\eta \leqslant 1.0$

$$\eta = 0.1013\lambda^2(1-0.0248\lambda^2 f_y/E)f_y/E \tag{4-52}$$

2. 板件的宽厚比

对于热轧型钢截面，由于其板件的宽厚比较小，一般能满足局部稳定要求，可不验算；组合截面按照不同形式分别按照下面要求进行验算。

（1）H 形截面板件的宽厚比 为了保证一般钢结构（薄壁型钢、角钢另行考虑）轴心受压构件的局部稳定性，通常是采用限制其板件宽厚比的办法来实现，即限制板件宽度与厚度之比不要过大，否则临界应力 σ_{crx} 会很低，会过早发生局部屈曲。

对于板件的宽厚比有两种考虑方法：一种是不允许板件的屈曲先于构件的整体屈曲，《钢结构设计标准》就是据此来限制板件的宽厚比；另一种是允许板件的屈曲先于整体屈曲，虽然板件屈曲会降低构件的承载能力，但由于构件的截面较宽，整体刚度好，从节省钢材来说反而经济，冷弯薄壁型钢结构的设计就是这样考虑的。有时对于一般结构的部分板件，如大尺寸的焊接组合工字形截面的腹板，也允许其先有局部屈曲。

本节对板件宽厚比的规定是基于前一种方法，根据板件的临界应力和构件的临界应力相等的原则即可确定板件的宽厚比，即由式（4-50）或式（4-51）得到 σ_{crx} 应该等于构件的 $\varphi_{min}f_y$。

1）翼缘的宽厚比，在弹性工作范围内如不考虑缺陷对板件和构件的影响，根据前述等

稳定的原则可得

$$\frac{k\pi^2 E}{12(1-\nu^2)}\left(\frac{t}{b_1}\right)^2 = \frac{\pi^2 E}{\lambda^2} \tag{4-53}$$

式中　b_1——翼缘的外伸宽度；

　　　t——其厚度，如图 4-29a 所示；

　　$k=0.425$，$\nu=0.3$。

从而得出

$$b_1/t = 0.2\lambda \tag{4-54}$$

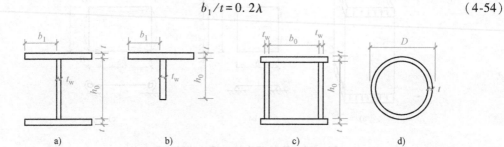

图 4-29　板件尺寸

对于常用的杆，当 $\lambda=75$ 时，由式（4-54）得 $b_1/t=15$。但实际上轴心压杆是在弹塑性阶段屈曲的，因此，宜由下式确定 b_1/t 之值。

$$\frac{\sqrt{\eta}\times0.425\pi^2 E}{12(1-\nu^2)}\left(\frac{t}{b_1}\right)^2 = \varphi_{min}f_y \tag{4-55}$$

以式（4-52）中的 η 值和《钢结构设计标准》中 b 类截面的 φ 值代入式（4-55）后可以得到如图 4-30 中虚线所示的 b_1/t 与 λ 的关系曲线。为使用方便可以用三段直线代替，如图 4-30 中实线所示。《钢结构设计标准》采用

$$b_1/t \leqslant (10+0.1\lambda)\varepsilon_k \tag{4-56}$$

式中，λ 取构件两个方向长细比的较大者，当 $\lambda<30$ 时取 $\lambda=30$，当 $\lambda\geqslant100$ 时取 $\lambda=100$；$\varepsilon_k=\sqrt{\dfrac{235}{f_y}}$，$f_y$ 的单位为 N/mm^2。

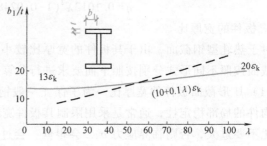

图 4-30　翼缘板的宽厚比（横坐标为 λ）

2）腹板的高厚比，根据构件在弹塑性阶段工作确定腹板的高厚比

$$\frac{1.3\sqrt{\eta}\times4\pi^2 E}{12(1-\nu^2)}\left(\frac{t_w}{h_0}\right)^2 = \varphi_{min}f_y \tag{4-57}$$

式中，腹板的高度 h_0 及厚度 t_w，如图 4-29 所示。

由式（4-57）得到的 h_0/t_w 与 λ 的关系曲线如图 4-31 中的虚线所示，《钢结构设计标准》采用了下列直线式

$$h_0/t_w \leqslant (25+0.5\lambda)\varepsilon_k \tag{4-58}$$

式中，λ 的取值同式（4-56）的规定。

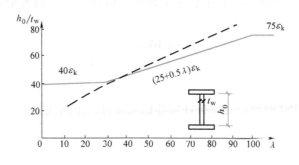

图 4-31　腹板的高厚比

（2）T 形截面板件的宽厚比　如图 4-29b 所示，截面的翼缘板自由外伸宽度 b_1 与厚度 t 之比和工字形截面一样，其 b_1/t 限值按式（4-56）计算。

T 形截面的腹板因其悬伸宽厚比通常比翼缘大得多，轴心受压时局部屈曲受到翼缘的约束，但考虑到 T 形截面几何缺陷和残余应力的影响，《钢结构设计标准》规定，其腹板计算高度与厚度之比 h_0/t_w 的限值按式（4-59）计算。

热轧剖分 T 型钢 $$\frac{h_0}{t_w} \leqslant (15+0.2\lambda)\varepsilon_k \tag{4-59a}$$

焊接 T 型钢 $$\frac{h_0}{t_w} \leqslant (13+0.17\lambda)\varepsilon_k \tag{4-59b}$$

式中，λ 的取值同式（4-58）的规定；对焊接构件 h_0 取腹板高度 h_w，对热轧构件，h_0 取腹板平直段长度，简要计算时可取 $h_0 = h_w - t_f$，但不小于 $h_w - 20\text{mm}$。

（3）箱形截面板件的宽厚比　双腹壁箱形截面轴心受压构件的翼缘和腹板在受力条件上并无区别，均为四边支撑，如图 4-29c 所示，翼缘和腹板的相对刚度亦接近，可取 $\chi = 1$。《钢结构设计标准》规定的宽厚比限值按下式计算

$$b_0/t \text{ 或 } h_0/t_w \leqslant 40\varepsilon_k \tag{4-60}$$

（4）等边角钢轴心受压构件的肢件宽厚比限值

当 $\lambda \leqslant 80\varepsilon_k$ 时： $w/t \leqslant 15\varepsilon_k$

当 $\lambda > 80\varepsilon_k$ 时： $$\frac{w}{t} \leqslant 5\varepsilon_k + 0.125\lambda$$

式中　w、t——角钢的平板宽度和厚度，简要计算时 w 可取为 $b-2t$；

b——角钢宽度；

λ——按角钢绕非对称主轴回转半径计算的长细比。

不等边角钢没有对称轴，失稳时总是呈弯扭屈曲，稳定性计算包含了肢件宽度比影响，不再对局部稳定性作出规定。

（5）圆管截面　在海洋和化工结构中圆管的径厚比也是根据管壁的局部屈曲不大于构件的整体屈曲确定的。对于无缺陷的圆管，如图 4-29d 所示，在均匀的轴线压力作用下，管壁弹性屈曲应力的理论值是：$\sigma_{cr} = 1.21Et/D$。

但是管壁的缺陷如局部凹凸对屈曲应力的影响很大，管壁越薄，这种影响越大。根据理

论分析和试验研究，因径厚比 D/t 不同，弹性屈曲应力要乘以折减系数（折减系数取 0.3 ~ 0.6），而且一般圆管都按在弹塑性工作状态下设计。因此，要求圆管的径厚比不大于由下式算出的比值

$$D/t \leqslant 100\varepsilon_k^2 \tag{4-61}$$

式中　D——圆管外径；

　　　t——壁厚。

对于强度不低于 Q460 的轴心受压构件局部稳定应符合下列规定：

（1）H 形截面腹板

当 $\lambda \leqslant 50\varepsilon_k$ 时：

$$h_0/t_w \leqslant 42\varepsilon_k \tag{4-62a}$$

当 $\lambda > 50\varepsilon_k$ 时：

$$h_0/t_w \leqslant 21\varepsilon_k + 0.42\lambda \quad \text{Q460、Q460GJ 钢材} \tag{4-62b}$$

$$h_0/t_w \leqslant 10\varepsilon_k + 0.64\lambda \quad \text{Q500 及以上等级钢材} \tag{4-62c}$$

式中　λ——构件绕截面两个主轴的较大长细比，大于 120 时取 120；

　　　h_0——腹板的计算高度（mm），对焊接 H 形截面为腹板净高，对轧制 H 形截面不应包括翼缘腹板过渡处圆弧段。

（2）H 形截面翼缘

当 $\lambda \leqslant 70\varepsilon_k$ 时：

$$b/t_f \leqslant 14\varepsilon_k \tag{4-63a}$$

当 $\lambda > 70\varepsilon_k$ 时：

$$b/t_f \leqslant 7\varepsilon_k + 0.1\lambda \quad \text{Q460、Q460GJ 钢材} \tag{4-63b}$$

$$b/t_f \leqslant 3.5\varepsilon_k + 0.15\lambda \quad \text{Q500 及以上等级钢材} \tag{4-63c}$$

（3）箱形截面壁板

当 $\lambda \leqslant 52\varepsilon_k$ 时：

$$b_0/t \leqslant 42\varepsilon_k \tag{4-64a}$$

当 $\lambda > 52\varepsilon_k$ 时：

$$b_0/t \leqslant 29\varepsilon_k + 0.25\lambda \quad \text{Q460、Q460GJ 钢材} \tag{4-64b}$$

$$b_0/t \leqslant 23.8\varepsilon_k + 0.35\lambda \quad \text{Q500 及以上等级钢材} \tag{4-64c}$$

（4）等边角钢肢件

当 $\lambda \leqslant 80\varepsilon_k$ 时：

$$w/t \leqslant 15\varepsilon_k \tag{4-65a}$$

当 $\lambda > 80\varepsilon_k$ 时：

$$w/t \leqslant 5\varepsilon_k + 0.13\lambda \tag{4-65b}$$

式中　λ——按角钢绕非对称主轴回转半径计算的长细比，大于 120 时取 120；

　　　w、t——角钢的平板宽度和厚度（mm），w 可取为 $b-2t$，b 为角钢宽度。

（5）圆管压杆　圆管压杆的外径与壁厚之比不应超过 $100\varepsilon_k^2$。

当轴心受压构件的轴心压力设计值 N 小于其稳定承载力 φfA 时，可将其板件宽厚比限值由上面公式算得值乘以放大系数 α。A 应按下式计算且不应大于 1.4。

$$\alpha = \sqrt{\frac{\varphi f A}{N}} \tag{4-66}$$

【例 4-5】 验算采用组合截面轴心受压构件的局部稳定性（横截面如图 4-32 所示），$\lambda_x = 57$，$\lambda_y = 110$。（1）选用 Q235 钢；（2）选用 Q500 钢。

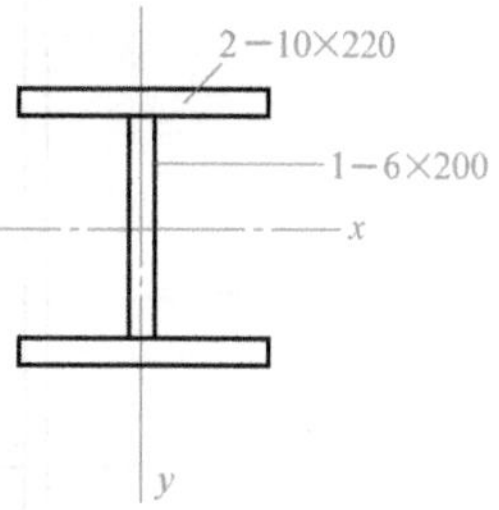

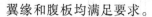

解：（1）选用 Q235 钢时，λ 取两个方向的长细比较大值，$\lambda = 110$，当 $\lambda \geqslant 100$ 时取 $\lambda = 100$。

翼缘：$\dfrac{b_1}{t} = \dfrac{107}{10} = 10.7 < (10 + 0.1\lambda)\varepsilon_k = 10 + 0.1 \times 100 = 20$

图 4-32 【例 4-5】图

腹板：$\dfrac{h_0}{t_w} = \dfrac{200}{6} = 33.3 < (25 + 0.5\lambda)\varepsilon_k = 25 + 0.5 \times 100 = 75$

翼缘和腹板均满足要求。

（2）选用 Q500 钢时，λ 取两个方向的长细比较大值，$\lambda = 110$，且 $\lambda < 120$。

$$\varepsilon_k = \sqrt{\frac{235}{f_y}} = \sqrt{\frac{235}{500}} = 0.69$$

翼缘：因 $\lambda > 70\varepsilon_k = 48.3$，$\dfrac{b_1}{t} = 10.7 < 3.5\varepsilon_k + 0.15\lambda = 18.9$

腹板：因 $\lambda > 50\varepsilon_k = 34.5$，$\dfrac{h_0}{t_w} = 33.3 < 10\varepsilon_k + 0.64\lambda = 77.3$

翼缘和腹板均满足要求。

4.4 实腹式轴心受压构件的截面设计

4.4.1 构造要求

当实腹式轴心受压构件的腹板高厚比 $h_0/t_w > 80\varepsilon_k$ 时，为防止腹板在施工和运输过程中发生变形，应设置横向加劲肋，如图 4-33a 所示，以增加构件的抗扭刚度。横向加劲肋一般双侧布置，间距不得大于 $3h_0$，其截面尺寸应满足：外伸宽度 $b_s \geqslant \dfrac{h_0}{30} + 40\text{mm}$；厚度 $t_s \geqslant \dfrac{1}{15}b_s$。

此外，为了保证大型实腹式受压构件（工字形或箱形）截面几何形状不变，提高构件抗扭刚度，在受有较大水平集中力作用处和每个运输单元的两端应设置横隔（外伸宽度加宽至翼缘边的横向加劲肋），构件较长时应设置中间横隔，横隔的间距不得大于构件截面较大宽度的 9 倍或 8m。

横隔用钢板做成。工字形截面实腹式构件的横隔与横向加劲肋的区别在于前者与翼缘同宽（见图 4-33b），而横向加劲肋则通常较窄。箱形截面实腹式构件的横隔，有一边或两边不能预先焊接，可先焊两边或三边，装配后再在构件壁上钻孔用电渣焊焊接其他边（见图 4-33c）。

实腹式轴心受压构件板件间（翼缘与腹板间）的纵向连接焊缝受力很小，不必计算，可按构造要求确定焊脚尺寸。

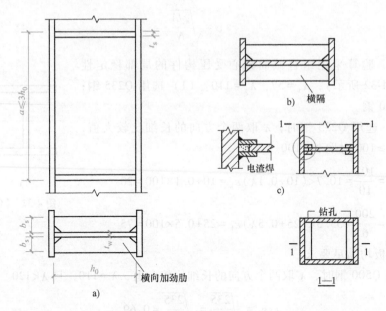

图 4-33　实腹式柱的横向加劲肋

4.4.2　截面设计计算

1. 截面设计原则

实腹式轴心受压构件进行截面选择时一般应根据内力大小，两主轴方向上的计算长度以及制造加工、材料供应等情况进行综合考虑。设计原则如下：

（1）等稳定性　使构件在两个主轴方向的稳定性相同，以充分发挥其承载能力。因此，尽可能使其两主轴方向的稳定性系数或长细比相等，即 $\varphi_x \approx \varphi_y$ 或 $\lambda_x \approx \lambda_y$。

（2）宽肢薄壁　在满足板件宽厚比限值的条件下使截面面积分布尽量远离形心轴，以增大截面的惯性矩和回转半径，提高构件的截面刚度和整体稳定性，达到用料合理。

（3）制造省工　应使构造简单，充分利用现代化的制造能力和减少制造工作量，从而降低材料成本。

（4）连接简便　便于与其他构件连接。

单根轧制普通工字钢由于对 y 轴的回转半径远小于对 x 轴的回转半径，故只适用于计算长度 $l_{0x} \geqslant 3l_{0y}$ 的情况。热轧宽翼缘 H 型钢制造省工，腹板较薄，翼缘较宽，可以做到与截面的高度相同，因而具有很好的截面特性。采用三块钢板焊接的工字形及十字形截面组合灵活，易使截面分布合理，制造也不复杂。

2. 截面设计

在设计过程中，首先应根据轴心压力的设计值和两主轴方向的计算长度选定合适的截面形式，再按整体稳定要求初选截面尺寸，然后验算所选截面是否满足长细比、整体稳定、局部稳定和刚度要求。如有截面削弱，还应验算截面强度，如果不满足要求，则应调整截面尺寸，重新进行验算，直到满足为止。具体步骤如下：

1）假定构件的长细比 λ，求出所需截面面积 A。一般假定 $\lambda = 50 \sim 100$，当轴心压力设

计值 N 大而计算长度小时取较小值，反之取较大值，即压力 N 越大，构件宜更"矮胖"，故长细比 λ 宜小些。根据经验，一般情况下，对计算长度在 6m 左右的构件，$N \leqslant 1500\text{kN}$ 时，可假定 $\lambda = 80 \sim 100$；N 在 $3000 \sim 3500\text{kN}$ 时，可假定 $\lambda = 50 \sim 70$。

根据 λ，截面分类和钢种可依据附录 C 查得稳定系数 φ，则所需截面面积为

$$A = \frac{N}{\varphi f}$$

2）求两个主轴所需要的回转半径

$$i_x = \frac{l_{0x}}{\lambda}; i_y = \frac{l_{0y}}{\lambda}$$

3）由计算的截面面积 A 和两个主轴的回转半径 i_x、i_y 优先选用轧制型钢，如普通工字钢、H 型钢等。当现有型钢规格不满足所需截面尺寸时，可以采用组合截面，这时需先初步定出截面的轮廓尺寸，一般是根据回转半径由下式确定所需截面的高度 h 和宽度 b

$$h \approx \frac{i_x}{\alpha_1}, b \approx \frac{i_y}{\alpha_2} \tag{4-67}$$

式中 α_1、α_2——系数，表示 h、b 和回转半径 i_x、i_y 之间的近似数值关系，常用截面可由附录表 D-1 查得。

4）由所需的 A、h、b 等，再考虑构造要求、局部稳定及钢材规格等，初步选定截面尺寸。

5）对初选截面进行强度、稳定性和刚度验算

① 当截面有削弱时，需进行强度验算，$\sigma = N/A_n \leqslant 0.7 f_u$。

② 整体稳定性验算 $\frac{N}{\varphi A f} \leqslant 1.0$。

③ 局部稳定性验算。局部稳定性以限制组成板件的宽厚比来保证。对于热轧型钢截面，由于其板件的宽厚比较小，一般能满足要求，可不验算。对于组合截面，则应根据本章第 3 节的相关规定对板件的宽厚比进行验算。

④ 刚度验算。实腹式轴心受压构件的长细比应符合规定的容许长细比要求。事实上，在进行整体稳定性验算时，构件的长细比 λ 已预先求出，以确定整体稳定系数 φ，因而刚度验算可与整体稳定性验算同时进行。

6）如果截面验算后，证明不满足要求，此时可直接修改截面或重新假定 λ，重复上述步骤，直到满足为止。

【例 4-6】 如图 4-34 所示，支柱 AB 承受轴心压力设计值 $N = 1600\text{kN}$，柱两端铰接，钢材为 Q235，截面无孔眼削弱。试按要求设计此柱的截面：①用普通轧制工字钢；②用热轧 H 型钢；③用焊接工字形截面，翼缘板为焰切边。

解：由于 AB 柱两方向的几何长度不相等，故取如图 4-34b~d 所示的截面朝向，将强轴顺 x 轴方向。由已知条件 AB 柱为两端铰接，柱在两个方向的计算长度分别为

$$l_{0x} = 6600\text{mm}, l_{0y} = 3300\text{mm}$$

（1）普通轧制工字钢

1）试选截面。假定 $\lambda = 90$，根据轴心受压构件的截面分类（表 4-5）知：对于工字钢，当绕 x 轴失稳时属于 a 类截面，由附录表 C-1 查得 $\varphi_x = 0.713$；绕 y 轴失稳时属于 b 类截面，

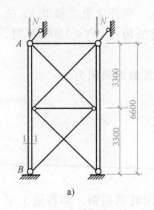
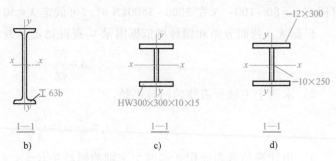

图 4-34 【例 4-6】图

由附录表 C-2 查得 $\varphi_y = 0.621$。

所需截面的几何量为

$$A \geqslant \frac{N}{\varphi f} = \frac{1600 \times 10^3}{0.621 \times 215} \mathrm{mm}^2 = 11983 \mathrm{mm}^2 = 119.83 \mathrm{cm}^2$$

$$i_x = \frac{l_{0x}}{\lambda} = \frac{6600}{90} \mathrm{mm} = 73.3 \mathrm{mm}$$

$$i_y = \frac{l_{0y}}{\lambda} = \frac{3300}{90} \mathrm{mm} = 36.7 \mathrm{mm}$$

由附录表 G-1 中不可能选出同时满足 A、i_x、i_y 的工字钢型号，可在 A 和 i_y 两值之间选择适当型号。现试选工 63b（见图 4-34b），$A = 167 \mathrm{cm}^2$，$i_x = 24.2 \mathrm{cm}$，$i_y = 3.29 \mathrm{cm}$。

2）截面验算

① 强度验算。因截面无削弱，可不验算强度。

② 刚度验算 $\lambda_x = \dfrac{l_{0x}}{i_x} = \dfrac{6600}{242} = 27.3 < [\lambda] = 150$（满足要求）

$$\lambda_y = \frac{l_{0y}}{i_y} = \frac{3300}{32.9} = 100.3 < [\lambda] = 150 （满足要求）$$

③ 整体稳定性验算。由于 λ_y 远大于 λ_x，故由 λ_y 查附录表 C-2 可得 $\varphi = 0.553$。

$$\frac{N}{\varphi A f} = \frac{1600 \times 10^3}{0.553 \times 16700 \times 205} = 0.845 < 1.0 （满足要求）$$

④ 局部稳定性验算。因工字钢的翼缘和腹板均较厚，可不验算。

（2）热轧 H 型钢

1）试选截面。宜优先选用宽翼缘 H 型钢，其截面宽度较大，因此假定长细比可适当减小。假设 $\lambda = 60$，对宽翼缘 H 型钢，因 $b/h > 0.8$，对 x 轴属于 b 类截面、对 y 轴属于 c 类截面，查附录表 C-2 可得 $\varphi_x = 0.807$，$\varphi_y = 0.709$。

所需截面的几何量为

$$A \geqslant \frac{N}{\varphi f} = \frac{1600 \times 10^3}{0.709 \times 215} \mathrm{mm}^2 = 10496 \mathrm{mm}^2 = 104.96 \mathrm{cm}^2$$

$$i_x = \frac{l_{0x}}{\lambda} = \frac{660}{60}\text{cm} = 11.0\text{cm}$$

$$i_y = \frac{l_{0y}}{\lambda} = \frac{330}{60}\text{cm} = 5.5\text{cm}$$

由附录表 G-2 中试选 HW300×300×10×15（见图 4-34c），$A = 120.4\text{cm}^2$，$i_x = 13.1\text{cm}$，$i_y = 7.49\text{cm}$，$b/h = 1 > 0.8$。

2）截面验算

① 强度验算。因截面无削弱，可不验算强度。

② 刚度验算 　　　$\lambda_x = \frac{l_{0x}}{i_x} = \frac{660}{13.1} = 50.4 < [\lambda] = 150$（满足要求）

$$\lambda_y = \frac{l_{0y}}{i_y} = \frac{330}{7.49} = 44.1 < [\lambda] = 150$（满足要求）$$

③ 整体稳定性验算。因对 x 轴属于 b 类截面、对 y 轴属于 c 类截面，故由长细比 $\lambda_x = 50.4$ 查附录表 C-2 得 $\varphi_x = 0.854$，$\lambda_y = 44.1$ 查附录表 C-2 得 $\varphi_y = 0.813$。

$$\frac{N}{\varphi_{\min}Af} = \frac{1600 \times 10^3}{0.813 \times 16700 \times 215} = 0.55 < 1.0（满足要求）$$

④ 局部稳定性验算。因工字钢的翼缘和腹板均较厚，可不验算。

（3）焊接工字形

1）试选截面。假设 $\lambda = 60$，对焊接工字形、翼缘为焰切边的截面，对 x 轴或 y 轴都属于 b 类截面，查附录表 C-2 可得 $\varphi = 0.807$。

所需截面的几何量为

$$A \geqslant \frac{N}{\varphi f} = \frac{1600 \times 10^3}{0.807 \times 215}\text{mm}^2 = 9221\text{mm}^2 = 92.21\text{cm}^2$$

$$i_x = \frac{l_{0x}}{\lambda} = \frac{660}{60}\text{cm} = 11.0\text{cm}$$

$$i_y = \frac{l_{0y}}{\lambda} = \frac{330}{60}\text{cm} = 5.5\text{cm}$$

查附录 D 得 　　　　　$i_x = 0.43h$，$i_y = 0.24b$

选用如图 4-35d 所示尺寸：翼缘 2－12×300；腹板 1－10×250。

截面几何量

$$A = 2 \times 30 \times 1.2\text{cm}^2 + 25 \times 1.0\text{cm}^2 = 97\text{cm}^2$$

$$I_x = \frac{1}{12} \times 1.0 \times 25^3\text{cm}^4 + 2 \times 30 \times 1.2 \times 13.1^2\text{cm}^4 = 13658\text{cm}^4$$

$$I_y = 2 \times \frac{1}{12} \times 1.2 \times 30^3\text{cm}^4 = 5400\text{cm}^4$$

$$i_x = \sqrt{\frac{I_x}{A}} = \sqrt{\frac{13658}{97}}\text{cm} = 11.87\text{cm}$$

$$i_y = \sqrt{\frac{I_y}{A}} = \sqrt{\frac{5400}{97}} \, \text{cm} = 7.46 \, \text{cm}$$

2）截面验算

① 强度验算。因截面无削弱，可不验算强度。

② 刚度验算　　　$\lambda_x = \frac{l_{0x}}{i_x} = \frac{660}{11.86} = 55.6 < [\lambda] = 150$（满足要求）

$$\lambda_y = \frac{l_{0y}}{i_y} = \frac{330}{7.46} = 44.2 < [\lambda] = 150 \, (\text{满足要求})$$

③ 整体稳定性验算。因对 x 轴和 y 轴都属于 b 类截面，故由长细比较大值 $\lambda_x = 55.6$ 查附录表 C-2 得 $\varphi = 0.830$。

$$\frac{N}{\varphi_{\min} A f} = \frac{1600 \times 10^3}{0.830 \times 9700 \times 215} = 0.92 < 1.0 \, (\text{满足要求})$$

④ 局部稳定性验算。取长细比的较大值 λ_x 进行计算。

翼缘　　　$\frac{b_1}{t} = \frac{145}{12} = 12.08 < (10 + 0.1\lambda)\varepsilon_k = 15.6 \, (\text{满足要求})$

腹板　　　$\frac{h_0}{t_w} = \frac{25}{1.0} = 25 < (25 + 0.5\lambda)\varepsilon_k = 52.8 \, (\text{满足要求})$

4.5　格构式轴心受压构件的截面设计

格构式轴心受压构件一般采用双轴对称截面，如用两根槽钢（见图 4-35a、b）或 H 型钢（见图 4-35c）作为肢件，两肢间用缀件连成整体。这种格构式构件便于调整两分肢间的距离，易实现对两个主轴的等稳定性。槽钢肢件的翼缘可以向内（见图 4-35a），也可以向外（见图 4-35b），前者外观平整优于后者，应用比较普遍。

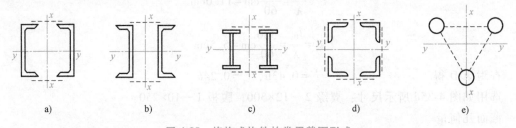

图 4-35　格构式构件的常用截面形式

在受压构件的横截面上穿过肢件腹板的轴线为实轴，穿过两肢间缀材面的轴线称为虚轴，图 4-35a 中的 y 轴为实轴、x 轴为虚轴。受力较小、长度较大的轴心受压构件也可采用四根角钢组成的截面（见图 4-35d），四面均用缀件相连，两主轴都为虚轴，此类截面可用较小的截面面积获得较大的刚度，但制造费工。另外，也可用由三根圆管作肢件组成的截面（见图 4-35e），三面用缀材相连，其截面是几何不变的三角形，受力性能较好，两个主轴也都为虚轴。

连接肢件的缀件主要有缀条（见图 4-36a）和缀板（见图 4-36b）两种形式，缀条一般用单根角钢做成，而缀板常用钢板做成。图 4-35d、e 所示两种截面的缀材一般采用缀条而不用缀板。

4.5.1 格构式轴心受压构件绕虚轴的换算长细比

格构式轴心受压构件的截面通常具有对称轴，当柱的分肢采用槽钢和工字钢时，柱丧失整体稳定性时往往是绕截面主轴弯曲屈曲，不大可能发生扭转屈曲和弯扭屈曲。因此在设计这类构件的过程中，计算整体稳定性时只需计算绕截面实轴和虚轴抵抗弯曲屈曲的能力。

格构式轴心受压构件绕实轴的弯曲情况与实腹式轴心受压构件相同，因此整体稳定性计算也相同，可采用本章第 4.4 节中介绍的公式进行计算。

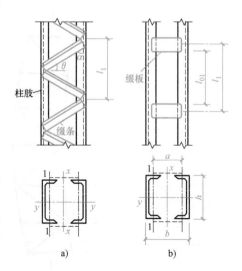

图 4-36 格构式构件的缀材布置
a）缀条 b）缀板

格构式轴心受压构件绕虚轴弯曲时，其绕虚轴的整体稳定性临界力比相同长细比的实腹式构件低。主要原因为：轴心受压构件整体弯曲后，沿杆长各截面上将存在弯矩和剪力。对实腹式构件，剪力引起的附加变形很小，对临界力的影响只占 3/1000 左右。因此，在确定实腹式轴心受压构件整体稳定性的临界力时，仅仅考虑了由弯矩作用所产生的变形，而忽略了剪力所产生的变形。对于格构式构件，当绕虚轴失稳时，情况有所不同，由于两个分肢不是实体相连，连接两分肢的缀件的抗剪刚度比实腹式构件的腹板弱，故构件的剪切变形较大，剪力造成的附加挠曲影响就不能忽略。

如果格构式轴心受压构件绕虚轴的长细比为 λ_x，则其临界力将低于长细比相同的实腹式轴心受压构件，而仅相当于长细比为 λ_{0x}（$\lambda_{0x} > \lambda_x$）的实腹式构件。经放大的等效长细比 λ_x 称为格构式构件绕虚轴的换算长细比。如果能求得 λ_{0x}，用以代替原始长细比 λ_x，则格构式轴心受压构件绕虚轴的整体稳定性计算与实腹式构件相同。

1. 双肢格构式构件的换算长细比

（1）双肢缀条式格构式构件的换算长细比 根据弹性稳定理论，当考虑剪力的影响后，其临界力表达式为

$$N_{cr} = \frac{\pi^2 EA}{\lambda_x^2} \times \frac{1}{1 + \dfrac{\pi^2 EA}{\lambda_x^2}\gamma_1} = \frac{\pi^2 EA}{\lambda_x^2 + \pi^2 EA\gamma_1} = \frac{\pi^2 EA}{\lambda_{0x}^2} \tag{4-68}$$

式中 λ_{0x}——格构式轴心受压构件绕虚轴临界力换算为实腹式构件临界力的换算长细比。

$$\lambda_{0x} = \sqrt{\lambda_x^2 + \pi^2 EA\gamma_1} \tag{4-69}$$

γ_1——单位剪力作用下的轴线转角，即单位剪切角变。

由式（4-69）可知，只要确定单位剪切角变 γ_1，即可求出 λ_{0x}。图 4-37a 所示为两分肢用缀条相连的格构式轴心受压构件的受力和变形情况。斜缀条与构件轴线间夹角为 α，单位

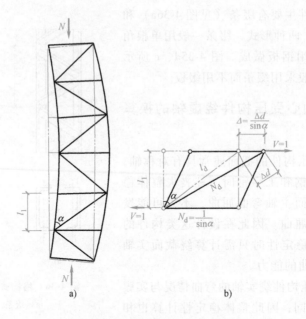

图 4-37 缀条式格构构件的受力和变形

剪切角变 γ_1 取一个缀条节间（长度为 l_1）进行计算。如图 4-37b 所示，设一个节间内两侧斜缀条的面积之和为 A_{1x} [A_{1x} 的下标 x 表示垂直于 x 轴（虚轴）缀条平面内的斜缀条]，两侧斜缀条内力总和为 N_d。

在单位剪力作用下，即 $V=1$ 时，$N_d = 1/\sin\alpha$；斜缀条长度 $l_d = l_1/\cos\alpha$，则斜缀条的伸长量为

$$\Delta_d = \frac{N_d l_d}{EA_{1x}} = \frac{l_1}{EA_{1x}\sin\alpha\cos\alpha}$$

则由 Δ_d 引起的水平变位 Δ 为

$$\Delta = \frac{\Delta_d}{\sin\alpha} = \frac{l_1}{EA_{1x}\sin^2\alpha\cos\alpha}$$

故剪切角变 γ_1 为

$$\gamma_1 = \frac{\Delta}{l_1} = \frac{1}{EA_{1x}\sin^2\alpha\cos\alpha} \tag{4-70}$$

将式（4-70）代入式（4-69），可得

$$\lambda_{0x} = \sqrt{\lambda_x^2 + \frac{\pi^2}{\sin^2\alpha\cos\alpha} \times \frac{A}{A_{1x}}} \tag{4-71}$$

一般斜缀条与构件轴线间的夹角在 $40° \sim 70°$ 的范围内，则 $\pi^2/(\sin^2\alpha\cos\alpha) = 25.6 \sim 32.7$，为了简便，《钢结构设计标准》规定统一取为 27，由此得双肢缀条式格构式构件的换算长细比简化公式

$$\lambda_{0x} = \sqrt{\lambda_x^2 + 27\frac{A}{A_{1x}}} \tag{4-72}$$

式中 λ_x——构件对虚轴的长细比；

A——构件的毛截面面积。

需注意的是，当斜缀条与构件轴线间的夹角不在 $40°\sim70°$ 的范围内时，式（4-72）误差较大，偏于不安全，此时宜采用式（4-71）。另外，推导式（4-71）时，仅考虑了斜缀条由于剪力作用的轴向伸长产生的节间相对侧移，而未考虑横缀条轴向缩短对相对侧移的影响。因此，式（4-71）和式（4-72）仅适用于不设横缀条或设横缀条但横缀条不参与传递剪力的缀条布置。

（2）双肢缀板式格构构件的换算长细比 图 4-38a 表示缀板式格构轴心受压构件的弯曲变形（包括弯曲和剪切变形）情况，内力和变形可按单跨多层刚架进行分析，并假定反弯点在每层分肢和每个缀板（横梁）的中点。

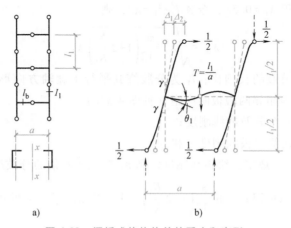

图 4-38 缀板式格构构件的受力和变形

研究单位剪力 $V=1$ 产生的剪切角变时，取出多层刚架相邻两组反弯点间的一层，在其上下反弯点处施加单位剪力 $V=1$（每个分肢为 $V/2=1/2$），这时该层的变形情况如图 4-38b 所示。设 l_1 为相邻两缀板间中心距，a 为两分肢轴线间距。

每层分肢水平位移 Δ 包括由于缀板弯曲变形引起的分肢变位 Δ_1 和分肢自身弯曲变形时的变位 Δ_2 两部分的 2 倍（见图 4-38b），可分别求算。

缀板与分肢相交节点的转角 θ_1 可按缀板端部作用有端弯矩 $Vl_1/2=l_1/2$ 的简支梁求得

$$\theta_1=\frac{\frac{1}{2}l_1\times\frac{a}{2}}{3EI_b}=\frac{l_1a}{12EI_b}$$

式中 I_b——两侧缀板的截面惯性矩之和。

由 θ_1 可求出 Δ_1 为

$$\Delta_1=\frac{l_1}{2}\theta_1=\frac{l_1}{2}\times\frac{l_1a}{12EI_b}=\frac{l_1^2a}{24EI_b}$$

Δ_2 可按悬臂构件求得

$$\Delta_2=\frac{1}{2}\left(\frac{l_1}{2}\right)^3\times\frac{1}{3EI_1}=\frac{l_1^3}{48EI_1}$$

式中 I_1——每个分肢绕其平行于虚轴方向形心轴的惯性矩。

则 $\qquad \Delta = 2(\Delta_1 + \Delta_2) = 2\left(\dfrac{l_1^2 a}{24EI_b} + \dfrac{l_1^3}{48EI_1}\right) = \dfrac{l_1^3}{24EI_1}\left(1 + 2\dfrac{I_1 l_1}{I_b a}\right)$

剪切角变 γ_1 为

$$\gamma_1 = \dfrac{\Delta}{l_1} = \dfrac{l_1^2}{24EI_1}\left(1 + 2\dfrac{I_1 l_1}{I_b a}\right)$$

将此 γ_1 值代入式（4-69），并令 $K_1 = I_1/l_1$，$K_b = I_b/a$，得换算长细比 λ_{0x} 为

$$\lambda_{0x} = \sqrt{\lambda_x^2 + \dfrac{\pi^2 A l_1^2}{24 I_1}\left(1 + 2\dfrac{K_1}{K_b}\right)}$$

假设分肢截面面积 $A_1 = 0.5A$，令 $A_1 l_1^2/I_1 = \lambda_1^2$，则

$$\lambda_{0x} = \sqrt{\lambda_x^2 + \dfrac{\pi^2}{12}\left(1 + 2\dfrac{K_1}{K_b}\right)\lambda_1^2} \qquad (4\text{-}73)$$

式中　$\lambda_1 = l_{01}/i_1$——分肢的长细比；i_1 为分肢绕其平行于虚轴方向形心轴的回转半径，l_{01} 为相邻两缀板间净距（见图 4-38b）；

$\qquad K_1 = I_1/l_1$——一个分肢的线刚度；

$\qquad K_b = I_b/a$——两侧缀板线刚度之和。

《钢结构设计标准》规定，缀板线刚度之和 K_b 应大于 6 倍的分肢线刚度，即 $K_b/K_1 \geqslant 6$。若取 $K_b/K_1 = 6$，则式（4-73）中的 $\dfrac{\pi^2}{12}\left(1 + 2\dfrac{K_1}{K_b}\right) \approx 1$。因此，双肢缀板式格构式构件的换算长细比采用下式

$$\lambda_{0x} = \sqrt{\lambda_x^2 + \lambda_1^2} \qquad (4\text{-}74)$$

若在某些情况下无法满足 $K_b/K_1 \geqslant 6$ 的要求，则换算长细比 λ_{0x} 应按式（4-73）计算。

2. 四肢格构式构件的换算长细比

四肢格构式轴心受压构件采用缀条或缀板相连时绕虚轴的换算长细比可按下列公式计算。

当缀件为缀条时

$$\begin{cases} \lambda_{0x} = \sqrt{\lambda_x^2 + 40\dfrac{A}{A_{1x}}} \\[3mm] \lambda_{0y} = \sqrt{\lambda_y^2 + 40\dfrac{A}{A_{1y}}} \end{cases} \qquad (4\text{-}75)$$

当缀件为缀板时

$$\begin{cases} \lambda_{0x} = \sqrt{\lambda_x^2 + \lambda_1^2} \\[3mm] \lambda_{0y} = \sqrt{\lambda_y^2 + \lambda_1^2} \end{cases} \qquad (4\text{-}76)$$

以上分析考虑的是整体稳定性的情况。对于格构式轴心受压构件，其分肢可看作单独的实腹式轴心受压构件，因此应保证它不先于整体构件失去承载能力。计算时不能简单地采用 $\lambda_1 < \lambda_{0x}$（或 λ_y），这是因为由于初弯曲等缺陷的影响，可能使构件受力时呈弯曲状态，从而产生附加弯矩和剪力。附加弯矩使两分肢的内力不等，而附加剪力还使缀板构件的分肢产生

弯矩。另外，分肢截面的分类还可能比整体的（ｂ 类）低。这些都使分肢的稳定承载能力降低，所以《钢结构设计标准》规定

缀条构件 $\qquad\qquad\qquad\qquad \lambda_1 < 0.7\lambda_{\max}$ (4-77a)

缀板构件 $\qquad\qquad\qquad\qquad \lambda_1 \le 0.5\lambda_{\max}$，且 $\lambda_1 \le 40\varepsilon_k$ (4-77b)

式中　$\lambda_{\max}$——构件两方向长细比（对虚轴取换算长细比）的较大值，当 $\lambda_{\max} < 50$ 时，取
$\lambda_{\max} = 50$；

　　λ_1——同式（4-73）的规定。但对缀条构件，l_{01} 为相邻两节点间中心距。

对于三肢组成的格构式轴心受压构件的换算长细比详见《钢结构设计标准》。

4.5.2　格构式轴心受压构件的缀材设计

1. 格构式轴心受压构件的横向剪力

格构式轴心受压构件绕虚轴失稳发生弯曲时，缀材要承受横向剪力的作用。因此，需要首先计算出横向剪力的数值，然后才能进行缀材的设计。

如图 4-39 所示，两端铰支的格构式轴心受压构件绕虚轴弯曲时，假定最终的挠曲线为正弦曲线，高度中点的最大挠度为 v，则沿杆件受力计算如下：

任一点的挠度为

$$y = v_0 \sin\frac{\pi z}{l}$$

任一点的弯矩为

$$M = Ny = Nv_0 \sin\frac{\pi z}{l}$$

任一点的剪力为

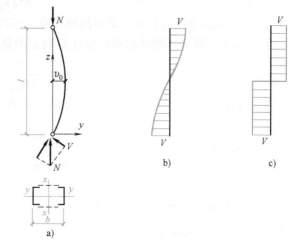

图 4-39　格构式轴心受压构件的剪力计算简图

$$V = \frac{\mathrm{d}M}{\mathrm{d}z} = N\frac{\pi v_0}{l}\cos\frac{\pi z}{l}$$

即剪力按余弦曲线分布（图 4-39b），最大值在杆件的两端，为

$$V_{\max} = \frac{N\pi}{l} \times v_0 \tag{4-78}$$

高度中点的挠度 v_0 可由边缘纤维屈服准则导出。当截面边缘最大应力达到屈服强度时

$$\frac{N}{A} + \frac{Nv_0}{I_x} \times \frac{b}{2} = f_y$$

则

$$\frac{N}{Af_y}\left(1 + \frac{v_0}{i_x^2} \times \frac{b}{2}\right) = 1$$

上式中令 $\dfrac{N}{Af_y} = \varphi$，并取 $b \approx i_x/0.44$，得

$$v_0 = 0.88i_x(1-\varphi)\frac{1}{\varphi} \tag{4-79}$$

将式（4-79）代入式（4-78），可得

$$V_{\max} = \frac{0.88\pi(1-\varphi)}{\lambda_x} \times \frac{N}{\varphi} = \frac{1}{k} \times \frac{N}{\varphi}$$

$$k = \frac{\lambda_x}{0.88\pi(1-\varphi)}$$

经过对双肢格构式轴心受压构件的计算分析，在常用的长细比范围内，k 值与长细比 λ_x 的关系不大，可取为常数，对于 Q235 钢构件，取 $k=85$；对于 Q355、Q390 和 Q420 钢构件，取 $k \approx 85\varepsilon_k$。

因此，格构式轴心受压构件平行于缀材面的剪力为

$$V_{\max} = \frac{N}{85\varphi\varepsilon_k}$$

式中　φ——按虚轴换算长细比确定的整体稳定系数。

令 $N=\varphi Af$，即得《钢结构设计标准》规定的最大剪力的计算式

$$V = \frac{Af}{85\varepsilon_k} \tag{4-80}$$

在设计中，将剪力 V 沿构件长度方向的值取为定值，相当于简化为图 4-39c 的分布图形。

2. 缀条的设计

缀条的布置一般采用单系缀条（见图 4-40a），也可采用交叉缀条（见图 4-40b）。缀条可视为以构件分肢为弦杆的平行弦桁架的腹杆，内力与桁架腹杆的计算方法相同。在横向剪力作用下，一个斜缀条的轴心力为

$$N_1 = \frac{V_1}{n\cos\theta} \tag{4-81}$$

式中　V_1——分配到一个缀材面上的剪力，对双肢构件，此剪力由双侧缀材面平均，即各分担 $V_1 = V/2$；

　　　n——承受剪力 V_1 的斜缀条条数。单系缀条时，$n=1$；交叉缀条时，$n=2$；

　　　θ——缀条的倾角。

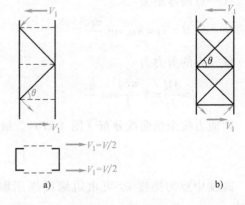

图 4-40　缀条的内力

由于剪力的方向不定，斜缀条可能受拉也可能受压，应按轴心压杆选择截面。

缀条一般采用单角钢，与构件单面连接，考虑到受力时的偏心和受压时的弯扭，当按轴心受力构件设计（不考虑扭转效应）时，应按钢材强度设计值乘以相应的折减系数。

轴心受力单角钢的截面强度应按式（4-1）和式（4-2）计算，但强度设计值应乘以折减系数 0.85。

轴心受压单角钢的稳定性应按下式计算

$$\frac{N}{\eta\varphi Af}\leqslant 1.0 \tag{4-82}$$

式中　η——折减系数，$\eta\leqslant1.0$；等边角钢 $\eta=0.6+0.0015\lambda$；短边相连的不等边角钢 $\eta=0.5$
　　　　$+0.0025\lambda$；长边相连的不等边角钢 $\eta=0.7$；λ 为长细比，对中间无联系的单角
　　　　钢压杆，应按最小回转半径计算，当 $\lambda<20$ 时，取 $\lambda=20$。

　　交叉缀条体系（见图 4-40b）的横缀条按受压力 $N=V_1$ 计算。为了减小分肢的计算长度，
单系缀条也可加横缀条，其截面尺寸一般与斜缀条相同，也可按容许长细比为 150 确定。

3. 缀板的设计

　　缀板构件可视为一多层框架（肢件视为框架立柱，缀板视为横梁）。当它整体挠曲时，
假定各层分肢中点和缀板中点为反弯点（见
图 4-41a）。从构件中取出如图 4-41b 所示脱离
体，可得缀板内力为：

　　剪力

$$T=\frac{V_1l_1}{a} \tag{4-83}$$

　　弯矩

$$M=T\frac{a}{2}=\frac{V_1l_1}{2} \tag{4-84}$$

式中　l_1——缀板中心线间的距离；
　　　　a——肢件轴线间的距离。

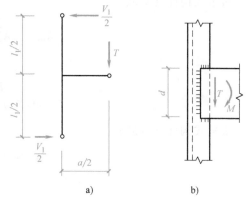

图 4-41　缀板计算简图

　　缀板与肢件间用角焊缝相连，角焊缝承
受剪力和扭矩的共同作用。由于角焊缝的强
度设计值小于钢材的强度设计值，故只需用上述 M 和 T 验算缀板与肢件间的连接焊缝。

　　缀板应有一定的刚度。同一截面处两侧缀板线刚度之和不得小于一个分肢线刚度的 6
倍。一般取宽度 $d\geqslant2a/3$（图 4-41b），厚度 $t\geqslant a/40$，并不小于 6mm。端缀板宜适当加宽，
取 $d=a$。

4.5.3　格构式轴心受压构件的构造要求

　　格构式轴心受压构件的横截面为中部空心的矩形，抗扭刚度较差。为了提高格构式构件
的抗扭刚度，保证构件在运输和安装过程中的截面形状不变，应每隔一段距离设置横隔。横
隔的间距不得大于构件截面较大宽度的 9 倍或 8m，且每个运送单元的端部均应设置横隔。

　　当构件某处受有较大水平集中力作用时，也应在该处设置横隔，以免构件肢体局部受
弯。横隔可用钢板（图 4-42a）或交叉角钢
（图 4-42b）做成。

4.5.4　格构式轴心受压构件的设计
　　　　　步骤

　　以双肢格构式轴心受压构件的设计
为例，需首先根据使用要求、材料供应、

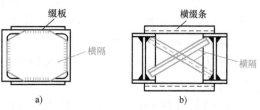

图 4-42　横隔的设置

轴心压力 N 的大小和两方向的计算长度 l_{0x}、l_{0y} 等条件确定构件分肢截面和缀材的形式，中小型构件可用缀板式或缀条式，大型受压构件宜选用缀条式。然后按下列步骤进行设计：

1. 试选分肢截面

按对实轴（y-y 轴）的整体稳定性选择构件分肢的截面，方法与实腹式构件的计算相同。

2. 确定两肢间距

按对虚轴（x-x 轴）的整体稳定性确定两分肢的距离；为了获得等稳定性，应使两方向的长细比相等，即使 $\lambda_{0x} = \lambda_y$。

缀条式构件（双肢）

$$\lambda_{0x} = \sqrt{\lambda_x^2 + 27\frac{A}{A_{1x}}} = \lambda_y$$

即

$$\lambda_x = \sqrt{\lambda_y^2 - 27\frac{A}{A_{1x}}} \tag{4-85}$$

缀板式构件（双肢）

$$\lambda_{0x} = \sqrt{\lambda_x^2 + \lambda_1^2} = \lambda_y$$

即

$$\lambda_x = \sqrt{\lambda_y^2 - \lambda_1^2} \tag{4-86}$$

对缀条式构件应预先确定斜缀条的截面 A_{1x}，可大约按 $A_{1x}/2 \approx 0.05A$ 预选斜缀条的角钢型号，并以其面积代入公式计算，以后再按其所受内力进行验算；对缀板式构件应先假定分肢长细比 λ_1，可先按 $\lambda_1 < 0.5\lambda_y$ 且不大于 40 代入公式计算，以后即按 $l_{01} \leq \lambda_1 i_1$ 的缀板净距布置缀板，或者先布置缀板计算 λ_1 亦可。

按式（4-85）或式（4-86）计算得出 λ_x 后，即可得对虚轴的回转半径

$$i_x = l_{0x}/\lambda_x$$

根据附录 G，可得构件在缀材方向的宽度 $b \approx i_x/\alpha_1$，也可由已知截面的几何量直接算出构件的宽度 b，一般取 b 为 10mm 的倍数，且两肢净距宜大于 100mm，以便内部油漆。

3. 截面验算

对试选的截面做如下几方面验算：

1）强度验算，截面无削弱时，可不验算。

2）刚度验算，注意对虚轴应用换算长细比。

3）整体稳定性验算，式中 φ 值由 λ_{0x} 和 λ_y 中的较大值查表。

4）分肢稳定性验算，按式（4-77）计算。

4. 设计缀条或缀板（包括它们与分肢的连接）

进行以上计算时应注意：构件对实轴的长细比 λ_y 和对虚轴的换算长细比 λ_{0x} 均不得超过容许长细比 $[\lambda]$。

【例 4-7】 【例 4-6】中的轴心压力设计值 $N = 800$kN，试将支柱 AB 设计成缀条柱；材料 Q235 钢。

解：

（1）试选分肢截面（对实轴 y-y 计算）

假定 $\lambda_y = 60$，由 $\lambda_y/\varepsilon_k = 60 \times \sqrt{235/235} = 60$，查附录表 C-2（b 类截面）得 $\varphi_y = 0.807$，需要的截面面积为

$$A = \frac{N}{\varphi_y f} = \frac{800 \times 10^3}{0.807 \times 215 \times 10^2} \text{cm}^2 = 46.1 \text{cm}^2$$

所需回转半径

$$i_y = \frac{l_{0y}}{\lambda_y} = \frac{330}{60} \text{cm} = 5.5 \text{cm}$$

由附录表 G-3 选用 2 ［18a，$A = 2 \times 25.7 = 51.4 \text{cm}^2$，$i_y = 7.04 \text{cm}$，$I_1 = 98.6 \text{cm}^4$，$i_1 = 1.96 \text{cm}$，$z_0 = 18.8 \text{mm}$。

（2）确定两肢间距（对虚轴 x-x 计算）

$$\lambda_y = \frac{l_{0y}}{i_y} = \frac{330}{7.04} = 46.9$$

$$\lambda_x = \sqrt{\lambda_y^2 - 27 \frac{A}{A_{1x}}} = \sqrt{46.9^2 - 27 \frac{51.4}{6.98}} = 44.7$$

式中斜缀条角钢系根据 $A_{1x}/2 \approx 0.05A = 0.05 \times 51.4 \text{cm}^2 = 2.57 \text{cm}^2$ 预选，并按构造取最小角钢，查附录表 G-4，选角钢∟45×4，则 $A_{1x} = 2 \times 3.49 \text{cm}^2 = 6.98 \text{cm}^2$。

$$i_x = \frac{l_{0x}}{\lambda_x} = \frac{660}{44.7} \text{cm}^2 = 14.77 \text{cm}$$

$$b \approx \frac{i_x}{\alpha_2} = \frac{14.77}{0.44} \text{cm} = 33.7 \text{cm}$$

取 $b = 34 \text{cm}$（α_2 由附录表 D-1 查得）。设计格构式轴心受压构件如图 4-43 所示。

（3）截面验算

截面特性

$$I_x = 2 \times (98.6 + 25.7 \times 15.12^2) \text{cm} = 11948 \text{cm}^4$$

$$i_x = \sqrt{\frac{I_x}{A}} = \sqrt{\frac{11948}{51.4}} \text{cm} = 15.3 \text{cm}$$

$$\lambda_x = \frac{l_{0x}}{i_x} = \frac{660}{15.3} = 43.14$$

$$\lambda_{0x} = \sqrt{\lambda_x^2 + 27 \frac{A}{A_{1x}}} = \sqrt{43.14^2 + 27 \times \frac{51.4}{6.98}} = 45.4$$

1）强度验算。因截面无削弱，可不验算。

2）刚度验算

$$\lambda_y = 46.9 < [\lambda] = 150 (满足要求)$$

$$\lambda_{0x} = 45.4 < [\lambda] = 150 (满足要求)$$

3）整体稳定验算。格构式截面对 x、y 轴均属 b 类截面，由 $\lambda_{\max} = \lambda_y = 46.9$（按 46.9/$\varepsilon_k = 46.9$）查附录表 C-2 得 $\varphi = 0.870$，则

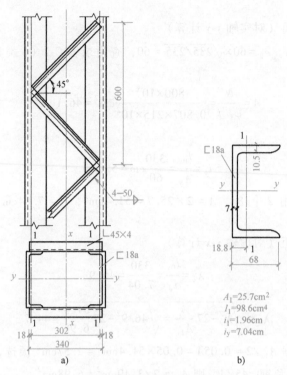

图 4-43 【例 4-7】图

$$\frac{N}{\varphi A f}=\frac{800\times10^3}{0.870\times5140\times215}=0.83<1.0(满足要求)$$

4）分肢稳定验算。按式（4-77），缀条按 45°布置。

$$\lambda_1=\frac{l_{01}}{i_1}=\frac{60}{1.96}=30.6<0.7\lambda_{\max}=0.7\times46.9=32.8(满足要求)$$

（4）缀条计算

由式（4-80），缀件面剪力 $V_1=\frac{1}{2}\times\frac{Af}{85\varepsilon_k}=\frac{1}{2}\times\frac{51.4\times10^2\times215}{85}N=6501N$

由式（4-81），斜缀条内力 $N_1=\frac{V_1}{n\cos\theta}=\frac{6501}{\cos45°}N=9195N$

斜缀条角钢∟45×4（Q235 钢），$A=3.49\mathrm{cm}^2$，$i_{y_0}=0.89\mathrm{cm}$。

$$\lambda=\frac{l_0}{i_{y_0}}=\frac{30.24}{\cos45°\times0.89}=48<[\lambda]=150(满足刚度要求)$$

轧制等边角钢截面对 x、y 轴均属 b 类截面，查附录表 C-2，$\varphi=0.865$，单面连接等边角钢按轴心受压计算稳定时，强度设计值折减系数 $\eta=0.6+0.0015\lambda=0.6+0.0015\times48=0.672$，则

$$\frac{N_1}{\eta\varphi A f}=\frac{9195}{0.672\times0.865\times3.49\times10^2\times215}=0.21<1.0(满足要求)$$

（5）缀条连接焊缝

采用两面侧焊，取 $h_f = 4mm$，焊条 E43 型。

肢背焊缝需要的计算长度 $l_{w1} = \dfrac{k_1 N_1}{0.7 h_f \times \eta f_f^w} = \dfrac{0.7 \times 9195}{0.7 \times 4 \times 0.85 \times 160} mm \approx 17mm$

肢尖焊缝需要的计算长度 $l_{w2} = \dfrac{k_2 N_1}{0.7 h_f \times \eta f_f^w} = \dfrac{0.3 \times 9195}{0.7 \times 4 \times 0.85 \times 160} mm \approx 7mm$

因 $l_{w,min} = \{8h_f, 40mm\}_{max} = 40mm$

故取 $l_{w1} = l_{w2} = 40mm$。则焊缝的实际长度 $l = l_w + 2h_f \geq 40mm + 2 \times 4mm = 48mm$

所以，按最小长度，取 $l_1 = l_2 = 50mm$。

（6）横隔　柱截面最大宽度为 340mm，横隔间距 $\leq 9 \times 0.34m = 3.06m$ 和 8m。柱高 6.6m，上下两端有柱头柱脚，中间三分点处设两道钢板横隔，并与斜缀条节点配合设置。

本章总结框图

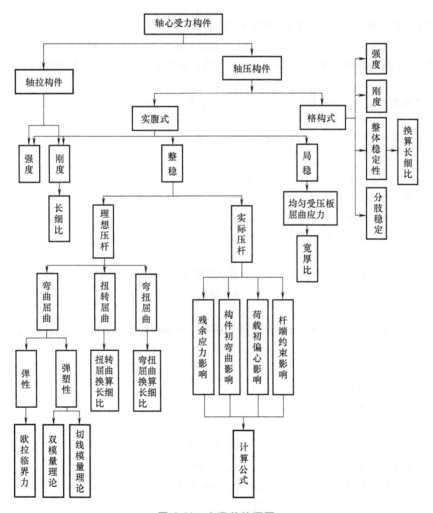

图 4-44　本章总结框图

思 考 题

4-1 理想轴心压杆与实际轴心压杆有何区别？

4-2 残余应力对压杆的稳定性有何影响？

4-3 对轴心受力构件的截面形式有什么共同要求？

4-4 采用高强钢作为轴心受压构件，其计算与普通钢轴心受压构件有哪些区别？

4-5 轴心拉杆和轴心压杆分别需做哪几方面的验算？它们的承载能力分别由什么条件决定？

4-6 理想轴心受压构件可能发生哪几种形式的屈曲变形？双轴对称截面构件常见的屈曲形式是什么？

4-7 实际轴心受压构件的初始缺陷有哪些？

4-8 何为轴心受压构件丧失局部稳定或局部屈曲？如何保证一般轴心受压构件的局部稳定性？

4-9 格构式轴心受压构件所用缀材有哪两种？如何布置？

习 题

4-1 单轴对称的轴心受压柱，绕对称轴发生屈曲的形式是（   ）。

（A）弯曲屈曲   （B）扭转屈曲   （C）弯扭屈曲   （D）三种屈曲均可能

4-2 用 Q235 钢和 Q355 钢轴心受压柱几何尺寸与边界条件完全一样，在弹性范围内屈曲时，两者的临界力关系为（   ）。

（A）前者临界力比后者临界力大   （B）前者临界力比后者临界力小

（C）等于或接近   （D）无法比较

4-3 下列有关残余应力对压杆稳定承载力的影响，描述正确的是（   ）。

（A）残余应力使柱子提前进入了塑性状态，降低了轴压柱的稳定承载力

（B）残余应力对强轴和弱轴的影响程度一样

（C）翼缘两端为残余拉应力时压杆稳定承载力小于翼缘两端为残余压应力的情况

（D）残余应力的分布形式对压杆的稳定承载力无影响

4-4 随着长细比的增加，轴心受压构件的整体稳定系数（   ）。

（A）增大   （B）减小   （C）不变   （D）不确定

4-5 由两槽钢组成的格构式轴压缀条柱，为提高虚轴方向的稳定承载力应（   ）。

（A）加大槽钢强度   （B）加大槽钢间距

（C）减小缀条截面积   （D）增大缀条与分肢的夹角

4-6 格构式轴压构件绕虚轴的稳定计算采用了大于 λ_x 的换算长细比 λ_{0x} 是考虑（   ）。

（A）格构构件的整体稳定承载力高于同截面的实腹构件

（B）考虑强度降低的影响

（C）考虑单肢失稳对构件承载力的影响

（D）考虑剪切变形的影响

4-7 为保证格构式构件单肢的稳定承载力，应（   ）。

（A）控制肢间距   （B）控制截面换算长细比

（C）控制单肢长细比   （D）控制构件计算长度

4-8 一两端铰接的热轧型钢工 20a 轴心受压柱，截面如图 4-45 所示，杆长为 6m，设计荷载 $N = 380\text{kN}$，钢材为 Q235 钢，试验算该柱的强度是否满足？

4-9 某车间工作平台柱高 2.4m，按两端铰接的轴心受压柱考虑。如果柱采用工 16，试计算：

（1）钢材采用 Q235 时，设计承载力为多少？

（2）改用 Q355 钢时，设计承载力是否显著提高？

（3）如果轴心压力设计值为 500kN，工16 能否满足要求？如不满足，从构造上采取什么措施可满足要求？

4-10 如图 4-46 所示两种截面（焰切边缘）的工字形钢截面面积相等，钢材均为 Q355。当用作长度为 10m 的两端铰接轴心受压柱时，是否能安全承受设计荷载 3000kN？

图 4-45 习题 4-8 图

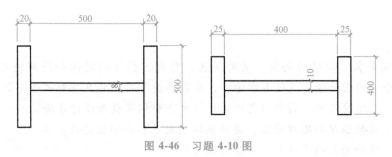

图 4-46 习题 4-10 图

4-11 一根上端铰接、下端固定的轴心受压柱，承受的压力设计值为 $N = 850$kN，柱的计算长度为 4.8m，钢材标号为 Q235。要求选择柱的截面。如果柱的长度改为 6.5m，试算出原截面能承受多大设计力。

4-12 一轴心受压缀条柱，柱肢采用工字型钢，如图 4-47 所示。求轴心压力设计值。计算长度 $l_{0x} = 24$m，$l_{0y} = 12$m（x 轴为虚轴），材料为 Q355。

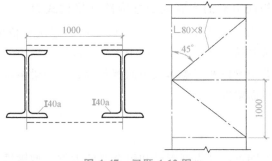

图 4-47 习题 4-12 图

4-13 设计一轴心受压缀板柱。柱肢采用工字型钢，如图 4-48 所示。已知轴心压力设计值 $N = 1400$kN（包括自重），计算长度 $l_{0x} = 9$m，$l_{0y} = 9$m（x 轴为虚轴），材料为 Q235。

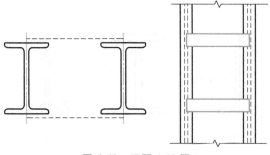

图 4-48 习题 4-13 图

第5章 受弯构件的设计

本章导读

➢ 内容及要求 钢梁的类型，梁的强度、刚度、整体稳定性和局部稳定性的计算，型钢梁与组合梁的设计等。通过本章学习，应熟悉受弯构件的类型和破坏特征，掌握梁的强度、刚度、整体稳定性、局部稳定性的计算方法和钢梁截面设计方法。

➢ 重点 梁的强度和刚度计算，梁的整体稳定性和局部稳定性计算。

➢ 难点 梁的局部稳定性和腹板加劲肋设计。

5.1 概述

钢结构中主要承受横向荷载的实腹式受弯构件（格构式为桁架）称为钢梁，其主要内力为弯矩与剪力。钢梁是房屋建筑和桥梁工程中应用较广的一种基本构件。在房屋建筑领域中，钢梁主要用于多层和高层房屋中的楼盖梁、工业建筑中的工作平台梁、吊车梁、墙架梁以及屋盖体系中的檩条等；在桥梁领域中主要用于梁式桥、大跨斜拉桥、悬索桥中的桥面梁等。

5.1.1 梁的类型

钢梁按制作方法的不同可以分为型钢梁和组合梁两大类。型钢梁又可分为热轧型钢梁和冷弯薄壁型钢梁两种。热轧型钢梁常用热轧工字钢、槽钢、H 型钢做成（见图 5-1a～c）。对受荷较小、跨度不大的梁用带有卷边的冷弯薄壁 Z 型钢或槽钢（见图 5-1d、e）制作。型钢梁加工方便、制造简单、成本较低，可优先采用。但型钢往往受到一定规格的限制，当荷载

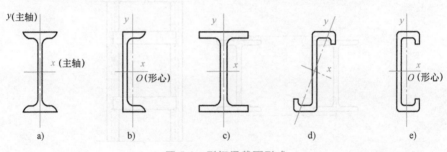

图 5-1 型钢梁截面形式

和跨度较大，其承载力和刚度不能满足工程要求时，则应采用组合梁（见图5-2）。组合梁由钢板和型钢通过焊缝、铆钉、螺栓连接而成，组合梁的截面组成比较灵活，更重要的是可使材料在截面上分布更为合理，其截面形式可分为工字形、槽形、Z形、箱形梁等。其中用三块板焊接而成的工字形截面组合梁应用最为广泛，当荷载较大且梁的截面高度受到限制或梁的抗扭性能要求较高时，可采用箱形截面梁。

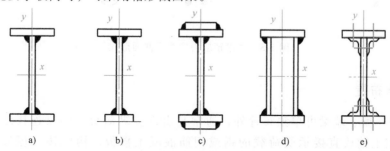

图 5-2 组合梁截面形式

a）双轴对称焊接工字形梁 b）加强受压翼缘的焊接工字形梁
c）双层翼缘板焊接梁 d）焊接箱形梁 e）螺栓连接的工字形梁

除了上述广泛应用的型钢梁和组合梁之外，还有一些特殊形式的钢梁，如异种钢组合梁、蜂窝梁、预应力钢梁、钢与混凝土组合梁等。为了充分利用钢材的强度，在组合梁中对受力较大的翼缘板采用强度等级较高的钢材，而对受力较小的腹板则采用强度较低的钢材，形成异种钢组合梁；为了增加梁的高度，使钢梁有较大的截面惯性矩，可将型钢梁按锯齿形割开，然后把上、下两个半工字形左右错动，并焊接成为腹板上有一系列六角形孔的空腹梁，称为蜂窝梁（见图5-3a）；利用钢筋混凝土楼板兼作梁的受压翼缘，用支撑混凝土板的钢梁作为梁的受拉翼缘，发挥混凝土结构良好的抗压性能和钢结构优良的抗拉性能，可制成钢与混凝土组合梁（见图5-3b）；利用与荷载应力符号相反的预应力，使钢梁的受力由普通的从零应力开始受力方式改变为从$-f$开始受力（见图5-4），将大大提高结构的弹性受力范围和承载能力，成为预应力钢结构（见图5-5）。

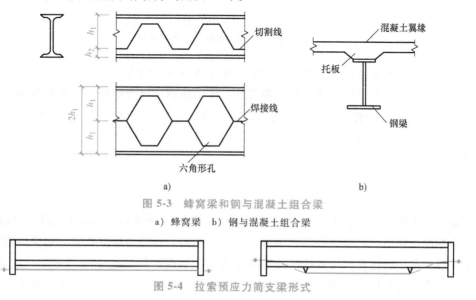

图 5-3 蜂窝梁和钢与混凝土组合梁

a）蜂窝梁 b）钢与混凝土组合梁

图 5-4 拉索预应力简支梁形式

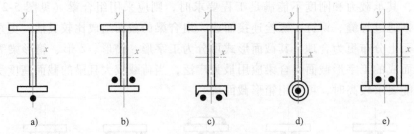

图 5-5 拉索预应力实腹梁截面形式

5.1.2 梁格布置

钢梁除吊车梁、墙梁可单独布置外，通常是由许多纵横交叉的梁连接组成梁格（见图 5-6），梁格上铺放直接承受荷载的钢或钢筋混凝土楼板，构成楼（屋）盖、工作平台等。

梁格形式主要有：简式梁格（仅有主梁）、普通梁格（分主、次梁）及复式梁格（分主梁及横、纵次梁）。简式梁格（见图 5-6a）只有主梁，楼板直接放在主梁上，适用于主梁跨度小和建筑布局简单的情况；普通梁格（见图 5-6b）在主梁上另设若干次梁，次梁上再支撑楼板，此梁格形式应用广泛；复式梁格（见图 5-6c）是在普通梁格的次梁上再设若干次梁，荷载传递层次多，构造复杂，一般只用于主梁跨度大和建筑布局复杂的情况。

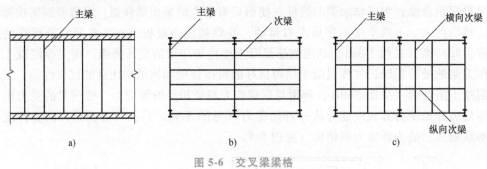

图 5-6 交叉梁梁格

a）简式梁格 b）普通梁格 c）复式梁格

由梁格的形式可看到，梁按支承和约束情况等可分为：简支梁、连续梁、悬臂梁、框架梁等；梁上的荷载也有多种形式，有均布荷载、集中荷载、梯形荷载、三角形荷载等，故其内力（弯矩和剪力）在梁上的分布变化也极其多样。另外，钢梁承受荷载一般情况下为一个平面内受弯的单向弯曲梁，也有在两个主平面内受弯的双向弯曲梁，如屋面檩条、吊车梁等是双向弯曲梁。

5.1.3 设计计算内容

与轴心受压构件相同，钢梁设计应考虑强度、刚度、整体稳定性和局部稳定性四个方面，其中强度、整体稳定性及局部稳定性承载力为梁的承载能力极限状态；而梁的刚度为正常使用极限状态，通过控制梁的挠曲变形满足要求。强度计算又包括抗弯强度、抗剪强度、局部承压强度、复杂应力作用下的强度（受动荷载还包括疲劳强度）。此外，钢梁设计还包括以下内容：梁截面沿梁跨度方向的改变、梁的拼接、梁与梁的连接、梁与柱的连接以及组合梁翼缘板与腹板的连接计算等。

5.2 梁的强度

受弯构件在横向荷载作用下，截面上将产生弯曲正应力、剪应力，在集中荷载作用处还将产生局部压应力，故受弯构件的强度计算包括四方面：抗弯强度、抗剪强度、局部承压强度，在弯曲正应力、剪应力及局部压应力共同作用处还应验算复合应力（又称折算应力）作用下的强度。

5.2.1 梁的抗弯强度

1. 梁在弯矩作用下的工作阶段

在弯矩作用下，梁截面将产生弯曲正应力。弯曲正应力 σ 与应变 ε 的关系曲线和单向受拉、受压时相似，一般假定为理想弹塑性材料，如图 5-7f 所示。根据平截面假定，横截面上各点的正应力分布如图 5-7b~e 所示，随着荷载的增加可大致分为三个工作阶段：

（1）弹性工作阶段　当荷载较小时，横截面上各点的正应力均低于屈服强度（见图 5-7b），应力呈直线分布，梁处于弹性工作阶段；荷载继续增加，截面边缘屈服达到弹性工作阶段的最大承载力（见图 5-7c）。根据材料力学公式可知，弹性工作阶段时的最大弯矩（或称屈服弯矩）为

$$M_{yu} = W_{nx}f_y \tag{5-1}$$

式中　W_{nx}——梁净截面弹性抵抗矩，对矩形截面 $W_{nx} = bh^2/6$；

f_y——钢材的屈服强度。

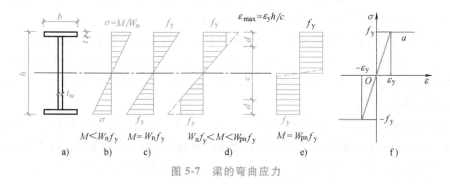

图 5-7　梁的弯曲应力

（2）弹塑性工作阶段　当荷载继续增加，则截面边缘向内扩展塑性区，此时的截面内核部分处于弹性，边缘部分进入塑性（见图 5-7d），此时梁处于弹塑性工作阶段。在设计中为了充分利用材料强度，容许截面产生一部分塑性，但必须限制其发展，即要在充分使用截面强度的同时控制梁的刚度的减小程度，以保证梁的挠度满足使用要求。根据截面形式决定塑性发展程度，一般发展深度 d 为

$$d = (1/8 \sim 1/4)h$$

弹塑性工作阶段可作为一般梁的强度极限状态。

（3）塑性工作阶段　荷载再继续增加，截面的塑性区继续向内发展，直到弹性核心接

近消失，整个截面进入塑性（见图 5-7e），截面形成塑性铰，截面各处应力均为 f_y，此时梁达到承载力的极限状态。其最大弯矩为

$$M_{pu} = W_{pnx} f_y \tag{5-2}$$

式中　W_{pnx}——梁净截面塑性抵抗矩，$W_{pnx} = S_{1n} + S_{2n}$，$S_{1n}$、$S_{2n}$ 分别为中和轴以上和以下净截面面积对中和轴的面积矩；矩形截面时 $W_{nx} = Ah/4 = bh^2/4$。

根据以上工作阶段可见，梁可承受的弯矩以梁截面的边缘弯矩 M_{yu} 为最小，全截面塑性弯矩 M_{pu} 为最大，而 $M_{yu} < M < M_{pu}$ 为弹塑性阶段。不同的截面形式，弹塑性区间大小不同，即由弹性到塑性的塑性发展能力不同，可用 M_{pu} 与 M_{yu} 的比值为参数进行分析。

由式（5-1）和式（5-2）可得

$$M_{pu}/M_{yu} = W_{pnx} f_y / W_{nx} f_y = W_{pnx}/W_{nx}$$

可见，梁的塑性最大弯矩与弹性最大弯矩的比值仅与截面的几何性质有关，而与材料的强度无关。一般将毛截面的 W_p/W 称为截面的形状系数，计为 F。对于矩形截面，$F = 1.5$；圆形截面 $F = 1.7$；圆管截面的 $F = 1.27$；工字形截面对 x 轴 $F = 1.10 \sim 1.17$。截面的形状系数越小，说明该截面形式在弹性阶段的材料强度利用率较/越高，但其塑性发展的潜能较小。

2. 截面板件宽厚比等级

截面板件宽厚比指截面板件平直段的宽度和厚度的比值，受弯或压弯构件腹板平直段的高度与腹板厚度之比也可称为板件高厚比。

绝大多数钢构件由板件构成，而板件宽厚比大小直接决定了钢构件的承载力和受弯、压弯构件的塑性转动变形能力，因此钢构件截面的分类，是钢结构设计技术的基础，尤其是钢结构抗震设计方法的基础。根据截面承载力和塑性转动变形能力的不同，国际上一般将钢构件截面分为四类，考虑到我国在受弯构件设计中采用截面塑性开展系数 γ_x，《钢结构设计标准》将截面根据其板件宽厚比分为 5 个等级（见表 5-1）。

1）S1 级截面：可达全截面塑性，保证塑性铰具有塑性设计要求的转动能力，且在转动过程中承载力不降低，也可称为"一级塑性截面"或"塑性转动截面"。此时图 5-8 所示的曲线 1 可以表示其弯矩-曲率关系，Φ_{p2} 一般要求达到 Φ_p（塑性弯矩 M_p 除以弹性初始刚度得到的曲率）的 8~15 倍。

2）S2 级截面：可达全截面塑性，但由于局部屈曲，塑性铰转动能力有限，称为"二级塑性截面"。此时的弯矩-曲率关系见图 5-8 所示的曲线 2，Φ_{p1} 大约是 Φ_p 的 2~3 倍。

3）S3 级截面：翼缘全部屈服，腹板可发展不超过 1/4 截面高度的塑性，称为"弹塑性截面"，作为梁时，其弯矩-曲率关系如图 5-8 所示的曲线 3。

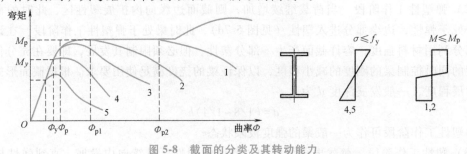

图 5-8　截面的分类及其转动能力

表 5-1　受弯构件的截面板件宽厚比等级及限值

截面板件宽厚比等级		S1 级	S2 级	S3 级	S4 级	S5 级
工字形截面	翼缘 b/t	$9\varepsilon_k$	$11\varepsilon_k$	$13\varepsilon_k$	$15\varepsilon_k$	20
	腹板 h_0/t_w	$65\varepsilon_k$	$72\varepsilon_k$	$93\varepsilon_k$	$124\varepsilon_k$	250
箱形截面	壁板（腹板）间翼缘 b_0/t	$25\varepsilon_k$	$32\varepsilon_k$	$37\varepsilon_k$	$42\varepsilon_k$	—

注：1. b 为工字形、H 形截面的翼缘外伸宽度，t、h_0、t_w 分别是翼缘厚度、腹板净高和腹板厚度。对轧制型截面，腹板净高不包括翼缘腹板过渡处圆弧段；对于箱形截面，b_0、t 分别为壁板间的距离和壁板厚度；D 为圆管截面外径。

2. 箱形截面梁及单向受弯的箱形截面柱，其腹板限值可根据 H 形截面腹板采用。

3. 腹板的宽厚比可通过设置加劲肋减小。

4. 当 S5 级截面的板件宽厚比小于 S4 级经 ε_σ 修正的板件宽厚比时，可归属为 S4 级截面。ε_σ 为应力修正因子，$\varepsilon_\sigma = \sqrt{f/\sigma_{max}}$。

4）S4 级截面：边缘纤维可达屈服强度，但由于局部屈曲而不能发展塑性，称为"弹性截面"，作为梁时，其弯矩-曲率关系如图 5-8 所示的曲线 4。

5）S5 级截面：在边缘纤维达屈服应力前，腹板可能发生局部屈曲，称为"薄壁截面"，作为梁时，其弯矩-曲率关系为图 5-8 所示的曲线 5 所示。

3. 梁的抗弯强度计算公式

《钢结构设计标准》针对结构体系荷载情况、梁的截面形式以及使用状态等因素，采用相应的设计方法：

（1）采用弹性设计法

1）对直接承受动力荷载的梁。对需要计算疲劳的梁，不考虑截面塑性发展。

2）采用冷弯薄壁型钢的梁或格构式截面的梁绕虚轴弯曲时，由于截面几乎完全没有塑性发展潜力，故按弹性工作阶段计算；

3）受压翼缘外伸宽度与其厚度之比 b_1/t 在 $13\varepsilon_k \sim 15\varepsilon_k$ 之间的梁，这种较薄翼缘在塑性高应力下易于局部失稳，为保证受压翼缘局部稳定，故梁的抗弯强度也应按弹性工作阶段计算。

（2）采用塑性设计法　对不直接承受动力荷载的固端梁、连续梁等超静定梁，可采用塑性设计，容许截面上的应力状态进入塑性阶段。利用钢梁的这种塑性特性，在某些特定的截面处设计成塑性铰，使结构体系内力分布趋于均匀，达到节约材料的经济目的。

（3）采用弹塑性设计法　在实际设计中为了避免梁产生过大的非弹性变形，仅允许截面有一定程度的塑性发展，采用塑性发展系数 γ_x 和 γ_y，即 $M_x = \gamma_x M_{yu,x}$ 和 $M_y = \gamma_y M_{yu,y}$。考虑到各截面塑性发展的潜能，对不同的截面 γ_x 和 γ_y 均应有差异。

上述三种强度设计方法中，塑性设计法本书不作详细讨论，另外两种设计方法《钢结构设计标准》采用以下通式，即梁的抗弯强度计算公式为

单向弯曲时
$$\sigma = \frac{M_x}{\gamma_x W_{nx}} \leq f \tag{5-3}$$

双向弯曲时
$$\sigma = \frac{M_x}{\gamma_x W_{nx}} + \frac{M_y}{\gamma_y W_{ny}} \leq f \tag{5-4}$$

式中　M_x，M_y——同一截面处绕 x 轴和 y 轴的弯矩设计值；

W_{nx}，W_{ny}——对 x 轴和 y 轴的净截面模量，当截面板件宽厚比等级为 S1、S2、S3 或 S4

级时，应取全截面模量，当截面板件宽厚比等级为 S5 级时，应取有效截面模量，均匀受压翼缘有效外伸宽度可取 $15\varepsilon_k$，腹板有效截面可按钢结构设计标准相关规定采用。

　　f——钢材的抗弯强度设计值；

　　γ_x、γ_y——截面塑性发展系数，按下列规定取值：

对工字形和箱形截面，当截面板件宽厚比等级为 S4 或 S5 级时，截面塑性发展系数应取为 1.0；当截面板件宽厚比等级为 S1、S2 及 S3 时，工字形截面（x 轴为强轴，y 轴为弱轴）：$\gamma_x = 1.05$，$\gamma_y = 1.20$，箱形截面 $\gamma_x = \gamma_y = 1.05$。对需要验算疲劳强度的梁，宜取 $\gamma_x = \gamma_y = 1.0$。其他截面应根据其受压板件的内力分布情况确定其截面板件宽厚比等级。截面塑性发展系数取值见表 5-2。

表 5-2　截面塑性发展系数 γ_x、γ_y

项次	截面形式	γ_x	γ_y
1	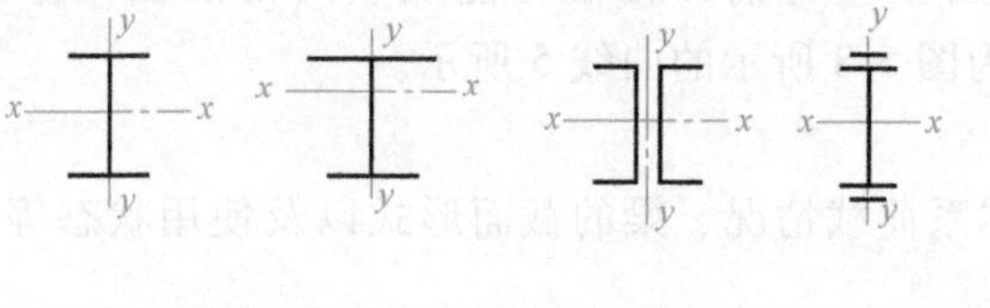		1.2
2	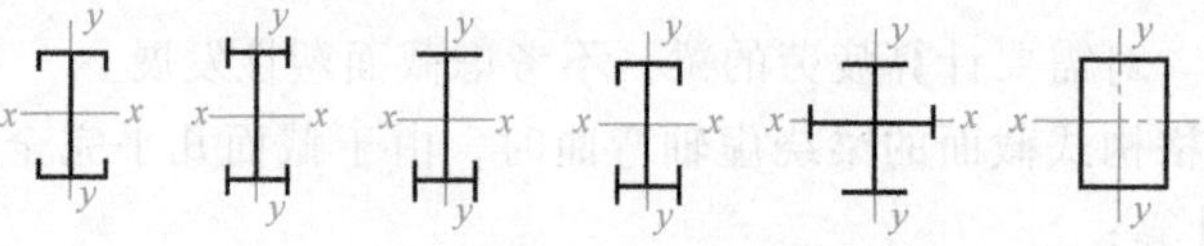	1.05	1.05
3	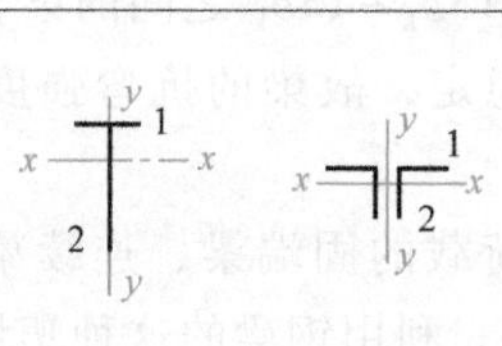	$\gamma_{x1} = 1.05$ $\gamma_{x2} = 1.2$	1.2
4	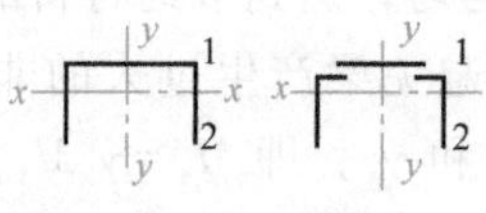		1.05
5	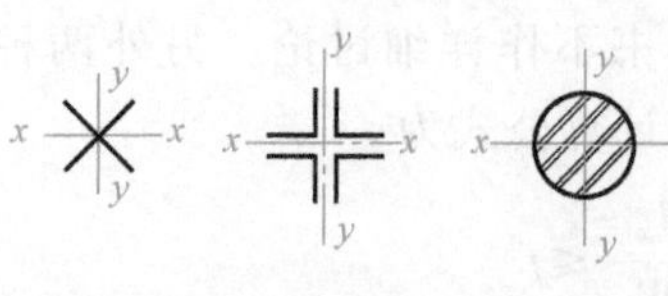	1.2	1.2
6	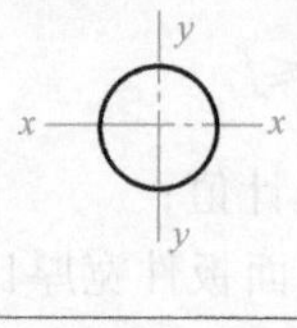	1.15	1.15

（续）

项次	截面形式	γ_x	γ_y
7		1.0	1.05
8			1.0

5.2.2　梁的抗剪强度

钢梁的截面常为工字形、箱形或槽形（见图 5-9）。这些截面由于其板件的高厚比和宽厚比较大，可视为薄壁截面。薄壁截面上弯曲剪应力的分布可用剪力流来描述，即假定剪应力大小沿壁厚均匀分布，剪应力的方向与各板件中心线一致，形成剪力流，在图 5-9c、d 所示中分别绘出了工字形截面和槽形截面在竖向剪力 V 作用下剪力流变化的分布；在截面上自由端剪应力为零，最大剪应力均发生在腹板中点。

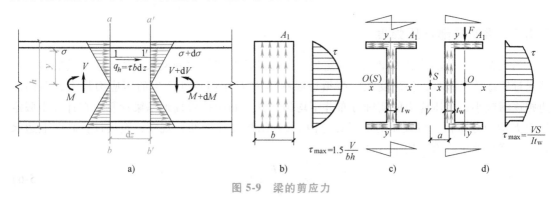

图 5-9　梁的剪应力

根据开口薄壁构件理论，受弯构件腹板的剪应力与材料力学所推导适用于矩形截面的公式完全相同（但翼缘不同）。则受弯构件腹板抗剪强度计算公式为

$$\tau = \frac{V_y S_x}{I_x t_w} \le f_v \tag{5-5}$$

式中　V_y——计算截面沿腹板平面作用的剪力设计值；

　　　S_x——计算剪应力处以上毛截面对中和轴的面积矩；

　　　I_x——毛截面惯性矩；

　　　t_w——计算点处腹板厚度；

　　　f_v——钢材的抗剪强度设计值。

对于双轴对称截面梁（如图 5-9c 所示的工字形截面梁），当横向荷载作用在形心轴上时，剪力流以形心轴对称，梁只产生弯曲，不产生扭转。对于单轴对称截面，当荷载作用在非对称轴的形心轴上时（如图 5-9d 所示的槽形截面梁），剪力流以形心轴非对称，梁除产生弯曲外，还伴随有扭转。当横向荷载 F 不通过截面的某一特定点 S 时，梁将产生弯曲并同时有扭转变形，若荷载逐渐平行地向腹板一侧移动到通过 S 点时，梁将只产生平面弯曲而不产生扭转，则 S 点是梁弯曲产生的剪力流的合力作用线通过点。因此，S 点被称为截面的剪切中心，也称弯曲中心。

剪切中心 S 点的位置可根据截面内力的平衡求得，常用截面的值见表 5-3。其位置有一些简单规律：

① 有对称轴的截面，S 点在对称轴上。

② 双轴对称截面和点对称截面（如 Z 形截面，十字形截面），S 点与截面形心重合。

③ 由矩形薄板相交于一点组成的截面，S 在交点处（见图 5-10），这是由于该种截面受弯时的全部剪力流都通过此交点，故总合力也必通过此交点。

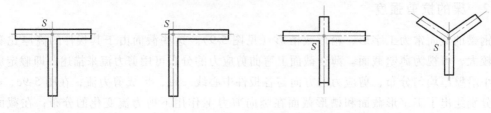

图 5-10　相交板件截面的剪切中心

5.2.3　梁的局部承压强度

当梁在承受移动荷载或梁承受固定集中荷载且该荷载作用处又未设置支承加劲肋时，荷载通过翼缘传至腹板，使之受压。腹板边缘在压力 F 作用点处产生的压应力最大，向两侧边则逐渐减小，其压应力的实际分布并不均匀，其分布应按弹性地基梁计算。在计算中假定压力 F 均匀分布在一段较短的范围 l_z 之内。《钢结构设计标准》规定，腹板计算高度上边缘处应验算局部压应力，按下式计算

$$\sigma_c = \frac{\psi F}{t_w l_z} \leqslant f \tag{5-6}$$

式中　F——集中力设计值，对动力荷载应考虑动力系数；

ψ——动力荷载增大系数：对重级工作制吊车梁，$\psi = 1.35$，对于其他梁：$\psi = 1.0$；

l_z——集中荷载在腹板计算高度上边缘的假定分布长度，按下式计算

$$l_z = a + 5h_y + 2h_R \tag{5-7a}$$

$$l_z = a + 2.5h_y + b \tag{5-7b}$$

式中　a——集中荷载沿梁跨度方向的支承长度，对次梁为次梁宽，对吊车梁可取为 50mm；

h_y——自梁顶面（或其他梁底面）至腹板计算高度上 h_0 边缘的距离。对焊接梁 h_y 为翼缘厚度，对轧制型钢梁 h_y 包括翼缘厚度和圆弧部分；

h_R——轨道的高度，对无轨道的梁 $h_R = 0$；

b——梁端到支座板外边缘距离，如果 $b \geqslant 2.5h_y$，取 $b = 2.5h_y$；若 $b < 2.5h_y$，取实际尺寸；

h_0——腹板的计算高度。对轧制型钢梁，为腹板与上、下翼缘相接处两内弧起点间的距离；对焊接组合梁，为腹板高度；对铆接（或高强度螺栓连接）组合梁，为上、下翼缘与腹板连接的铆钉（或高强度螺栓）线间最近距离（见图 5-11）。

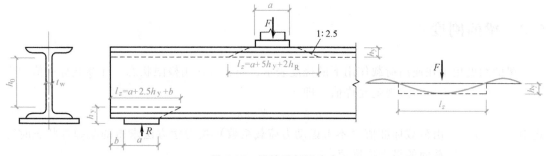

图 5-11　梁的局部压应力

在梁的支座处，当不设置支承加劲肋时，也应按式（5-6）计算腹板的计算高度下边缘的局部压应力，但 ψ 取 1.0。支座集中反力的假定分布长度，应根据支座具体尺寸按式（5-7b）计算。

若验算不满足，对于固定集中荷载可设置支承加劲肋，对于移动集中荷载则需要重选腹板厚度。对于翼缘上承受均布荷载的梁，因腹板上边缘局部压应力不大，不需要进行局部压应力的验算。

5.2.4　梁的折算应力

在组合梁的腹板计算高度边缘处，若同时受有较大的正应力、剪应力和局部压应力（如图 5-12 所示 A—A 截面处），或同时受有较大的正应力、剪应力（如连续梁支座处或梁的翼缘截面改变处等），在这些部位尽管正应力、剪应力都不是最大，但在它们同时作用下该处可能更危险。在设计时要对这些部位进行验算，根据第四强度理论，在复杂应力状态下折算应力应按下式计算

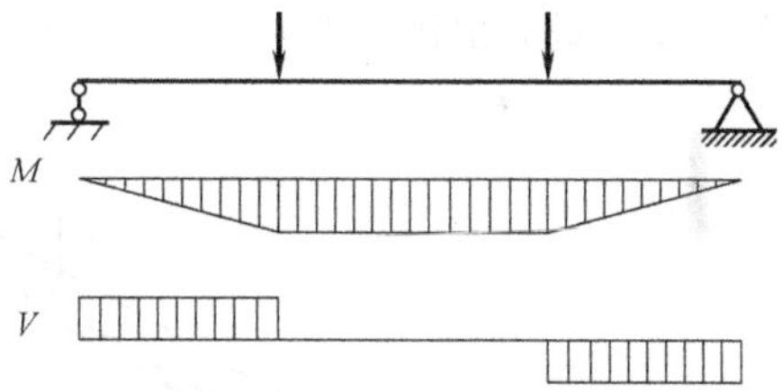

图 5-12　组合梁的内力分布

$$\sigma_{zs} = \sqrt{\sigma^2 + \sigma_c^2 - \sigma\sigma_c + 3\tau^2} \leqslant \beta_1 f \qquad (5\text{-}8)$$

式中　σ、τ、σ_c——腹板计算高度边缘同一点上同时产生的正应力、剪应力和局部压应力，σ 和 σ_c 应带各自符号，以拉应力为正值，压应力为负值。τ 和 σ_c 应按式（5-5）和式（5-6）计算，σ 应按下式计算

$$\sigma = \frac{My_1}{I_{nx}} \qquad (5\text{-}9)$$

I_{nx}——净截面惯性矩；

y_1——计算点至中和轴距离；

β_1——计算折算应力的强度设计值增大系数：当 σ 与 σ_c 异号时，取 $\beta_1 = 1.2$；当 σ 与 σ_c 同号或 $\sigma_c = 0$ 时，取 $\beta_1 = 1.1$。

对折算应力的强度设计值加以增大的原因：一是只有局部某点达到塑性，相邻材料都还处于弹性阶段，不至妨碍梁继续承受更大的荷载；二是异号应力场有利于塑性发展，从而提

高设计强度。

当梁的横向荷载不通过截面剪心时，σ 应和约束扭转翘曲正应力加在一起，而 τ 应和自由扭转剪应力及约束扭转剪应力相结合。

5.3 梁的刚度

梁的刚度用梁在使用荷载作用下的挠度表示，属正常使用极限状态。在荷载标准值的作用下，梁的挠度不应超过规范允许值，即

$$v \leq [v_T] \text{ 或} [v_Q] \tag{5-10}$$

式中　　　v——由荷载标准值（不考虑动力荷载系数）按力学方法求得的梁弹性状态时毛截面的最大挠度值；

$[v_T]$、$[v_Q]$——梁的容许挠度，见附录 E。

5.4 梁的整体稳定性

5.4.1 梁的整体失稳现象

钢梁的一般截面形式高而窄，两个主轴的惯性矩相差较大，即 $I_x>I_y$（其中 x 轴为强轴，y 轴为弱轴）。在最大刚度平面内承受弯曲作用的理想弹性梁，如图 5-13 所示，在侧向没有足够的支撑时其侧向刚度很小。当梁上荷载较小时，梁仅在其最大刚度平面内产生弯曲变形 ω，但当荷载达到一定数值后，弯矩 M 达到某一限值 M_{cr} 时，梁突然发生侧向弯曲变形 u 和扭转角 φ，最后很快丧失继续承载的能力，此现象称为梁的整体失稳或梁的弯扭失稳。

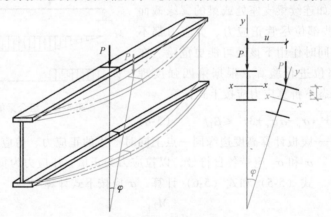

图 5-13　梁的整体失稳

梁之所以会出现侧扭屈曲，可以这样理解：把梁的受压翼缘和部分与其相连的受压腹板看作一根轴心压杆，因梁的侧向刚度小于主平面刚度，当弯曲压力加大到一定数值时，就会发生梁的侧向弯曲失稳变形；同时，由于拉力的原因，梁的受拉翼缘产生的侧向变形较小，因而对侧向弯曲产生牵制，使梁截面从上至下侧向变形量不等，就形成截面的扭转变形，故梁的失稳必然是侧向弯扭失稳形式。

从以上失稳机理来看，梁的整体失稳是弯曲压应力引起的，而且梁丧失整体稳定时的承载力往往低于其抗弯强度确定的承载能力，因此，对于侧向没有足够的支承且侧向刚度较小的梁，其承载力往往由整体稳定性所控制。

理想梁（不计其缺陷时）的失稳特征属于第一类稳定问题，即分岔失稳或分支点失稳，与理想轴心压杆整体失稳承载力采用临界压力 N_{cr} 一样，可将其临界弯矩 M_{cr} 作为梁的整体失稳承载力，如图 5-14 中曲线 a，在分岔点 A 之前，梁处在平面内稳定的弯曲平衡状态；从分岔点 A 开始出现了不稳定的平面弯曲加侧扭变形的中性平衡状态，即图中水平线。

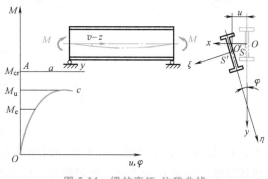

图 5-14　梁的弯矩-位移曲线

但是，实际的钢梁必然存在缺陷，在弯曲平面内和平面外都存在几何缺陷，构件一旦受弯就会产生侧扭变形，其整体失稳特征符合第二类失稳即极值点失稳，故应采用 M-φ 或 M-u 曲线中边缘纤维屈服弯矩 M_e 或弯矩最大值 M_u 作为其稳定承载力，根据具体缺陷的大小，M_e 与 M_u 不同程度低于临界弯矩 M_{cr}（图 5-14 所示曲线 c，M_e 是截面边缘纤维开始屈服时对应的弯矩，M_u 是极限弯矩）。

5.4.2　梁的扭转

梁在其平面外失去稳定时，必然同时发生侧向弯曲和扭转变形。为此，在研究梁整体稳定承载力前，必须对梁的扭转作简单介绍。有关开口薄壁构件扭转的更多知识，可参阅有关专门书籍。

梁发生扭转变形的原因，除受弯整体失稳外，当作用的横向荷载不通过截面剪心时，在受弯的同时也将产生扭转变形。梁的扭转有自由扭转和约束扭转两种形式，取决于支承条件和荷载情况等。

1. 自由扭转

自由扭转是指梁在扭矩作用下产生扭转变形时，截面不受任何约束，能够自由产生翘曲变形。翘曲变形是指在扭转作用下，梁截面上各点沿纵轴方向所产生的位移。自由扭转有以下特点：

1）沿梁全长扭矩 M_s 相等，并在各截面内引起相同的扭转剪应力分布。

2）扭转时各截面有相同翘曲，各纵向纤维无伸长或缩短变形；在扭转作用下截面上只产生剪应力，无轴向正应力。

3）纵向纤维保持直线，沿梁全长各截面有完全相同的翘曲情况，如图 5-15 所示。

梁发生自由扭转时，根据材料力学分析，可得到下列两个重要公式：

1）截面上剪应力计算公式

$$\tau = \frac{M_s t}{I_t} \tag{5-11}$$

2）扭矩 M_s 与扭转率 θ（即单位长度的扭转角）间有下列关系

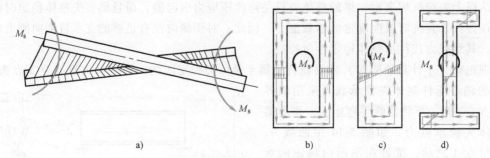

图 5-15　闭口与开口截面的自由扭转变形及剪应力分布图

a）自由扭转变形　b）箱形截面　c）矩形截面　d）工字形截面

$$M_s = GI_t\theta \tag{5-12}$$

式中，$\theta = \mathrm{d}\varphi/\mathrm{d}z$，$\varphi$ 为扭转角，自由扭转中 θ 为一常量，即 $\theta = \varphi/l$ 与纵坐标 z 无关。GI_t 为梁的扭转刚度，其中 G 为钢材的剪切模量，I_t 为截面的抗扭惯性矩，也称为扭转常数，与截面上的剪应力分布有关。

当为狭长矩形截面（$b/t \geqslant 10$）时，其抗扭惯性矩为

$$I_t = \frac{1}{3}bt^3 \tag{5-13a}$$

工字形截面，可以看作由几个狭长矩形截面所组成，其剪应力分布如图 5-15d 所示。其抗扭惯性矩为

$$I_t = \eta\frac{1}{3}\sum_{i=1}^{n} b_i t_i^3 \tag{5-13b}$$

式中　η——由截面形状而定的极惯性矩修正系数。对于热轧型钢截面，考虑板间交接处的圆角使厚度局部增大，截面的抗扭惯性矩提高的系数：组合截面 $\eta = 1.0$，角钢 $\eta = 1.0$，槽钢 $\eta = 1.12$，工字形钢 $\eta = 1.29$；

b_i、t_i——各矩形截面的长度和宽度。

薄板组成的闭合截面（如箱形截面）的极惯性矩和开口截面有很大的区别。在扭矩作用下其截面内部将形成沿板件中线方向的闭合形剪力流，如图 5-15b 所示，剪应力可视为沿壁厚均匀分布。其抗扭惯性矩的一般公式为

$$I_t = \frac{4A^2}{\displaystyle\int\frac{\mathrm{d}s}{t}} \tag{5-13c}$$

式中　A——闭合截面板件中线所围成的面积，即 $A = bh$；

$\displaystyle\int\frac{\mathrm{d}s}{t}$ 的积分号表示沿壁板中线一周的积分，图中截面 $\displaystyle\int\frac{\mathrm{d}s}{t} = 2\left(\frac{b}{t_1} + \frac{h}{t_2}\right)$。

因此，闭口截面的抗扭惯性矩公式为

$$I_t = \frac{4b^2h^2}{2(b/t_1 + h/t_2)}$$

如图 5-15d、b 所示，两个截面面积完全相同的工字形截面和箱形截面，经过计算其抗扭惯性矩之比约 1∶500，最大扭转剪应力之比近 30∶1，由此可见闭合箱形截面抗扭能力远

大于工字形截面。

2. 约束扭转

约束扭转是指梁在扭矩作用下，由于支承条件和荷载条件的不同，截面不能完全自由地产生翘曲变形，即截面的翘曲受到约束。翘曲受到约束的原因如下：

① 梁端支承条件可能限制端部截面使其不能自由翘曲。

② 沿梁全长的扭矩有变化，各不同扭转段互相牵制。

约束扭转的特点如下：

1）各截面有不同的翘曲变形，即两相邻截面间的纵向纤维因有伸长或缩短变形而有正应变，截面上将产生正应力，而纵向纤维必有弯曲变形，因此约束扭转又名弯曲扭转。这种正应力称为翘曲正应力或扇形正应力。

2）由于各截面上有大小不同的翘曲正应力，为了与之平衡，截面上将产生剪应力，这种剪应力称为翘曲剪应力或扇形剪应力。这与受弯构件中各截面上有不同弯曲正应力时截面上必有弯曲剪应力的理论相同。

3）约束扭转时为抵抗两相邻截面的相互转动，截面上也必然存在与自由扭转中相同的自由扭转剪应力。因此，约束扭转时，截面上存在自由扭转剪应力和翘曲剪应力。前者组成自由扭转扭矩 M_s，后者组成翘曲扭转扭矩 M_w，两者合成一总扭矩 M_z，即约束扭转时内外扭矩的平衡方程式为

$$M_z = M_s + M_w \tag{5-14}$$

已知自由扭转时

$$M_s = GI_t\theta = \varphi'$$

如再求得翘曲扭转扭矩 M_w 与扭转角 θ 的导数关系，即可得扭矩的平衡方程式。下面通过图 5-16 所示双轴对称工字形截面悬臂梁在自由端加一集中扭矩这个特例进行推导。

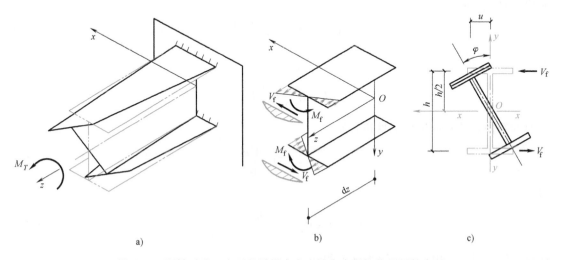

图 5-16 双轴对称工字形悬臂梁在自由端集中扭矩作用下的变形

在扭矩 M_z 作用下，距固定端为 z 处的截面有扭矩角 φ。M_z 中的自由扭转扭矩 M_s 只会使梁截面中产生图 5-15 所示的剪应力。M_z 中的翘曲扭转扭矩 M_w 可看作图 5-16 所示的一力偶 $V_f h$，即

$$M_w = V_f h$$

式中　h——梁截面上、下翼缘中心间的距离；

　　　V_f——作用在每个翼缘中的水平剪力。

以上翼缘为例，由于截面的扭转角 φ，上翼缘各点产生水平位移为

$$u = \frac{h}{2}\varphi \tag{5-15}$$

式中　φ——扭转角，在约束扭转中是坐标 z 的函数。

翼缘弯曲的曲率是

$$\frac{d^2 u}{dz^2} = \frac{h}{2}\frac{d^2\varphi}{dz^2} \tag{5-16}$$

若取图 5-16 所示的弯矩方向为正，依弯矩与曲率间关系，则一个翼缘的侧向弯矩 M_f 可写为

$$M_f = -EI_f \frac{d^2 u}{dz^2} = -EI_f \frac{h}{2}\frac{d^2\varphi}{dz^2} \tag{5-17}$$

式中　I_f——一个翼缘板对 y 轴的惯性矩，$I_f = I_y/2$。

此弯矩 M_f 将在工字形截面翼缘板中产生正应力（称为翘曲正应力或扇形正应力）。

上翼缘中的剪力，依图 5-16 所示内力的平衡关系，可得

$$V_f = \frac{dM_f}{dz} = -EI_f \frac{h}{2}\frac{d^3\varphi}{dz^3} \tag{5-18}$$

此剪力使翼缘板中产生剪应力（翘曲剪应力或扇形剪应力），假定沿板厚为均布，于是得翘曲扭矩为

$$M_w = V_f h = -EI_f \frac{h^2}{2}\frac{d^3\varphi}{dz^3} \tag{5-19}$$

令

$$I_w = I_f \frac{h^2}{2} = \frac{1}{4}I_y h^2 \tag{5-20}$$

I_w 称为翘曲惯性矩或扇形惯性矩，则

$$M_w = -EI_w \frac{d^3\varphi}{dz^3} \tag{5-21}$$

得

$$M_z = M_s + M_w = GI_t \frac{d\varphi}{dz} - EI_w \frac{d^3\varphi}{dz^3} \tag{5-22}$$

这就是集中扭矩作用下的扭矩平衡方程式。

由式（5-22），对坐标 z 求一阶导数，得

$$m_z = GI_t \frac{d^2\varphi}{dz^2} - EI_w \frac{d^4\varphi}{dz^4} \tag{5-23}$$

简写为

$$m_z = GI_t \varphi'' - EI_w \varphi'''' \qquad (5-24)$$

这是均布扭矩作用下的平衡方程式。由式（5-23），可解出未知量扭转角 φ，然后得到翘曲扭矩等。

式（5-21）和式（5-23）中的 EI_w 表示梁截面抵抗翘曲的能力，称为翘曲刚度。与侧向弯曲刚度 EI_y 和扭转刚度 GI_t 一起在梁的整体稳定中起着重要的作用。I_w 的量纲是长度的 6 次方，这与惯性矩 I_x、I_y 和抗扭惯性矩 I_t 的量纲（都是长度的 4 次方）不同，应予以注意。I_w 与截面的形状和尺寸有关，已推导双轴对称工字形截面的 I_w 为

$$I_w = \frac{1}{4} I_y h^2 \qquad (5-25a)$$

对于单轴对称工字形截面的 I_w，可简化为

$$I_w = \frac{I_1 I_2}{I_y} h^2 \qquad (5-25b)$$

式中　I_1 和 I_2——工字形截面两个翼缘各自对截面弱轴 y 的惯性矩，因而 $I_y = I_1 + I_2$。可见工字形截面的高度 h 越大，则其 I_w 也越大，抵抗翘曲的能力也越强。

常用开口薄壁截面的扇形惯性矩 I_w 计算公式和剪切中心 S 位置见表 5-3。

表 5-3　常用开口薄壁截面的扇形惯性矩 I_w 计算公式和剪切中心 S 位置

截面形式					
剪切中心 S 位置	$a = \dfrac{b_2^3 t_2}{b_1^3 t_1 + b_2^3 t_2} h$	$a = \dfrac{3b^2 t}{6bt + ht_w} h$	翼缘腹板交点	角点	形心点
扇性惯性矩 I_w	$\dfrac{h^3}{12}\left(\dfrac{b_1^3 t_1 b_2^3 t_2}{b_1^3 t_1 + b_2^3 t_2}\right)$	$\dfrac{b^3 h^2 t}{12}\left(\dfrac{3bt + 2ht_w}{6bt + ht_w}\right)$	$\dfrac{1}{36}\left(\dfrac{b^3 t^3}{4} + h^3 t_w^3\right) \approx 0$	$\dfrac{1}{36}\left(b_1^3 t_1^3 + b_2^3 t_2^3\right) \approx 0$	$\dfrac{b^3 h^2 t}{12}\left(\dfrac{bt + 2ht_w}{2bt + ht_w}\right)$

5.4.3　梁的整体稳定性计算

要保证钢梁在横向荷载作用下不至于丧失整体稳定，只要使梁上产生的最大弯矩不大于梁整体失稳时的临界弯矩 M_{cr} 或边缘纤维屈服弯矩 M_e 或弯矩最大值 M_u 即可，即

$$M_{max} \leqslant M_{cr} \text{ 或 } M_e \text{、} M_u$$

下面对理想构件弹性阶段的临界弯矩 M_{cr} 进行分析。

1. 梁的整体稳定临界弯矩

本节通过分析一种简单梁（理想平直双轴对称等截面单向纯弯简支梁）的弹性整体稳定问题，阐述受弯构件整体稳定性的基本理论和公式；然后再分析不同的荷载类型、支承条

件以及截面形式时梁的整体稳定性情况。

（1）焊接双轴对称工字形等截面纯弯简支梁 图 5-17 所示双轴对称工字型截面纯弯简支梁，夹支座（只能绕 x 轴和 y 轴转动，不能绕 z 轴转动，即只能自由挠曲，不能扭转）。采用 xyz 为固定坐标，梁发生弯扭屈曲时，任意截面 C 的形心将发生变化，其坐标系方向均已改变，分别由 $x'y'z'$ 表示，由于为双轴对称工字形截面，其截面的形心 O 和剪心 S 在弱轴 y 上并且重合，剪心矩 $y_0 = 0$。当弯矩 M 较小时，梁处于稳定平衡状态，截面 C 只产生对 x 轴的竖向弯曲（沿 y 轴方向的竖向位移 v，如图 5-17b 所示）；当弯矩 M 达到临界弯矩 M_{cr} 时，在 yz 平面内作用着绕强轴 x 的均匀弯矩 M_x，当产生平面外微小的侧扭变形时，任意截面 C 的受力和变形如图 5-17b 所示，该截面同时发生对 y 轴的侧向弯曲（沿 x 轴方向的侧向水平位移 u 见图 5-16c）和截面扭转（扭转角 φ，见图 5-17d）。

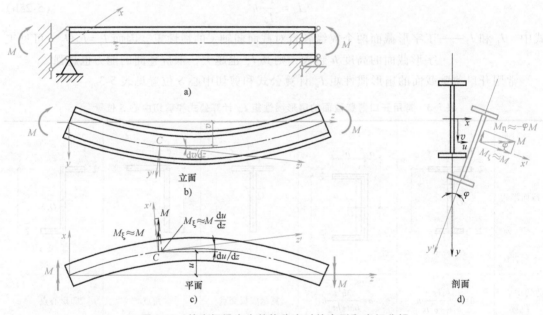

图 5-17 简支钢梁丧失整体稳定时的变形和力矩分解

分析时采用如下假定：

1）梁为理想平直、等截面无缺陷，且为弹性体。

2）弯曲和扭转时，截面的形状不变。

3）梁侧扭变形是微小的，梁变形后，力偶矩与原来的方向平行。

4）梁在弯矩作用平面内的刚度很大，屈曲前变形对弯扭屈曲的影响忽略不计。

梁的弯矩 M 是绕 x 轴的，表示为 $M_x = M = $ 常数，$M_y = M_z = 0$；截面发生移动和转动后，$M_x = M$ 可分解为 $M_{x'}$、$M_{y'}$、$M_{z'}$ 三个力矩，$M_{x'}$ 是绕强轴弯矩，$M_{y'}$ 是绕弱轴弯矩，$M_{z'}$ 是扭矩。当变形很小时，有

$$M_{x'} \approx M\cos\left(\frac{\mathrm{d}u}{\mathrm{d}z}\right)\cos\varphi \approx M \tag{5-26}$$

$$M_{y'} \approx -M\cos\left(\frac{\mathrm{d}u}{\mathrm{d}z}\right)\sin\varphi \approx -\varphi M \tag{5-27}$$

$$M_{z'} \approx M\sin\left(\frac{\mathrm{d}u}{\mathrm{d}z}\right) \approx M\frac{\mathrm{d}u}{\mathrm{d}z} \tag{5-28}$$

根据材料力学弯矩-曲率关系和开口薄壁杆件约束扭转的计算公式有

$$EI_x\frac{\mathrm{d}^2v}{\mathrm{d}z^2} = M_{x'} = -M \tag{5-29}$$

$$EI_y\frac{\mathrm{d}^2u}{\mathrm{d}z^2} = M_{y'} = -M\varphi \tag{5-30}$$

$$GI_t\frac{\mathrm{d}\varphi}{\mathrm{d}z} - EI_w\frac{\mathrm{d}^3\varphi}{\mathrm{d}z^3} = M_{z'} = M\frac{\mathrm{d}u}{\mathrm{d}z} \tag{5-31}$$

式（5-29）只包含一个未知量 v 的二阶导数，可以独立求解；而式（5-30）与式（5-31）各包含两个位移分量 u 和 φ 的导数，必须联立求解。对式（5-30）微分两次，对式（5-31）微分一次后，可得到一般受力条件下的双轴对称截面受弯构件弹性弯扭屈曲的微分方程，即

$$EI_y u^{(4)} + (M_x\varphi)'' = 0 \tag{5-32}$$

$$EI_w\varphi^{(4)} - \left[\left(2\beta_y M_x + GI_t - \overline{R}\right)\varphi'\right]' + M_x u'' = 0 \tag{5-33}$$

在利用式（5-32）消去 u''，可得

$$EI_w\frac{\mathrm{d}^4\varphi}{\mathrm{d}z^4} - GI_t\frac{\mathrm{d}^2\varphi}{\mathrm{d}z^2} - \left(\frac{M^2}{EI_y}\right)\varphi = 0 \tag{5-34}$$

将其写成 $\varphi^{(4)} - 2k_1\varphi'' - k_2\varphi = 0$，以便求解上述微分方程，则设

$$k_1 = \frac{GI_t}{2EI_w}, k_2 = \frac{M}{EI_y EI_w} \tag{5-35}$$

其通解为

$$\begin{cases} \varphi = C_1\sin\lambda_1 z + C_2\cos\lambda_2 z + C_3\sin\lambda_1 z + C_4\cos\lambda_2 z \\ \lambda_1 = \sqrt{\sqrt{k_1^2+k_2}-k_1} \\ \lambda_2 = \sqrt{\sqrt{k_1^2+k_2}+k_1} \end{cases} \tag{5-36}$$

式中 C_1、C_2、C_3、C_4——积分常数，由边界条件确定。

梁端截面不能扭转翘曲，则边界条件为：当 $z=0$ 和 $z=l$ 时，$\varphi'=\varphi''=0$，从而可得下列齐次线性方程组，即

$$C_2 + C_4 = 0 \tag{5-37}$$

$$-C_2\lambda_1^2 + C_4\lambda_2^2 = 0 \tag{5-38a}$$

$$C_1\sin\lambda_1 l + C_2\cos\lambda_2 l + C_3\sin\lambda_1 l + C_4\cos\lambda_2 l = 0 \tag{5-38b}$$

$$-C_1\lambda_1^2\sin\lambda_1 l - C_2\lambda_1^2\cos\lambda_1 l + C_3\sin\lambda_1 l + C_4\cos\lambda_2 l = 0 \tag{5-38c}$$

解得

$$C_2 = C_3 = C_4 = 0 \text{ 和 } C_1\sin\lambda_1 l = 0 \tag{5-38d}$$

其非零解为 $\sin\lambda_1 l = 0$

由此得 λ_1 的最小解为 $\lambda_1 = \pi/l$

将 k_1、k_2 代入，整理后得

$$M_{cr} = \frac{\pi^2 EI_y}{l^2}\sqrt{\frac{I_w}{I_y}+\frac{l^2}{\pi^2}\frac{GI_t}{EI_y}} \quad\quad (5\text{-}39)$$

式（5-39）即所求纯弯曲时双轴对称工字形截面简支梁整体稳定的临界弯矩。由式（5-39）可见影响临界弯矩大小的因素包括侧向弯曲刚度 EI_y、扭转刚度 GI_t 和翘曲刚度 EI_w 及梁的侧向无支撑跨度 l。

（2）焊接单轴对称工字形等截面单跨梁　单轴对称工字形截面的剪切中心 S 与形心 O 不相重合，承受横向荷载时梁的平衡状态微分方程不是常系数，因而不可能有准确的解析解，只能有数值解和近似解。为了便于讨论，下面给出用能量法求出的临界弯矩近似解，考虑不同边界条件与不同荷载情况后得到梁的弯扭屈曲临界弯矩通式

$$M_{cr} = \beta_1\frac{\pi^2 EI_y}{l_y^2}\left[\beta_2 a+\beta_3\beta_y+\sqrt{(\beta_2 a+\beta_3\beta_y)^2+\frac{I_w}{I_y}\left(1+\frac{GI_t l_y^2}{\pi^2 EI_w}\right)}\right] \quad (5\text{-}40)$$

式中　　l_y——梁受压翼缘的自由长度，对跨中无侧向支承点的梁为其跨度，对跨中有侧向支承点的梁为受压翼缘侧向支承点间的距离（梁的支座处视为有侧向支承）；

a——荷载作用点 P 至剪心 S 的距离，荷载向下时，P 在 S 下方取正，P 在 S 上方取负；

β_y——单轴对称截面的一种几何特性，坐标原点取截面形心 O，纵坐标指向受拉翼缘为正，$\beta_y = \frac{1}{2I_x}\int_A y(x^2+y^2)\mathrm{d}A - y_0$；当截面为双轴对称时，$\beta_y=0$；当为加强受压翼缘工字形截面时，$\beta_y$ 为正值；当为加强受拉翼缘工字形截面时，β_y 为负值；

I_t——截面抗扭刚度，$I_t = \frac{\eta}{3}\sum b_i t_i^3$；

I_w——截面扇形惯性矩，$I_w = \frac{I_1 I_2}{I_y}h^2$；

I_1、I_2、I_y——受压翼缘和受拉翼缘对 y 轴的惯性矩，$I_y = I_1+I_2$；

y_0——剪心 S 至形心 O 的距离，$y_0 = \frac{I_2 h_2 - I_1 h_1}{I_y}$：当双轴对称截面时，$y_0=0$；当为单轴对称工字形截面时，得正值时，剪力中心在形心之下，得负值时，在形心之上；h_1、h_2 分别为受压翼缘和受拉翼缘形心至整个截面形心的距离；

β_1、β_2、β_3——随作用于梁上荷载的形式、荷载作用点位置及支座情况而异的系数，具体取值见表5-4。

表 5-4　工字形截面简支梁整体稳定的 β_1、β_2、β_3

荷载情况	β_1	β_2	β_3
纯弯矩	1.00	0	1.00
全跨均布荷载	1.13	0.46	0.53
跨度中点集中荷载	1.35	0.55	0.40

2. 影响因素

通过简支梁整体临界弯矩公式可以看到影响稳定承载力的因素如下：

（1）荷载种类　由于引起梁整体失稳的原因是梁在弯矩作用下产生了压应力，梁在三种典型荷载作用下如纯弯矩、均布荷载和跨中一个集中荷载的弯矩分布如图 5-18a 所示。梁受压翼缘和腹板的压应力随弯矩图以矩形、抛物线与三角形锐减。由于梁的侧向变形总是在压应力最大处开始的，其他压应力小的截面将对压应力最大的截面的侧向变形产生约束，因此，纯弯曲对梁的整体稳定最不利，均布荷载次之，而跨中一个集中荷载较为有利。若沿梁跨分布有多个集中荷载，其影响将大于跨中一个集中荷载而接近于均布荷载的情况，故其抵抗弯扭屈曲能力按纯弯曲→均布荷载→跨中一个集中荷载的顺序增大。

（2）荷载作用位置　如图 5-18b 所示，当荷载作用在梁的受压翼缘时，荷载对梁截面的扭矩有加大作用，因而降低了梁的整体稳定性能；当荷载作用在梁的受拉翼缘时，荷载对梁截面的扭矩有减小作用，因而提高了梁的整体稳定性能。

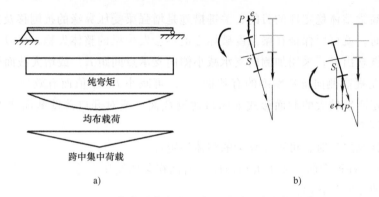

图 5-18　荷载种类和作用点位置对梁稳定的影响

a）不同荷载的弯矩分布　b）荷载作用位置和梁扭转的关系

（3）梁的截面形式　从前面的分析可知，在最大刚度平面内受弯的钢梁，其整体失稳是以弯扭变形的形式出现的。因此，梁的侧向抗弯刚度 EI_y 和抗扭刚度 GI_t 较强的截面将有利于提高其整体稳定性。另外，如图 5-19 所示，对于同一种截面形式，加强受压翼缘比加

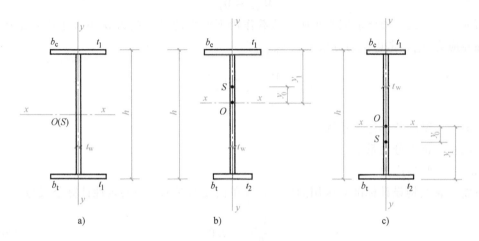

图 5-19　梁的截面形式对梁稳定的影响

强受拉翼缘有利：加强受压翼缘时截面的剪心位于截面形心之上，减小了截面上荷载作用点至剪心距离即扭矩的力臂，从而减小了扭矩，提高了构件的整体稳定承载力。

（4）侧向支承点间距 l_1　由于梁的整体失稳变形包括侧向弯曲和扭转，因此，沿梁的长度方向设置一定数量的侧向支承点就可以有效地提高梁的整体稳定性。侧向支承点的位置对提高梁的整体稳定性也有很大影响。如果只在梁的剪心 S 处设置支承，只能阻止梁的 S 点发生侧向移动，而不能有效地阻止截面扭转，效果不理想。如果在梁的受压翼缘设置支承，效果就好得多，因为梁整体失稳的起因在于受压翼缘的侧向变形，因此，阻止该翼缘侧移，扭转也就不会发生。如果在梁的受拉翼缘设置支承，效果最差，因为它既不能有效地阻止侧移，也不能有效地阻止扭转。

（5）梁的支承情况　两端支承条件不同，其抵抗弯扭屈曲的能力也不同，约束程度越强则抵抗弯扭屈曲的能力就越强，故其整体稳定承载力按固端梁→简支梁→悬臂梁的顺序减小。

要达到提高梁整体稳定性的目的，关键措施是增强梁受压翼缘的抗侧移及扭转刚度，当满足一定条件时，就可以保证在梁强度破坏之前不会发生梁的整体失稳，可以不必验算梁的整体稳定。从概念出发，采用加侧向支承减小侧向支承点间距 l_1，或增大截面受压翼缘的宽度 b_1（同时也是提高侧向抗弯刚度的有效措施），可减小 l_1/b_1 值而有效地提高整体稳定承载力。采用抗扭刚度较大的截面形式如闭口薄壁截面，或对开口薄壁截面增大 b_1，可有效提高梁的抗扭刚度。

符合下列情况之一时，可不计算梁的整体稳定性：

1）有铺板（各种钢筋混凝土板和钢板）密铺在梁的受压翼缘上并与其牢固相连、能阻止梁受压翼缘的侧向位移时。

2）箱型截面梁，当满足以下条件时

$$\frac{h}{b_0}\leqslant 6 \quad 且\ l_1/b_0\leqslant 95\varepsilon_k^2$$

3. 梁的整体稳定性计算

钢结构设计中，为了保证梁不发生弯扭失稳，要求

$$M_{\max}\leqslant M_{cr}$$

也可写成应力形式，即要求钢梁在横向荷载作用下产生的最大应力 σ 不大于产生整体失稳时的临界应力 σ_{cr}，考虑抗力分项系数 γ_R，即

$$\sigma_{\max}=\frac{M_{\max}}{W_x}\leqslant \frac{\sigma_{cr}}{f_y}\times \frac{f_y}{\gamma_R}=\varphi_b f$$

式中　φ_b——梁的整体稳定系数；

　　　γ_R——抗力分项系数；

　　　σ_{cr}——临界应力。

写成《钢结构设计标准》采用的形式，梁单向受弯时的整体稳定性计算公式为

$$\frac{M_x}{\varphi_b W_x f}\leqslant 1.0 \tag{5-41a}$$

当双向弯曲时，采用如下经验公式

$$\frac{M_x}{\varphi_b W_x f}+\frac{M_y}{\gamma_y W_y f}\le 1.0 \tag{5-41b}$$

式中　M_x——绕强轴作用的最大弯矩；

　　　W_x——按受压纤维确定的梁毛截面的抵抗矩，当截面板件宽厚比等级为 S1、S2、S3 或 S4 级时，应取全截面模量，当截面板件宽厚比等级为 S5 级时，应取有效截面模量，均匀受压翼缘有效外伸宽度可取 $15\varepsilon_k$，腹板有效截面可按《钢结构设计标准》相关规定采用；

　　　φ_b——梁的整体稳定系数，$\varphi_b=\sigma_{cr}/f_y$。

关于式（5-41b）的说明：

1）双向弯曲临界力比单向弯曲临界力低。

2）γ_y 为适当降低第二项的影响，而不是绕 y 轴允许发展塑性。

3）此表达式在形式上与压弯构件相协调。

以下讨论《钢结构设计标准》采用的不同截面形式的整体稳定系数 φ_b：

（1）焊接工字形等截面简支梁 φ_b　常用的焊接工字形等截面梁的截面形式主要有如图 5-19 所示的双轴对称工字形截面、加强受压翼缘工字形截面及加强受拉翼缘工字形截面三种，其整体稳定临界弯矩按式（5-39）和式（5-40），则其整体稳定系数 φ_b 分别为

$$\varphi_{b0}=\frac{\sigma_{cr}}{f_y}=\frac{M_{cr}}{W_x f_y}=\frac{\pi^2 E I_y}{l^2 W_x f_y}\sqrt{\frac{l_w}{l_y}+\frac{l^2\,GI_t}{\pi^2 EI_y}} \tag{5-42a}$$

$$\varphi_b=\frac{\sigma_{cr}}{f_y}=\frac{M_{cr}}{W_x f_y}=\beta_1\frac{\pi^2 E I_y}{l_y^2 W_x f_y}\left[\beta_2 a+\beta_3\beta_y+\sqrt{(\beta_2 a+\beta_3\beta_y)^2+\frac{I_w}{I_y}\left(1+\frac{GI_t l_y^2}{\pi^2 EI_w}\right)}\right] \tag{5-42b}$$

由于上述两式尤其是式（5-42b）的计算工作量很大，《钢结构设计标准》对其进行了简化，方法如下：

将式（5-42a）的 φ_{b0} 作为近似 φ_b 的基本公式，而把其他荷载和约束情况下的 φ_b 等效为 φ_{b0}，即将 φ_b 与纯弯简支梁 φ_{b0} 的比值记为 $\beta_b=\dfrac{\varphi_b}{\varphi_{b0}}$，则可以写成一个通用表达式

$$\varphi_b=\beta_b\varphi_{b0} \tag{5-43}$$

式中　β_b——等效弯矩系数，取值见附录表 F-1。

1）简化式（5-42b）中的 β_y。

$$\beta_y=-\frac{1}{2I_x}\int_A y(x^2+y^2)\,dA-y_0$$

β_y 中包括 y_0 项和积分项，通常两项均为正（加强受压翼缘）或均为负（加强受拉翼缘）或为零（双轴对称截面），积分项一般比 y_0 小得多，可取 $\beta_y\approx y_0$。

引入两个系数 α_b、η_b，其中 α_b 是受压上翼缘 $b_1 t_1$ 沿 y 轴的惯性矩 I_1 与全截面的惯性矩 $I_y=I_1+I_2$ 的比值，即 $\alpha_b=I_1/I_y$；η_b 为截面的不对称影响系数。对双轴对称的工字形截面，$\eta_b=0$；对单轴对称的工字形截面：加强受压翼缘（见图 5-19b），$\eta_b=0.8(2\alpha_b-1)$；加强受拉翼缘（见图 5-19c），$\eta_b=2\alpha_b-1$。

则
$$\beta_y \approx y_0 = -\frac{I_2 h_2 - I_1 h_1}{I_y} = \frac{I_1(h_1+h_2)-h_2(I_1+I_2)}{I_y} = a_b h - h_2 = \frac{\eta_b h}{2} \qquad (5\text{-}44)$$

2）截面的自由扭转惯性矩简化为 $I_k = \frac{1}{3}At_1^2$。

3）翘曲惯性矩 $I_w = \frac{I_1 I_2}{I_y}h^2 = \alpha_b(1-\alpha_b)I_y h^2$。

4）$I_y/l^2 = A/\lambda_y^2$，$E = 2.06\times10^5\,\mathrm{N/mm^2}$，$E/G = 2.6$，$f_y = 235\mathrm{N/mm^2}$。

将以上公式及数据代入式（5-42b）后可得到焊接工形等截面简支梁的整体稳定系数计算公式

$$\varphi_b = \beta_b \frac{4320}{\lambda_y^2} \times \frac{Ah}{W_x}\left[\sqrt{1+\left(\frac{\lambda_y t_1}{4.4h}\right)^2} + \eta_b\right]\varepsilon_k^2 \qquad (5\text{-}45)$$

上述整体稳定系数 φ_b 是按弹性稳定理论推导的，只适用于梁在弹性受力阶段失稳，即 $\sigma_{max} = M_{max}/W_x \leqslant f_p$（$f_p$ 为钢材的弹性极限）或 $\varphi_b = \sigma_{cr}/f_y \leqslant f_p/f_y$。当 $\sigma_{max} \geqslant f_p$ 或 $\varphi_b \geqslant f_p/f_y$ 时，约相当于在 $\varphi_b > 0.6$，失稳时钢材已进入弹塑性受力阶段，这时的临界弯矩、临界应力以及整体稳定系数均比弹性稳定理论计算的值显著降低。因此，当求得 $\varphi_b > 0.6$ 时，即为弹塑性阶段失稳。根据理论分析和试验，考虑初弯曲、初偏心及残余应力的影响，得弹塑性稳定公式应采用 φ'_b 代替 φ_b 值

$$\varphi'_b = 1.07 - \frac{0.282}{\varphi_b} \leqslant 1.0 \qquad (5\text{-}46)$$

（2）轧制普通工字型钢简支梁 φ_b 由于轧制普通工字型钢简支梁的翼缘有斜坡，且在与腹板交接处为圆角，其截面特性不能按焊接组合工字形截面计算。考虑到工字形钢规格统一，可将其整体稳定系数 φ_b 进行适当的归并后制成表格以方便使用，φ_b 见附录表 F-2。

查表时，当求得 $\varphi_b > 0.6$ 时，应采用 φ'_b 代替 φ_b。

（3）轧制槽型简支梁 φ_b 轧制槽型简支梁是单轴对称截面，其理论的整体稳定系数计算复杂，可采用近似简化方法，偏于安全地不分荷载形式和荷载作用点在截面高度上的作用位置，均可按下式计算，当算得的 $\varphi_b > 0.6$ 时，仍应采用 φ'_b 代替 φ_b

$$\varphi_b = \frac{570bt}{l_1 h} \times \varepsilon_k^2 \qquad (5\text{-}47)$$

式中 h、b、t——槽钢截面的高度、翼缘宽度和平均厚度。

（4）纯弯曲受弯构件整体稳定系数 φ_b 的近似计算（适用于 $\lambda_y \leqslant 120\varepsilon_k$） 对于受均布弯矩（纯弯曲）作用的构件，当 λ_y 较小时，受弯构件均在弹塑性阶段屈曲，大多数构件 $\varphi_b > 0.7$，其整体稳定系数 φ_b 可近似按下列近似公式计算

1）工字形截面

双轴对称时

$$\varphi_b = 1.07 - \frac{\lambda_y^2}{44000\varepsilon_k^2} \leqslant 1.0 \qquad (5\text{-}48)$$

单轴对称时

$$\varphi_b = 1.07 - \frac{W_{1x}}{(2\alpha_b + 0.1)Ah} \times \frac{\lambda_y^2}{14000\varepsilon_k^2} \leqslant 1.0 \tag{5-49}$$

式中　W_{1x}——截面最大受压纤维的毛截面模量。

2）T 形截面（弯矩作用在对称轴平面，绕 x 轴）

弯矩使翼缘受压时，双角钢 T 形截面，$\varphi_b = 1 - 0.0017\dfrac{\lambda_y}{\varepsilon_k}$ \hfill (5-50)

部分 T 型钢和平板焊接的 T 形截面，$\varphi_b = 1 - 0.0022\dfrac{\lambda_y}{\varepsilon_k}$ \hfill (5-51)

弯矩使翼缘受拉且腹板宽度比不大于 $18\varepsilon_k$ 时，$\varphi_b = 1 - 0.0005\dfrac{\lambda_y}{\varepsilon_k}$ \hfill (5-52)

3）箱形截面

当 $h/b_0 \leqslant 6$，且 $l_1/b_0 \leqslant 95\varepsilon_k^2$ 时，$\qquad \varphi_b = 1.0$ \hfill (5-53)

式（5-48）~式（5-52）中的 φ_b 值已经考虑了非弹性屈曲问题。因此当算得的 $\varphi_b > 0.6$ 时，不必再进行修正；当 $\varphi_b > 1$ 时，取 $\varphi_b = 1$。

在工程设计中，梁的整体稳定性常由铺板或支承来保证，需要验算的情况并不很多。式（5-48）~式（5-52）主要用于压弯构件在弯矩作用平面外的稳定性计算中。

当采用牌号不低于 Q460、Q460GJ 钢材的工业与民用建筑及一般构筑物的钢结构设计，梁的整体稳定性系数应按下列公式计算

$$\varphi_b = \frac{1}{[1 - (\lambda_{n,b0})^{2n} + (\lambda_{n,b})^{2n}]^{1/n}} \leqslant 1.0 \tag{5-54}$$

$$\lambda_{n,b} = \sqrt{\frac{\gamma_x W_x f_y}{M_{cr}}} \tag{5-55}$$

式中　M_{cr}——梁的弹性屈曲临界弯矩（N·mm）；

$\lambda_{n,b0}$——梁腹板受弯计算时起始正则化长细比，按表 5-5 采用；

$\lambda_{n,b}$——梁腹板受弯计算时的正则化长细比；

n——指数，按表 5-5 采用。

表 5-5　指数 n 和起始正则化长细比 $\lambda_{n,b0}$

截面类型	n	$\lambda_{n,b0}$	
		简支梁	承受线性变化弯矩的悬臂梁和连续梁
焊接截面	$n = 2\sqrt[3]{(6-5\varepsilon_k')\dfrac{b_1}{h_m} + 1.5(1-\varepsilon_k')}$	0.3	$0.55 - 0.25\dfrac{M_2}{M_1}$

注：表中 b_1 为工字形截面受压翼缘的宽度；h_m 为上下翼缘中面的距离；M_1、M_2 为区段的端弯矩，使构件产生同向曲率（无反弯点）时取同号，使构件产生反向曲率（有反弯点）时取异号，且 $|M_1| \geqslant |M_2|$；ε_k' 为 460 与钢材牌号中屈服点数值比值的平方根。

必须注意，所有上述整体稳定系数的计算公式均是基于梁的端部截面不产生扭转变形（扭转角等于零）。因此，在梁端处必须采用构造措施（见图 5-20）提高抗扭刚度，以防止

端部截面扭转，否则梁的整体稳定性能将会
降低。

5.5 梁的局部稳定性

组合梁一般由翼缘和腹板等板件组成，为提
高梁的刚度、强度及整体稳定承载力，应遵循

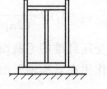
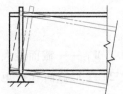

图 5-20 夹支的梁支座

"肢宽壁薄"的设计原则，常采用高而薄的腹板和宽而薄的翼缘。如果这些
板件减薄加宽的不恰当，板中压应力或剪应力达到某一数值后，腹板或受压
翼缘有可能偏离其平面位置，出现波形鼓曲（见图 5-21），这种现象称为梁
局部失稳。

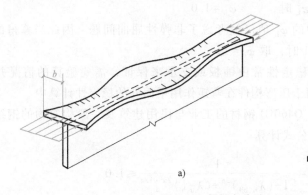

图 5-21 梁局部失稳

与轴心受压构件相仿，翼缘或腹板发生局部失稳，虽不会使梁立即失去承载力，但是板
的局部屈曲部位退出工作后，将使构件的刚度减小、截面形状改变，从而导致梁的强度和整
体稳定承载力降低。因此，在进行组合梁的设计时，必须包括局部稳定计算问题。

热轧型钢由于其板件宽厚比较小，都能满足局部稳定要求，不需要验算。对冷弯薄壁型
钢梁的板件，当板件受拉或受压而其宽厚比不超过规定限制时，认为板件全部有效，当受压
而其宽厚比超过规定限制时，则只考虑其一部分宽度为有效宽度，应按《冷弯薄壁型钢结
构技术规范》计算。

对于组合梁的翼缘和腹板的局部稳定性，考虑用材经济性并兼顾梁的承载力及刚度。
《钢结构设计标准》建议采用以下两种方式：

1）对于翼缘板，采用一定厚度的钢板保证翼缘板不发生失稳。由于翼缘主要受弯曲压
应力 σ 作用而受力简单，同时梁的翼缘板远离截面的形心，强度一般能够得到比较充分的
利用；若翼缘板发生局部屈曲，会很快导致梁丧失继续承载的能力。因此，常采用限制翼缘
宽厚比的方法，即通过保证必要厚度的办法，来防止其局部失稳。

2）对于腹板，由于其受力复杂，常在弯曲正应力 σ、剪应力 τ 和局压应力 σ_c 的共同作
用下，且各种应力在腹板各区段的分布和大小也不相同，加之其面积又相对较大，如果用同样
限制腹板高厚比的方法来保证其局部稳定，将大大增加组合梁的用钢量，一般采用下列方法：

① 对直接承受动力荷载的吊车梁或其他不考虑腹板屈曲后强度的组合梁，可在腹板上

配置一些加劲肋，将腹板分隔成若干小尺寸的矩形板段，各板段的四周由翼缘和加劲肋构成支承。这样，增加少量的加劲肋，就有效地提高了腹板的局部稳定性。

② 对承受静力荷载和间接承受动力荷载的组合梁，容许腹板局部失稳，考虑腹板的屈曲后强度，计算腹板局部屈曲后梁截面的抗弯和抗剪承载力（详见本章第5.8节）。

梁的局部稳定问题，其实质是组成梁的矩形截面薄板在应力 σ、τ、σ_c 的作用下的屈曲问题（见图5-22），矩形截面薄板在各种应力作用下保持稳定所能承受的最大应力称为临界应力。

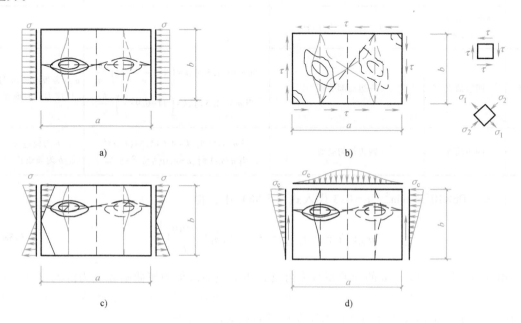

图 5-22 各种应力单独作用下的矩形截面薄板

a) 受纵向均匀正应力作用 b) 受剪应力作用 c) 受弯曲正应力作用 d) 横向非均匀局部压应力作用

矩形截面薄板在各种应力单独作用下失稳的临界应力 σ_{cr}、τ_{cr} 或 $\sigma_{c,cr}$，均可采用在第4章 4.3 节中得到的矩形截面薄板的弹塑性稳定临界应力公式，即通用计算公式为

$$\sigma_{cr}(\text{或}\ \tau_{cr}、\sigma_{c,cr}) = \chi k\,\frac{\pi^2\sqrt{\eta}E}{12(1-\nu^2)}\left(\frac{t}{b}\right)^2 \tag{5-56}$$

式中　E、ν——钢材的弹性模量与泊松比；

t、b——板的厚度、宽度或板的高度；

k——板的屈曲系数，与板的应力状态及支承情况有关，各种情况下的 k 值见表 5-6；

η——弹性模量修正系数（考虑薄板处于弹塑性状态时，板材降低为切线模量，且为正交异性板），当为弹性屈曲时 $\eta=1$；

$$\eta = E_t/E \tag{5-57}$$

χ——支承边的弹性约束系数，考虑板件不是同时屈曲，板件之间存在的相互约束作用，具体取值在梁翼缘和腹板的屈曲计算中讨论。

表 5-6 板的屈曲系数 k

序号	支撑情况	应力状态	屈曲系数 k	说明
1	四边简支	两平行边均匀受压	$k_{\min} = 4$	
2	三边简支 一边自由	两平行简支边均匀受力	$k = 0.425 + (b/a)^2$ 规范取 0.43	a、b 为板边长, a 为自由边长
3	四边简支	两平行边受弯	$k_{\min} = 23.9$	
4	两平行边简支 另两边固定	两平行简支边受弯	$k_{\min} = 39.6$	
5	四边简支	一边局部受压	当 $a/b \le 1.5$ 时,$k = \left(4.5\dfrac{b}{a} + 7.4\right)\dfrac{b}{a}$ 当 $a/b > 1.5$ 时,$k = \left(11 - 0.9\dfrac{b}{a}\right)\dfrac{b}{a}$	a、b 为板边长,a 与 压应力方向垂直
6	四边简支	四边均匀受剪	当 $a/b \le 1$ 时,$k = 4.0 + 5.34(b/a)^2$ 当 $a/b > 1$ 时,$k = 4.0(b/a)^2 + 5.34$	a、b 为板边长, b 为短边长

将 $E = 206 \times 10^3 \, \text{N/mm}^2$、$\nu = 0.3$ 代入式(5-56)中,得

$$\sigma_{\text{cr}}(\text{或}\ \tau_{\text{cr}}、\sigma_{\text{c,cr}}) = 18.6 \chi \sqrt{\eta}\, k \left(\frac{100t}{b}\right)^2 \tag{5-58}$$

由式(5-58)及表 5-6 的屈曲系数 k 可见,矩形截面薄板的屈曲临界应力除与其所受应力、支承情况和板的长宽比(a/b)有关外,还与板的宽厚比(b/t)的平方成正比;但与钢材强度无关,采用高强度钢材并不能提高板的局部稳定性能。

5.5.1 梁受压翼缘的局部稳定性

梁的翼缘主要承受弯曲正应力,忽略应力沿翼缘厚度的变化,梁的受压翼缘板与轴心压杆的翼缘相似,可视为在两对边(简支边)的均匀压力下工作(见图 5-22a 和图 5-23)。对

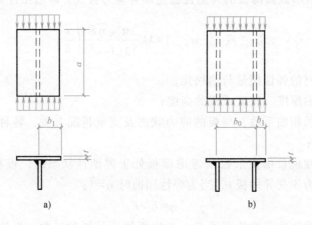

图 5-23 梁的受压翼缘板

工字形截面翼缘板，可视为三边简支、一边自由的薄板，其屈曲系数由表 5-6 查为 $k_{\min} = 0.425$（取 $b/a \rightarrow 0$）；由于支承翼缘板的腹板一般较薄，对翼缘板没有什么约束作用，因此取弹性约束系数 $\chi = 1.0$。为充分发挥材料的强度，使翼缘板的临界应力 σ_{cr} 不低于材料的屈服强度 f_y，即 $\sigma_{cr} \geqslant f_y$（等强原则），从而保证翼缘不丧失局部稳定。由 5.2 节可知，在弯矩作用下，梁有弹性和塑性两种极限状态。

当按弹性极限状态计算时（塑性发展系数 $\gamma_x = 1.0$），梁受压翼缘的最大边缘纤维应力为 f_y，若不考虑翼缘板厚度上应力的变化，可近似地取 f_y；虽然抗弯强度计算是按弹性计算，因有残余应力影响，实际截面已进入弹塑性阶段，弹性模量也已降低，《钢结构设计标准》近似地取 $\sqrt{\eta} = 2/3$。由 $\sigma_{cr} \geqslant f_y$，代入式（5-58）可得

$$\sigma_{cr} = 18.6 \times \frac{2}{3} \times 0.425 \times \left(\frac{100t}{b_1}\right)^2 \geqslant f_y \tag{5-59a}$$

简化后

$$\frac{b_1}{t} \leqslant 15\sqrt{\frac{235}{f_y}} = 15\varepsilon_k \tag{5-59b}$$

因此，弹性设计中（截面板件宽厚比等级为 S4 级）采用上式防止翼缘板局部失稳。

当梁按弹塑性极限状态计算时，截面部分发展塑性变形（塑性发展系数 $\gamma_x > 1.0$），受压翼缘板整个厚度上的应力均可达屈服强度 f_y，弹性模量已经降低至 $E_t = \sqrt{\eta}E$，《钢结构设计标准》近似地取 $\sqrt{\eta} = 0.5$。由 $\sigma_{cr} \geqslant f_y$ 可得

$$\sigma_{cr} = 18.6 \times 0.5 \times 0.425 \times \left(\frac{100t}{b_1}\right)^2 \geqslant f_y \tag{5-60}$$

因此，弹塑性极限状态下翼缘宽厚比要求为

$$\frac{b_1}{t} \leqslant 13\sqrt{\frac{235}{f_y}} = 13\varepsilon_k \tag{5-61}$$

同理，可求得全截面不同状态下翼缘板宽厚比限值。由此，可得保证翼缘局部稳定的要求为：

1）当截面板件宽厚比等级为 S1 级时，可达全截面塑性，翼缘宽厚比应满足

$$\frac{b_1}{t} \leqslant 9\varepsilon_k$$

2）当截面板件宽厚比等级为 S2 级时，也可达全截面塑性，但由于局部屈曲，塑性铰转动能力有限，称为"二级塑性截面"，翼缘宽厚比应满足

$$9\varepsilon_k < \frac{b_1}{t} \leqslant 11\varepsilon_k$$

3）当截面板件宽厚比等级为 S3 级时，为弹塑性截面，受弯强度计算时 $\gamma_x > 1.0$，翼缘宽厚比应满足

$$11\varepsilon_k < \frac{b_1}{t} \leqslant 13\varepsilon_k$$

4）当截面板件宽厚比等级为 S4 级时，为弹性截面，受弯强度按计算时 $\gamma_x = 1.0$，宽厚比可适当放宽，满足下式要求

$$13\varepsilon_k < \frac{b_1}{t} \leqslant 15\varepsilon_k$$

箱形截面梁在两腹板之间的受压翼缘板（见图 5-23）的宽度为 b_0，厚度为 t，相当于四边简支单向均匀受压板，屈曲系数 $k=4.0$。在式（5-56）中，令弹性约束系数 $\chi=1.0$，取 $\eta=1.0$，由条件 $\sigma_{cr} \geqslant f_y$ 得

$$\frac{b_0}{t} \leqslant \sqrt{\frac{k\pi^2 E}{12(1-\nu^2)f_y}} \tag{5-62}$$

式（5-62）为箱形梁受压翼缘板在两腹板之间的无支撑宽度 b_0 与其厚度 t 的比值应满足的局部稳定要求。

因此，箱形截面梁壁板（腹板）间翼缘宽厚比限值按下列要求计算：

截面宽厚比等级为 S1、S2、S3 和 S4 时，宽厚比限值分别为 $25\varepsilon_k$、$32\varepsilon_k$、$37\varepsilon_k$ 和 $42\varepsilon_k$。

当采用牌号不低于 Q460、Q460GJ 钢材的工业与民用建筑及一般构筑物的钢结构设计，受弯构件翼缘宽厚比应符合下列规定

1）工字形截面

$$b/t_f \leqslant 15\varepsilon_k \tag{5-63}$$

2）箱形截面

$$b_0/t \leqslant 46\varepsilon_k \tag{5-64}$$

式中　b——工字形截面的翼缘外伸宽度（mm）；

b_0——箱形截面壁板间的净距离（mm）；

t_f——工字形截面的翼缘厚度（mm）；

t——箱形截面的壁板厚度（mm）。

3）当梁抗弯强度计算取 $\gamma_x=1.05$ 时，工字形截面 b/t_f 宜减小至 $13\varepsilon_k$，箱形截面 b_0/t 宜减小至 $42\varepsilon_k$。

5.5.2　梁腹板的局部稳定性

如前所述，组合梁翼缘的局部稳定性是按其主要承受弯曲压应力而采用限制宽厚比的方法来保证的。《钢结构设计标准》对于不考虑腹板屈曲后强度的组合梁，其腹板的局部稳定性就是采用配置加劲肋的方法来保证的。

加劲肋有横向加劲肋、纵向加劲肋和短加劲肋等三种形式，腹板应该配置哪一种形式的加劲肋才能保证局部稳定，取决于梁腹板所受的应力状态和腹板的高厚比。支承加劲肋属于横向加劲肋，仅用于承受固定集中荷载（如梁端支座反力）处。

梁腹板加劲肋的布置形式如图 5-24 所示。图 5-24a 仅布置横向加劲肋，图 5-24b、c 同时布置横向加劲肋和纵向加劲肋，图 5-24d 除布置横向加劲肋、纵向加劲肋外，还设置短加劲肋。横、纵向加劲肋交叉处，切断纵向加劲肋，让横向加劲肋贯通，并尽可能使纵向加劲肋两端支承于横向加劲肋上。

为了验算各腹板区格的局部稳定性，首先讨论梁腹板在剪应力、弯曲正应力和局部压应力单独作用下的临界应力，然后利用各种应力同时作用下的临界条件验算各区格的局部稳定性。

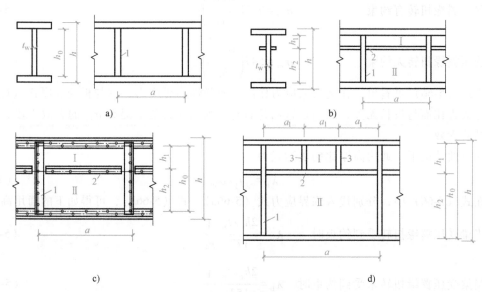

图 5-24 梁腹板加劲肋的布置形式
1—横向加劲肋 2—纵向加劲肋 3—短加劲肋

1. 梁腹板在剪应力、弯曲正应力和局部压应力单独作用下的临界应力

与梁的整体稳定性一样，在纵向弯曲应力、局部横向应力或剪应力作用下，板件有弹性阶段、弹塑性阶段和塑性阶段屈曲三种情形，因此，应区分板件的屈曲状态，以便确定相应的局部稳定临界应力。

为了简捷直观并考虑非弹性工作和初始缺陷的影响，国际工程界通行的方式是引入一个参数——通用高厚比，来区分板件的屈曲状态，并用其表达板件相应的临界应力。《钢结构设计标准》也采用了这种方法。通用高厚比用符号 λ 表示，其定义为：板件在各种应力作用下的通用高厚比的平方等于各种作用应力对应的材料屈曲强度与板件在相应应力单独作用下的弹性屈曲临界应力的比值。

（1）腹板在纯弯曲应力作用下的临界应力 根据弹性薄板稳定理论，纯弯曲应力作用下的四边支承板，考虑嵌固影响其临界应力可表示为

$$\sigma_{cr} = \frac{\chi k \pi^2 E}{12(1-\nu^2)} \left(\frac{t_w}{h_0}\right)^2 \tag{5-65}$$

当腹板简支于翼缘时，即为四边简支板，其屈曲系数查表 5-6 为 $k_{min} = 23.9$。实际上，梁腹板和受拉翼缘相连接的边缘转动受到很大约束，基本上属于完全固定；而受压翼缘对腹板的约束作用除与受压翼缘本身的刚度有关外，还和是否有能够阻止它扭转的构件有关。当连有刚性铺板或焊有钢轨时，上翼缘不能扭转，腹板上边缘近于固定；无刚性构件连接时则介于固定和铰支之间。翼缘对腹板的约束作用由嵌固系数来考虑，即把四边简支板的临界应力乘以 χ。《钢结构设计标准》对受压翼缘扭转受约束和未受约束两种情况分别取 $\chi=1.66$ 和 $\chi=1.23$，前者相当于上下固定约束，后者相当于上部未约束、下部固定约束。将嵌固系数 χ 和屈曲系数代入临界应力式（5-65），得腹板在纯弯曲应力作用下弹性临界应力（$\eta=1$）：

受压翼缘扭转有约束

$$\sigma_{cr} = 737\left(\frac{100t_w}{h_0}\right)^2 \tag{5-66a}$$

受压翼缘扭转无约束

$$\sigma_{cr} = 547\left(\frac{100t_w}{h_0}\right)^2 \tag{5-66b}$$

由式（5-66）可看出，在纯弯曲应力作用下的弹性临界应力，仅与板的高厚比（h_0/t_w）的平方成正比而与板长无关，故当设置加劲肋时，纵向加劲肋是提高 σ_{cr} 的有效手段，而横向加劲肋无效。

在弯曲情况下，通用高厚比的表达式为

$$\lambda_b = \sqrt{f_y/\sigma_{cr}} \tag{5-67}$$

在式（5-66）中，分别代入临界应力式（5-66a）、式（5-66b），可得如下的通用高厚比

当梁受压翼缘扭转受到约束时

$$\lambda_b = \frac{2h_c/t_w}{177}\frac{1}{\varepsilon_k} \tag{5-68a}$$

当梁受压翼缘扭转未受到约束时

$$\lambda_b = \frac{2h_c/t_w}{153}\frac{1}{\varepsilon_k} \tag{5-68b}$$

式中 h_c——腹板弯曲受压区高度，取双轴对称截面 $2h_c = h_0$。

由通用高厚比的定义可知，弹性阶段腹板临界应力 σ_{cr} 与 λ_b 的关系曲线如图 5-25 中所示的 $ABEG$ 线，它与 $\sigma_{cr} = f_y$ 的水平线交于 E 点，相应的 $\lambda_b = 1$。图中的 $ABEF$ 线是理想情况下弹塑性板的 σ_{cr}-λ_b 曲线。

《钢结构设计标准》考虑实际情况中的各种因素，对纯弯曲下腹板区格的临界应力曲线采用图 5-25 所示 $ABCD$ 实线。考虑到存在有残余应力和几何缺陷，把塑性范围缩小到 $\lambda_b \leqslant 0.85$，弹性范围则扩大到 $\lambda_b = 1.25$ 开始，则 $0.85 < \lambda_b \leqslant 1.25$ 属于弹塑性过渡范围，其间的临界应力由两界点间直线式表达。因此，得到分别适用于塑性、弹塑性和弹性范围的临界应力公式。

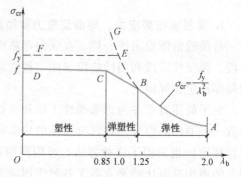

图 5-25　纯弯曲时临界应力与
通用高厚比关系曲线

当 $\lambda_b \leqslant 0.85$ 时　　　　　$\sigma_{cr} = f$ 　　　　　　　　　　　　　　　　(5-69a)

当 $0.85 < \lambda_b \leqslant 1.25$ 时　　$\sigma_{cr} = [1 - 0.75(\lambda_b - 0.85)]f$ 　　　　　　　(5-69b)

当 $\lambda_b > 1.25$ 时　　　　　　$\sigma_{cr} = 1.1f/\lambda_b^2$ 　　　　　　　　　　　　(5-69c)

式中 λ_b——按照式（5-68）采用；

f——钢材强度设计值。

以上三个公式在形式上都与钢材强度的设计值 f 相关，但式（5-69c）中的 f 乘以系数 1.1 后相当于 f_y，即不计抗力分项系数，这主要是为了适当考虑腹板的屈曲后强度。

（2）腹板在剪应力作用下的临界应力　当腹板四周只受均布剪应力 τ 作用时，板内呈 45°斜方向的主应力，并在主压应力作用下屈曲，故屈曲时呈大约 45°斜向的波形凹凸（见

图 5-22b)。弹性屈曲时的剪切临界应力表达式为

$$\tau_{cr} = \frac{\chi k \pi^2 E}{12(1-\nu^2)} \left(\frac{t_w}{h_0}\right)^2 \tag{5-70}$$

翼缘对腹板有一定的约束作用，其程度与应力状态及腹板和翼缘的刚度比有关。根据实验分析，承受剪应力的腹板，可取嵌固系数 $\chi = 1.23$，其屈曲系数 k 见表 5-6 中的第 6 项，即

当 $a/b \leqslant 1$ 时，$k = 4.0 + 5.34(b/a)^2$

当 $a/b > 1$ 时，$k = 4.0(b/a)^2 + 5.34$

式中 a、b——腹板区段的长度与宽度（此处 $b = h_0$）。

将其一并代入临界应力通式（5-70），得腹板在剪应力作用下弹性临界应力 τ_{cr} 为

当 $\dfrac{a}{h_0} \leqslant 1$ 时 $\qquad \tau_{cr} = 23[4.0 + 5.34(h_0/a)^2]\left(\dfrac{100 t_w}{h_0}\right)^2 \tag{5-71a}$

当 $\dfrac{a}{h_0} > 1$ 时 $\qquad \tau_{cr} = 23[5.43 + 4(h_0/a)^2]\left(\dfrac{100 t_w}{h_0}\right)^2 \tag{5-71b}$

由式（5-71）可看出，在纯剪应力作用下的弹性临界应力不仅与板的长高比（a/h_0）有关，还与板的高厚比（h_0/t_w）的平方成正比。因此设置横向加劲肋是提高 τ_{cr} 的有效手段。当设纵向加劲肋时，τ_{cr} 将随 h_0 的改变也会有一定变化。

由通用高厚比定义可知，抗剪计算用的通用高厚比 λ_s 为

$$\lambda_s = \sqrt{f_{vy}/\tau_{cr}} \tag{5-72}$$

$$f_{vy} = f_y/\sqrt{3}$$

当 $a/h_0 \leqslant 1.0$ 时 $\qquad \lambda_s = \dfrac{h_0/t_w}{37\eta\sqrt{4+5.34(h_0/a)^2}} \cdot \dfrac{1}{\varepsilon_k} \tag{5-73a}$

当 $a/h_0 > 1.0$ 时 $\qquad \lambda_s = \dfrac{h_0/t_w}{37\eta\sqrt{5.34+4(h_0/a)^2}} \cdot \dfrac{1}{\varepsilon_k} \tag{5-73b}$

式中 a——横向加劲肋的间距。当跨中无中间横向加劲肋时，可取 $a/h_0 = \infty$；η 简支梁取 1.1，框架梁梁端最大应力区取 1。

《钢结构设计标准》用 $1.1 f_v$ 代替 f_{vy}，则弹性临界应力可表达为

$$\tau_{cr} = 1.1 f_v/\lambda_s^2 \tag{5-74}$$

与弯曲应力类似，剪切临界应力 τ_{cr} 有三个公式计算，分别用于塑性、弹塑性和弹性范围。则 τ_{cr} 分别按下列方法计算

当 $\lambda_s \leqslant 0.8$ 时 $\qquad \tau_{cr} = f_v \tag{5-75a}$

当 $0.8 < \lambda_s \leqslant 1.2$ 时 $\qquad \tau_{cr} = [1 - 0.59(\lambda_s - 0.8)]f_v \tag{5-75b}$

当 $\lambda_s > 1.2$ 时 $\qquad \tau_{cr} = 1.1 f_v/\lambda_s^2 \tag{5-75c}$

当腹板不设加劲肋时，即 $a \to \infty$，则 $k = 5.34$。若要求 $\tau_{cr} = f_v$，则 λ_s 不应超过 0.8，由式（5-73b）可得高厚比限值

$$\frac{h_0}{t_w} = 0.8 \times 41\sqrt{5.34} \times \varepsilon_k = 75.8\varepsilon_k \tag{5-76}$$

考虑到区格平均剪应力一般低于 f_y，规定限值为 $80\varepsilon_k$，当腹板高厚比不满足上式时，应设置横向加劲肋。

（3）腹板在局部压力作用下的临界应力 当梁上有比较大的集中荷载而无支承加劲肋时，则应验算腹板边缘所受的局部压应力（见图 5-22d），其临界应力仍可表示为

$$\sigma_{c,cr} = \frac{\chi k \pi^2 E}{12(1-\nu^2)}\left(\frac{t_w}{h_0}\right)^2 \tag{5-77}$$

其嵌固系数为

$$\chi = 1.81 - 0.255 h_0/a \tag{5-78}$$

其屈曲系数 k 见表 5-6，屈曲系数和嵌固系数的乘积 χk 极其繁复。为了简化公式，采用了函数拟和，《钢结构设计标准》规定简化为

$$\chi k = \begin{cases} 10.9 + 13.4(1.83 - a/h_0)^3 & (0.5 \leq a/h_0 < 1.5) \\ 18.9 - 5a/h_0 & (1.5 \leq a/h_0 < 2.0) \end{cases} \tag{5-79}$$

把 χk 值代入式（5-77）即可计算局部均匀压应力作用下的临界应力。

局部压应力计算用的通用高厚比为

$$\lambda_c = \sqrt{f_y/\sigma_{c,cr}} = \frac{h_0/t_w}{28\sqrt{\chi k}}\frac{1}{\varepsilon_k} \tag{5-80}$$

将 χk 值代入式（5-80）

当 $0.5 \leq a/h_0 \leq 1.5$ 时 $\lambda_c = \dfrac{h_0/t_w}{28\sqrt{10.9 + 13.4(1.83 - a/h_0)^3}} \cdot \dfrac{1}{\varepsilon_k}$ (5-81a)

当 $1.5 < a/h_0 \leq 2.0$ 时 $\lambda_c = \dfrac{h_0/t_w}{28\sqrt{18.9 - 5a/h_0}} \cdot \dfrac{1}{\varepsilon_k}$ (5-81b)

《钢结构设计标准》采用的临界应力 $\sigma_{c,cr}$ 与 σ_{cr}、τ_{cr} 相似，也分为三段，即

当 $\lambda_c \leq 0.9$ 时 $\sigma_{c,cr} = f$ (5-82a)

当 $0.9 < \lambda_c \leq 1.2$ 时 $\sigma_{c,cr} = [1 - 0.79(\lambda_c - 0.9)]f$ (5-82b)

当 $\lambda_c > 1.2$ 时 $\sigma_{c,cr} = 1.1f/\lambda_c^2$ (5-82c)

2. 梁的矩形薄板在应力 σ、τ、σ_c 共同作用下的屈曲问题

实际腹板中常同时存在应力 σ、τ，有时还有 σ_c，因此必须考虑它们对腹板屈曲的联合效应，其稳定性计算要采用综合考虑三种应力共同作用的近似经验稳定相关公式。腹板的局部稳定设计方法为：首先根据规范，按构造要求布置加劲肋，然后计算各区格板的各种应力和相应的临界应力，使其满足稳定条件。

（1）组合梁腹板加劲肋布置 如前所述，横向加劲肋对提高梁腹板在支座附近剪力较大板段的临界应力是有效的，并可作为纵向加劲肋的支承；纵向加劲肋对提高梁腹板在跨中弯矩较大板段的临界应力特别有效；短加劲肋常用于局部压应力较大的情况。

经过以上分析，对直接承受动力荷载的吊车梁及类似构件，或其他不考虑屈曲强度的组合梁，为保证组合梁腹板的局部稳定性，应按下列原则布置腹板加劲肋：

1）当 $h_0/t_w \leq 80\varepsilon_k$ 时，对有局部压应力（$\sigma_c \neq 0$）的梁，应按构造配置横向加劲肋。

2）当 $h_0/t_w > 80\varepsilon_k$ 时，应配置横向加劲肋。其中，当 $h_0/t_w > 170\varepsilon_k$（受压翼缘受到约束，

如连有刚性铺板、制动板或有钢轨时）或 $h_0/t_w>150\varepsilon_k$（受压翼缘未受到约束时），或按计算需要时，应在弯曲应力较大区格的受压区增配纵向加劲肋。局部压应力很大的梁，必要时尚应在受压区配置短加劲肋。

任何情况下，h_0/t_w 均不应超过 $250\varepsilon_k$，这是为了避免腹板过薄，产生过大的焊接翘曲变形。因而此限制与钢材的种类无关。

此处 h_0 为腹板的计算高度（对单轴对称梁，当确定是否要配置纵向加劲肋时，h_0 应取腹板受压区高度 h_c 的 2 倍）。

3）梁的支座处和上翼缘受有较大固定集中荷载处，亦设置支承加劲肋。

一般横向加劲肋经济合理间距为 $0.5h_0 \leqslant a \leqslant 2h_0$，对无局部压应力的梁，当 $h_0/t_w \leqslant 100\varepsilon_k$ 时可采用 $2.5h_0$；纵向加劲肋应设在弯曲压应力较大部位，一般 $h_1 \approx h_0/4 \sim h_0/5$ 处；当采用短加劲肋时，短加劲肋的最小间距为 $0.75h_1$。

（2）组合梁腹板局部稳定验算　配置腹板加劲肋时，一般需先进行加劲肋的布置，然后进行验算，并做必要的调整。在加劲肋三种布置形式中，各区格的应力各不相同，如图 5-26 所示，则局部稳定验算也均不相同。

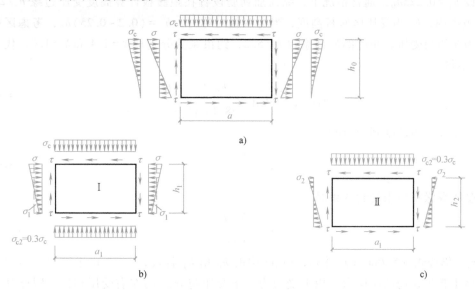

图 5-26　设置加劲肋时腹板各区格的应力

a）仅用横向加劲肋加强的腹板区格　b）设置纵向加劲肋时的上板段（区格Ⅰ）

c）设置纵向加劲肋时的下板段（区格Ⅱ）

1）仅配置横向加劲肋的腹板，在弯曲正应力 σ、剪应力 τ 和横向压应力 σ_c 联合作用下（见图 5-26a），矩形薄板屈曲的临界应力为下面相关公式

$$\left(\frac{\sigma}{\sigma_{cr}}\right)^2+\left(\frac{\tau}{\tau_{cr}}\right)^2+\frac{\sigma_c}{\sigma_{c,cr}}\leqslant 1 \tag{5-83}$$

式中　σ——所计算腹板区格内由平均弯矩产生的腹板计算高度边缘的弯曲压应力；

τ——所计算腹板区格内由平均剪力产生的平均剪应力，应按 $\tau=V/(h_w t_w)$ 计算，h_w 为腹板的高度；

σ_c——腹板计算高度边缘的局部压应力，应按 $\sigma_c=F/(t_w l_z)$ 计算；

σ_{cr}，τ_{cr} 和 $\sigma_{\mathrm{c,cr}}$ 为相应应力单独作用下腹板区格的临界应力，分别按式（5-69a~c）、式（5-75a~c）和式（5-82a~c）计算。

2）同时配置横向和纵向加劲肋的腹板区格局部稳定。由图 5-26b 和图 5-26c 所示为同时配置横向和纵向加劲肋的腹板区格及其受力图，腹板被纵向加劲肋分成上、下两个区格 Ⅰ 和 Ⅱ，其高度各为 h_1 和 h_2，$h_1 + h_2 = h_0$。

① 区格 Ⅰ：受压翼缘与纵向加劲肋间的区格的局部稳定性验算。该区格靠近受压翼缘，故可近似地视为以承受弯曲压应力 σ 为主的均匀受压板。另外，该区格还可能承受均布剪应力 τ 和上、下两边缘的横向压应力 σ_{c} 及 $\sigma_{\mathrm{c2}} = 0.3\sigma_{\mathrm{c}}$。因此，其屈曲临界条件用下面形式的相关公式计算

$$\frac{\sigma}{\sigma_{\mathrm{cr1}}} + \left(\frac{\tau}{\tau_{\mathrm{cr1}}}\right)^2 + \left(\frac{\sigma_{\mathrm{c}}}{\sigma_{\mathrm{c,cr1}}}\right)^2 \leqslant 1 \tag{5-84}$$

式中　σ、τ 和 σ_{c}——腹板区格 Ⅰ 所受弯曲压应力、均布剪应力和局部承压应力；

σ_{cr1}——按式（5-69a~c）计算，但式中的 λ_{b} 改用下列 λ_{b1} 代替。

假设 $h_1 = 0.225 h_0$，通常情况下，纵向加劲肋设置在距腹板计算高度受压边缘 $h_{\mathrm{c}}/2.5 \sim h_{\mathrm{c}}/2.0$ 范围内，h_{c} 为受压区腹板高度，当为双轴对称时，$h_1 = (0.2 \sim 0.25)h_0$，考虑区格 Ⅰ 在纵向为非均匀受压，相应的屈曲系数 $k = 5.2$，约束系数分别取 $\chi = 1.4$ 和 $\chi = 1.0$，代入式（5-60）中得

$$\lambda_{\mathrm{b1}} = \sqrt{f_{\mathrm{y}}/\sigma_{\mathrm{cr1}}} = \frac{h_0/t_{\mathrm{w}}}{28.1\sqrt{\chi k}} \times \frac{1}{\varepsilon_{\mathrm{k}}} \tag{5-85a}$$

当受压翼缘扭转受到约束时

$$\lambda_{\mathrm{b1}} = \frac{h_1/t_{\mathrm{w}}}{75\varepsilon_{\mathrm{k}}} \tag{5-85b}$$

当受压翼缘扭转未受到约束时

$$\lambda_{\mathrm{b1}} = \frac{h_1/t_{\mathrm{w}}}{64\varepsilon_{\mathrm{k}}} \tag{5-85c}$$

式中，τ_{cr1} 仍按式（5-75a~c）计算，但 λ_{s} 中的 h_0 用 h_1 替代；$\sigma_{\mathrm{c,cr1}}$ 由于纵向间劲肋的分隔，区格 Ⅰ 腹板在局部压应力作用下受力为上下受压与 σ_{cr1} 的左右受压相似，因此其临界应力也可近似采用式（5-82a~c）计算，但式中的 λ_{b} 应改用下列 λ_{c1} 代替

当受压翼缘扭转受到约束时

$$\lambda_{\mathrm{c1}} = \frac{h_1/t_{\mathrm{w}}}{56\varepsilon_{\mathrm{k}}} \tag{5-86a}$$

当受压翼缘扭转未受到约束时

$$\lambda_{\mathrm{c1}} = \frac{h_1/t_{\mathrm{w}}}{40\varepsilon_{\mathrm{k}}} \tag{5-86b}$$

② 区格 Ⅱ：受拉翼缘与纵向加劲肋间的区格的局部稳定性的验算。与只配置横向加劲肋的腹板所受应力类型相同（见图 5-26c），只是区格尺寸与应力数值 σ 和 σ_{c} 不同，而且 σ_{cr}，τ_{cr} 和 $\sigma_{\mathrm{c,cr}}$ 应由 σ_{cr2}、τ_{cr2} 和 $\sigma_{\mathrm{c,cr2}}$ 代替，因此，其屈曲临界条件用下面形式的相关公式计算

$$\left(\frac{\sigma_2}{\sigma_{cr2}}\right)^2+\left(\frac{\tau}{\tau_{cr2}}\right)^2+\frac{\sigma_{c2}}{\sigma_{c,cr2}}\leqslant 1 \tag{5-87}$$

式中　σ_2——为所计算区格由平均弯矩产生的腹板在纵向加劲肋处的弯曲压应力；

τ——所计算腹板区格内由平均剪力产生的平均剪应力，应按 $\tau=V/(h_w t_w)$ 计算，h_w 为腹板的高度；

σ_{c2}——腹板在纵向加劲肋处的横向压应力，取为 $\sigma_{c2}=0.3\sigma_c$；

σ_{cr2}——按式（5-69a~c）计算，但式中的 λ_b 改用下列 λ_{b2} 代替（约束系数应为 $\chi=1.0$，屈曲系数 $k=4.25$）

$$\lambda_{b2}=\frac{h_2/t_w}{194\varepsilon_k} \tag{5-88}$$

τ_{cr2}——按式（5-75a~c）计算，但 λ_s 中的 h_1 应该为 h_2；

$\sigma_{c,cr2}$——按式（5-82a~c）计算，但式中的 h_0 改为 h_2，当 $a/h_2>2$ 时，取 $a/h_2=2$。

3）在受压翼缘与纵向加劲肋之间设有短加劲肋的区格局部稳定性验算。图 5-24 所示同时用横向加劲肋、纵向加劲肋和短加劲肋的腹板区格受力图。区格Ⅱ的稳定计算与上述同时配置横向和纵向加劲肋的腹板区格Ⅱ完全相同，这里只需对图中的区格Ⅰ的稳定计算做出说明：其验算稳定的条件见式（5-84），式中的 σ_{cr1} 仍按式（5-69）计算；τ_{cr1} 按式（5-75）计算，但将 h_0 和 a 改为 h_1 和 a_1，a_1 为短加劲肋的间距；$\sigma_{c,cr1}$ 按式（5-82）计算，但式中的 λ_b 改用下列 λ_{c1} 代替

对 $a_1/h_1\leqslant1.2$ 的区格

当受压翼缘扭转受到约束时

$$\lambda_{c1}=\frac{a_1/t_w}{87\varepsilon_k} \tag{5-89a}$$

当受压翼缘扭转未受到约束时

$$\lambda_{c1}=\frac{a_1/t_w}{73\varepsilon_k} \tag{5-89b}$$

当 $a_1/h_1>1.2$ 时，仍用上述式（5-89），但其右边应乘以 $1/\sqrt{0.4+0.5a_1/h_1}$。

5.5.3　加劲肋的构造和截面设计

加劲肋有两种形式，一是以上所述的专为加强腹板局部稳定性而设的横向加劲肋、纵向加劲肋和短加劲肋；二是在板梁承受较大的固定集中荷载处以及梁的支座处，为传递此集中荷载至梁的腹板，满足局压应力，常需设置的支承加劲肋。加劲肋必须具有足够的弯曲刚度，以满足其在腹板屈曲时作为腹板支承的要求。支承加劲肋必然应具有加强腹板局部稳定性的作用，同时还要满足集中力作用下的强度和稳定要求。

（1）加劲肋的构造要求　加劲肋可以成对布置于腹板两侧，也可以单侧布置，支承加劲肋及重级工作制吊车梁必须两侧对称布置。截面多数采用钢板，也可用角钢等型钢（见图 5-27）。钢材常采用 Q235，高强度钢用于此处并不经济。

1）横向加劲肋的截面，在腹板两侧成对配置的钢板横向加劲肋，如图 5-27 所示，其截面尺寸应符合下列公式要求

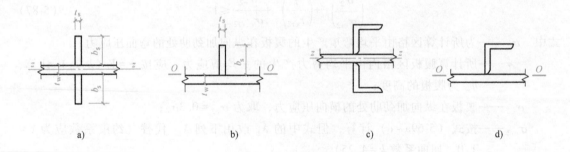

图 5-27　横向加劲肋

外伸宽度

$$b_s \geq \frac{h_0}{30} + 40mm \qquad (5-90)$$

厚度

$$t_s \geq \frac{b_s}{15} \qquad (5-91)$$

在腹板一侧配置的钢板横向加劲肋，其外伸宽度应大于按式（5-90）算得的 1.2 倍，厚度不大于其外伸宽度的 1/15。

焊接梁的横向加劲肋翼缘板相接处应切角（见图 5-28），避免多向焊缝相交，产生复杂应力场。当切成斜角时，其宽约为 $b_s/3$（但不大于 40mm），高约为 $b_s/2$（但不大于60mm）。

如图 5-28 所示，横向加劲肋的端部与板梁受压翼缘须用角焊缝连接，以增加加劲肋的稳定性，同时还可增加对板梁受压翼缘的转动约束。与板梁受拉翼缘一般可不相焊接，且容许横向加劲肋在受拉翼缘处提前切断，特别是在承受动力荷载的梁中，以防止受拉翼缘处的应力集中和降低疲劳强度。

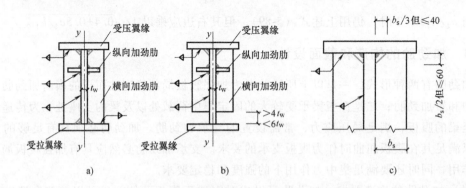

图 5-28　焊接梁的横向加劲肋翼缘板相接处的切角

2）同时采用横向加劲肋和纵向加劲肋时，如横向加劲肋贯通、纵向加劲肋断开，则纵向加劲肋视作支承在横向加劲肋上。因此，横向加劲肋的尺寸除满足上述式（5-90）和式（5-91）要求外，其截面惯性矩 I_z 还应满足下述惯性矩要求

$$I_z \geq 3h_0 t_w^3 \tag{5-92}$$

纵向加劲肋的截面惯性矩 I_y，应符合下列公式要求

当 $\dfrac{a}{h_0} \leq 0.85$ 时

$$I_y \geq 1.5 h_0 t_w^3 \tag{5-93a}$$

当 $\dfrac{a}{h_0} > 0.85$ 时

$$I_y \geq \left(2.5 - 0.45 \frac{a}{h_0} \right) \left(\frac{a}{h_0} \right)^2 h_0 t_w^3 \tag{5-93b}$$

3）短加劲肋外伸宽度应取为横向加劲肋外伸宽度的 0.7~1.0 倍，厚度不应小于短加劲肋外伸宽度的 1/15。

用型钢（工字钢、槽钢、肢尖焊于腹板的角钢）做成的加劲肋，其截面惯性矩不得小于相应钢板加劲肋的惯性矩。在腹板两侧成对配置的加劲肋，其截面惯性矩应按梁腹板中心线为轴线进行计算。在腹板一侧配置的加劲肋，其截面惯性矩应按与加劲肋相连的腹板边缘为轴线进行计算。

（2）支承加劲肋构造与计算　在梁支座处及较大集中荷载作用处，应布置支承加劲肋。支承加劲肋实际上就是加大的横向加劲肋，支承加劲肋分梁腹板两侧成对布置的平板式及凸缘式两种（见图 5-29）。其作用除保证腹板的局部稳定外，还应承受集中力作用，故除满足横向加劲肋的有关尺寸及构造要求外，尚需满足如下所述几方面承载力的要求，其计算内容如下：

1）按轴心受压构件计算腹板平面外的稳定性，支承加劲肋为承受梁支座反力或固定集中荷载作用下的轴心受压构件。当计算其在腹板平面外的稳定性，支承加劲肋在腹板平面外屈曲时，必带动部分腹板一起屈曲。因而支承加劲肋的截面除加劲肋本身之外还可计入与其相邻的部分腹板的截面，《钢结构设计标准》规定，取加劲肋每侧 $15 h_w \varepsilon_k$ 范围内的腹板（当腹板尺寸 $<15 h_w \varepsilon_k$ 时，取实际尺寸，见图 5-29）；在集中力作用下，其反力分布于杆长范围内，其计算长度理论上可小于腹板的高度 h_0，偏安全地规定为 h_0；当其截面对称时，其截面分类为 b 类，当截面不对称时为 c 类，平板式按 b 类，凸缘式按 c 类。其稳定性验算条件为

$$\frac{F}{\varphi A f} \leq 1.0 \tag{5-94}$$

2）端面承压的计算，加劲肋的端面应刨平抵紧，其端面承压验算为

$$\sigma_{ce} = \frac{F}{A_{ce}} \leq f_{ce} \tag{5-95}$$

在计算加劲肋端面承压面积 A_{ce} 时要考虑加劲肋断面的切角（见图 5-28c），钢材的端面承压强度设计值 f_{ce} 见附录表 A-1。

3）端面焊接时以及支承肋与腹板的焊缝强度，按第 3 章方法验算焊缝强度，计算公式为

$$\frac{N}{0.7h_f \sum l_w} \leq f_f^w \tag{5-96}$$

在确定每条焊缝长度 l_w 时，要扣除加劲肋端部的切角长度；由于焊缝所受内力可看作沿焊缝全长均布，故不必考虑 l_w 是否大于 $60h_f$。

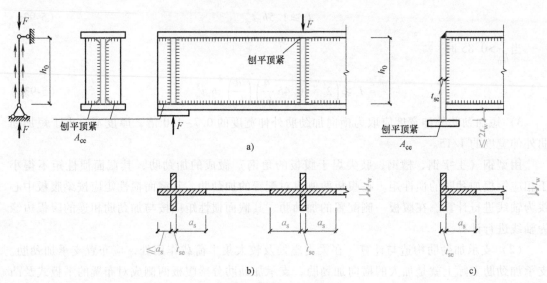

图 5-29　支承加劲肋的形式

5.6　型钢梁的设计

5.6.1　单向弯曲的型钢梁

型钢梁的设计包括截面选择和验算两个内容，可按下列步骤进行：

1）根据梁的荷载、跨度和支承情况，计算梁的最大弯矩设计值 M_{max}，并按所选的钢号确定抗弯强度设计值 f。

2）按抗弯强度或整体稳定性要求计算型钢需要的净截面模量（式中 φ_b 可预估）

$$W_{nx} = \frac{M_{max}}{\gamma_x f} \text{ 或 } W_x = \frac{M_{max}}{\varphi_b f}$$

然后由 W_{nx} 或 W_x 查型钢表，选择与其相近的型钢（尽量选用 a 类）。

3）截面强度验算。

① 抗弯强度——按式 $\sigma = \dfrac{M_x}{\gamma_x W_{nx}} \leq f$ 计算，式中 M_x 应加上自重产生的弯矩，W_{nx} 为所选用型钢的实际截面模量。

② 抗剪强度——按式 $\tau = \dfrac{VS}{It_w} \leq f_v$ 计算，式中 V 应加上自重产生的剪力。

③ 局部承压强度——按式 $\sigma_c = \dfrac{\psi F}{t_w l_z} \leq f$ 计算。

④ 折算应力——按式 $\sigma_{zs}=\sqrt{\sigma^2+\sigma_c^2-\sigma\sigma_c+3\tau^2}\leqslant\beta_1 f$

由于型钢梁的腹板较厚，通常情况下能满足抗剪强度和局部承压强度的要求。因此，若在最大剪力的截面处无太大削弱，一般可不作验算。折算应力也可不作验算。

4）整体稳定性验算。若没有能足够阻止梁受压翼缘侧向位移的密铺板和支承时，应按式 $\dfrac{M_x}{\varphi_b W_x f}\leqslant 1.0$ 计算整体稳定性。

5）刚度验算。按式 $v\leqslant[v_T]$ 或 $[v_Q]$ 或式 $\dfrac{v}{l}\leqslant\dfrac{[v_T]}{l}$ 或 $\dfrac{[v_Q]}{l}$ 计算，其中 $[v_Q]$ 见附录 E。

【例 5-1】 某工作平台的布置如图 5-30 所示。平台板为预制钢筋混凝土板，焊接于次梁。已知平台永久荷载标准值（包括平台板自重）$q_{Gk}=4kN/m^2$，平台可变荷载标准值 $q_{Qk}=7kN/m^2$（为静力荷载）。钢材为 Q235-B。试设计此工作平台次梁。

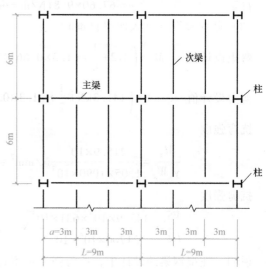

图 5-30 工作平台的布置

解：次梁（跨度 $l=6m$ 的两端简支梁）设计

（1）荷载及内力（暂不计次梁自重）

荷载标准值

$$q_k=(q_{Gk}+q_{Qk})\times a=(4+7)\times 3kN/m=33kN/m$$

荷载设计值

$$q=(1.3q_{Gk}+1.5q_{Qk})\times a=(1.3\times 4+1.5\times 7)\times 3kN/m=47.1kN/m$$

最大弯矩标准值

$$M_{xk}=\frac{1}{8}q_k l^2=\frac{1}{8}\times 33\times 6^2 kN\cdot m=148.5kN\cdot m$$

最大弯矩设计值

$$M_x=\frac{1}{8}q l^2=\frac{1}{8}\times 47.1\times 6^2 kN\cdot m=212kN\cdot m$$

最大剪力设计值

$$V=\frac{1}{2}ql=\frac{1}{2}\times 47.1\times 6kN=141.3kN$$

（2）试选截面

次梁上铺钢筋混凝土平台板并与之相焊接，故对次梁不必计算整体稳定性。截面将由抗弯强度确定，需要的截面模量为（热轧工字钢取 $r_x=1.05$）

$$W_x=\frac{M_x}{\gamma_x f}=\frac{212\times 10^6}{1.05\times 215}mm^3=939\times 10^3 mm^3$$

次梁截面常采用热轧普通工字钢，按需要的 W_x 查附录表 G-1，得热轧普通工字钢为 I40a，截面特性为

$$W_x = 1090\text{cm}^3 \qquad I_x = 21700\text{cm}^4$$

$$S_x = 631\text{cm}^3 \qquad t_w = 10.5\text{mm} \qquad t = 16.5\text{mm}$$

自重　　　　　$g = 67.60 \times 9.81\text{N/m} = 663\text{N/m} = 0.663\text{kN/m}$

（3）截面验算（计入次梁自重）

弯矩设计值　$M_x = \left(212 + \dfrac{1}{8} \times (1.3 \times 0.663) \times 6^2\right)\text{kN/m} = 215.9\text{kN·m}$

剪力设计值　$V = \left(141.3\text{kN} + \dfrac{1}{2} \times (1.3 \times 0.663) \times 6\right)\text{kN} = 143.9\text{kN}$

抗弯强度

$$\frac{M_x}{\gamma_x W_x} = \frac{215.9 \times 10^6}{1.05 \times 1090 \times 10^3}\text{N/mm}^2 = 188.6\text{N/mm}^2 < f = 205\text{N/mm}^2$$

抗剪强度

$$\tau = \frac{VS_x}{I_x t_w} = \frac{143.9 \times 10^3 \times 631 \times 10^3}{21700 \times 10^4 \times 10.5}\text{N/mm}^2 = 39.8\text{N/mm}^2 < f_v = 125\text{N/mm}^2$$

说明：在型钢梁的设计中，抗剪强度可不计算。

挠度

$$v_T = \frac{5}{384}\frac{q_k l^4}{EI_x} = \frac{5 \times (33 + 0.663) \times 6000^4}{384 \times 2.06 \times 10^5 \times 21700 \times 10^4}\text{mm} = 12.7\text{mm} \leqslant [v_T] = \frac{l}{250} = 24\text{mm}（附录 E）$$

上述计算中因所选普通工字钢翼缘厚度 $t > 16$mm，故取 $f = 205\text{N/mm}^2$。因腹板厚 $t_w < 16$mm，故取 $f_v = 125\text{N/mm}^2$。

5.6.2　双向弯曲的型钢梁

双向弯曲型钢梁承受两个主平面方向的荷载，设计方法与单向弯曲型钢梁相同，应考虑抗弯强度、整体稳定性、挠度等的计算，而剪应力和局部稳定性一般不必计算，局部压应力只有在有较大集中荷载或支座反力的情况下，必要时才验算。一般檩条和墙梁均为双向弯曲型钢梁。檩条是由于荷载作用方向与梁的两主轴有夹角，沿两主轴方向均有荷载分量，成为双向受弯；而墙梁因兼受墙体材料的重力和墙面传来的水平风荷载，故也是双向受弯梁。现以檩条为例，对双向弯曲型钢梁加以介绍。

1. 截面选择

设计时应尽量满足不需计算整体稳定性的条件，这样可按抗弯强度条件选择型钢截面，由式（5-4）可得

$$W_{nx} = \left(M_x + \frac{\gamma_x W_{nx}}{\gamma_y W_{ny}}M_y\right)\frac{1}{\gamma_x f} = \frac{M_x + \alpha M_y}{\gamma_x f} \tag{5-97}$$

对小型号的型钢，可近似取 $\alpha = 6$（窄翼缘 H 型钢和工字钢）或 $\alpha = 5$（槽钢）。

2. 截面验算

（1）强度　双向弯曲梁的抗弯强度按式（5-4）计算。

（2）整体稳定　当檩条有拉条时，一般可不验算整体稳定。当无拉条、屋面刚性较弱（如石棉瓦、瓦楞铁等）、构造上不能阻止受压翼缘侧向位移时，需按式（5-41b）验算其整体稳定性。

（3）刚度　有拉条时，檩条一般只验算垂直于屋面方向的最大挠度不超过挠度容许值，以保证屋面的平整，即

$$v = \frac{5}{384} \cdot \frac{q_{ky}l^4}{EI_x}$$ (5-98)

式中　q_{ky}——檩条沿 y 方向的线荷载标准值。

无拉条时，应计算总挠度不超过容许值，即

$$\sqrt{v_x^2 + v_y^2} \leq [v]$$ (5-99)

式中　v_x、v_y——x 方向和 y 方向的分挠度；

$[v]$——檩条的挠度容许值，按附录 E 选用。

双向弯曲型钢梁最常用于檩条，其截面一般为 H 型钢（檩条跨度较大时）、槽钢（跨度较小时）和冷弯薄壁 Z 型钢（跨度不大且为轻型屋面时）等。角钢檩条只在跨度和荷载均较小时采用。这些型钢的腹板垂直于屋面放置，因而竖向线荷载 q 可分解为垂直于截面两个主轴 x-x 和 y-y 的分荷载 $q_x = q\cos\varphi$ 和 $q_y = q\sin\varphi$（见图 5-31），从而引起双向弯曲。φ 为荷载 q 与主轴 y-y 的夹角，对于 H 型钢和槽钢 φ 角等于屋面坡角 α；对 Z 形截面 $\varphi = |\alpha - \theta|$，$\theta$ 为主轴 x-x 与平行于屋面轴 x_1-x_1 的夹角。

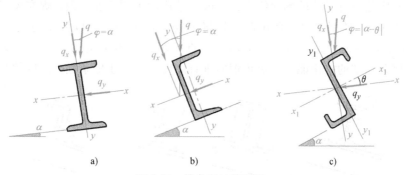

图 5-31　檩条的计算简图

槽钢和 Z 型钢檩条通常用于屋面坡度较大的情况，为了减少其侧向弯矩，提高檩条的承载能力，一般在跨中平行于屋面设置 1~2 道拉条（见图 5-32），把侧向变为跨度缩至 1/3~1/2 的连续梁。通常是跨度 $l \leq 6m$ 时，设置一道拉条；$l > 6m$ 时设置二道拉条。拉条一般用 $\phi16$ 圆钢（最小 $\phi12$）。

拉条把檩条平行于屋面的反力向上传递，直到屋脊上左右坡面的力互相平衡（见图 5-32a），为使传力更好，常在顶部区格（或天窗两侧区格）设置斜拉条和撑杆，将坡向力传至屋架（见图 5-32b~f）。Z 型檩条的主轴倾斜角 θ 可能接近或超过屋面坡角，拉力是向上还是向下，并不十分确定，故除在屋脊处（或天窗架两侧）用上述方法固定外，还应在檐檩处设置斜拉条和撑杆（见图 5-32e）将拉条连于刚度较大的承重天沟或圈梁上（见图 5-32f），防止 Z 型檩条向上倾覆。

拉条应设置于檩条顶部下 30~40mm 处（见图 5-32g）。拉条不但减少檩条的侧向弯矩，且大大增强檩条的整体稳定性，可以认为：设置拉条的檩条不必计算整体稳定性。另外屋面板刚度较大且与檩条连接牢固时，也不必验算整体稳定性。

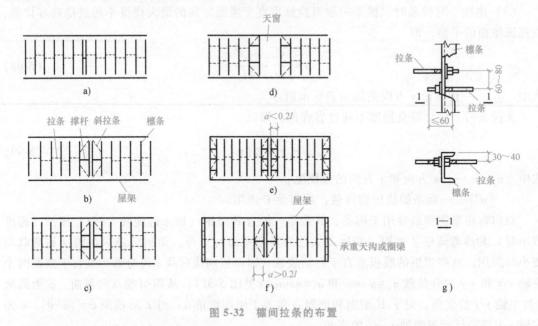

图 5-32 檩间拉条的布置

檩条的支座处应有足够的侧向约束，一般每端用两个螺栓连于预先焊在屋架上弦的短角钢上（见图 5-33）。H 型钢檩条宜在连接处将下翼缘切去一半，以便于与支承短角钢相连（见图 5-33a）；H 型钢的翼缘宽度较大时，可直接用螺栓连于屋架上，但宜设置支承加劲肋，以加强檩条端部的抗扭能力。短角钢的垂直高度不宜小于檩条截面高度的 3/4。

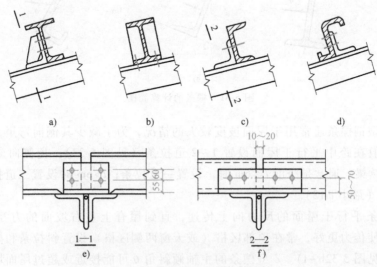

图 5-33 檩条与屋架弦杆的连接

设计檩条时，按水平投影面积计算的屋面活荷载标准值取 0.5kN/m²（当受荷水平投影面积超过 60m² 时，可取为 0.3kN/m²），此荷载不与雪荷载同时考虑，取两者较大值。积灰荷载应与屋面均布荷载或雪荷载同时考虑。

在屋面天沟、阴角、天窗挡风板内、高低跨相接等处的雪荷载和积灰荷载应考虑荷载增大系数。对设有自由锻锤、铸件水爆池等振动较大的设备的厂房，要考虑竖向振动的影响，应将屋面总荷载增大 $10\% \sim 15\%$。

雪荷载、积灰荷载、风荷载以及增大系数、组合值系数等应按现行《建筑结构荷载规范》的规定采用。

【例 5-2】 某普通钢屋架的热轧槽钢檩条，两端简支，跨度 $l = 6\mathrm{m}$，跨度中间设一道坡向拉条，如图 5-34 所示。檩条水平间距 $a = 1.5\mathrm{m}$，钢屋架跨度 $L = 24\mathrm{m}$，屋面坡度 $i = 1/2.5$。屋面材料为钢丝网水泥波形瓦，重力为 $0.6\mathrm{kN/m^2}$，下铺木丝板保温层，重力为 $0.25\mathrm{kN/m^2}$。水平投影面上屋面均布可变荷载为 $0.5\mathrm{kN/m^2}$（此荷载不与雪荷载同时考虑，因房屋所在地的雪荷载为 $0.35\mathrm{kN/m^2}$，取其较大值）。檩条钢材为 Q235 钢。试设计此檩条的截面。

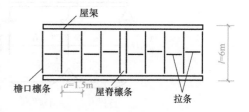

图 5-34 【例 5-2】图

解：屋面倾角

$$\alpha = \arctan\frac{1}{2.5} = 21.8°$$

$$\cos\alpha = 0.9285$$

$$\sin\alpha = 0.3714$$

（1）荷载及内力计算

屋面材料重量按水平投影面积的标准值

波形瓦 $0.6/0.9285\mathrm{kN/m^2} = 0.646\mathrm{kN/m^2}$

木丝板 $0.25/0.9285\mathrm{kN/m^2} = 0.269\mathrm{kN/m^2}$

———————————————————————————

Σ $= 0.915\mathrm{kN/m^2}$

屋面可变荷载标准值 $0.5\mathrm{kN/m^2}$（已按水平投影面计）

屋面重量和屋面可变荷载产生的檩条线荷载设计值

$$q = 1.05\times(1.3\times0.915+1.5\times0.5)\times1.5\mathrm{kN/m} = 1.05\times2.90\mathrm{kN/m} = 3.05\mathrm{kN/m}$$

式中，1.05 是估算檩条重量的增大系数，1.3 和 1.5 为荷载分项系数，1.5 是檩条的水平间距。

图 5-35 为檩条在均布荷载作用下的弯矩图。

$$q_x = q\sin\alpha = 3.05\times0.3714\mathrm{kN/m} = 1.13\mathrm{kN/m}$$

$$q_y = q\cos\alpha = 3.05\times0.9285\mathrm{kN/m} = 2.83\mathrm{kN/m}$$

最大 M_x 和最大 M_y（绝对值）都发生在檩条跨度中点截面处

$$M_x = \frac{1}{8}q_y l^2 = \frac{1}{8}\times2.83\times6^2\mathrm{kN\cdot m} = 12.74\mathrm{kN\cdot m}$$

$$M_y = -\frac{1}{8}q_x l_1^2 = -\frac{1}{8}\times1.13\times3^2\mathrm{kN\cdot m} = -1.27\mathrm{kN\cdot m}$$

在 M_x 和最大 M_y 作用下跨中截面上受力最大的是图 5-35b 中所示的点 4。

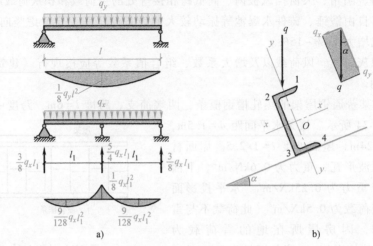

图 5-35 檩条受力计算图

（2）试选槽钢截面

验算抗弯强度的条件是式（5-4），按此验算条件求出需要的槽钢截面弹性截面模量 W_x。由表 5-1 查得

$$\gamma_x = 1.05, \gamma_y = 1.20$$

$$M_x = \frac{1}{8}(q\cos\alpha)l^2$$

$$M_y = \frac{1}{8}(q\sin\alpha)l_1^2 = \frac{1}{32}(q\sin\alpha)l^2$$

6m 跨度槽钢檩条的常见截面是 $[10 \sim [16$。由附录表 G-3 可查得其截面模量的比值 $\dfrac{W_{ymin}}{W_x} = \dfrac{1}{5} \sim \dfrac{1}{7}$，取 $\dfrac{W_{ymin}}{W_x} = \dfrac{1}{7}$，代入式（5-4）可得所需 W_x 近似值为

$$W_x \geqslant \left(\frac{M_x}{\gamma_x} + \frac{7M_y}{\gamma_y}\right)/f = \left(\frac{12.74 \times 10^6}{1.05} + \frac{7 \times 1.27 \times 10^6}{1.20}\right)/215 \text{cm}^3 = 90.89 \text{cm}^3$$

由此查附录表 G-3，选用最轻截面为 $[14b$

$$W_x = 87.1 \text{cm}^3, W_{ymin} = 14.1 \text{cm}^3, W_{ymax} = 36.6 \text{cm}^3$$

$$I_x = 609 \text{cm}^4, i_x = 5.34 \text{cm}, i_y = 1.69 \text{cm}$$

自重　　　　　　$16.733 \times 9.81 \times 10^{-3} \text{kN/m} = 0.164 \text{kN/m}$

自重设计值　　　$1.3 \times 0.164 \text{kN/m} = 0.21 \text{kN/m}$

实际均布线荷载　$q = (2.90 + 0.21) \text{kN/m} \approx 3.11 \text{kN/m}$

为前面采用值的 $3.11/3.05 = 1.020$ 倍。

（3）截面抗弯强度验算

$$\frac{M_x}{\gamma_x W_x} + \frac{M_y}{\gamma_y W_y} = 1.020 \times \left(\frac{12.74 \times 10^6}{1.05 \times 87.1 \times 10^3} + \frac{1.27 \times 10^6}{1.20 \times 14.1 \times 10^3}\right) \text{N/mm}^2$$

$$= 1.020 \times 214.4 \text{N/mm}^2 = 218.7 \text{N/mm}^2$$

$$> f = 215 \text{N/mm}^2 \text{（误差在 5\% 以内，满足要求）}$$

式中，1.020 用以修正檩条重量估算值偏小而引起的误差。

（4）整体稳定性验算

按常规设置中间坡向拉条的槽钢檩条，一般可不进行整体稳定性验算。

（5）使用阶段的挠度验算

只验算 q_y 作用下垂直于屋面的挠度

荷载标准值

$$q_{yk} = \left[(0.915 + 0.5) \times 1.5 + 0.164 \right] \times 0.9285 \text{kN/m} = 2.12 \text{kN/m}$$

$$\frac{v}{l} = \frac{5}{384} \times \frac{q_{yk} l^3}{EI_x} = \frac{5}{384} \times \frac{2.12 \times 6000^3}{206 \times 10^3 \times 609 \times 10^4} = 0.0048 < \frac{1}{200} \text{（查附录 E，满足要求）}$$

全部验算都满足要求，所选檩条截面合适。

5.7　组合梁的设计

5.7.1　截面选择

选择组合梁的截面时，首先要初步估算梁的截面高度、腹板厚度和翼缘尺寸。下面介绍焊接组合梁试选截面的方法。

1. 截面高度

确定梁的高度应考虑建筑要求、梁的刚度和经济条件。梁的建筑高度要求决定了梁的最大高度 $h_{\max}$，而建筑要求取决于使用要求。梁的刚度要求决定了梁的最小高度 $h_{\min}$。在组成截面时，为了满足需要的截面模量，可以有多种方案。梁既可以是高而窄，也可以是低而宽。前者翼缘用钢量少，而腹板用钢量多，后者则相反，合理方案是使总用钢量最少，据此原则确定的梁高称经济高度 h_e。合理梁高是介于最大高度与最小高度之间，尽可能接近经济高度。

下面以承受均布荷载的简支梁为例说明 $h_{\min}$ 的计算方法。该梁的最大挠度应符合式 $v \leqslant [v]$ 的要求

$$v_{\max} = \frac{5q_k l^4}{384 EI_x} = \frac{5l^2}{48 EI_x} \times \frac{q_k l^2}{8} = \frac{5 M_{k\max} l^2}{48 EI_x} = \frac{5}{48} \times \frac{M_{k\max} l^2}{EW_x (h/2)} = \frac{5 \sigma_{k\max} l^2}{24 Eh} \leqslant [v] \quad (5\text{-}100)$$

式中　$v_{\max}$——按标准值算得的梁中最大挠度；

l——梁的跨度；

q_k——均布荷载标准值；

I_x、W_x——梁截面的惯性矩与截面模量；

$M_{k\max}$——由荷载标准值产生的梁跨中最大弯矩；

$\sigma_{k\max}$——梁中最大弯矩处截面正应力，$\sigma_{k\max} = \dfrac{M_{k\max}}{W_x}$。

由式（5-100）可见，梁的刚度和高度有直接关系，为了使梁能充分发挥强度又能保证

刚度，取 $\sigma_{max} = f/1.3$（1.3 为永久荷载和活荷载分项系数的平均值）。由此得

$$h_{min} = \frac{5fl}{31.2E}\left[\frac{l}{v}\right]$$ （5-101）

经济高度可采用如下经验公式计算

$$h_e = (7\sqrt[3]{W_x} - 30)\,cm$$ （5-102）

2. 腹板厚度

梁高确定后腹板高也就确定了，腹板高为梁高减两个翼缘的厚度，在取腹板高时要考虑钢板的规格尺寸，一般是腹板高度为 50mm 的模数。从经济角度出发，腹板薄一些比较省钢，但腹板厚度的确定要考虑腹板的抗剪强度、腹板的局部稳定性和构造要求。从抗剪强度角度来看，应满足下式

$$\tau_{max} = 1.2\frac{V_{max}}{h_w t_w} \leqslant f_v$$ （5-103）

式中假定腹板最大剪力为平均剪应力的 1.2 倍，V_{max} 为梁的最大剪力。

由式（5-103）得腹板厚度应满足

$$t_w \geqslant \frac{1.2V_{max}}{h_w f_v}$$ （5-104）

由式（5-104）算得的 t_w 值一般较小，为满足局部稳定和构造要求，常按下列经验公式估算

$$t_w \geqslant \frac{\sqrt{h_w}}{3.5}$$ （5-105）

由以上两式即可确定腹板的厚度。腹板厚度的选取要符合钢板的规格。腹板厚度薄固然省钢，但是为了保证局部稳定性需配置加劲肋，使构造复杂。同时厚度太小容易因锈蚀而降低承载力，在制造过程也易发生较大的变形。厚度太大除了不经济外，制造上也困难，因此选取腹板厚度要综合考虑以上因素。一般来说，腹板厚度最好在 8~22mm 范围内，对个别跨度梁，腹板最小厚度可采用 6mm。

3. 翼缘尺寸

由式 $W_{nx} = M_x/\gamma_x f$ 求得需要的净截面模量，则整个截面需要的惯性矩为

$$I_x = W_{nx} \times \frac{h}{2}$$ （5-106）

由于腹板尺寸已确定，其惯性矩为

$$I_w = \frac{1}{12}t_w h_0^3$$ （5-107）

则翼缘需要的惯性矩为

$$I_t = I_x - I_w \approx 2bt/(h_0/2)^2$$ （5-108）

由式（5-108）得

$$bt = \frac{2(I_x - I_w)}{h_0^2}$$ （5-109）

翼缘宽度 b 或厚度 t 只要定出一个，就能确定另一个。b 通常取 $(1/3 \sim 1/5)h$，且常为 10mm 的倍数；t 取 2mm 的倍数，且不小于 8mm，防止板件过薄发生翘曲变形。为保证局部稳定，要求受压翼缘宽厚比 $b_1/t \leqslant 15\varepsilon_k$，如果截面考虑发展部分塑性则 $b_1/t \leqslant 13\varepsilon_k$，$b_1 = (b-t_w)/2$，为受压翼缘自由外伸宽度。

5.7.2 截面验算

根据试选的截面尺寸，求出截面的各种几何数据，如惯性矩、截面模量等，然后进行验算。梁的截面验算包括强度、刚度、整体稳定性和局部稳定性几个方面。其中，腹板的局部稳定性通常是采用配置加劲肋来保证的。

5.7.3 焊接组合梁翼缘与腹板焊缝的计算

如图 5-36 所示，焊接组合工字形截面，翼缘与腹板常以角焊缝相连，据微元体应力平衡原理，此焊缝纵向任一位置所受的纵向水平剪应力等于该位置处竖向剪应力，故沿梁全长角焊缝所受最大剪应力可按式 (5-110) 计算。

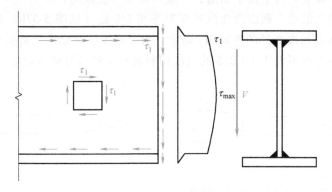

图 5-36 翼缘焊缝的水平剪力

$$\tau_1 = \frac{V_{max}S_1}{I_x t_w} \tag{5-110}$$

式中 S_1——翼缘毛截面对梁中和轴的面积矩。

在此剪应力作用下，采用双面角焊缝需要的焊角尺寸为

$$h_f \geqslant \frac{1}{1.4 f_f^w} \times \frac{V_{max}S_1}{I_x} \tag{5-111}$$

如果梁上作用有固定集中荷载，而荷载作用处又未设置支承加劲肋，或梁上有移动的集中荷载（如吊车梁轮压），则焊缝不仅受水平剪力 V_h 作用，还受竖向荷载 F 引起的压力作用。

单位长度焊缝所受竖向压力为

$$P = \sigma_c t_w = \frac{\psi F}{t_w l_z} t_w = \frac{\psi F}{l_z} \tag{5-112}$$

式中 ψ——集中荷载增大系数，对重级工作制吊车梁取 1.35；对其他梁取 1.0。

l_z——沿腹板纵向荷载假定分布长度。

这时焊角尺寸应满足

$$h_f \geqslant \frac{1}{1.4 f_f^w} \sqrt{\left(\frac{P}{\beta_t}\right)^2 + (V_h)^2} \tag{5-113}$$

当腹板与翼缘的连接焊缝采用焊透的 T 形对接与角接组合焊缝时，其强度可与主体钢材等强，不必计算。

5.7.4　组合梁截面沿长度的改变

梁的弯矩是沿梁的长度变化的，因此，梁的截面如能随弯矩变化而变化，可节约钢材。

对跨度较小的梁，改变截面经济效果不大，或者改变截面节约的钢材不能抵消构造复杂带来的加工困难时，不宜改变截面。

单层翼缘板的焊接梁改变截面时，宜改变翼缘板的宽度（见图 5-37a）而不改变其厚度。因改变厚度时，该处应力集中严重，且使梁顶部不平，有时使梁支承其他构件不便。

分析表明，截面改变一次可节约钢材 10%～20%；改变两次，最多只能再节约 3%～4%，经济效果往往并不显著。为了便于制造，一般只改变一次截面。

对承受均布荷载的梁，截面改变位置在距支座 $l/6$ 处（见图 5-37b）最有利。较窄翼缘板宽度 b_f' 应由截面开始改变处的弯矩 M_1 确定。为了减少应力集中，宽板应从截面开始改变处向弯矩减小的一方以不大于 1：2.5 的斜度切斜延长，然后与窄板对接。

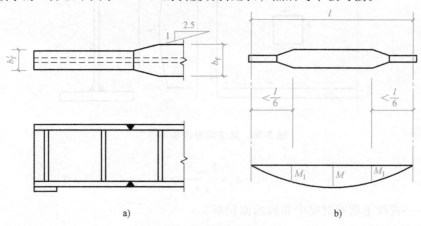

a)　　　　　　　　　　　　　　b)

图 5-37　梁翼缘宽度的改变

多层翼缘板的梁，可用切断外层板的办法来改变梁的截面（见图 5-38）。理论切断点的位置可由计算确定。为了保证被切断的翼缘板在理论切断处能正常参加工作，其外伸长度 l_1 应满足下列要求：

端部有正面角焊缝

当 $h_f \geqslant 0.75 t_1$ 时　　　　　　　　　　$l_1 \geqslant b_1$

当 $h_f < 0.75 t_1$ 时　　　　　　　　　　$l_1 \geqslant 1.5 b_1$

端部无正面角焊缝　　　　　　　　　　$l_1 \geqslant 2 b_1$

b_1 和 t_1 分别为被切断翼缘板的宽度和厚度，h_f 为侧面角焊缝和正面角焊缝的焊脚尺寸。

有时为了降低梁的建筑高度，简支梁可以在靠近支座处减少其高度，而使翼缘截面保持不变（见图 5-39）。梁端部高度应根据抗剪强度要求确定，但不宜小于跨中高度的 1/2。

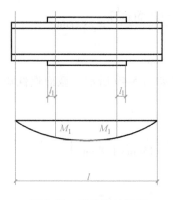

图 5-38 翼缘板的切断

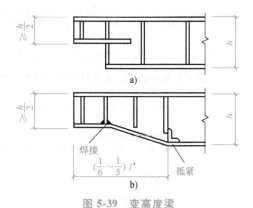

图 5-39 变高度梁

【例 5-3】 某跨度 6m 的简支梁承受均布荷载作用（作用在梁的上翼缘），其中永久荷载标准值为 20kN/m，可变荷载标准值为 22kN/m。该梁拟采用 Q235 级钢制成的焊接组合工字形截面，试设计该梁并计算梁翼缘与腹板的连接焊缝。

解：（1）截面尺寸

标准荷载 $q_k = 20\text{kN/m} + 22\text{kN/m} = 42\text{kN/m}$

设计荷载 $q = 1.3 \times 20\text{kN/m} + 1.5 \times 22\text{kN/m} = 59\text{kN/m}$

梁跨中最大弯矩 $M_{max} = 59\text{kN/m} \times 6^2\text{m}^2 \div 8 = 265.5\text{kN} \cdot \text{m}$

由附录 E 查得 $[v_T]$ 为 $l/400$，由式（5-101）得梁的最小高度为

$$h_{min} = \frac{5fl}{31.2E}\left[\frac{l}{v_T}\right] = \frac{5 \times 215\text{N/mm}^2 \times 6 \times 10^3\text{mm}}{31.2 \times 2.06 \times 10^5\text{N/mm}^2}\left[\frac{6 \times 10^3\text{mm}}{6 \times 10^3\text{mm}/400}\right] = 401.4\text{mm}$$

需要的净截面模量为

$$W_{nx} = \frac{M_{max}}{\gamma_x f} = \frac{265.5 \times 10^6}{1.05 \times 215}\text{mm}^3 = 1.18 \times 10^6\text{mm}^3 = 1.18 \times 10^3\text{cm}^3$$

由式（5-102）得梁的经济高度为

$$h_e = 7 \times \sqrt[3]{W_x} - 30\text{cm} = 44\text{cm}$$

因此取梁腹板高 450mm。

支座处最大剪力为

$$V_{max} = 59\text{kN/m} \times 6\text{m} \div 2 = 177\text{kN}$$

由式（5-104）得 $t_w \geqslant \dfrac{1.2V_{max}}{h_w f_v} = \dfrac{1.2 \times 177 \times 10^3\text{N}}{450\text{mm} \times 125\text{N/mm}^2} = 3.8\text{mm}$

由式（5-105）得 $t_w = \dfrac{\sqrt{h_w}}{3.5} = \dfrac{\sqrt{450}}{3.5}\text{mm} = 6.1\text{mm}$

取腹板厚度为：$t_w = 8\text{mm}$，故腹板采用—450×8 的钢板。

假设梁高为 500mm，需要的净截面惯性矩为

$$I_{nx} = W_{nx}\frac{h}{2} = 1.18 \times 10^6\text{mm}^3 \times 500\text{mm} \div 2 = 2.95 \times 10^8\text{mm}^4 = 2.95 \times 10^4\text{cm}^4$$

腹板惯性矩为 $I_w = t_w h_0^3/12 = 0.8\text{cm} \times 45^3\text{cm}^3 \div 12 = 6075\text{cm}^4$

由式（5-109）得：$bt = \dfrac{2(I_x - I_w)}{h_0^2} = \dfrac{2 \times (2.95 \times 10^4 \text{cm}^4 - 6075 \text{cm}^4)}{45^2 \text{cm}^2} = 23.1 \text{cm}^2$

取 $b = 150 \text{mm} = h_0/3$，$t = 23.1 \text{cm}^2 \div 15 \text{cm} = 1.54 \text{cm}$，取 $t = 18 \text{mm}$。

$t > b/26 = 5.8 \text{mm}$，翼缘选用 -150×18。所选截面尺寸如图 5-40 所示。截面惯性矩为

$$I_x = t_w h_0^3 / 12 + 2bt \left[\frac{1}{2}(h_0 + t) \right]^2$$

$$= 0.8 \text{cm} \times 45^3 \text{cm}^3 \div 12 + 2 \times 15 \text{cm} \times 1.8 \text{cm} \times \left[\frac{1}{2} \times (45 \text{cm} + 1.8 \text{cm}) \right]^2$$

$$= 35643 \text{cm}^4$$

$$W_x = \frac{I_x}{h/2} = \frac{35643 \text{cm}^4}{(45 \text{cm} + 3.6 \text{cm}) \div 2} = 1467 \text{cm}^3$$

$A = 2bt + t_w h_0 = 2 \times 15 \text{cm} \times 1.8 \text{cm} + 0.8 \text{cm} \times 45 \text{cm} = 90 \text{cm}^2$

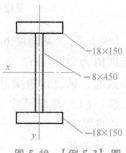

图 5-40　【例 5-3】图

（2）强度验算

梁自重　$g = A\gamma = 0.009 \text{m}^2 \times 7.85 \times 9.8 \text{kN/m}^3 = 0.69 \text{kN/m}$

设计荷载　$q = 1.3 \times (0.69 \text{kN/m} + 20 \text{kN/m}) + 1.5 \times 22 \text{kN/m}$

$\qquad\qquad = 59.90 \text{kN/m}$

$$M_{\max} = ql^2/8 = 59.90 \text{kN/m} \times 6^2 \text{m}^2 \div 8 = 269.5 \text{kN} \cdot \text{m}$$

$$\sigma = \frac{M_{\max}}{\gamma_x W_{nx}} = \frac{269.5 \times 10^6 \text{N} \cdot \text{mm}}{1.05 \times 1467 \times 10^3 \text{mm}^3} = 175.0 \text{N/mm}^2 < f = 205 \text{N/mm}^2$$

剪应力、刚度不需要验算，因为选用腹板尺寸和梁高时已满足要求。

支座处如不设支承加劲肋，则应验算局部压应力，但一般主梁均设置支座加劲肋，需要按 5.5 节设计加劲肋。

（3）整体稳定性验算

$I_y = 2 \times 1.8 \text{cm} \times 15^3 \text{cm}^3 \div 12 = 1012.5 \text{cm}^4$，$i_y = \sqrt{\dfrac{I_y}{A}} = \sqrt{\dfrac{1012.5 \text{cm}^4}{90 \text{cm}^2}} = 3.35 \text{cm}$

$\lambda_y = l_1/i_y = 600 \text{cm} \div 3.35 \text{cm} = 179$

$\xi = \dfrac{l_1 t_1}{b_1 h} = \dfrac{6 \text{m} \times 0.018 \text{m}}{0.15 \text{m} \times 0.486 \text{m}} = 1.481$，由附录表 F-1 查得

$\beta_b = 0.69 + 0.13\xi = 0.69 + 0.13 \times 1.481 = 0.883$，$\varepsilon_k = 1.0$

$$\varphi_b = \beta_b \frac{4320}{\lambda_y^2} \times \frac{Ah}{W_x} \left[\sqrt{1 + \left(\frac{\lambda_y t_1}{4.4h} \right)^2} + \eta_b \right] \varepsilon_k^2$$

$$= 0.883 \times \frac{4320}{179^2} \times \frac{90 \text{cm}^2 \times 48.6 \text{cm}}{1467 \text{cm}^3} \times \sqrt{1 + \left(\frac{179 \times 1.8 \text{cm}}{4.4 \times 48.6 \text{cm}} \right)} = 0.642$$

$\varphi_b > 0.6$ 时，应用如下 φ_b' 代替 φ_b

$$\varphi_b' = 1.07 - \frac{0.282}{\varphi_b} = 0.631$$

$$\frac{M_{\max}}{\varphi_b W_x f} = \frac{269.5 \times 10^6}{0.631 \times 1467 \times 10^3 \times 205} = 1.42 > 1.0 \text{（不满足要求）}$$

在跨中设置一道侧向支承点，则

$$\varphi_b = 2.314$$

$$\varphi_b' = 1.07 - \frac{0.282}{2.314} = 0.948$$

$$\frac{M_{max}}{\varphi_b W_x f} = \frac{269.5 \times 10^6}{0.948 \times 1467 \times 10^3 \times 205} = 0.94 < 1.0 \quad (满足要求)$$

（4）局部稳定验算：

翼缘板 $b_1/t = 3.94 < 13\varepsilon_k = 13$

腹板 $h_0/t_w = \dfrac{450mm}{8mm} \approx 56 < 80\varepsilon_k = 80 \quad$（满足局部稳定要求）

（5）梁翼缘与腹板的连接焊缝计算

$$S_1 = 15 \times 1.8 \times (45 + 1.8) \div 2 cm^3 = 631.8 cm^3$$

$$h_f \geqslant \frac{1}{1.4 f_f^w} \frac{V_{max} S_1}{I_s} = \frac{1}{1.4 \times 160} \times \frac{179.7 \times 10^3 \times 631.8 \times 10^3}{35634 \times 10^4} mm = 1.4 mm$$

查表 3-2，由于 $t = 18mm$，$h_{fmin} = 6mm$，故取 $h_f = 8mm$。

5.8　考虑腹板屈曲后强度的组合梁承载力计算

　　一般梁的腹板都做的薄而高，并采取配置横向加劲肋加强，因此和相对
较厚的翼缘一起对腹板形成四边支承。故当腹板屈曲后产生挠度较大的出平面变形时，将对
腹板牵制形成薄膜效应，产生薄膜拉应力，且使梁的内力重分布，使梁能承受更大的荷载。
如腹板在剪力作用下屈曲产生波形变形时，沿波向即主压应力方向不再能承受压力的作用，
但在主拉应力方向却未达到屈服强度，还可以承受更大的拉力，即存在张力场作用。它可和
翼缘及加劲肋一起，使梁屈曲后形同一个桁架工作（见图 5-41）。上、下翼缘类似于桁架的
上、下弦杆，加劲肋类似于桁架竖腹杆（压杆），而腹板的张力场带则类似于桁架的斜拉
杆。因此腹板还有着较高的屈曲后强度。

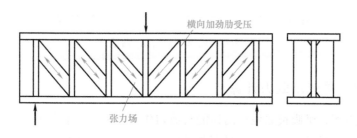

图 5-41　腹板中的张力场作用

　　利用腹板屈曲后强度的梁，其腹板高厚比可放宽至 250，都不需设置纵向加劲肋，则对
大型组合梁有着较好的经济效益。因此，《钢结构设计标准》推荐将其用于承受静力荷载或
间接承受动力荷载的组合梁。对吊车梁等直接承受动力荷载的梁，由于腹板反复屈曲可能引
起腹板边缘产生疲劳裂纹，且有关资料还不充分，故暂不采用，即仍需按 5.5 节内容配置腹

板加劲肋并验算局部稳定。对采用牌号不低于 Q460、Q460GJ 钢材的板件，不应考虑其屈曲后的强度。

5.8.1　组合梁的抗剪承载力计算

《钢结构设计标准》采用了简化设计方法，梁腹板考虑屈曲后强度的抗剪承载力计算公式如下，分为三段

当 $\lambda_s \leqslant 0.8$ 时 $\qquad V_u = h_w t_w f_v$ (5-114a)

当 $0.8 < \lambda_s \leqslant 1.2$ 时 $\qquad V_u = h_w t_w f_v [1 - 0.5(\lambda_s - 0.8)]$ (5-114b)

当 $\lambda_s > 1.2$ 时 $\qquad V_u = h_w t_w f_v / \lambda_s^{1.2}$ (5-114c)

上式中 λ_s 按式（5-73）计算。

现对上述计算式所表达的腹板屈曲后的抗剪性能 [如图 5-42 所示 τ_u-λ_s 曲线（$\tau_u = V_u / h_w t_w$）] 与式（5-75）中腹板不产生屈曲时的抗剪性能 τ_{cr} 对比分析如下：

1）当 $\lambda_s \leqslant 0.8$ 时，相对于 h_0/t_w 或 a/h_0 很小，此时 τ_u 和 τ_{cr} 相等，均等于 f_v，即腹板不会屈曲，故也不需要考虑屈曲后强度。

2）当 $0.8 < \lambda_s \leqslant 1.2$ 时，τ_u 随 λ_s 增大呈线性关系减小，但比 τ_{cr} 减小的少。如 $\lambda_s = 1.2$ 时，$\tau_u = 0.8 f_v$，而 $\tau_{cr} = 0.765 f_v$。这表明屈曲后的抗剪承载力因张力场的作用较屈曲时的大，但因在此范围的 h_0/t_w 或 a/h_0 还较小，故增大幅度还不是很大。

3）当 $\lambda_s > 1.2$ 时，τ_u 和 τ_{cr} 的差值随 λ_s 的增大而显著增加。如 $\lambda_s = 2$ 时，$\tau_u = 0.435 f_v$，$\tau_{cr} = 0.275 f_v$，增加达 58%。这表明张力场的作用随着 h_0/t_w 或 a/h_0 的增加而越明显。

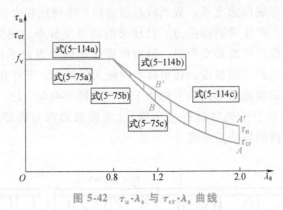

图 5-42　τ_u-λ_s 与 τ_{cr}-λ_s 曲线

5.8.2　组合梁的抗弯承载力计算

在正应力作用下，梁腹板屈服后的性能与剪切作用下的情况有所不同。腹板高厚比较大的梁在弯矩作用下腹板发生屈曲，此时弯曲受压区将发生凹凸变形，部分受压区的腹板不能继续承受压应力而退出工作。为了计算屈曲后的抗弯承载力 M_{eu}，可采用有效截面概念，腹板屈曲前后的应力分布如图 5-43b 所示，认为受压区部分腹板退出工作，不起受力作用，且将受压区以及受拉区的应力均视为直线分布，当梁受压翼缘最外纤维应力达到 f_y 时，梁截面到达极限状态。

受压区高度 h_c 只剩下有效高度 ρh_c（ρ 为腹板受压区有效高度系数），受拉截面则全部

有效，故梁的有效截面如图 5-43c 所示，中和轴略有下降。为了便于计算有效截面的几何特性，现将有效高度的位置分布作图 5-43d 所示的简化，即假定腹板受压区的有效高度 ρh_c 等分于受压区的两边，并将受拉区作相同处理，也在中部扣除 $(1-\rho)h_c$ 高度，以保持中和轴位置不变，结果偏于安全。

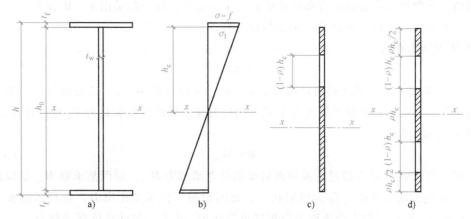

图 5-43　梁截面模量折减系数简化计算简图

梁有效截面的惯性矩（不计扣除截面绕自身形心轴的惯性矩）

$$I_{xe}=I_x-2(1-\rho)h_c t_w\left(\frac{h_c}{2}\right)^2=I_x-\frac{1}{2}(1-\rho)h_c^3 t_w$$

梁截面模量的折减系数（有效截面的截面模量和全部截面模量之比）

$$\alpha_e=\frac{W_{xe}}{W_x}=\frac{I_{xe}}{I_x}=1-\frac{(1-\rho)h_c^3 t_w}{2I_x} \tag{5-115}$$

式（5-115）虽是按双轴对称截面且按截面塑性发展系数 $\gamma_x=1.0$ 推导而得的近似公式，但偏于安全，故也可将其用于单轴对称截面和 $\gamma_x=1.5$ 的情况。因此，腹板屈曲后梁的抗弯承载力设计值可用下面公式表达

$$M_{eu}=\gamma_x\alpha_e W_x f \tag{5-116}$$

以上两式中的 I_x、W_x 和 h_c 均按梁截面全部有效计算，而有效高度系数 ρ 因和腹板受弯曲压应力作用时的临界应力 σ_{cr} 有关，故同样与腹板的高厚比 h_0/t_w 有着密切关系，因此也须引入与其相关联的参数，即按式（5-67）计算的腹板通用高厚比 λ_b，分成三段式计算

当 $\lambda_b\leqslant 0.85$ 时　　　　　$\rho=1.0$ 　　　　　　　　　　　　　　(5-117a)

当 $0.85<\lambda_b\leqslant 1.25$ 时　　$\rho=1-0.82(\lambda_b-0.85)$ 　　　　　　　(5-117b)

当 $\lambda_b>1.25$ 时　　　　　$\rho=(1-0.2/\lambda_b)/\lambda_b$ 　　　　　　　(5-117c)

综合式（5-115）~式（5-117）进行分析，从中可以看出梁的抗弯承载力有如下特点：

① 当 $\lambda_b\leqslant 0.85$ 时，相对于 h_0/t_w 很小。此时 $\rho=1.0$，即 $\alpha_e=1$，表明截面全部有效，腹板不会屈曲，故梁的抗弯承载力不会降低，等于受弯屈服时的承载力 $M_{eu}=\gamma_x W_x f$。

② 当 $\lambda_b>0.85$ 以后，腹板屈曲，且 ρ 随 λ_b 递增（相当于 h_0/t_w 递增）而递减，截面模量折减系数 α_e 则相应递增，故梁的抗弯承载力也随之降低，但较屈曲时的降低不多。

③ 由式（5-115）可见，α_e 除随 ρ 减小（λ_b 或 h_0/t_w 增大）而增大外，还与腹板截面

在整个梁截面所占的几何比例有关，比例越大，则屈曲后梁的抗弯承载力降低越多。

5.8.3 弯矩和剪力共同作用下组合梁的承载力计算

配置横向加劲肋的腹板各区格，通常承受弯矩 M 和剪力 V 的共同作用，要精确计算这种受力情况下腹板屈曲后梁抗弯和抗剪承载力十分复杂，故一般采用 V、M 和 V_u、M_{eu} 匹配的无量纲相关公式进行。下面是《钢结构设计标准》采用的公式

当 $M/M_f \leqslant 1.0$ 时

$$V \leqslant V_u \tag{5-118a}$$

即弯矩 M 较小且不超过梁两翼缘所能承担的弯矩设计值 M_f 时，认为腹板不用参与承担弯矩的工作，只需按其单独承受剪力 V 是否超过其屈曲后的抗剪承载力 V_u 进行计算。

当 $V/V_u \leqslant 0.5$ 时

$$M \leqslant M_{eu} \tag{5-118b}$$

只需计算弯矩 M 是否超过腹板屈曲后梁的抗弯承载力 M_{eu}。原因是求解 M_{eu} 是以腹板边缘正应力 σ 达到屈服强度 f_y 作为极限状态，此时腹板不仅承受正应力，而且还能够承受约 $0.6V_u$ 的剪力，因此可偏安全地取为腹板能承受 $0.5V_u$ 剪力，仅计算抗弯承载力。

其他情况时，在 M、V 共同作用下应满足

$$\left(\frac{V}{0.5V_u}-1\right)^2+\frac{M-M_f}{M_{eu}-M_f}\leqslant 1.0 \tag{5-118c}$$

式中　M、V——所计算区格内同一截面处梁的弯矩和剪力设计值，计算时，当 $V<0.5V_u$，取 $V=0.5V_u$，当 $M<M_f$，取 $M=M_f$；

M_f——梁两翼缘所承担的弯矩设计值；对双轴对称工字形截面，$M_f=A_f h_f f$，此处 A_f 为一个翼缘截面面积，h_f 为上、下翼缘形心间的距离，对单轴对称工字形截面按下式计算

$$M_f=\left(A_{f1}\frac{h_1^2}{h_2^2}+A_{f2}h_2\right)f \tag{5-119}$$

式中　A_{f1}、h_1——较大翼缘的截面面积及其形心至梁中和轴的距离；

A_{f2}、h_2——较小翼缘的截面面积及其形心至梁中和轴的距离。

由于式（5-118）是梁的强度计算公式，故应取所计算区格同一截面处的 M 和 V，不能像计算腹板稳定时一样取计算区格内 M 和 V 的平均值。

5.8.4 考虑腹板屈曲后强度的组合梁加劲肋设计

考虑腹板屈曲后强度的组合梁，一般只在支座处和固定集中荷载处设置横向（支承）加劲肋，或增设经计算需要的中间横向加劲肋。加劲肋应在腹板两侧成对布置，其截面尺寸除应符合 $b_s \geqslant \frac{h_0}{30}+40\text{mm}$、$t_s \geqslant \frac{b_s}{15}$ 的要求外，尚应按下列方法做受力计算。

1. 中间横向加劲肋的计算

中间横向加劲肋在考虑腹板屈曲后强度的薄腹板梁中有着更大的作用。它不仅应在屈曲前提高屈曲荷载，而且还能在屈曲后起着如同桁架竖杆的作用，能承受按式（5-120）计算

的张力场剪力引起的竖向分力 N_s。张力场引起的水平分力由于在其两侧区格均有分布，其中大部分可相互抵消和由翼缘承受，故影响不大，可采取将轴心压力 N_s 加大进行考虑，即

$$N_s = V_u - h_w t_w \tau_{cr} \tag{5-120}$$

上式实际上是取 N_s 为腹板屈曲后的极限剪力 V_u 减去腹板屈曲时的临界剪力 V_{cr}，即相当于将 N_s 加大为采用张力场剪力 V_t。

当中间横向加劲肋兼做承受固定集中荷载 F 的支承加劲肋时，N_s 中还应加上 F。

中间横向加劲肋的计算方法按 5.5 节所述，即取十字形截面按承受 N_s 的轴心压杆，计算其在腹板平面外的稳定性。

2. 支座加劲肋的计算

支座加劲肋相当于位于梁端部的横向支承加劲肋，故仅在加劲肋一侧有张力场作用。因此，当支座端区格的 $\lambda_s > 0.8$，且按考虑腹板屈曲后强度设计时，支座加劲肋除承受梁的支座反力 R 外，还应考虑在靠梁内一侧距上翼缘 $h_0/4$ 处承受斜向张力场引起的水平分力

$$H = (V_u - \tau_{cr} h_w t_w) \sqrt{1 + (a/h_0)^2} \tag{5-121}$$

式中 a——对设中间横向加劲肋的腹板，为支座端区格的加劲肋间距；对不设中间加劲肋的腹板，为支座至跨内剪力为零点的距离。

另外，对中间横向加劲肋间距较大（$a > 2.5h_0$）和不设中间横向加劲肋的腹板，当满足 $\left(\dfrac{\sigma}{\sigma_{cr}}\right)^2 + \left(\dfrac{\tau}{\tau_{cr}}\right)^2 + \dfrac{\sigma_c}{\sigma_{c,cr}} \leqslant 1$ 时（即不丧失局部稳定），可取 $H = 0$。

支座加劲肋处于压弯受力的状态，故应按第 6 章压弯构件所述，计算其强度和在腹板平面外的稳定。所取截面和计算长度同第 5.5 节所述。

为了改善支座加劲肋的压弯受力状况，通常还可以用下面两种方法处理（见图 5-44）：

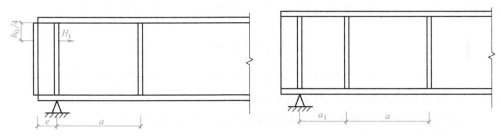

图 5-44 梁端构造

1）在梁端头增焊封头板。经此处理，支座加劲肋的抗弯能力大为增加，故对其可仍按承受支座反力 R 的轴心压杆按第 5.5 节所述方法计算。

封头板的截面面积 A_c 应不小于按下式计算的数值

$$A_c = \frac{3h_0 H}{16ef} \tag{5-122}$$

式中 e——支座加劲肋至封头板的距离；

f——钢材强度设计值。

2）缩小端区格的宽度（见图 5-44 中的 a_1）达到 $\lambda_s \leqslant 0.8$，即使该区格的 $\tau_{cr} \geqslant f_v$，因此不会产生屈曲，当然也不存在 H 力。

【例 5-4】　某焊接工字形截面简支梁，跨度 $l = 12.0\text{m}$，承受均布荷载设计值 $q = 235$ kN/m（包括梁自重），Q235-B 钢。已知截面为翼缘板 2—20×400，腹板 1—10×2000。跨中有足够侧向支承点，保证其不会整体失稳，但梁的上翼缘扭转变形不受约束。截面的惯性矩和截面模量已算出（见图 5-45）。试考虑腹板屈曲后强度验算其抗剪和抗弯承载力。验算是否需要设置中间横向加劲肋，如需设置，则其间距及截面尺寸又为多大；其支承加劲肋又应如何设置。

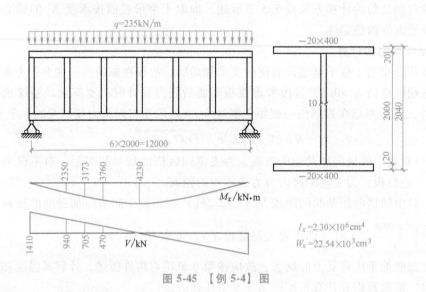

$I_x = 2.30 \times 10^6 \text{cm}^4$
$W_x = 22.54 \times 10^3 \text{cm}^3$

图 5-45　【例 5-4】图

解：（1）截面尺寸几何特性及 M_x 和 V 值

此梁截面若照常规设计，腹板高度 $h_0 = h_w = 2000\text{mm}$，则其腹板厚度当取

$$t_w = \frac{\sqrt{h_w}}{3.5} = 12.8\text{mm}$$

今用 $t_w = 10\text{mm}$，显然减小了厚度。又 $h_0/t_w = 200$，按常规就需设置加劲肋。考虑腹板屈曲后强度，可不设纵向加劲肋。算得弯矩和剪力（见图 5-45）。

（2）假设不设置中间横向加劲肋，验算腹板抗剪承载力是否足够

梁端截面 $V = 1410\text{kN}$，$M_x = 0$

不设中间加劲肋时剪切通用高厚比

则当 $a/h_0 > 1.0$ 时　$\lambda_s = \dfrac{h_0/t_w}{37\eta\sqrt{5.34 + 4(h_0/a)^2}} \times \dfrac{1}{\varepsilon_k} = \dfrac{200}{37 \times 1.11 \times \sqrt{5.34 + \dfrac{4}{36}}} \times 1 = 2.09$

$$V_u = h_0 t_w f_v / \lambda_s^{1.2} = \frac{2000 \times 10 \times 125}{2.11^{1.2}} \times 10^{-3}\text{kN} = 1020\text{kN}$$

$$V = 1410 > V_u \text{（不可）}$$

应设置中间横向加劲肋。经试算，取加劲肋间距 $a = 2000\text{mm}$，如图 5-45 所示。

（3）设中间横向加劲肋（$a = 2\text{m}$）后的截面抗剪和抗弯承载力验算

1）梁翼缘能承受的弯矩 M_f

$$M_f = 2A_{f1}h_1f = 2 \times 400 \times 20 \times 1010 \times 205 \times 10^{-6} \text{kN} \cdot \text{m} = 3313 \text{kN} \cdot \text{m}$$

2）区格的抗剪承载力 V_u 和屈曲临界应力 τ_{cr}

剪切通用高厚比（$a/h_0 = 1.0$）

$$\lambda_s = \frac{h_0/t_w}{41\sqrt{5.34+4(h_0/a)^2}} = \frac{200}{41\sqrt{5.34+4}} = 1.596$$

$$V_u = h_0 t_w f_v / \lambda_s^{1.2} = \frac{2000 \times 10 \times 125}{1.596^{1.2}} \times 10^{-3} \text{kN} = 1427 \text{kN}$$

$$\tau_{cr} = 1.1 f_v / \lambda_s^2 = \frac{1.1 \times 125}{1.596^2} \text{N/mm}^2 = 54 \text{N/mm}^2$$

3）腹板屈曲后梁截面的抗弯承载力 M_{eu}

受压翼缘扭转未受到约束的受弯腹板通用高厚比

$$\lambda_b = \frac{h_0/t_w}{153}\sqrt{\frac{f_y}{235}} = \frac{200}{153} = 1.307 > 1.25$$

腹板受压区有效高度系数

$$\rho = \frac{1}{\lambda_b}\left(1 - \frac{0.2}{\lambda_b}\right) = \frac{1}{1.307} \times \left(1 - \frac{0.2}{1.307}\right) = 0.648$$

梁的截面模量考虑腹板有效高度的折减系数

$$\alpha_e = 1 - \frac{(1-\rho)h_c^3 t_w}{2I_x} = 1 - \frac{(1-0.648) \times 100^3 \times 1}{2 \times 2.30 \times 10^6} = 0.923$$

腹板屈曲后梁截面的抗弯承载力

$$M_{eu} = \gamma_x \alpha_e W_x f = 1.05 \times 0.923 \times (22.54 \times 10^3) \times 10^3 \times 205 \times 10^{-6} \text{kN} \cdot \text{m}$$
$$= 4478 \text{kN} \cdot \text{m}$$

4）各截面处承载力的验算

验算条件为

$$\left(\frac{V}{0.5V_u} - 1\right)^2 + \frac{M_x - M_f}{M_{eu} - M_F} \leq 1.0$$

按规定，当截面上 $V < 0.5V_u$ 时，取 $V = 0.5V_u$，因而验算条件为 $M_x \leq M_{eu}$；当截面上 $M_x < M_f$ 时，取 $M_x = M_f$ 因而验算条件为 $V \leq V_u$。

从图 5-45 的 M_x 和 V 图各截面的数值可见，从 $z = 3$m 到 $z = 6$m 处各截面的 V 均小于 $\frac{1}{2}$

$V_u = \frac{1}{2} \times 142.7 \text{kN} = 713.5 \text{kN}$，而 M_x 均小于 $M_{eu} = 4478 \text{kN} \cdot \text{m}$，因而承载力满足：$M_x < M_{eu}$。

从 $z = 0$ 到 $z = 3$m 处，各截面的 M_x 均小于 $M_f = 3313 \text{kN} \cdot \text{m}$，各截面的 V 均小于 $V_u = 1427 \text{kN}$，因而承载力满足 $V \leq V_u$。

各截面均满足承载力条件。本梁剪力的控制截面在梁端（$z = 0$ 处），弯矩的控制截面在跨度中点（$z = 6$m 处）。

（4）中间横向加劲肋设计

1）横向加劲肋中的轴压力

$$N_s = V_u - \tau_{cr} h_w t_w = 1427\text{kN} - 54 \times 2000 \times 10 \times 10^{-3}\text{kN} = 347\text{kN}$$

2）加劲肋的截面尺寸（见图 5-46）

$$b_s \geq \frac{h_0}{30} + 40\text{mm} = \left(\frac{2000}{30} + 40\right)\text{mm} = 106.7\text{mm}$$

采用 $b_s = 120\text{mm}$

$$t_s \geq \frac{b_s}{15} = \frac{120}{15}\text{mm} = 8\text{mm},\ \text{采用}\ t_s = 8\text{mm}$$

3）验算加劲肋在梁腹板平面外的稳定性

验算加劲肋在梁腹板平面外稳定性时，按规定考虑加劲肋每侧 $15t_w\sqrt{235/f_y}$ 范围的腹板面积计入加劲肋的面积如图 5-46 所示。

截面积 $A = 2 \times 120 \times 8\text{mm}^2 + 2 \times 15 \times 10^2\text{mm}^2$
$$= 4920\text{mm}^2$$

惯性矩 $I_x = \frac{1}{12} \times 8 \times (2 \times 120 + 10)^3\text{mm}^4$
$$= 10.42 \times 10^6\text{mm}^4$$

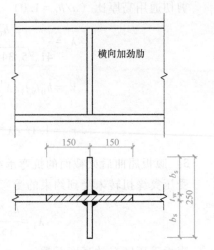

图 5-46 【例 5-4】横向加劲肋

回转半径 $i_z = \sqrt{\dfrac{I_z}{A}} = \sqrt{\dfrac{10.42 \times 10^6}{4920}}\text{mm} = 46\text{mm}$

长细比 $\lambda_z = \dfrac{h_0}{i_z} = \dfrac{2000}{46} = 43.5$

按 b 类截面，查附录表 C-2，得 $\varphi = 0.885$。稳定条件

$$\frac{N_s}{\varphi A} = \frac{347 \times 10^3}{0.885 \times 4920}\text{N/mm}^2 = 79.7\text{N/mm}^2 < f = 215\text{N/mm}^2\ \text{（可以满足）}$$

4）加劲肋与腹板的连接角焊缝

因 N_s 不大，焊缝尺寸按构造要求确定，采用 $h_f = 5\text{mm}$，大于 $1.5\sqrt{t} = 1.5\sqrt{10}\text{mm} = 4.74\text{mm}$。

（5）支座处支承加劲肋设计

经初步计算，采用单根支座加劲肋不能满足验算条件，因而采用上述图 5-46 的构造型式。

1）由张力场引起的水平力 H（或称为锚固力）

$$H = (V_u - \tau_{cr} h_w t_w)\sqrt{1 + (a/h_0)^2} = (1427 - 54 \times 2000 \times 10 \times 10^{-3}) \times \sqrt{1 \times 1}\text{kN} = 347 \times 1.414\text{kN} = 491\text{kN}$$

2）把加劲肋 1 和封头肋板 2 及两者间的大梁腹板看成竖向工字形简支梁，水平力 H 作用在此竖梁的 1/4 跨度处，因而得梁顶截面水平反力为

$$V_h = 0.75H = 0.75 \times 491\text{kN} = 368\text{kN}$$

按竖梁腹板的抗剪强度确定加劲肋 1 和封头 2 的间距 e

$$e = \frac{V_h}{f_v t_w} = \frac{368 \times 10^3}{125 \times 10}\text{mm} = 294\text{mm},\ \text{取}\ e = 300\text{mm}$$

3）所需封头肋板截面积为

$$A_c = \frac{3h_0 H}{16ef} = \frac{3 \times 2000 \times 491 \times 10^3}{16 \times 300 \times 215} \text{mm}^2 = 2855\text{mm}^2$$

采用封头肋板截面为-14×400（宽度取与大梁翼缘板相同），取厚度为$t \geqslant \frac{1}{15}\left(\frac{b_c}{2}\right) = \frac{1}{15} \times$ $200\text{mm} = 13.3\text{mm}$，采用$14\text{mm}$，满足$A_c$的要求。

4）支承加劲肋1按承受大梁支座反力$R = 1410\text{kN}$计算，计算内容包括腹板平面外的稳定性和端部承压强度等，计算方法见本章第5.5节。

本章总结框图

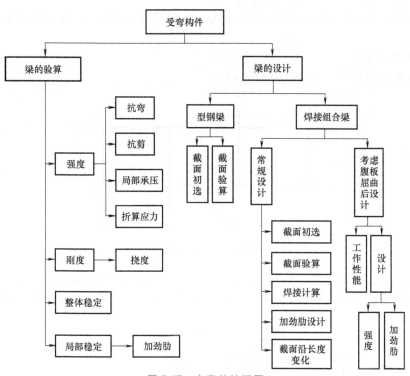

图 5-47　本章总结框图

思　考　题

5-1 影响梁整体稳定性的因素有哪些？提高梁整体稳定性的措施有哪些？

5-2 试比较型钢梁和组合梁在截面设计方法上的异同。

5-3 组合梁的截面高度由哪些条件确定？是否都必须满足？当$h_e < h_{\min}$时，梁高如何确定？

5-4 组合梁翼缘焊缝主要传递截面中哪种应力？这种应力是如何产生的？

5-5 屋面钢檩条设计中，对檩条常需设置中间拉条，拉条起什么作用？

习　题

5-1 如图5-48所示钢梁，因整体稳定性要求，需在跨中设侧向支承点，其位置以_____为最佳。

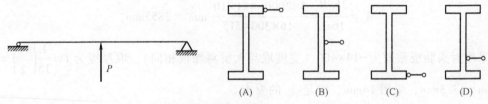

图 5-48 习题 5-1 图

5-2 保证工字型截面梁受压翼缘局部稳定的方法是_____。

(A) 设置纵向加劲肋　　(B) 设置横向加劲肋

(C) 采用有效宽度　　　(D) 限制其宽厚比

5-3 如图 5-49 所示简支梁,除截面放置和荷载作用位置有所不同外,其他条件均相同,则其整体稳定性为_____。

(A) a 最差,d 最好　　(B) a 最好,d 最差

(C) b 最差,c 最好　　(D) b 最好,c 最差

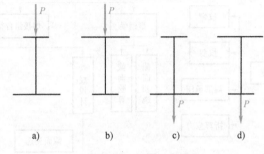

图 5-49 习题 5-3 图

5-4 焊接简支工字型梁如图 5-50 所示,跨度为 12m,跨中 6m 处梁上翼缘有简支侧向支撑,材料为 Q235 钢。集中荷载设计值 $P = 300$kN,间接动力荷载,验算该梁的强度、刚度及整体稳定性是否满足要求。

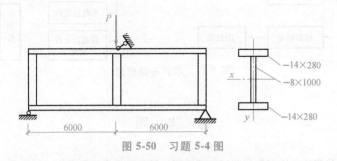

图 5-50 习题 5-4 图

5-5 等截面简支梁跨度为 12m,跨中无侧向支承点,截面如图 5-51 所示。上翼缘均布荷载设计值 $q = 260$kN/m,Q460 钢。已知 $A = 172$cm^2,$y_1 = 41$cm,$y_2 = 62$cm,$I_x = 284300$cm^4,$I_y = 9467$cm^4,$h = 103$cm,验算该梁的整体稳定性。

5-6 有一工作平台梁格布置如图 5-52 所示。梁上密铺预制钢筋混凝土平台板和水泥砂浆面层,设其重力(标准值)为 2kN/m^2,活荷载标准值为 20kN/m^2(静力荷载)。试按下列两种情况选择次梁截面:(1) 平台板与次梁焊接;(2) 平台板与次梁不焊接。钢材 Q235 钢。

5-7 试设计习题 5-6 中的平台主梁。次梁传来 $G_k = 39.9$kN($\gamma_G = 1.2$),$Q_k = 360$kN($\gamma_Q = 1.3$);采用焊接工字形截面组合梁,改变翼缘宽度一次。材料 Q355 钢,E50 系列焊条。

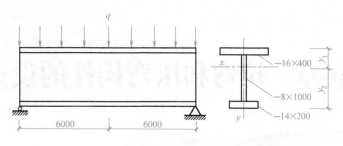

图 5-51　习题 5-5 图

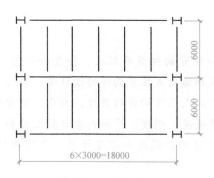

图 5-52　习题 5-6 图

5-8　试设计一槽钢檩条。跨度 5.5m，跨中设一根拉条。屋面坡度 1：2.5。檩条承受的屋面材料重力 0.35kN/m，屋面活荷载 0.6kN/m（均为标准值），材料 Q235 钢，挠度容许值 $[v]=l/150$。

5-9　试设计一跨度 12m 的工作平台梁，采用焊接工字形截面组合梁。中间次梁传来的集中荷载标准值为 500kN，设计值为 650kN。边部次梁传来的集中荷载为中间的一半。图 5-53 为该梁的计算简图，该梁采用 Q355 钢制作，焊条采用 E50 型，考虑利用腹板屈曲后承载力。

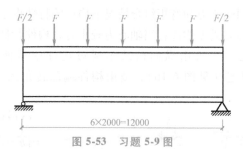

图 5-53　习题 5-9 图

第6章 拉弯和压弯构件的设计

本章导读

➤ **内容及要求** 拉弯和压弯构件截面形式，强度和刚度，压弯构件的整体稳定性和局部稳定性的计算，实腹式和格构式压弯构件的设计等。通过本章学习，应熟悉压弯构件的类型和破坏特征，掌握实腹式压弯构件的强度、刚度、整体稳定性、局部稳定性的计算方法，掌握格构式压弯构件强度、刚度、平面内整体稳定性和分肢稳定性的计算方法。

➤ **重点** 压弯构件和拉弯构件强度和刚度计算，压弯构件整体稳定性、局部稳定性和分肢稳定性计算。

➤ **难点** 实腹式压弯构件平面内、平面外整体稳定性的计算。

6.1 概述

同时承受弯矩、轴心拉力或轴心压力的构件称为拉弯构件或压弯构件，也常称为偏心受拉构件或偏心受压构件。不同轴心力和弯矩组合情况下构件的特性也不同，其基本规律为：当弯矩较小时，构件特性接近轴心受力构件；当轴心力较小时，构件特性接近受弯构件。

拉弯和压弯构件中的弯矩可由纵向荷载不通过构件中截面形心的偏心引起（见图6-1a），也可由横向荷载引起（见图6-1b），或由构件端部转角约束（如固端、连续或框架

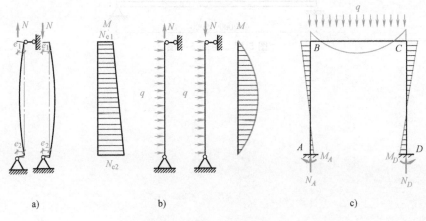

图 6-1 拉弯构件和压弯构件

梁、柱等）产生的端部弯矩引起（见图 6-1c）。当截面仅一个形心主轴有弯矩作用时，称为单向拉弯或压弯构件；当截面两个形心主轴都有弯矩作用时，称为双向拉弯或压弯构件。

拉弯和压弯构件是钢结构中常用的构件形式，尤其是压弯构件的应用更为广泛。例如，单层厂房的柱、多层或高层房屋的框架柱、承受不对称荷载的工作平台柱、支架柱、塔架、桅杆塔等，这些构件常是压弯构件；桁架中承受节间内荷载的杆件也常是压弯或拉弯构件。

拉弯和压弯构件通常采用双轴对称或单轴对称的截面形式，分为实腹式和格构式。双轴对称截面（见图 6-2a）常用于弯矩较小、正负弯矩绝对值大致相等以及构造或使用上宜于采用对称截面的构件或柱；单轴对称截面（见图 6-2b）常用于正负弯矩相差较大的构件或柱，即把截面的受力较大一侧适当加大，以节省钢材。普通构件中的拉弯或压弯构件常可采用如图 6-3 所示的单轴对称或双轴对称截面，以较好适应节点连接的需要。

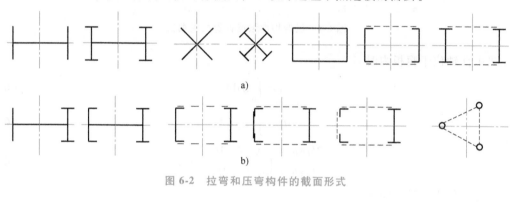

图 6-2 拉弯和压弯构件的截面形式

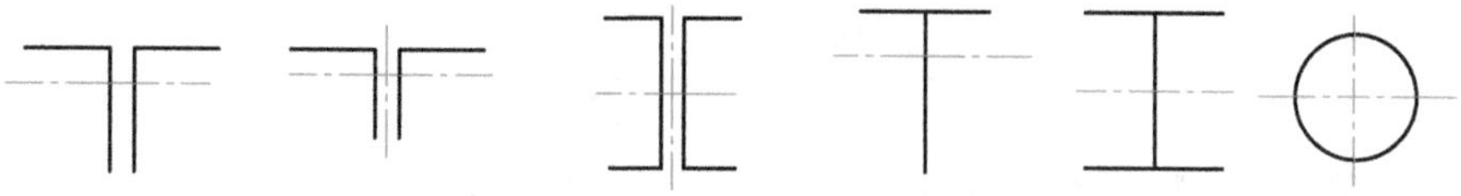

图 6-3 普通拉弯和压弯构件的截面形式

拉弯和压弯构件的截面通常做成在承受次弯矩方向具有较大的截面尺寸，使在该方向有较大的截面抵抗矩、回转半径和抗弯刚度，以便更好地承受弯矩。在格构式构件中，通常使虚轴垂直于弯矩作用平面，以便根据所承受弯矩的需要，灵活地调整和适当加大两分肢的距离。

压弯构件的设计应考虑强度、刚度、整体稳定性和局部稳定性四个方面。

拉弯构件的设计一般只考虑强度和刚度两个方面。但对以承受弯矩为主的拉弯构件，当截面一侧最外纤维发生较大的压应力时，则也应考虑计算构件的整体稳定性以及受压板件或分肢的局部稳定性。

6.2 拉弯和压弯构件的强度

拉弯构件和没有发生整体或局部失稳的压弯构件，其最不利截面（最大弯矩截面或有严重削弱的截面）最终将形成塑性铰，构件达到承载能力强度极限。

压弯构件的截面尺寸通常由稳定条件决定，但当最大弯矩发生在构件的端部或在构件某一截面因有孔眼削弱而又未根据强度要求补强时，构件的截面尺寸亦需考虑强度条件。

根据图 6-4a 所示截面尺寸和图 6-4b 所示截面应力分布，可得到工字形截面压弯构件绕强轴弯曲时 N 和 M_x 之间的无量纲关系。

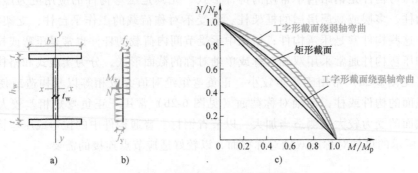

图 6-4　压弯构件强度计算相关曲线

当中性轴位于腹板内时

$$N = \int_A \sigma \, \mathrm{d}A \tag{6-1}$$

$$M_x = \int_A \sigma y \, \mathrm{d}A \tag{6-2}$$

$$\frac{2bt+h_w t_w}{4bt+h_w t_w}\left(\frac{N}{N_p}\right)^2 + \frac{M_x}{M_{px}} = 1 \tag{6-3}$$

中性轴位于受拉翼缘内时

$$\frac{N}{N_p} + \frac{4bt+h_w t_w}{2(2bt+h_w t_w)} \cdot \frac{M_x}{M_{px}} = 1 \tag{6-4}$$

式中　N_p——全截面受压屈服时的轴心压力，$N_p = (2bt+h_w t_w)f_y$；

M_{px}——全截面受弯屈服时的塑性铰弯矩，$M_{px} = \dfrac{1}{4}(4bt+h_w t_w)h_w f_y$。

由式（6-3）和式（6-4）可知，压弯构件的强度极限承载能力与截面的尺寸和弯曲轴有关。图 6-4c 所示为它们之间的关系曲线，图中阴影区说明了截面尺寸不同时曲线的变动范围，图中表示出工字形截面压弯构件绕弱轴弯曲时和矩形截面压弯构件 N 与 M 的关系曲线。考虑到截面出现塑性铰时构件可能产生过大变形，需限制截面塑性发展深度以不超过截面高度的 0.15 倍。《钢结构设计标准》采用的强度计算公式是以图 6-4c 中所示直线为基准的。在公式中弯矩项的分母中采用弹性抵抗矩 W 但引进了大于 1.0 的塑性发展系数 γ（见表 5-1）。因此，单向弯曲的强度计算公式为

$$\frac{N}{A_n} \pm \frac{M_x}{\gamma_x W_{nx}} \leq f \tag{6-5}$$

当采用牌号不低于 Q460、Q460GJ 钢材的工业与民用建筑及一般构筑物的钢结构设计，对弯矩作用在两个主平面内的双向拉弯构件和压弯构件，其截面强度应按下列公式计算：

圆形截面压弯构件

$$\frac{N}{A_n} + \frac{\sqrt{M_x^2 + M_y^2}}{\gamma_m W_n} \leq f \tag{6-6a}$$

式中 γ_m——圆形构件的截面塑性发展系数，Q460、Q460GJ 钢材《钢结构设计标准》取值，其他牌号高强钢均取 1.0；

A_n——构件的净截面面积（mm^2）；

W_n——构件的净截面模量（mm^3），按《钢结构设计标准》第 6.1.1 条的规定取值。

除圆形截面外的压弯构件

$$\frac{N}{A_n} \pm \frac{M_x}{\gamma_x W_{nx}} \pm \frac{M_y}{\gamma_y W_{ny}} \le f \qquad (6\text{-}6\text{b})$$

式中 γ_x、γ_y——与截面模量相应的截面塑性发展系数，Q460、Q460GJ 钢材按《钢结构设计标准》取值，其他牌号高强钢均取 1.0。

式（6-5）和式（6-6）也适用于拉弯构件的强度计算，公式中的正负号是以使计算结构的绝对值为最大值。

式（6-5）和式（6-6）只适用于承受静力荷载或间接承受动力荷载的实腹构件。对于直接承受动力荷载的构件，截面的塑性开展对构件的承载能力可能产生不利影响，因此强度计算时不考虑塑性开展而取 $\gamma_x = \gamma_y = 1.0$。对于格构式构件，因截面的边缘屈服时就达到了强度极限，因此计算时绕虚轴的 γ 值取 1.0。

6.3 拉弯和压弯构件的刚度

根据结构使用要求，拉弯和压弯构件都不应过分柔弱而应具有必要的刚度，保证构件不产生过度的变形。通常情况下，拉弯及压弯构件的刚度计算公式与轴心受力构件相同，采用长细比进行控制。但应注意，如拉弯或压弯构件的作用与梁类似，应进行变形计算，采用容许变形进行控制。

$$\lambda_{max} = \left(\frac{l_0}{i}\right)_{max} \le [\lambda] \qquad (6\text{-}7)$$

式中 λ_{max}——构件的最大长细比；

l_0——构件的计算长度；

i——截面回转半径；

$[\lambda]$——容许长细比。

拉弯构件的容许长细比与轴心受拉构件相同（见表 4-1）；压弯构件的容许长细比与轴心受压构件相同（见表 4-2）。

【例 6-1】 试设计图 6-5 所示某承受静力荷载的拉弯构件。作用于构件的轴拉力的设计值为 $N = 1200kN$，弯矩的设计值 $M = 129kN \cdot m$，所用钢材为 Q235，构件截面无削弱。

解：

选用轧制普通工字钢 I45a，查附录表 G-1 知截面面积 $A = 102cm^2$，抵抗矩 $W_x = 1433cm^3$。因翼缘板厚为 $18mm > 16mm$，钢材的强度设计值 $f = 205N/mm^2$。查表 5-1 得截面的塑性发展系数 $\gamma_x = 1.05$。

（1）验算强度

$$\frac{N}{A_n} + \frac{M_x}{\gamma_x M_{nx}} = \frac{1200 \times 10^3}{102 \times 10^2} N/mm^2 + \frac{129 \times 10^6}{1.05 \times 1433 \times 10^3} N/mm^2 = 117.65 N/mm^2 + 85.91 N/mm^2$$

$$= 203.56 \text{N/mm}^2 < f = 205 \text{N/mm}^2 \quad (\text{满足强度要求})$$

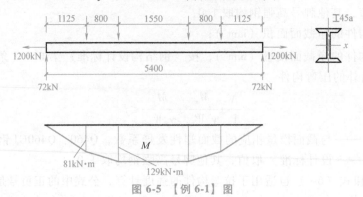

图 6-5 【例 6-1】图

（2）验算刚度

$$\lambda_{\max} = \frac{l_0}{i_{\min}} = \frac{5400}{28.9} = 186.85 < [\lambda] = 350 (\text{满足刚度要求})$$

6.4　实腹式压弯构件的整体稳定性

压弯构件的截面尺寸通常由稳定承载力确定。对双轴对称截面，一般将弯矩绕强轴作用，而单轴对称截面则将弯矩作用在对称轴平面内。这些构件可能在弯矩作用平面内失稳，也可能由于垂直于弯矩作用平面内的刚度不足而在弯矩作用平面外失稳。所以，压弯构件要分别计算弯矩作用平面内和弯矩作用平面外的稳定性。

6.4.1　弯矩作用平面内的稳定性计算

1. 单向压弯构件弯矩作用平面内整体失稳的特点

对于抵抗弯扭变形能力很强的压弯构件，或者在构件的侧向有足够的支承以阻止其发生弯扭变形的压弯构件，极限状态可能以在弯矩平面内发生整体失稳而达到。图 6-6a 所示的两端铰接的双轴对称工字形截面压弯构件，具有矢高为 v_0 的初弯曲，在构件两端承受着相等的弯矩 M_x 和轴心压力 N，它们使构件只产生单向弯曲变形，构件的弯矩图由图 6-6b 的两部分组成，图中的左侧为一阶弯矩，而右侧为附加弯矩，包括附加弯矩在内的弯矩为构件

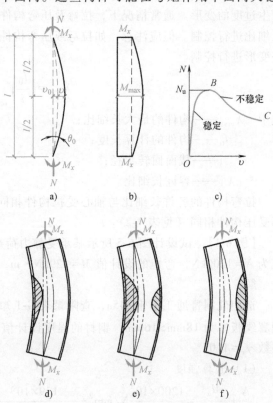

图 6-6　压弯构件的压力挠度线和塑性区

的二阶弯矩。如果 $M_x = Ne$，而 e 相当于一个常量偏心距，那么随着压力 N 的增加，构件中点的挠度 v 也将增加，可以画出 N 和 v 之间的关系曲线如图 6-6c 的 OBC，在曲线中的 OB 段，挠度 v 随着压力的增加而增加，曲线是上升的，说明构件处于稳定平衡状态，但是在曲线的 BC 段，曲线是下降的，即作用于构件端部的压力不断减小，但挠度仍会继续增加，因此构件是不稳定的。曲线 OBC 中的最高点 B 标志着构件正好达到了其极限承载力 N_u，这时外力弯矩与构件抗弯能力相等。因构件截面形状尺寸、残余应力分布和构件的长度不同，构件丧失整体稳定性时存在不同的塑性区，如图 6-6d 中的阴影区部分所示，它存在于构件截面受压最大的一侧，也可能在两侧同时发展塑性区（见图 6-6e）。受弯作用较大的短粗的压弯构件容易产生后一种失稳现象。对于单轴对称截面的压弯构件，除了可能产生以上两种失稳现象外，甚至还可能产生只在受拉的一侧出现塑性区而失稳的现象，如图 6-6f 所示。

2. 弯矩作用平面内的稳定计算方法

确定压弯构件的极限承载力 N_u 是一个比较复杂的计算问题。确定 N_u 的方法有很多，可分为两大类：一类是边缘纤维屈服准则计算法；另一类是精度较高的数值积分法（逆算单位长度法）。

（1）边缘纤维屈服准则计算法

1）等效弯矩系数和弯矩放大系数。图 6-7 所示为一两端铰支压弯构件，横向荷载产生的跨中挠度为 v_m。当荷载为对称作用时，可假定挠曲线为正弦曲线。当 $N/N_E < 0.6$ 时，此种假定的误差不大于 2%。当荷载沿轴心作用时，挠度会增加，根据有初弯曲的无残余应力轴心压杆截面开始屈服的条件 $\sigma\left(1 + \varepsilon_0 \times \dfrac{\sigma_E}{\sigma_E - \sigma}\right) = f_y$ 可知，在弹性范围，跨中挠度增加为

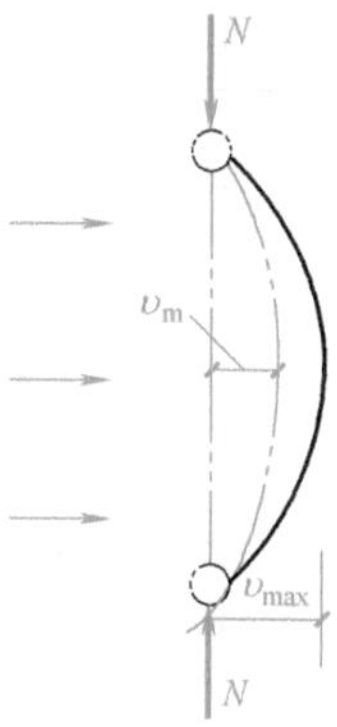

$$\begin{cases} v_{max} = \dfrac{v_m}{1 - \alpha} \\[2mm] \alpha = \dfrac{N}{N_E} \end{cases} \tag{6-8}$$

图 6-7　铰支压弯构件

式中　$\dfrac{1}{1-\alpha}$ ——挠度放大系数；

　　　　N_E ——弹性临界力。

由横向荷载产生的跨中弯矩为 M，由 N 产生的弯矩为 Nv_{max}，跨中总弯矩为

$$M_{max} = M + Nv_{max} = M + \frac{Nv_m}{1-\alpha} = \frac{M}{1-\alpha}\left(1 - \alpha + \frac{Nv_m}{M}\right) = \frac{M}{1-\alpha}\left[1 + \left(\frac{N_E v_m}{M} - 1\right)\alpha\right]$$

$$= \frac{\beta_m M}{1-\alpha} = \eta M \tag{6-9}$$

式中　β_m ——等效弯矩系数，$\beta_m = 1 + \left(\dfrac{N_E v_m}{M} - 1\right)\dfrac{N}{N_E}$；

　　　　η ——弯矩放大系数，$\eta = \dfrac{\beta_m}{1 - \dfrac{N}{N_E}}$。

根据各种荷载和支承情况产生的跨中弯矩 M 和跨中挠度 v_m，可以计算出等效弯矩系数

β_{m}，结果见表 6-1 中的 1~7 项。第 8 项属不对称荷载作用，可用其他方法推导得出。

表 6-1　等效弯矩系数 β_{m}

序号	荷载及弯矩图形	弹性分析值	规范采用值
1	正弦曲线	1.0	1.0
2	抛物线	$1+0.028\dfrac{N}{N_{\mathrm{E}}}$	1.0
3		$1+0.234\dfrac{N}{N_{\mathrm{E}}}$	1.0
4		$1-0.178\dfrac{N}{N_{\mathrm{E}}}$	1.0
5		$1+0.051\dfrac{N}{N_{\mathrm{E}}}$	1.0
6		$1-0.589\dfrac{N}{N_{\mathrm{E}}}$	0.85
7		$1-0.315\dfrac{N}{N_{\mathrm{E}}}$	0.85
8		$\sqrt{0.3+0.4\dfrac{M_2}{M_1}+0.3\left(\dfrac{M_2}{M_1}\right)^2}$	$0.6+0.4\dfrac{M_2}{M_1}$

2）压弯构件弯矩作用平面内稳定性计算的边缘屈服准则，对于弹性压弯构件，可用截面边缘屈服作为稳定性计算的准则。为了考虑初始缺陷的影响，假定各种缺陷的等效初弯曲呈跨中挠度 v_0 的正弦曲线（见图 6-8）。在任意横向荷载或端弯矩作用下的计算弯矩为 M，则跨中总弯矩应为

$$M_{\max}=\frac{\beta_{\mathrm{m}}M+Nv_0}{1-\dfrac{N}{N_{\mathrm{E}}}} \tag{6-10}$$

当构件中点截面边缘纤维达到屈服时，表达式为

$$\frac{N}{A}+\frac{\beta_{\mathrm{m}}M+Nv_0}{\left(1-\dfrac{N}{N_{\mathrm{E}}}\right)W}=f_{\mathrm{y}} \tag{6-11}$$

令式（6-11）中的 $M = 0$，即为有初始缺陷的轴心压杆边缘纤维屈服时的表达式

$$\frac{N_0}{A} + \frac{N_0 v_0}{\left(1 - \frac{N_0}{N_E}\right) W} = f_y \tag{6-12}$$

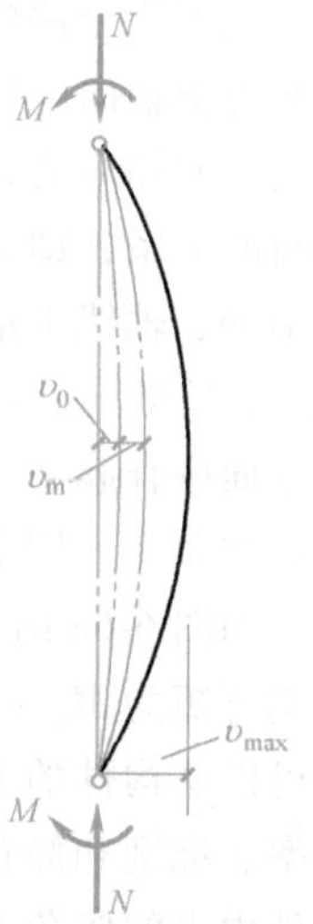

截面边缘屈服时，轴心力作用下的临界力 N_0 和轴心力与弯矩共同作用下的临界力 N 不同，$N_0 > N$。

在式（6-12）中，因 $N_0 = \varphi A f_y$，解得

$$v_0 = \left(\frac{1}{\varphi} - 1\right)\left(1 - \varphi \frac{A f_y}{N_E}\right)\frac{W}{A}$$

将此 v_0 值代入式（6-11）中，整理得

$$\frac{N}{\varphi A}\left(1 - \varphi \frac{N}{N_E}\right) + \frac{\beta_m M}{W} = f_y\left(1 - \varphi \frac{N}{N_E}\right)$$

即

$$\frac{N}{\varphi A} + \frac{\beta_m M}{W\left(1 - \varphi \frac{N}{N_E}\right)} = f_y \tag{6-13}$$

图 6-8　具有初弯
曲的压弯构件

这就是由边缘屈服准则导出的相关公式。

由于式（6-13）利用了与轴心压杆相同的等效初弯曲 v_0，而轴心压杆的稳定性已考虑弹塑性和残余应力等因素，因而不能认为式（6-13）完全忽略了残余应力和非弹性的影响。不过这种间接考虑的方式，必然使计算结果与压弯构件（特别是实腹式构件）的理论承载力之间产生误差。

《钢结构设计标准》将式（6-13）作为计算格构式压弯构件绕虚轴平面内稳定性计算的相关公式。引入抗力分项系数，得出压弯构件在 N 和 M_x 共同作用下按边缘纤维屈服准则导出的计算式

$$\frac{N}{\varphi_x A} + \frac{\beta_{mx} M_x}{W_{1x}(1 - \varphi_x N / N'_{Ex})} \leqslant f \tag{6-14}$$

式中　φ_x——在弯矩作用平面内的轴心受压构件整体稳定系数；

W_{1x}——按受压最大分肢轴线或腹板外边缘确定的毛截面模量。

边缘纤维屈服准则考虑当构件截面最大纤维刚一屈服时构件即失去承载能力而发生破坏，较适用于格构式构件。实腹式压弯构件受压最大边缘刚开始屈服时，尚有较大的强度储备，即容许截面塑性深入。因此若要反映构件的实际受力情况，宜采用最大强度准则，即以具有初始缺陷作为计算模型，求解其极限承载能力。

在第4章中曾介绍了具有初始缺陷（初弯曲、初偏心和残余应力）的轴心受压构件的稳定计算方法。实际上考虑初弯曲和初偏心的轴心受压构件就是压弯构件，只不过弯矩由偶然因素引起，主要内力是轴向压力。

（2）数值积分法（逆算单位长度法）

用数值积分法确定构件的极限承载力时，通常假定材料为理想的弹塑性，其应力-应变曲线由两条直线组成，当截面任意一点的应变 ε 小于材料的屈服应变 ε_y 时，其应力为 $\sigma = \varepsilon E$，此处 E 为弹性模量；当应变 ε 等于或大于 ε_y 时，其应力为屈服强度 f_y。

数值积分法的基本思路是从力和变形两个方面考虑的。从力的方面说，截面任何一点的应变是由轴向应变、弯曲应变和残余应变三项组成的，其中弯曲应变与截面曲率 Φ 成正比，由应变而知应力，由力的平衡关系式（6-1）和式（6-2）可以得到截面的弯矩、轴力和曲率之间的关系，即 M_x-N-Φ 关系。从变形方面说，构件轴线上任意一点的挠度，与此处截面的曲率 Φ、轴线上前一点的挠度和倾角有简单的几何关系，所以有了前一点的挠度和倾角以及包括二阶效应在内的弯矩，即可由 M_x-N-Φ 关系得到相应曲率，这样通过曲率把力和变形两个方面联合起来了。具体做法是先把构件分为足够多数量的杆段，计算时取每段中点截面的弯矩和曲率，即平均弯矩和曲率代表该段的弯矩和曲率，以保证每段都符合内外力的平衡条件。如图 6-6a 的压弯构件，上下两端的偏心距为常量 e，在某一轴心压力 N_i 作用下，构件的端弯矩为 $M_x = N_i \cdot e$，端倾角为 θ_0，构件中点的挠度为 v_i，而此处的倾角为 $\theta_i = 0$。计算步骤可以从构件的上端开始，先假定端倾角为某一数值 θ_0，然后利用已知 M-N-Φ 关系，以及曲率、挠度和倾角之间的几何关系，由构件的上端顺次向下推进，通过逐段数值积分推算出构件中点的倾角 θ_i。如果满足几何条件 $\theta_i = 0$，说明前面假定的端倾角 θ_0 是正确的，否则需要修改 θ_0 值，重复前面的计算步骤，直到满足 $\theta_i = 0$ 这一条件为止，从而得到与 N_i 对应的构件中点的挠度 v_i。改变另一轴心压力 N，用上面同样的方法又可以得到相应的挠度 v，这样用数值积分法通过电算得到如图 6-6c 所示的构件压力挠度曲线上 N_i 与 v_i 一一对应的许多点，其中包括曲线的极值点 B，它给出了此压弯构件的极限承载力 N_u。

数值积分法可以通过增加构件分段的数目来逼近精确值，而且便于考虑截面形状、尺寸、残余应力和初弯曲的影响。

《钢结构设计标准》修订时，采用数值积分法，考虑构件存在 1/1000 的初弯曲和实测的残余应力分布，算出了近 200 条压弯构件极限承载力曲线。图 6-9 所示绘出了翼缘为火焰切割边的焊接工字形截面压弯构件在两端相等弯矩作用下的相关曲线，其中实线为理论计算的结果。

对于不同的截面形式，或虽然截面形式相同但尺寸不同、残余应力的分布不同以及失稳的方向不同等，其计算曲线都将有很大的差异，要得到精确的、符合各种不同情况的理论相关公式是困难的。因此，只能根据理论分析的结果，经过数值积分运算，得到比较符合实际又能满足工程精度要求的实用相关公式。

将用数值积分法得到的压弯构件的极限承载力 N_u 与用边缘纤维屈服准则导出的相关公式（6-14）中的轴心压力 N 进行比较发现，对于短粗的实腹杆，该式偏于安全；而对细长的实腹杆，该式偏于不安全。因此，借用弹性压弯构件边缘纤维屈服时计算公式的形式，在计算弯曲应力时考虑截面的塑性发展和二阶弯矩，对于初弯曲和残余应力的影响则采用一个等效偏心距 v_0 综合考虑，最后得到近似相关公式为

$$\frac{N}{\varphi_x A} + \frac{M_x}{W_{px}\left(1 - 0.8\dfrac{N}{N_{Ex}}\right)} = f_y \tag{6-15}$$

式中　W_{px}——截面塑性模量。

式（6-15）的相关曲线即图 6-9 中的虚线，其计算结果与理论值的误差很小。

《钢结构设计标准》规定的计算方法　《钢结构设计标准》规定的实腹式单向压弯构件弯矩作用平面内的稳定计算公式

式（6-15）仅适用于弯矩沿杆长均匀分布的两端铰支压弯构件。当弯矩为非均匀分布

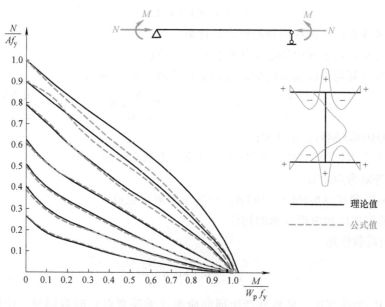

图 6-9　焊接工字钢压弯构件的相关曲线

时，构件的实际承载能力将比上式算得的值高。为了把式（6-15）推广应用于其他荷载作用时的压弯构件，可用等效弯矩 $\beta_{mx} M_x$（M_x 为最大弯矩，$\beta_{mx} \leqslant 1$）代替公式中的 M_x 来考虑这种有利因素。另外，考虑部分塑性深入截面，采用 $W_{px} = \gamma_x W_{1x}$，并引入抗力分项系数；同时将式中的 E_{Ex} 改为考虑 $\gamma_R = 1.1$ 后的欧拉临界力 $N'_{Ex} = \dfrac{\pi E A}{1.1 \lambda_x^2}$，即得到《钢结构设计标准》规定的实腹式压弯构件弯矩作用平面内的稳定计算式为

$$\frac{N}{\varphi_x A f} + \frac{\beta_{mx} M_x}{\gamma_x W_{1x}\left(1 - 0.8\dfrac{N}{N'_{Ex}}\right) f} \leqslant 1.0 \qquad (6\text{-}16a)$$

式中　N——构件所受轴心压力设计值；

　　　M_x——构件中的最大弯矩设计值；

　　　φ_x——弯矩作用平面内的轴心受压构件稳定系数；

　　　W_{1x}——弯矩作用平面内对受压较大翼缘的弹性毛截面模量；

　　　γ_x——截面塑性发展系数，查表 5-1；

　　　β_{mx}——等效弯矩系数；

　　　N'_{Ex}——修正后的欧拉临界力，$N'_{Ex} = \dfrac{\pi^2 E A}{1.1 \lambda_x^2}$。

当采用牌号不低于 Q460、Q460GJ 钢材的工业与民用建筑及一般构筑物的钢结构设计，弯矩作用在对称轴平面内的实腹式压弯构件，x 轴为对称轴，其弯矩作用平面内的稳定性应按下列公式计算

$$\frac{N}{\varphi_x A f} + \frac{\psi \beta_{mx} M_x}{\gamma_x W_{1x} f\left(1 - 0.8\dfrac{N}{N'_{Ex}}\right)} \leqslant 1.0 \qquad (6\text{-}16b)$$

$$N'_{Ex} = \pi^2 EA / (1.1\lambda_x^2) \tag{6-16c}$$

式中　N——所计算构件范围内轴心压力设计值（N）；

φ_x——弯矩作用平面内轴心受压构件稳定系数；

M_x——所计算构件段范围内的最大弯矩设计值（N·mm）；

ψ——修正系数，当 $\dfrac{N}{\varphi_x Af} \geqslant 0.2$ 时，取 0.9；当 $\dfrac{N}{\varphi_x Af} < 0.2$ 时，$\psi = 1 - \dfrac{0.5N}{\varphi_x Af'}$；对于 Q460、

Q460GJ 钢材，取 1.0；

W_{1x}——在弯矩作用平面内对受压最大纤维的毛截面模量（mm³）；

β_{mx}——等效弯矩系数。

式（6-16a）和式（6-16b）中的 β_{mx} 应按下列规定取值：

① 无侧移框架柱和两端支承的构件

a. 无横向荷载作用

$$\beta_{mx} = 0.6 + 0.4\frac{M_2}{M_1} \tag{6-17}$$

式中，M_1 和 M_2 为端弯矩，使构件产生同向曲率（无反弯点）时取同号，使构件产生反向曲率（有反弯点）时取异号，$|M_1| \geqslant |M_2|$。

b. 无端弯矩但有横向荷载作用

跨中单个集中荷载

$$\beta_{mx} = 1 - 0.36\frac{N}{N_{cr}} \tag{6-18a}$$

全跨均布荷载

$$\beta_{mx} = 1 - 0.18\frac{N}{N_{cr}} \tag{6-18b}$$

式中　N_{cr}——弹性临界力，$N_{cr} = \dfrac{\pi^2 EI}{(\mu l)^2}$；

μ——构件的计算长度系数。

c. 端弯矩和横向荷载同时作用

$$\beta_{mx} M_x = \beta_{mqx} M_{qx} + \beta_{m1x} M_1 \tag{6-19}$$

式中　M_{qx}——横向荷载产生的最大弯矩值；

M_1——端弯矩；

β_{mqx}、β_{m1x} 分别按式（6-18）和式（6-17）计算的等效弯矩系数。

② 有侧移框架柱和悬臂构件

a. 有横向荷载的柱脚铰接的单层框架柱和多层框架的底层柱，$\beta_{mx} = 1.0$。

b. 除了上述规定之外的框架柱

$$\beta_{mx} = 1 - 0.36 N/N_{cr}$$

c. 自由端作用有弯矩的悬臂柱

$$\beta_{mx} = 1 - 0.36(1-m) N/N_{cr}$$

对于 T 形单轴对称截面压弯构件，当弯矩作用于对称轴平面且使较大翼缘受压时，构件失稳时出现的塑性区除存在前述受压区屈服和受压、受拉区同时屈服两种情况外，还可能

在受拉区首先出现屈服而导致构件失稳，故除按式（6-16）计算外，还应按下式计算

$$\left| \frac{N}{Af} - \frac{\beta_{mx}M_x}{\gamma_x W_{2x}\left(1-1.25\dfrac{N}{N'_{Ex}}\right)f} \right| \le 1.0 \tag{6-20}$$

式中　γ_x、W_{2x}——受拉侧最外纤维的截面塑性发展系数和毛截面模量。

　　　　1.25——经济修正系数。

理论上式（6-20）是对所有单轴对称截面压弯构件都需应用的补充验算式。但经分析，发现只对截面不对称较大的 T 形截面和槽形截面，式（6-20）才能控制计算结果。

6.4.2　弯矩作用平面外的稳定性计算

如前所述，实腹式单向压弯构件在侧向没有足够的支承时，可能发生侧扭屈曲而破坏，其荷载-位移曲线如图 6-6a 所示。由于考虑初始缺陷的侧扭屈曲弹塑性分析过于复杂，《钢结构设计标准》采用的计算公式是按理想的屈曲理论为依据的。

根据稳定理论，如图 6-6a 所示承受均匀弯矩的压弯构件，当截面为双轴对称工字形截面，构件绕截面强轴弯曲，构件的弹性侧扭屈曲临界力 N_{cr} 可由下式解出

$$(N_y-N)(N_w-N)-\left(\frac{e}{i_0}\right)^2 N^2 = 0 \tag{6-21}$$

式中　N_y——绕截面弱轴的欧拉临界力，$N_y = n^2\pi^2 EI_y/l^2$；

　　　N_w——扭转屈曲临界力，$N_w = \dfrac{1}{i_0^2}\left(\dfrac{n\pi^2 EI_w}{l^2}+GI_t\right)$；

　　　e——偏心率，$e=M/N$；i_0 为极回转半径，$i_0 = \sqrt{\dfrac{I_x+I_y}{A}} = \sqrt{i_x^2+i_y^2}$；

　　　n——构件屈曲时半波数，常取 $n=1$；

EI_w、GI_t——截面的翘曲刚度和扭转刚度。

当双轴对称截面的梁承受纯弯曲时，其临界弯矩在第 5 章已有叙述，今引进上述 N_y 和 N_w 的表达式，该临界弯矩公式 $M_{cr} = \dfrac{\pi^2 EI_y}{l^2}\sqrt{\dfrac{I_w}{I_y}+\dfrac{l^2 GI_t}{\pi^2 EI_y}}$ 又可写成

$$M_{cr} = i_0\sqrt{N_y N_w} \tag{6-22}$$

代入式（6-21），并取 $M=N\cdot e$，则得

$$\left(1-\frac{N}{N_y}\right)\left(1-\frac{N}{N_w}\right)-\left(\frac{M}{M_{cr}}\right)^2 = 0 \tag{6-23}$$

给出 N_w/N_y 的不同值，可绘出 N/N_y-M/M_{cr} 的相关曲线，如图 6-10 所示。因一般情况下 N_w 常大于 N_y，因而该相关曲线为向上凸。

如采用直线式

$$\frac{N}{N_y}+\frac{M}{M_{cr}} = 1 \tag{6-24}$$

代替（6-23）式，显然是安全的。

今以 $N_y=\varphi_y Af_y$，$M_{cr}=\varphi_b W_{1x}f_y$。并考虑实际荷载情况不一定都是均匀弯曲，引入侧扭弯

曲时的等效弯矩系数 β_{tx}，代入（6-22），并把 f_y 改为 f。N 和 M 取设计值，即得弯矩作用平面外的稳定性计算公式

$$\frac{N}{\varphi_y Af}+\eta\,\frac{\beta_{tx}M_x}{\varphi_b W_{1x}f}\leq 1.0 \qquad (6\text{-}25a)$$

式中　　φ_y——弯矩作用平面外的轴心受压构件稳定系数；

　　　　φ_b——均匀弯曲时的受弯构件整体稳定系数；采用下述近似计算公式计算，对闭口截面 $\varphi_b=1.0$；

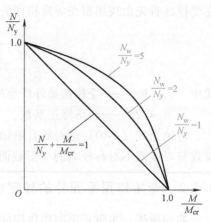

图 6-10　侧扭弯曲时的相关曲线

$$\varphi_b = 1.07-\frac{\lambda_y^2}{44000\varepsilon_k^2}\leq 1.0$$

　　　　η——截面影响系数，闭口截面 $\eta=0.7$，其他截面 $\eta=1.0$；

　　　　M_x——所计算构件范围内的最大弯矩设计值。

当采用牌号不低于 Q460、Q460GJ 钢材的工业与民用建筑及一般构筑物的钢结构设计，弯矩作用在对称平面内的实腹式压弯构件，其弯矩作用平面外的稳定性应按下式计算

$$\frac{N}{\varphi_y Af}+\eta\,\frac{M_x}{\varphi_b \gamma_x W_{1x}f}\leq 1.0 \qquad (6\text{-}25b)$$

式中　　φ_y——弯矩作用平面外轴心受压构件稳定系数；

　　　　φ_b——梁的整体稳定系数，按《高强度钢结构设计标准》第 6.2.2 条确定；

　　　　M_x——所计算构件段范围内的最大弯矩设计值（N·mm）；

　　　　η——截面影响系数，闭口截面取 0.7，其他截面取 1.0。

等效弯矩系数 β_{tx} 应按下列规定采用：

1）在弯矩作用平面外有支承的构件，应根据两相邻支承点间构件段内的荷载和内力情况确定：

① 所考虑构件段内无横向荷载作用

$$\beta_{tx} = 0.65+0.35\frac{M_2}{M_1}$$

式中　　M_1 和 M_2——弯矩作用平面内的端弯矩，使构件段产生同向曲率时取同号，产生反向曲率时取异号，$|M_1|\geq|M_2|$。

② 所考虑构件段内有端弯矩和横向荷载同时作用：使构件产生同向曲率时，$\beta_{tx}=1.0$；使构件产生反向曲率时，$\beta_{tx}=0.85$。

③ 所考虑构件段内无端弯矩但有横向荷载作用：$\beta_{tx}=1.0$。

2）弯矩作用平面外为悬臂的构件，$\beta_{tx}=1.0$。

【例 6-2】　计算图 6-11a 所示天窗架的双角钢端竖杆的整体稳定。双角钢为 2L90×56×5 长肢相连，角钢间节点板厚 10mm，如图 6-11b 所示。杆长 3m，承受轴心压力设计值 $N=$ 38kN 和风荷载设计值 $q=\pm2$kN/m（正号为压力，负号为吸力）。材料为 Q235 钢。

解：（1）截面几何特性查附录表 G-5，得 $A=14.42\text{cm}^2$，$I_x=120.9\text{cm}^4$，$i_x=2.9\text{cm}$，$i_y=$

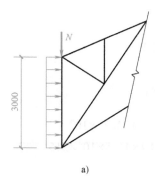 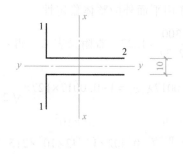

a)　　　　　　　　　　　　　　　　　　　b)

图 6-11　【例 6-2】图

$2.37\mathrm{cm}$，$Z = 2.91\mathrm{cm}$。

（2）整体稳定性验算

1）当风载荷为压力时

① 弯矩作用平面内的整体稳定性

$$M_x = \frac{1}{8}ql^2 = \frac{1}{8} \times 2 \times 3^2 \mathrm{kN \cdot m} = 2.25\mathrm{kN \cdot m}$$

$\lambda_x = \dfrac{l_{0x}}{i_x} = \dfrac{300}{2.9} = 103$ 且截面对 x、y 轴均为 b 类截面（表 4-5），查附录表 C-2，得 $\varphi_x = 0.536$

$$N_{\mathrm{cr}} = \frac{\pi^2 EA}{\lambda_x^2} = \frac{3.14^2 \times 2.06 \times 10^5 \times 14.42 \times 10^2}{103^2}\mathrm{kN} = 276.07\mathrm{kN}$$

$$N'_{\mathrm{Ex}} = \frac{\pi^2 EA}{1.1\lambda_x^2}\mathrm{kN} = 250.97\mathrm{kN}$$

$$W_{1x} = \frac{I_x}{Z} = \frac{120.9}{2.91}\mathrm{cm}^3 = 41.5\mathrm{cm}^3$$

$$W_{2x} = \frac{I_x}{Z'} = \frac{120.9}{6.09}\mathrm{cm}^3 = 19.9\mathrm{cm}^3$$

全跨均布荷载作用，$\beta_{\mathrm{mx}} = 1 - 0.18 N/N_{\mathrm{cr}} = 0.975$

查表 5-1 得到 $\gamma_{x1} = 1.05$，$\gamma_{x2} = 1.2$

构件的整体稳定性计算公式为

$$\frac{N}{\varphi_x A f} + \frac{\beta_{\mathrm{mx}} M_x}{\gamma_x W_{1x}\left(1 - 0.8\dfrac{N}{N'_{\mathrm{Ex}}}\right)f} = \frac{38 \times 10^3}{0.536 \times 14.42 \times 10^2 \times 215} + \frac{0.975 \times 2.25 \times 10^6}{1.05 \times 41.5 \times 10^3 \times \left(1 - 0.8 \times \dfrac{38}{250.97}\right) \times 215}$$

$$= 0.229 + 0.266 = 0.495 < 1.0$$

$$\left|\frac{N}{A f} - \frac{\beta_{\mathrm{mx}} M_x}{\gamma_x W_{2x}\left(1 - 1.25\dfrac{N}{N'_{\mathrm{Ex}}}\right)f}\right| = \left|\frac{38 \times 10^3}{14.42 \times 10^2 \times 215} - \frac{0.975 \times 2.25 \times 10^6}{1.05 \times 19.9 \times 10^3 \times \left(1 - 1.25 \times \dfrac{38}{250.97}\right) \times 215}\right|$$

$$= |0.125 - 0.602| = 0.480 < 1.0$$

该构件弯矩作用平面内整体稳定性满足要求。

② 弯矩作用平面外的整体稳定性

$\lambda_y = \dfrac{l_{0y}}{i_y} = \dfrac{300}{2.37} = 1.27$。查附录表 C-2 得：$\varphi_y = 0.402$

$\varphi_b = 1 - 0.0017\lambda_y\varepsilon_k = 1 - 0.0017\times127\times\sqrt{\dfrac{235}{235}} = 0.784$

$\dfrac{N}{\varphi_y Af} + \eta\dfrac{\beta_{tx}M_x}{\varphi_b W_{1x}f} = \dfrac{38\times10^3}{0.402\times14.42\times10^2\times215} + 1.0\times\dfrac{1.0\times2.25\times10^6}{0.784\times41.5\times10^3\times215}$

$= 0.305 + 0.322 = 0.627 < 1.0$

该构件弯矩作用平面外整体稳定性满足要求。

2）当风载荷为吸力时

① 弯矩作用平面内的整体稳定性

$\dfrac{N}{\varphi_x Af} + \dfrac{\beta_{mx}M_x}{\gamma_{x2} W_{2x}\left(1 - 0.8\dfrac{N}{N'_{Ex}}\right)f}$

$= \dfrac{38\times10^3}{0.536\times14.42\times10^2\times215} + \dfrac{0.975\times2.25\times10^6}{1.2\times19.9\times10^3\times\left(1 - 0.8\times\dfrac{38}{250.97}\right)\times215}$

$= 0.229 + 0.486 = 0.715 < 1.0$

该构件弯矩作用平面内整体稳定性满足要求。

② 弯矩作用平面外的整体稳定性

$\varphi_b = 1 - 0.0005\lambda_y\sqrt{\dfrac{f_y}{235}} = 1 - 0.0005\times127\times\sqrt{\dfrac{235}{235}} = 0.937$

$\dfrac{N}{\varphi_y Af} + \eta\dfrac{\beta_{tx}M_x}{\varphi_b W_{2x}f} = \dfrac{38\times10^3}{0.402\times14.42\times10^2\times215} + 1.0\times\dfrac{1.0\times2.25\times10^6}{0.937\times19.9\times10^3\times215}$

$= 0.305 + 0.561 = 0.866 < 1.0$

该构件弯矩作用平面外整体稳定性满足要求。

6.4.3　双向弯曲实腹式压弯构件的整体稳定性

《钢结构设计标准》规定，对弯矩作用在两个主平面内的双轴对称实腹式工字形（含 H 形）和箱形（闭口）截面的压弯构件，其稳定性应按下列公式计算

$$\dfrac{N}{\varphi_x Af} + \dfrac{\beta_{mx}M_x}{\gamma_x W_{1x}\left(1 - 0.8\dfrac{N}{N'_{Ex}}\right)f} + \eta\dfrac{\beta_{ty}M_y}{\varphi_{by} W_yf} \leqslant 1.0 \tag{6-26}$$

$$\dfrac{N}{\varphi_y Af} + \eta\dfrac{\beta_{tx}M_x}{\varphi_{bx} W_xf} + \dfrac{\beta_{my}M_y}{\gamma_y W_y\left(1 - 0.8\dfrac{N}{N'_{Ey}}\right)f} \leqslant 1.0 \tag{6-27}$$

式中各符号意义只需注意其下角标 x 和 y，角标 x 为对截面强轴 x 的，角标 y 为对截面弱轴 y 的。

可以发现式（6-26）和式（6-27）实质上是单向压弯构件稳定性计算公式的推广和组合，不是理论公式而是偏于实用的经验公式。理论计算和试验资料证明上述公式是可行的。

6.5 实腹式压弯构件的局部稳定性

和受弯、轴心受压构件一样，在整体失稳之前不允许组成压弯构件的板件发生局部失稳。通常限制板件的宽厚比在规定的范围内来保证压弯构件的稳定性。压弯构件截面形式如图 6-12 所示。压弯构件腹板高厚比、翼缘宽厚比应符合表 6-2 规定的压弯构件 S4 级截面要求，工字形和箱形截面压弯构件的腹板高厚比超过表规定的 S4 级截面要求时，其构件设计应按《钢结构设计标准》相关规定设计。

表 6-2 压弯构件（框架柱）的截面板件宽厚比等级及限值

截面板件宽厚比等级		S1 级	S2 级	S3 级	S4 级	S5 级
H 型截面	翼缘 b_1/t	$9\varepsilon_k$	$11\varepsilon_k$	$13\varepsilon_k$	$15\varepsilon_k$	20
	腹板 h_0/t_w	$(33+13\alpha_0^{1.3})\varepsilon_k$	$(38+13\alpha_0^{1.39})\varepsilon_k$	$(40+18\alpha_0^{1.5})\varepsilon_k$	$(45+25\alpha_0^{1.66})\varepsilon_k$	250
箱形截面	壁板（腹板）间翼缘 b_0/t	$30\varepsilon_k$	$35\varepsilon_k$	$40\varepsilon_k$	$45\varepsilon_k$	—
圆钢管截面	径厚比 D/t	$50\varepsilon_k^2$	$70\varepsilon_k^2$	$90\varepsilon_k^2$	$100\varepsilon_k^2$	—

注：1. ε_k 为钢号修正系数，$\varepsilon_k = \sqrt{\dfrac{235}{f_y}}$，当钢板厚度≤16mm 时，不同钢号取值见下表。

钢号	Q235	Q355	Q390	Q420	Q460
ε_k	1.000	0.825	0.776	0.748	0.715

2. b_1 为工字形、H 形截面的翼缘外伸宽度，t、h_0、t_w 分别是翼缘厚度、腹板净高和腹板厚度。对轧制型截面，腹板净高不包括翼缘腹板过渡处圆弧段；对于箱形截面，b_0、t 分别为壁板间的距离和壁板厚度；D 为圆管截面外径。

3. 箱形截面梁及单向受弯的箱形截面柱，其腹板限值可根据 H 形截面腹板采用。

4. 腹板的宽厚比可通过设置加劲肋减小。

5. 当 S5 级截面的板件宽厚比小于 S4 级经 ε_σ 修正的板件宽厚比时，可归属为 S4 级截面。ε_σ 为应力修正因子，$\varepsilon_\sigma = \sqrt{f/\sigma_{max}}$。

6. 参数 $\alpha_0 = (\sigma_{max}-\sigma_{min})/\sigma_{max}$，$\sigma_{max}$ 为腹板计算边缘的最大压应力，σ_{min} 为腹板计算高度另一边缘的应力，压应力取正值，拉应力取负值。

【例 6-3】 验算图 6-13 所示焊接工字形截面的压弯构件。翼缘板为焰切边，截面无削弱，钢材为 Q235B。构件所承受轴心压力设计值 $N=1000$kN，构件长度中点有一侧向支承点并有一个横向荷载，设计值为 $F=250$kN，均为静力荷载。工字形截面尺寸单位为 mm。

解：

（1）截面几何特性及有关参数

惯性矩 $l_{0x}=8000$mm，$l_{0y}=4000$mm

$$I_x = \frac{1}{12}\times 8\times 500^3 \text{mm}^4 + 2\times 400\times 16\times(250+8)^2\text{mm}^4$$

$$= 9.35\times 10^8 \text{mm}^4$$

$$I_y = 2\times\frac{1}{12}\times 16\times 400^3 \text{mm}^4 = 1.71\times 10^8 \text{mm}^4$$

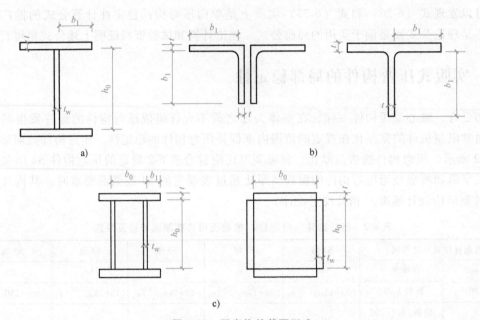

a)

b)

c)

图 6-12 压弯构件截面形式

a）工字形截面 b）T形截面 c）箱形截面

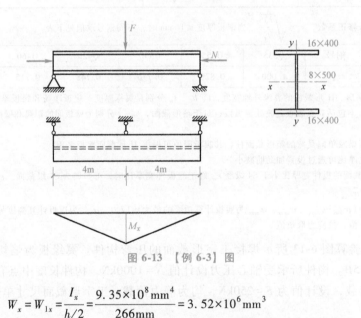

图 6-13 【例 6-3】图

截面模量 $W_x = W_{1x} = \dfrac{I_x}{h/2} = \dfrac{9.35 \times 10^8\,\text{mm}^4}{266\,\text{mm}} = 3.52 \times 10^6\,\text{mm}^3$

截面面积 $A = 16800\,\text{mm}^2$

回转半径 $i_x = \sqrt{\dfrac{I_x}{A}} = \sqrt{\dfrac{9.35 \times 10^8\,\text{mm}^4}{16800\,\text{mm}^2}} = 236\,\text{mm}$ $i_y = \sqrt{\dfrac{I_y}{A}} = \sqrt{\dfrac{1.71 \times 10^8\,\text{mm}^4}{16800\,\text{mm}^2}} = 100\,\text{mm}$

长细比 $\lambda_x = \dfrac{l_{0x}}{i_x} = \dfrac{8000}{236} = 33.9 < [\lambda] = 150$ $\lambda_y = \dfrac{\lambda_{0y}}{i_y} = \dfrac{4000}{100} = 40 < [\lambda] = 150$

轴心受压构件稳定系数（查附录表 C-2，b 类截面）：$\varphi_x = 0.921$，$\varphi_y = 0.899$

因 $\lambda_y = 39.7 < 120\varepsilon_k = 120$

故受弯构件整体稳定性系数 $\varphi_b = 1.07 - \dfrac{\lambda_y^2}{44000\varepsilon_k^2} = 1.07 - \dfrac{40^2}{44000} = 1.034 > 1.0$，取 $\varphi_b = 1.0$

$$N_{cr} = \frac{\pi^2 EA}{\lambda_x^2} = \frac{3.14^2 \times 2.06 \times 10^5 \times 16800}{33.9^2} kN = 29692 kN$$

修正后的欧拉临界力 $N'_{Ex} = \dfrac{\pi^2 EA}{1.1\lambda_x^2} = \dfrac{N_{cr}}{1.1} = 26993 kN$

因 $\dfrac{b_1}{t} = \dfrac{(400-8)/2}{16} = 12.3 < 13\varepsilon_k$，截面板件宽厚比等级为 S3 级

查表 5-1 得到 $\gamma_x = 1.05$

构件承受横向集中力作用，$\beta_{mx} = 1 - 0.36 N/N_{cr} = 0.988$，$\beta_{tx} = 0.65 + 0.35\dfrac{M_2}{M_1} = 0.65$

（2）强度及稳定性验算

1）截面验算 $\qquad\qquad\qquad \dfrac{N}{A_n} + \dfrac{M_x}{\gamma_x W_{nx}} \leq f$

$$\frac{N}{A_n} + \frac{M_x}{\gamma_x W_{nx}} = \frac{1000 \times 10^3}{16800} N/mm^2 + \frac{500 \times 10^6}{1.05 \times 3.52 \times 10^6} N/mm^2 = 59.5 N/mm^2 + 135.4 N/mm^2$$

$$= 194.9 N/mm^2 < f = 215 N/mm^2$$

该构件满足强度要求。

2）弯矩作用平面内整体稳定性条件

$$\frac{N}{\varphi_x Af} + \frac{\beta_{mx} M_x}{\gamma_x W_{1x}\left(1 - 0.8\dfrac{N}{N'_{Ex}}\right)f} = \frac{1000 \times 10^3}{0.921 \times 16800 \times 215} + \frac{0.988 \times 500 \times 10^6}{1.05 \times 3.52 \times 10^6 \times \left(1 - 0.8 \times \dfrac{1000}{26992}\right) \times 215}$$

$$= 0.301 + 0.641 = 0.942 < 1.0$$

该构件满足弯矩作用平面内整体稳定性要求。

3）弯矩作用平面外的整体稳定性

$$\frac{N}{\varphi_y Af} + \eta\frac{\beta_{tx} M_x}{\varphi_b W_{1x} f} = \frac{1000 \times 10^3}{0.899 \times 16800 \times 215} + 1.0 \times \frac{0.65 \times 500 \times 10^6}{1.0 \times 3.52 \times 10^6 \times 215}$$

$$= 0.308 + 0.430 = 0.738 < 1.0 \text{（满足要求）}$$

4）板件局部稳定性

翼缘板 $\dfrac{b_1}{t} = \dfrac{(400-8)/2}{16} = 12.3 < 15\varepsilon_k$，截面板件宽厚比等级满足规范的 S4 级要求，不会出现局部失稳。

腹板 $\quad \sigma_{max} = \dfrac{N}{A} + \dfrac{M_x}{I_x}y = \dfrac{1000 \times 10^3}{16800} N/mm^2 + \dfrac{500 \times 10^6}{9.35 \times 10^8} \times 250 N/mm^2$

$$= 59.2 N/mm^2 + 133.6 N/mm^2 = 193.1 N/mm^2$$

$$\sigma_{\min} = \frac{N}{A} - \frac{M_x}{I_x}y = 59.5\text{N/mm}^2 - 133.6\text{N/mm}^2 = -74.1\text{N/mm}^2$$

$$\alpha_0 = \frac{\sigma_{\max} - \sigma_{\min}}{\sigma_{\max}} = \frac{193.1 - (-74.1)}{193.1} = 1.38$$

$$\frac{h_0}{t_w} = \frac{500}{8} = 62.5 < (45 + 25\alpha_0^{1.66})\varepsilon_k = 87.7$$

截面板件宽厚比等级满足 S4 级截面要求，不会发生局部失稳。

6.6 实腹式压弯构件的设计

6.6.1 截面形式

对于实腹式压弯构件，要按受力大小、使用要求和构造要求选择合适的截面形式。当承受的弯矩较小时其截面形式与一般的轴心受压构件相同；当弯矩较大时，宜采用在弯矩作用平面内截面高度较大的双轴对称截面，或采用截面一侧翼缘加大的单轴对称截面（见图 6-14）。在满足局部稳定性、使用要求和构造要求时，截面应尽量符合肢宽壁薄以及弯矩作用平面内和平面外整体稳定性相等的原则，从而节省钢材。

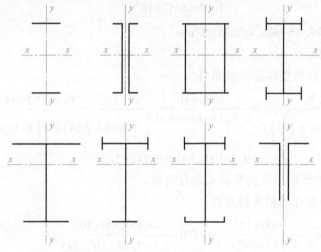

图 6-14 承受较大弯矩的实腹式压弯构件的截面形式

6.6.2 截面选择及验算

由于压弯构件的受力情况与轴心受压构件相比较为复杂，计算中要求满足的条件也较多，通常需根据构造要求或设计经验假设适当的截面，然后进行各项验算，如果不满足要求，则做适当的调整后重新计算，直到全部满足要求为止。同时，设计的截面还应满足构造简单、便于施工、易于与其他构件连接、所采用的钢材和规格易于得到的原则。

（1）截面选择的具体步骤

1）选择截面形式。

2）确定钢材及强度设计值。

3）计算构件的内力设计值，即弯矩设计值 M 和轴心压力设计值 N。

4）确定弯矩作用平面内和平面外的计算长度。

5）根据经验或已有资料初选截面尺寸。

（2）对初选截面所作的验算

1）强度验算按式（6-5）计算。

2）刚度验算。压弯构件的长细比不应超过表 4-2 规定的容许长细比。

3）整体稳定性验算。弯矩作用平面内的稳定性按式（6-16）计算，对于单轴对称截面的压弯构件尚需按式（6-19）作补充计算；弯矩作用平面外的稳定性按式（6-25）计算。

4）局部稳定性验算。针对不同截面形式，选用相应公式进行计算。

6.6.3　构造要求

当腹板的高厚比不满足 6.5 节的相关要求时，可考虑腹板中间部分由于屈曲而退出工作，计算时腹板截面面积仅考虑两侧宽度各为 $20t_w\varepsilon_k$ 的部分（计算构件的稳定系数时仍采用全截面），也可在腹板中部设置纵向加劲肋，此时受力较大翼缘与纵向加劲肋之间的高厚比应满足要求。

当腹板的 $h_0/t_w>80$ 时，为防止腹板在施工和运输中发生变形，应设置间距不大于 $3h_0$ 的横向加劲肋。另外，设有纵向加劲肋的同时也应设置横向加劲肋。加劲肋的截面选择同第 5 章的受弯构件。为保持截面形状不变，提高构件抗扭刚度，防止施工和运输过程中发生变形，实腹式柱在受有较大水平力处和运输单元的端部应设置横隔，构件较长时应设置中间横隔，横隔的设置方法同第 4 章的实腹式轴心受压构件。压弯构件设置侧向支撑，当截面高度较小时，可在腹板加横肋或横隔连接支撑；当截面高度较大时或受力较大时，则应在两个翼缘平面内同时设置支撑。

【例 6-4】　图 6-15 所示为 Q235 钢焰切边双轴对称工字形截面柱，两端铰接，跨中集中横向荷载设计值 $F=150\text{kN}$，轴心压力设计值 $N=1000\text{kN}$，该柱设有两个侧向支撑，截面无削弱。试对该构件截面进行验算。

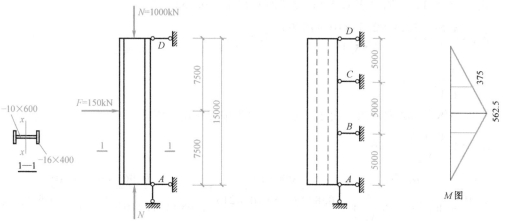

图 6-15　【例 6-4】图

解：（1）截面的几何特性

截面面积 $A = 2 \times 400 \times 16 + 600 \times 10\,cm^2 = 18800\,mm^2$

惯性矩 $I_x = \dfrac{1}{12} \times 10 \times 600^3\,mm^4 + 2 \times 400 \times 16 \times (300 + 8)^2\,mm^4 = 1394.26 \times 10^6\,mm^4$

$$I_y = 2 \times \dfrac{1}{12} \times 16 \times 400^3\,mm^4 = 170.67 \times 10^6\,mm^4$$

截面模量 $W_{1x} = W_{nx} = \dfrac{1394.26 \times 10^6\,mm^4}{316\,mm} = 4.41 \times 10^6\,mm^3$

回转半径 $i_x = \sqrt{\dfrac{I_x}{A}} = \sqrt{\dfrac{1394.26 \times 10^6\,mm^4}{18800\,mm^2}} = 272\,mm$

$$i_y = \sqrt{\dfrac{I_y}{A}} = \sqrt{\dfrac{170.67 \times 10^6\,mm^4}{18800\,mm^2}} = 95\,mm$$

$\dfrac{b_1}{t} = \dfrac{400 - 10}{2 \times 16} = 12.2 < 13\varepsilon_k$

查表 5-1 得到 $\gamma_x = 1.05$

（2）强度验算

$M_x = \dfrac{1}{4} \times 150 \times 15\,kN \cdot m = 562.5\,kN \cdot m$

$\sigma = \dfrac{N}{A_n} + \dfrac{M_x}{\gamma_x W_{nx}} = \dfrac{1000 \times 10^3}{188 \times 10^2}\,N/mm^2 + \dfrac{562.5 \times 10^6}{1.05 \times 4.41 \times 10^6}\,N/mm^2$

$$= 174.6\,N/mm^2 < f = 215\,N/mm^2 \quad (满足要求)$$

（3）刚度验算

$\lambda_x = \dfrac{l_{0x}}{i_x} = \dfrac{15000}{272} = 55.1, \lambda_y = \dfrac{l_{0y}}{i_y} = \dfrac{5000}{95} = 52.6$

$\lambda_{max} = \max\{\lambda_x, \lambda_y\} = 55.1 < [\lambda] = 150 \quad (满足要求)$

（4）弯矩作用平面内整体稳定性验算

由 $\lambda_x = 55.1$，查附录表 C-2（b 类截面）得 $\varphi_x = 0.832$

$N_{cr} = \dfrac{\pi^2 EA}{\lambda_x^2} = \dfrac{3.14^2 \times 2.06 \times 10^5 \times 18800}{55.1^2} = 12577\,kN$

$N'_{Ex} = \dfrac{N_{cr}}{1.1} = 11434\,kN$

选取整体作为研究对象，由于只承受横向集中力作用，因此

$\beta_{mx} = 1 - \dfrac{0.36N}{N_{cr}} = 0.965$

$\dfrac{N}{\varphi_x Af} + \dfrac{\beta_{mx} M_x}{\gamma_x W_{1x}\left(1 - 0.8\dfrac{N}{N'_{Ex}}\right)f} = \dfrac{1000 \times 10^3}{0.832 \times 188 \times 10^2 \times 215} + \dfrac{0.965 \times 562.5 \times 10^6}{1.05 \times 4.41 \times 10^6 \times \left(1 - 0.8 \times \dfrac{1000}{11434}\right) \times 215}$

$$= 0.297 + 0.586 = 0.883 < 1.0 \quad (满足要求)$$

（5）弯矩作用平面外整体稳定性验算

$$\lambda_y = \frac{l_{0y}}{i_y} = \frac{5000}{95} = 52.6 < [\lambda] = 150$$

查附录表 C-2（b 类截面）得 $\varphi_y = 0.844$

$$\varphi_b = 1.07 - \frac{\lambda_y^2}{44000} \times \varepsilon_k = 1.07 - \frac{52.6^2}{44000} = 1.007 > 1.0，取 \varphi_b = 1.0$$

$\eta = 1.0$

侧向支撑将构件在弯矩作用平面外分为了三个等长段，其中 AB 和 CD 段受力情况相同，故取 AB 和 BC 段进行分析，找出最不利的受力段进行计算。

AB 段：仅有端弯矩作用，且其中 A 端弯矩为 0，B 端弯矩为 $\frac{2}{3} \times 562.5 \text{kN} \cdot \text{m} = 375.0$ kN·m，则 $\beta_{tx} = 0.65$，AB 段内最大弯矩为 B 点弯矩，则该段 $\beta_{tx} M_x = 0.65 \times 375.0 \text{kN} \cdot \text{m} = 243.8 \text{kN} \cdot \text{m}$。

BC 段：既有端弯矩作用，又有横向荷载作用，且二者使本段产生同向曲率，则 $\beta_{tx} = 1.0$，BC 段内最大弯矩为跨中弯矩 562.2kN·m，则该段 $\beta_{tx} M_x = 1.0 \times 562.5 \text{kN} \cdot \text{m} = 562.5 \text{kN} \cdot \text{m}$。

显然，BC 段为最不利的受力段，故对其进行计算。

$$\frac{N}{\varphi_y A f} + \eta \frac{\beta_{tx} M_x}{\varphi_b W_{1x} f} = \frac{1000 \times 10^3}{0.844 \times 188 \times 10^2 \times 215} + 1.0 \times \frac{562.5 \times 10^6}{1.0 \times 4.41 \times 10^6 \times 215}$$
$$= 0.293 + 0.593 = 0.886 < 1.0 （满足要求）$$

（6）局部稳定验算

翼缘：$\dfrac{b_1}{t} = \dfrac{400-10}{2 \times 16} = 12.2 < 15\varepsilon_k = 15$，截面板件宽厚比等级满足 S4 级截面要求，不会发生局部失稳。

腹板

$$\sigma_{max} = \frac{N}{A} + \frac{M_x}{I_x} \frac{h_0}{2} = \frac{1000 \times 10^3}{188 \times 10^2} \text{N/mm}^2 + \frac{562.5 \times 10^6}{139453 \times 10^4} \times 300 \text{N/mm}^2 = 174.2 \text{N/mm}^2$$

$$\sigma_{min} = \frac{N}{A} - \frac{M_x}{I_x} \frac{h_0}{2} = \frac{1000 \times 10^3}{188 \times 10^2} \text{N/mm}^2 - \frac{562.5 \times 10^6}{139453 \times 10^4} \times 300 \text{N/mm}^2 = -67.8 \text{N/mm}^2 （拉应力）$$

$$\alpha_0 = \frac{\sigma_{max} - \sigma_{min}}{\sigma_{max}} = \frac{174.2 + 67.8}{174.2} = 1.39$$

$$\frac{h_0}{t_w} = \frac{600}{10} = 60 < (45 + 25\alpha_0^{1.66})\varepsilon_k = 88.2 （满足要求）$$

6.7　格构式压弯构件的计算

截面高度较大的压弯构件，采用格构式可以节省材料。由于截面的高度较大且承受较大的剪力，同时构件肢件间距一般较大，故格构式压弯构件通常采用缀条连接。

　　常用的格构式压弯构件截面形式如图 6-16 所示，根据作用于构件的弯矩和压力以及使用要求，格构式压弯构件可以设计成具有双轴对称或单轴对称的截面。当柱中弯矩不大或正、负弯矩的绝对值相差不大时，可用对称的截面形式（见图 6-16a~c）；如果正负弯矩的绝对值相差较大时，常采用不对称截面（见图 6-16d），并将截面较大肢件放在受压较大的一侧。

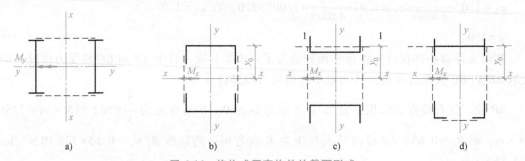

图 6-16　格构式压弯构件的截面形式

6.7.1　格构式压弯构件的强度计算

　　格构式压弯构件的强度按式（6-5）或式（6-6）计算，其中当弯矩绕虚轴作用时，不考虑塑性变形在截面上的发展，取 $\gamma_x = 1.0$。

6.7.2　格构式压弯构件的稳定性计算

1. 弯矩绕虚轴作用的格构式压弯构件

　　（1）弯矩作用平面内的整体稳定性计算　对于图 6-16b~d 所示的弯矩绕虚轴作用的格构式压弯构件，由于截面中部空心，不能考虑塑性的深入发展，故采用以截面边缘纤维开始屈服作为设计准则。根据此准则导出的相关式（6-13），考虑抗力分项系数后，《钢结构设计标准》规定按下式计算

$$\frac{N}{\varphi_x A f} + \frac{\beta_{mx} M_x}{W_{1x}\left(1 - \dfrac{N}{N'_{Ex}}\right)f} \leq 1.0 \qquad (6-28)$$

$$W_{1x} = I_x / y_0$$

式中　I_x——x 轴（虚轴）的毛截面惯性矩；

　　　　y_0——由 x 轴到压力较大分肢轴线的距离或者到压力较大分肢腹板外边缘的距离，取二者中的较大值。

　　φ_x 和 N'_{Ex} 均按对虚轴（x 轴）的换算长细比 λ_{0x} 确定，β_{mx} 的确定同实腹式压弯构件。

　　（2）弯矩作用平面外的整体稳定性计算　弯矩绕虚轴作用的格构式压弯构件，在弯矩作用平面外的整体稳定性一般由分肢的稳定性计算予以保证，不必再计算构件在平面外的整体稳定性。这是因为格构式压弯构件两个分肢之间只靠缀件联系，而缀件只在平面内对两个分肢起联系作用，即当一个分肢倾向于在缀件平面内发生弯曲位移时，另一个分肢将通过缀件对其起牵制和支承作用；但缀件在其平面外的刚度很弱，当一个分肢倾向于向缀件平面外

弯曲或屈曲侧移时，另一个分肢只能通过缀件对其给予很弱的牵制。因此，当弯矩绕格构式压弯构件的虚轴作用时，要保证构件在弯矩作用平面外（即垂直于缀件平面）的整体稳定性，主要是要求两个分肢在弯矩作用平面外的稳定性都得到保证，亦即可用验算每个分肢的稳定性来代替验算整个构件在弯矩作用平面外的整体稳定性。

（3）分肢的稳定性计算　对于弯矩绕虚轴作用的双分肢格构式压弯构件，可以将整个构件视为一平行弦桁架，将构件的两个分肢看作桁架体系的弦杆，两分肢的轴心力应按下列公式来计算（见图6-17，忽略附加弯矩）：

分肢1

$$N_1 = N\frac{y_2}{a} + \frac{M_x}{a} \qquad (6-29)$$

分肢2

$$N_2 = N - N_1 \qquad (6-30)$$

缀条式压弯构件的分肢按轴心压杆计算。分肢的计算长度，在缀条平面内（分肢绕图6-17中的1-1轴）取缀条体系的节间长度；在缀条平面外，取整个构件两侧向支承点间的距离。

进行缀板式压弯构件的分肢计算时，除轴心力 N_1（或 N_2）外，还应考虑由剪力作用引起的局部弯矩，按实腹式压弯构件验算单肢的稳定性。

2. 弯矩绕实轴作用的格构式压弯构件

（1）弯矩作用平面内的整体稳定性计算　对于图6-16a所示的弯矩绕实轴作用的格构式压弯构件，其受力性能与实腹式压弯构件完全相同。因此，弯矩绕实轴作用的格构式压弯构件，弯矩作用平面内的整体稳定性计算与实腹式构件相同，按式（6-16）计算。

（2）弯矩作用平面外的整体稳定性计算　弯矩绕实轴作用的格构式压弯构件在弯矩作用平面外的整体稳定性仍可采用式（6-23）计算，但式中 φ_y 应按虚轴换算长细比 λ_{0x} 确定，λ_{0x} 的计算与格构式轴心受压构件相同。此外，系数 φ_b 应取 1.0。

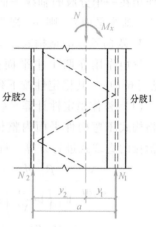

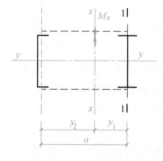

图 6-17　弯矩绕虚轴
作用分肢内力计算

（3）分肢的稳定性计算　对于弯矩绕实轴作用的双分肢格构式压弯构件，分肢稳定按实腹式压弯构件计算，内力按以下原则分配（见图6-18）：轴心压力 N 在两分肢间的分配与分肢轴线至虚轴 x 轴的距离成反比；弯矩 M_y 在两分肢间的分配与分肢对实轴 y 轴的惯性矩成正比、与分肢轴线至虚轴 x 轴的距离成反比。即：

分肢1：

轴心力

$$N_1 = N\frac{y_2}{a} \qquad (6-31)$$

弯矩

$$M_{y1} = \frac{I_1/y_1}{I_1/y_1 + I_2/y_2}M_y \qquad (6-32)$$

分肢2：

轴心力 $\qquad N_2 = N - N_1$ （6-33）

弯矩 $\qquad M_{y2} = M_y - M_{y1}$ （6-34）

式中 I_1，I_2——分肢1和分肢2对 y 轴的惯性矩。

式（6-31）~式（6-34）适用于当 M_y 作用在构件的主平面时的情形，当 M_y 不是作用在构件的主轴平面而是作用在一个分肢的轴线平面（如图6-18中所示分肢1的1-1轴线平面），则 M_y 视为全部由该分肢承受。

3. 双向受弯的格构式压弯构件

弯矩作用在两个主平面内的双肢格构式压弯构件（见图6-19），其稳定性按下列规定计算。

（1）整体稳定性计算 《钢结构设计标准》采用与边缘屈服准则导出的弯矩绕虚轴作用的格构式压弯构件平面内整体稳定性计算式（6-28）相衔接的直线式进行计算，即

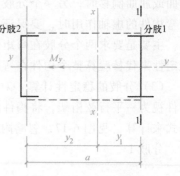

图6-18 弯矩绕实轴
作用分肢内力计算

$$\frac{N}{\varphi_x Af} + \frac{\beta_{mx} M_x}{W_{1x}\left(1 - \frac{N}{N'_{Ex}}\right)f} + \frac{\beta_{ty} M_y}{W_{1y}f} \leqslant 1.0 \quad (6-35)$$

式中 W_{1y}——在 M_y 作用下，对较大受压纤维的毛截面模量。

其他系数与实腹式压弯构件相同，但 φ_x 和 N'_{Ex} 均按对虚轴（x 轴）的换算长细比 λ_{0x} 确定。

（2）单肢稳定性计算 对于弯矩作用在两个主平面内的双肢格构式压弯构件，分肢按实腹式压弯构件计算其稳定性，在轴力和弯矩共同作用下产生的内力按以下原则分配：N 和 M_x 在两分肢产生的轴心力按式（6-29）和式（6-30）进行分配，M_y 在两分肢间的分配按式（6-32）和式（6-34）进行计算。对缀板式压弯构件还应考虑由剪力作用引起的局部弯矩，其分肢的稳定性按双向压弯构件验算。

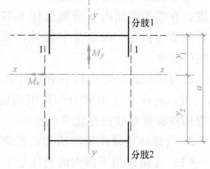

图6-19 双向压弯格构柱

6.7.3 格构式压弯构件缀材的计算

计算压弯构件的缀材时，应取构件实际剪力和按公式 $V = \dfrac{Af}{85\varepsilon_k}$ 计算所得剪力两者中的较大值。其计算方法与格构式轴心受压构件相同。

6.7.4 格构式柱的横隔及分肢的局部稳定性

对格构式柱，不论截面大小，均应设置横隔，横隔的设置方法与格构式轴心受压构件相同。格构式柱分肢的局部稳定性计算同实腹式柱。

【例6-5】 图6-20所示为一双肢缀条柱（有侧移的框架柱），柱截面及缀条布置如图6-20所示。截面由两个 I25a 组成，缀条采用 L 50×5。柱长12m，两端铰接，并在 x-x 方向二分点处设置一侧向支撑点。最不利内力设计值为：轴心力 $N = 600$kN，弯矩 $M_x = 250$kN·m。

钢材为 Q235。试对该柱进行验算。

解：

（1）截面的几何特征值

由附录表 G-1，查得工 25a 的截面特征值

$A = 2 \times 48.5 \mathrm{cm}^2 = 97 \mathrm{cm}^2$，$I_1 = 280 \mathrm{cm}^4$

$I_x = 2 \times (280 + 48.5 \times 27.5^2) \mathrm{cm}^4 = 73916 \mathrm{cm}^4$

$i_x = \sqrt{73916/97} \mathrm{cm} = 27.6 \mathrm{cm}$

$W_x = \dfrac{2I_x}{55 + 11.6} \mathrm{cm}^3 = 2220 \mathrm{cm}^3$

$W_{1x} = \dfrac{2I_x}{55} \mathrm{cm}^3 = 2688 \mathrm{cm}^3$

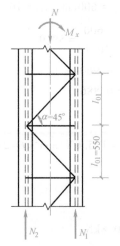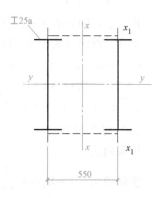

图 6-20　【例 6-5】图

（2）强度验算

$$\frac{N}{A_n} + \frac{M_x}{\gamma_x W_{nx}} = \frac{600 \times 10^3}{97 \times 10^2} \mathrm{N/mm}^2 + \frac{250 \times 10^6}{1.0 \times 2220 \times 10^3} \mathrm{N/mm}^2$$

$$= 174.5 \mathrm{N/mm}^2 < f = 215 \mathrm{N/mm}^2 \text{（满足要求）}$$

（3）平面内整体稳定性验算

$$\lambda_x = \frac{l_{0x}}{i_x} = \frac{1200}{27.6} = 43.5$$

缀条的面积　$A_1 = 2 \times 4.8 \mathrm{cm}^2 = 9.6 \mathrm{cm}^2$

换算长细比　$\lambda_{0x} = \sqrt{\lambda_x^2 + 27A/A_1} = \sqrt{43.5^2 + 27 \times 97/9.6} = 46.5 < [\lambda] = 150$

按 b 类截面查附录表 C-2 得：$\varphi_x = 0.872$

$$N'_{Ex} = \frac{\pi^2 EA}{1.1\lambda_{0x}^2} = \frac{\pi^2 \times 206 \times 10^3 \times 97 \times 10^2}{1.1 \times 46.5^2} \mathrm{N} = 8291634 \mathrm{N} \approx 8292 \mathrm{kN}$$

有侧移框架柱 $\beta_{mx} = 1.0$

$$\frac{N}{\varphi_x A f} + \frac{\beta_{mx} M_x}{W_{1x}\left(1 - \dfrac{N}{N'_{Ex}}\right)f} = \frac{600 \times 10^3}{0.872 \times 97 \times 10^2 \times 215} + \frac{1.0 \times 250 \times 10^6}{2688 \times 10^3 \times \left(1 - \dfrac{600}{8292}\right) \times 215}$$

$$= 0.279 + 0.466 = 0.745 < 1.0 \text{（满足要求）}$$

（4）分肢稳定性验算

分肢 1　　　　$N_1 = N\dfrac{y_2}{a} + \dfrac{M_x}{a} = 600 \times \dfrac{27.5}{55} \mathrm{kN} + \dfrac{250 \times 10^2}{55} \mathrm{kN} = 754.5 \mathrm{kN}$

分肢 2　　　　$N_2 = N - N_1 = 600 \mathrm{kN} - 754.5 \mathrm{kN} = -154.5 \mathrm{kN}$（拉力）

对分肢 1 进行验算

$l_{0x1} = l_{01} = 55\text{cm}$，$i_{x1} = 2.4\text{cm}$，$l_{0y1} = 600\text{cm}$，$i_{y1} = 10.18\text{cm}$

$$\lambda_{x1} = \frac{l_{0x1}}{i_x} = \frac{55}{2.4} = 22.9, \quad \lambda_{y1} = \frac{l_{0y1}}{i_y} = \frac{600}{10.18} = 58.9$$

由 λ_{x1} 查附录表 C-2，得：$\varphi_{x1} = 0.960$

由 λ_{y1} 查附录表 C-1，得：$\varphi_{y1} = 0.886$

$$\varphi_{\min} = \min\{\varphi_{x1}, \varphi_{y1}\} = 0.886$$

$$\frac{N_1}{\varphi_{\min}A} = \frac{754.5 \times 10^3}{0.886 \times 48.5 \times 10^2}\text{N/mm}^2 = 175.6\text{N/mm}^2 < f = 215\text{N/mm}^2 \text{（满足要求）}$$

（5）缀条验算

缀条内力

实际剪力　$V = M_x/l = \dfrac{250}{12}\text{kN} = 20.8\text{kN}$

计算剪力　$V = \dfrac{Af}{85\varepsilon_k} = \dfrac{2 \times 48.5 \times 10^2 \times 215}{85}\text{N} = 24535\text{N} \approx 24.54\text{kN} > 20.8\text{kN}$

取 $V = 24.5\text{kN}$ 进行计算，具体计算步骤参见第 4 章的格构式轴心受压构件。

（6）分肢的局部稳定性

轧制普通工字钢可不验算局部稳定性。

本章总结框图

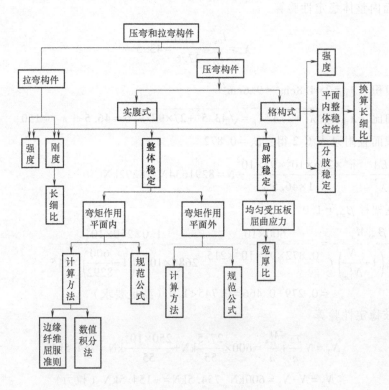

图 6-21　本章总结框图

思　考　题

6-1　拉弯和压弯构件满足两种极限状态各自的计算内容包括什么?

6-2　实腹式压弯构件的整体失稳形式在 M 作用平面内、外有何不同?

6-3　格构式压弯构件验算内容包括哪些?

6-4　对于弯矩作用在对称轴平面内且使较大翼缘受压的 T 形截面,在验算弯矩作用平面内整体稳定时,除了应按式 (6-16) 验算外,还需要用式 (6-19) 进行补充验算,为什么?

6-5　格构式压弯构件在 M 作用平面内绕虚轴的整体稳定性计算中的 W_{1x} 如何计算?

6-6　说明式 (6-5)、式 (6-16)、式 (6-25) 中的 W_x 的物理意义。

习　题

6-1　如图 6-22 所示 T 形截面拉弯构件强度计算的最不利点为 _____。

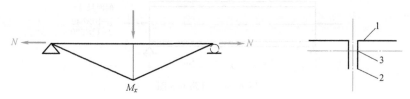

图 6-22　习题 6-1 图

(A) 截面上边缘 "1" 点

(B) 截面下边缘 "2" 点

(C) 截面中和轴 "3" 点

(D) 可能是 "1" 点,也可能是 "2" 点

6-2　两根几何尺寸完全相同的压弯构件,一根端弯矩使之产生反向曲率,一根产生同向曲率,则前者的稳定性比后者的 _____。

(A) 好　　　(B) 差　　　(C) 无法确定　　　(D) 相同

6-3　两端铰接、单轴对称的 T 形截面压弯构件,弯矩作用平面在截面对称轴平面并使翼缘受压用下列 _____ 公式进行整体稳定性计算。

I. $\dfrac{N}{\varphi_x Af}+\dfrac{\beta_{mx}M_x}{\gamma_x W_{1x}\left(1-0.8\dfrac{N}{N'_{Ex}}\right)f}\leqslant 1.0$

II. $\dfrac{N}{\varphi_y Af}+\eta\dfrac{\beta_{tx}M_x}{\varphi_b W_{1x}f}\leqslant 1.0$

III. $\left|\dfrac{N}{Af}-\dfrac{\beta_{mx}M_x}{\gamma_x W_{2x}\left(1-1.25\dfrac{N}{N'_{Ex}}\right)f}\right|\leqslant 1.0$

IV. $\dfrac{N}{\varphi_x Af}+\dfrac{\beta_{mx}M_x}{W_{1x}\left(1-0.8\dfrac{N}{N'_{Ex}}\right)f}\leqslant 1.0$

(A) I,II,III　　　(B) II,III,IV　　　(C) I,II,IV　　　(D) I,III,IV

6-4 当最大应力 σ_1 相等，其他条件均相同的情况下，图 6-23 所示梁腹板局部稳定临界应力最低的是_____。

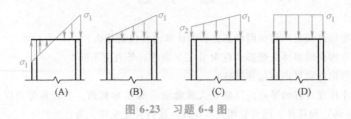

图 6-23 习题 6-4 图

6-5 图 6-24 所示为 Q235 钢焰切边工字形截面柱，两端铰接，截面无削弱，承受轴心压力的设计值 $N=750\text{kN}$，跨中集中力设计值为 $F=105\text{kN}$。

（1）验算平面内稳定性。

（2）根据平面外稳定性不低于平面内的原则确定此柱需要几道侧向支撑杆。

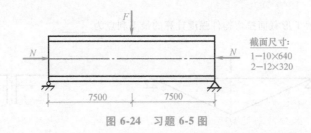

截面尺寸：
1—10×640
2—12×320

图 6-24 习题 6-5 图

6-6 图 6-25 所示为 Q235 钢焰切边工字形截面柱，两端铰接，柱中点处设置侧向支撑，截面无削弱，承受轴心压力的设计值为 800kN，跨中集中力设计值为 100kN。试验算此构件的承载力。若承载力不满足要求，在不改变柱子截面的条件下，可采取什么措施提高柱子的承载力？

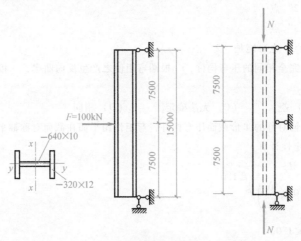

$F=100\text{kN}$
—640×10
—320×12

图 6-25 习题 6-6 图

6-7 设计一焊接工字形截面、翼缘为焰切边的偏心受压柱。柱长 5.0m，两端铰接，轴心压力设计值 $N=220\text{kN}$，柱一端作用的弯矩设计值为 $M_x=450\text{kN}\cdot\text{m}$，另一端弯矩为零，钢材为 Q235B。

6-8 一缀条式格构式压弯构件，钢材为 Q355，截面及缀条布置等如图 6-26 所示，承受的荷载设计值为 $N=540\text{kN}$，$M_x=150\text{kN}\cdot\text{m}$。在弯矩作用平面内构件上下端有相对侧移，其计算长度为 9.0m。在垂直于弯矩作用平面内构件两端均有侧向支撑，其计算长度为构件的高度 6.2m。试验算此构件截面是否满足要求。

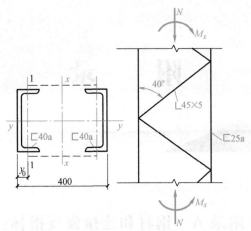

图 6-26 习题 6-8 图

附 录

附录 A 钢材和连接强度指标

表 A-1 钢材的设计用强度指标　　　　　　（单位：N/mm²）

钢材		强度设计值			钢材强度	
牌号	厚度或直径 /mm	抗拉、抗压 和抗弯 f	抗剪 f_v	端面承压 （刨平顶紧） f_{ce}	屈服强度 f_y	抗拉强度 f_u
Q235	≤16	215	125	320	235	370
	>16, ≤40	205	120		225	
	>40, ≤100	200	115		215	
Q355	≤16	305	175	400	345	470
	>16, ≤40	295	170		335	
	>40, ≤63	290	165		325	
	>63, ≤80	280	160		315	
	>80, ≤100	270	155		305	
Q390	≤16	345	200	415	390	490
	>16, ≤40	330	190		370	
	>40, ≤63	310	180		350	
	>63, ≤100	295	170		330	
Q420	≤16	375	215	440	420	520
	>16, ≤40	355	205		400	
	>40, ≤63	320	185		380	
	>63, ≤100	305	175		360	
Q460	≤16	410	235	470	460	550
	>16, ≤40	390	225		440	
	>40, ≤63	355	205		420	
	>63, ≤100	340	195		400	
Q500	≤16	455	265	520	500	610
	>16, ≤40	440	255		480	
	>40, ≤63	430	250	510	470	600
	>63, ≤80	410	235	500	450	590
	>80, ≤100	400	230	460	440	540

（续）

钢材		强度设计值			钢材强度	
牌号	厚度或直径 /mm	抗拉、抗压和抗弯 f	抗剪 f_v	端面承压（刨平顶紧）f_{ce}	屈服强度 f_y	抗拉强度 f_u
Q550	≤16	520	300	570	550	670
	>16, ≤40	500	290		530	
	>40, ≤63	475	275	530	520	620
	>63, ≤80	455	265	510	500	600
	>80, ≤100	445	255	500	490	590
Q620	≤16	565	325	605	620	710
	>16, ≤40	550	320		600	
	>40, ≤63	540	310	585	590	690
	>63, ≤80	520	300	570	570	670
Q690	≤16	630	365	655	690	770
	>16, ≤40	615	355		670	
	>40, ≤63	605	350	640	660	750
	>63, ≤80	585	340	620	640	730

注：1. 表中直径是指实心棒材直径，厚度是指计算点的钢材或钢管壁厚度，对轴心受拉和轴心受压构件是指截面中较厚板件的厚度。

2. 冷弯型材和冷弯钢管，其强度设计值应按国家现行有关标准的规定采用。

表 A-2　建筑结构用钢板的设计用强度指标　　　（单位：N/mm²）

建筑结构用钢板	钢板厚度或直径/mm	抗拉、抗压和抗弯 f	抗剪 f_v	端面承压（刨平顶紧）f_{ce}	屈服强度 f_y	抗拉强度 f_u
Q355GJ	>16, ≤50	325	190	415	345	490
	>50, ≤100	300	175		335	
Q460GJ	≤16	410	235	485	460	570
	>16, ≤50	390	225		460	
	>50, ≤100	380	220		450	
	>100, ≤150	375	215	470	440	550

表 A-3　结构用无缝钢管的强度指标　　　（单位：N/mm²）

钢管钢材		抗拉、抗压和抗弯 f	抗剪 f_v	端面承压（刨平顶紧）f_{ce}	屈服强度 f_y	抗拉强度 f_u
牌号	壁厚 /mm					
Q235	≤16	215	125	320	235	375
	>16, ≤30	205	120		225	
	>30	195	115		215	

（续）

钢管钢材		抗拉、抗压和抗弯 f	抗剪 f_v	端面承压（刨平顶紧）f_{ce}	屈服强度 f_y	抗拉强度 f_u
牌号	壁厚 /mm					
Q355	≤16	305	175	400	345	470
Q355	>16,≤30	290	170	400	325	470
Q355	>30	260	150	400	295	470
Q390	≤16	345	200	415	390	490
Q390	>16,≤30	330	190	415	370	490
Q390	>30	310	180	415	350	490
Q420	≤16	375	220	445	420	520
Q420	>16,≤30	355	205	445	400	520
Q420	>30	340	195	445	380	520
Q460	≤16	410	240	470	460	550
Q460	>16,≤30	390	225	470	440	550
Q460	>30	355	205	470	420	550

表 A-4　焊缝的强度指标　　　　　　（单位：N/mm²）

焊接方法和焊条型号	构件钢材		对接焊缝强度设计值				角焊缝强度设计值 对接焊缝抗拉强度 f_u^w	角焊缝抗拉、抗压和抗剪强度 f_u^f
	牌号	厚度和直径 /mm	抗压 f_c^w	焊缝质量为下列等级时，抗拉 f_t^w 一级、二级	三级	抗剪 f_v^w	抗拉、抗压和抗剪 f_f^w	
自动焊、半自动焊和 E43 型焊条的焊条电弧焊	Q235	≤16	215	215	185	125	160	415	240
自动焊、半自动焊和 E43 型焊条的焊条电弧焊	Q235	>16,≤40	205	205	175	120	160	415	240
自动焊、半自动焊和 E43 型焊条的焊条电弧焊	Q235	>40,≤100	200	200	170	115	160	415	240
自动焊、半自动焊和 E50、E55 型焊条的焊条电弧焊	Q355	≤16	305	305	260	175	200	480(E50) 540(E55)	280(E50) 315(E55)
自动焊、半自动焊和 E50、E55 型焊条的焊条电弧焊	Q355	>16,≤40	295	295	250	170	200	480(E50) 540(E55)	280(E50) 315(E55)
自动焊、半自动焊和 E50、E55 型焊条的焊条电弧焊	Q355	>40,≤63	290	290	245	165	200	480(E50) 540(E55)	280(E50) 315(E55)
自动焊、半自动焊和 E50、E55 型焊条的焊条电弧焊	Q355	>63,≤80	280	280	240	160	200	480(E50) 540(E55)	280(E50) 315(E55)
自动焊、半自动焊和 E50、E55 型焊条的焊条电弧焊	Q355	>80,≤100	270	270	230	155	200	480(E50) 540(E55)	280(E50) 315(E55)
自动焊、半自动焊和 E50、E55 型焊条的焊条电弧焊	Q390	≤16	345	345	295	200	200(E50) 220(E55)	480(E50) 540(E55)	280(E50) 315(E55)
自动焊、半自动焊和 E50、E55 型焊条的焊条电弧焊	Q390	>16,≤40	330	330	280	190	200(E50) 220(E55)	480(E50) 540(E55)	280(E50) 315(E55)
自动焊、半自动焊和 E50、E55 型焊条的焊条电弧焊	Q390	>40,≤63	310	310	265	180	200(E50) 220(E55)	480(E50) 540(E55)	280(E50) 315(E55)
自动焊、半自动焊和 E50、E55 型焊条的焊条电弧焊	Q390	>63,≤100	295	295	250	170	200(E50) 220(E55)	480(E50) 540(E55)	280(E50) 315(E55)

（续）

焊接方法和焊条型号	构件钢材		对接焊缝强度设计值				角焊缝强度设计值	对接焊缝抗拉强度 f_u^w	角焊缝抗拉、抗压和抗剪强度 f_u^f
	牌号	厚度和直径/mm	抗压 f_c^w	焊缝质量为下列等级时,抗拉f_t^w		抗剪 f_v^w	抗拉、抗压和抗剪 f_f^w		
				一级、二级	三级				
自动焊、半自动焊和 E55、E60 型焊条的焊条电弧焊	Q420	≤16	375	375	320	215	220(E55) 240(E60)	540(E55) 590(E60)	315(E55) 340(E60)
		>16,≤40	355	355	300	205			
		>40,≤63	320	320	270	185			
		>63,≤100	305	305	260	175			
自动焊、半自动焊和 E55、E60、E62 型焊条的焊条电弧焊	Q460	≤16	410	410	350	235	220(E55) 240(E60) 255(E62)	540(E55) 590(E60)	315(E55) 340(E60) 360(E62)
		>16,≤40	390	390	330	225			
		>40,≤63	355	355	300	205			
		>63,≤100	340	340	290	195			
自动焊、半自动焊和 E62、E69 型焊条的焊条电弧焊	Q500	≤16	455	455	—	265	255(E62) 285(E69)	—	360(E62) 400(E69)
		>16,≤40	440	440	—	255			
		>40,≤63	430	430	—	250			
		>63,≤80	410	410	—	235			
		>80,≤100	400	400	—	230			
	Q550	≤16	520	520	—	300	255(E62) 285(E69)	—	360(E62) 400(E69)
		>16,≤40	500	500	—	290			
		>40,≤63	475	475	—	275			
		>63,≤80	455	455	—	265			
		>80,≤100	445	445	—	255			
自动焊、半自动焊和 E69、E76 型焊条的焊条电弧焊	Q620	≤16	565	565	—	325	285(E69) 310(E76)	—	400(E69) 440(E76)
		>16,≤40	550	550	—	320			
		>40,≤63	540	540	—	310			
		>63,≤80	520	520	—	300			
	Q690	≤16	630	630	—	365	285(E69) 310(E76)	—	400(E69) 440(E76)
		>16,≤40	615	615	—	355			
		>40,≤63	605	605	—	305			
		>63,≤80	585	585	—	340			
自动焊、半自动焊和 E50、E55 型焊条的焊条电弧焊	Q355GJ	>16,≤35	310	310	265	180	200	480(E50) 540(E55)	280(E50) 315(E55)
		>35,≤50	290	290	245	170			
		>50,≤100	285	285	240	165			

（续）

焊接方法和焊条型号	构件钢材		对接焊缝强度设计值				角焊缝强度设计值	对接焊缝抗拉强度 f_u^w	角焊缝抗拉、抗压和抗剪强度 f_u^f
	牌号	厚度和直径/mm	抗压 f_c^w	焊缝质量为下列等级时,抗拉 f_t^w		抗剪 f_v^w	抗拉、抗压和抗剪 f_f^w		
				一级、二级	三级				
自动焊、半自动焊和 E55、E60、E62 型焊条的焊条电弧焊	Q460GJ	≤16	410	410	—	235	220(E55) 240(E60) 255(E62)	—	315(E55) 340(E60) 360(E62)
		>16,≤50	390	390	—	225			
		>50,≤100	380	380	—	220			
		>100,≤150	375	375	—	215			

注：1. 焊条电弧焊用焊条、自动焊和半自动焊所采用的焊丝和焊剂，应保证其熔敷金属的力学性能不低于母材的性能。

2. 焊缝质量等级应符合现行国家标准《钢结构焊接规范》的规定，其检验方法应符合现行国家标准《钢结构工程施工质量验收规范》的规定。其中厚度小于 6mm 钢材的对接焊缝，不应采用超声波探伤确定焊缝质量等级。

3. 对接焊缝在受压区的抗弯强度设计值取 f_c^w，在受拉区的抗弯强度设计值取 f_t^w。

4. 表中厚度系指计算点的钢材厚度，对轴心受拉和轴心受压构件系指截面中较厚板件的厚度。

5. 计算下列情况的连接时，附表 A-4 规定的强度设计值应乘以相应的折减系数；几种情况同时存在时，其折减系数应连乘：

1) 施工条件较差的高空安装焊缝应乘以系数 0.9。

2) 进行无垫板的单面施焊对接焊缝的连接计算应乘折减系数 0.85。

表 A-5　螺栓连接的强度指标　　　　　　　　　　　　（单位：N/mm²）

螺栓的性能等级、锚栓和构件钢材的牌号		普通螺栓						锚栓	承压型连接高强度螺栓			高强度螺栓的抗拉强度 f_u^b
		C 级螺栓			A 级、B 级螺栓							
		抗拉 f_t^b	抗剪 f_v^b	承压 f_c^b	抗拉 f_t^b	抗剪 f_v^b	承压 f_c^b	抗拉 f_t^b	抗拉 f_t^b	抗剪 f_v^b	承压 f_c^b	
普通螺栓	4.6级、4.8级	170	140	—	—	—	—	—	—	—	—	—
	5.6级	—	—	—	210	190	—	—	—	—	—	—
	8.8级	—	—	—	400	320	—	—	—	—	—	—
锚栓	Q235	—	—	—	—	—	—	140	—	—	—	—
	Q355	—	—	—	—	—	—	180	—	—	—	—
	Q390	—	—	—	—	—	—	185	—	—	—	—
承压型连接高强度螺栓	8.8级	—	—	—	—	—	—	—	400	250	—	830
	10.9级	—	—	—	—	—	—	—	500	310	—	1040
	12.9级	—	—	—	—	—	—	—	585	365	—	1220
螺栓球节点高强度螺栓	9.8级	—	—	—	—	—	—	—	385	—	—	—
	10.9级	—	—	—	—	—	—	—	430	—	—	—
构件	Q235	—	—	305	—	—	405	—	—	—	—	470
	Q355	—	—	385	—	—	510	—	—	—	—	590
	Q390	—	—	400	—	—	530	—	—	—	—	615
	Q420	—	—	425	—	—	560	—	—	—	—	655

（续）

螺栓的性能等级、锚栓和构件钢材的牌号		普通螺栓						锚栓	承压型连接高强度螺栓			高强度螺栓的抗拉强度 f_u^b
		C 级螺栓			A 级、B 级螺栓							
		抗拉 f_t^b	抗剪 f_v^b	承压 f_c^b	抗拉 f_t^b	抗剪 f_v^b	承压 f_c^b	抗拉 f_t^b	抗拉 f_t^b	抗剪 f_v^b	承压 f_c^b	
构件	Q460	—	—	450	—	—	595	—	—	—	695	—
	Q355GJ	—	—	400	—	—	530	—	—	—	615	—
	Q460GJ	—	—	—	—	—	—	—	—	—	695	—
	Q500										770	
	Q550										845	
	Q620										895	
	Q690										970	
	Q355GJ	—	—	400	—	—	530	—	—	—	615	—
	Q460GJ	—	—	—	—	—	—	—	—	—	695	—

注：1. A 级螺栓用于 $d \leqslant 24mm$ 和 $l \leqslant 10d$ 或 $l \leqslant 150mm$（按较小值）的螺栓；B 级螺栓用于 $d > 24mm$ 或 $l > 10d$ 或 $l >$ 150mm（按较小值）的螺栓。d 为公称直径，l 为螺栓公称长度。

2. A、B 级螺栓孔的精度和孔壁表面粗糙度，C 级螺栓孔的允许偏差和孔壁表面粗糙度，均应符合现行国家标准《钢结构工程施工质量验收规范》的要求。

3. 用于螺栓球节点网架的高强度螺栓，M12~M36 为 10.9 级，M39~M64 为 9.8 级。

附录 B　螺栓和锚栓规格

表 B-1　螺栓螺纹处的有效截面面积

公称直径/mm	12	14	16	18	20	22	24	27	30
螺栓有效截面积 A_e/cm²	0.84	1.15	1.57	1.92	2.45	3.03	3.53	4.59	5.61
公称直径/mm	33	36	39	42	45	48	52	56	60
螺栓有效截面积 A_e/cm²	6.94	8.17	9.76	11.2	13.1	14.7	17.6	20.3	23.6
公称直径/mm	64	68	72	76	80	85	90	95	100
螺栓有效截面积 A_e/cm²	26.8	30.6	34.6	38.9	43.4	49.5	55.9	62.7	70.0

表 B-2　锚栓规格

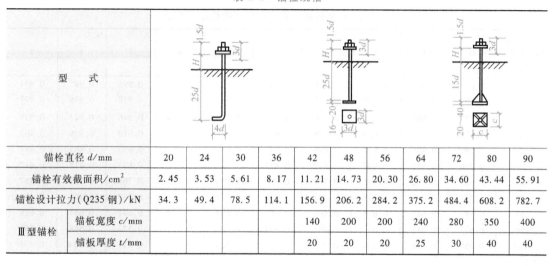

型式											
锚栓直径 d/mm	20	24	30	36	42	48	56	64	72	80	90
锚栓有效截面积/cm²	2.45	3.53	5.61	8.17	11.21	14.73	20.30	26.80	34.60	43.44	55.91
锚栓设计拉力（Q235 钢）/kN	34.3	49.4	78.5	114.1	156.9	206.2	284.2	375.2	484.4	608.2	782.7
Ⅲ型锚栓	锚板宽度 c/mm				140	200	200	240	280	350	400
	锚板厚度 t/mm				20	20	20	25	30	40	40

附录 C 轴心受压构件的稳定系数

表 C-1 a 类截面轴心受压构件的稳定系数 φ

$\lambda\sqrt{\dfrac{f_y}{235}}$	0	1	2	3	4	5	6	7	8	9
0	1.000	1.000	1.000	1.000	0.999	0.999	0.998	0.998	0.997	0.996
10	0.995	0.994	0.993	0.992	0.991	0.989	0.988	0.986	0.985	0.983
20	0.981	0.979	0.977	0.976	0.974	0.972	0.970	0.968	0.966	0.964
30	0.963	0.961	0.959	0.957	0.954	0.952	0.950	0.948	0.946	0.944
40	0.941	0.939	0.937	0.934	0.932	0.929	0.927	0.924	0.921	0.918
50	0.916	0.913	0.910	0.907	0.903	0.900	0.897	0.893	0.890	0.886
60	0.883	0.879	0.875	0.871	0.867	0.862	0.858	0.854	0.849	0.844
70	0.839	0.834	0.829	0.824	0.818	0.813	0.807	0.801	0.795	0.789
80	0.783	0.776	0.770	0.763	0.756	0.749	0.742	0.735	0.728	0.721
90	0.713	0.706	0.698	0.691	0.683	0.676	0.668	0.660	0.653	0.645
100	0.637	0.630	0.622	0.614	0.607	0.599	0.592	0.584	0.577	0.569
110	0.562	0.555	0.548	0.541	0.534	0.527	0.520	0.513	0.507	0.500
120	0.494	0.487	0.481	0.475	0.469	0.463	0.457	0.451	0.445	0.439
130	0.434	0.428	0.423	0.418	0.412	0.407	0.402	0.397	0.392	0.387
140	0.382	0.378	0.373	0.369	0.364	0.360	0.355	0.351	0.347	0.343
150	0.339	0.335	0.331	0.327	0.323	0.319	0.316	0.312	0.308	0.305
160	0.302	0.298	0.295	0.292	0.288	0.285	0.282	0.279	0.276	0.273
170	0.270	0.267	0.264	0.262	0.259	0.256	0.253	0.250	0.248	0.245
180	0.243	0.240	0.238	0.236	0.233	0.231	0.228	0.226	0.224	0.222
190	0.219	0.217	0.215	0.213	0.211	0.209	0.207	0.205	0.203	0.201
200	0.199	0.197	0.196	0.194	0.192	0.190	0.188	0.187	0.185	0.183
210	0.182	0.180	0.178	0.177	0.175	0.174	0.172	0.171	0.169	0.168
220	0.166	0.165	0.163	0.162	0.161	0.159	0.158	0.157	0.155	0.154
230	0.153	0.151	0.150	0.149	0.148	0.147	0.145	0.144	0.143	0.142
240	0.141	0.140	0.139	0.137	0.136	0.135	0.134	0.133	0.132	0.131
250	0.130	—	—	—	—	—	—	—	—	—

表 C-2 b 类截面轴心受压构件的稳定系数 φ

$\lambda\sqrt{\dfrac{f_y}{235}}$	0	1	2	3	4	5	6	7	8	9
0	1.000	1.000	1.000	0.999	0.999	0.998	0.997	0.996	0.995	0.994
10	0.992	0.991	0.989	0.987	0.985	0.983	0.981	0.978	0.976	0.973
20	0.970	0.967	0.963	0.960	0.957	0.953	0.950	0.946	0.943	0.939
30	0.936	0.932	0.929	0.925	0.921	0.918	0.914	0.910	0.906	0.903
40	0.899	0.895	0.891	0.886	0.882	0.878	0.874	0.870	0.865	0.861
50	0.856	0.852	0.847	0.842	0.837	0.833	0.828	0.823	0.818	0.812
60	0.807	0.802	0.796	0.791	0.785	0.780	0.774	0.768	0.762	0.757
70	0.751	0.745	0.738	0.732	0.726	0.720	0.713	0.707	0.701	0.694
80	0.687	0.681	0.674	0.668	0.661	0.654	0.648	0.641	0.634	0.628
90	0.621	0.614	0.607	0.601	0.594	0.587	0.581	0.574	0.568	0.561
100	0.555	0.548	0.542	0.535	0.529	0.523	0.517	0.511	0.504	0.498

（续）

$\lambda\sqrt{\dfrac{f_y}{235}}$	0	1	2	3	4	5	6	7	8	9
110	0.492	0.487	0.481	0.475	0.469	0.464	0.458	0.453	0.447	0.442
120	0.436	0.431	0.426	0.421	0.416	0.411	0.406	0.401	0.396	0.392
130	0.387	0.383	0.378	0.374	0.369	0.365	0.361	0.357	0.352	0.348
140	0.344	0.340	0.337	0.333	0.329	0.325	0.322	0.318	0.314	0.311
150	0.308	0.304	0.301	0.297	0.294	0.291	0.288	0.285	0.282	0.279
160	0.276	0.273	0.270	0.267	0.264	0.262	0.259	0.256	0.253	0.251
170	0.248	0.246	0.243	0.241	0.238	0.236	0.234	0.231	0.229	0.227
180	0.225	0.222	0.220	0.218	0.216	0.214	0.212	0.210	0.208	0.206
190	0.204	0.202	0.200	0.198	0.196	0.195	0.193	0.191	0.189	0.188
200	0.186	0.184	0.183	0.181	0.179	0.178	0.176	0.175	0.173	0.172
210	0.170	0.169	0.167	0.166	0.164	0.163	0.162	0.160	0.159	0.158
220	0.156	0.155	0.154	0.152	0.151	0.150	0.149	0.147	0.146	0.145
230	0.144	0.143	0.142	0.141	0.139	0.138	0.137	0.136	0.135	0.134
240	0.133	0.132	0.131	0.130	0.129	0.128	0.127	0.126	0.125	0.124
250	0.123	—	—	—	—	—	—	—	—	—

表 C-3　c 类截面轴心受压构件的稳定系数 φ

$\lambda\sqrt{\dfrac{f_y}{235}}$	0	1	2	3	4	5	6	7	8	9
0	1.000	1.000	1.000	0.999	0.999	0.998	0.997	0.996	0.995	0.993
10	0.992	0.990	0.988	0.986	0.983	0.981	0.978	0.976	0.973	0.970
20	0.966	0.959	0.953	0.947	0.940	0.934	0.928	0.921	0.915	0.909
30	0.902	0.896	0.890	0.883	0.877	0.871	0.865	0.858	0.852	0.845
40	0.839	0.833	0.826	0.820	0.813	0.807	0.800	0.794	0.787	0.781
50	0.774	0.768	0.761	0.755	0.748	0.742	0.735	0.728	0.722	0.715
60	0.709	0.702	0.695	0.689	0.682	0.675	0.669	0.662	0.656	0.649
70	0.642	0.636	0.629	0.623	0.616	0.610	0.603	0.597	0.591	0.584
80	0.578	0.572	0.565	0.559	0.553	0.547	0.541	0.535	0.529	0.523
90	0.517	0.511	0.505	0.499	0.494	0.488	0.483	0.477	0.471	0.467
100	0.462	0.458	0.453	0.449	0.445	0.440	0.436	0.432	0.427	0.423
110	0.419	0.415	0.411	0.407	0.402	0.398	0.394	0.390	0.386	0.383
120	0.379	0.375	0.371	0.367	0.363	0.360	0.356	0.352	0.349	0.345
130	0.342	0.338	0.335	0.332	0.328	0.325	0.322	0.318	0.315	0.312
140	0.309	0.306	0.303	0.300	0.297	0.294	0.291	0.288	0.285	0.282
150	0.279	0.277	0.274	0.271	0.269	0.266	0.263	0.261	0.258	0.256
160	0.253	0.251	0.248	0.246	0.244	0.241	0.239	0.237	0.235	0.232
170	0.230	0.228	0.226	0.224	0.222	0.220	0.218	0.216	0.214	0.212
180	0.210	0.208	0.206	0.204	0.203	0.201	0.199	0.197	0.195	0.194
190	0.192	0.190	0.189	0.187	0.185	0.184	0.182	0.181	0.179	0.178
200	0.176	0.175	0.173	0.172	0.170	0.169	0.167	0.166	0.165	0.163
210	0.162	0.161	0.159	0.158	0.157	0.155	0.154	0.153	0.152	0.151
220	0.149	0.148	0.147	0.146	0.145	0.144	0.142	0.141	0.140	0.139
230	0.138	0.137	0.136	0.135	0.134	0.133	0.132	0.131	0.130	0.129
240	0.128	0.127	0.126	0.125	0.124	0.123	0.123	0.122	0.121	0.120
250	0.119	—	—	—	—	—	—	—	—	—

表 C-4　d 类截面轴心受压构件的稳定系数 φ

$\lambda\sqrt{\dfrac{f_y}{235}}$	0	1	2	3	4	5	6	7	8	9
0	1.000	1.000	0.999	0.999	0.998	0.996	0.994	0.992	0.990	0.987
10	0.984	0.981	0.978	0.974	0.969	0.965	0.960	0.955	0.949	0.944
20	0.937	0.927	0.918	0.909	0.900	0.891	0.883	0.874	0.865	0.857
30	0.848	0.840	0.831	0.823	0.815	0.807	0.798	0.790	0.782	0.774
40	0.766	0.758	0.751	0.743	0.735	0.727	0.720	0.712	0.705	0.697
50	0.690	0.682	0.675	0.668	0.660	0.653	0.646	0.639	0.632	0.625
60	0.618	0.611	0.605	0.598	0.591	0.585	0.578	0.571	0.565	0.559
70	0.552	0.546	0.540	0.534	0.528	0.521	0.516	0.510	0.504	0.498
80	0.492	0.487	0.481	0.476	0.470	0.465	0.459	0.454	0.449	0.444
90	0.439	0.434	0.386	0.383	0.380	0.376	0.373	0.369	0.366	0.363
100	0.393	0.390	0.386	0.383	0.380	0.376	0.373	0.369	0.366	0.363
110	0.359	0.356	0.353	0.350	0.346	0.343	0.340	0.337	0.334	0.331
120	0.328	0.325	0.322	0.319	0.316	0.313	0.310	0.307	0.304	0.301
130	0.298	0.296	0.293	0.290	0.288	0.285	0.282	0.280	0.277	0.275
140	0.272	0.270	0.267	0.265	0.262	0.260	0.257	0.255	0.253	0.250
150	0.248	0.246	0.244	0.242	0.239	0.237	0.235	0.233	0.231	0.229
160	0.227	0.225	0.223	0.221	0.219	0.217	0.215	0.213	0.211	0.210
170	0.208	0.206	0.204	0.202	0.201	0.199	0.197	0.196	0.194	0.192
180	0.191	0.189	0.187	0.186	0.184	0.183	0.181	0.180	0.178	0.177
190	0.175	0.174	0.173	0.171	0.170	0.168	0.167	0.166	0.164	0.163
200	0.162	—	—	—	—	—	—	—	—	—

说明：表 C-1~表 C-4 中数值是按式（4-29）或式（4-30）计算得到的。

附录 D　各种截面回转半径的近似值

表 D-1　各种截面回转半径的近似值

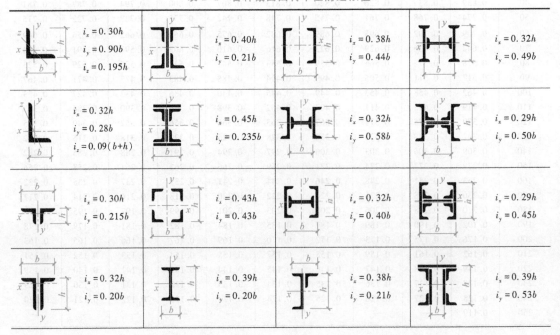

（续）

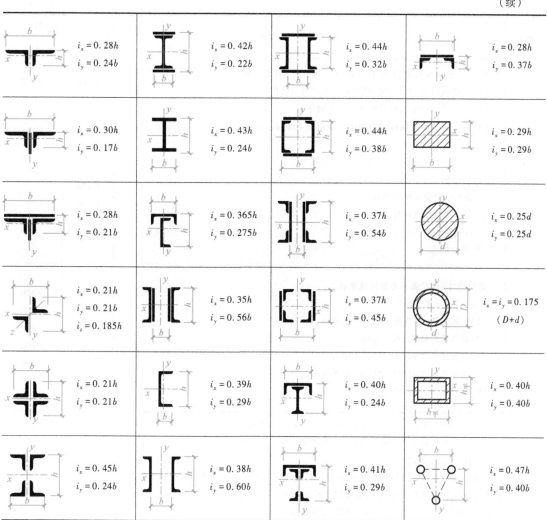

附录 E 受弯构件的挠度容许值

表 E-1 受弯构件挠度容许值

项次	构件类别	挠度容许值	
		$[v_T]$	$[v_Q]$
1	吊车梁和吊车桁架（按自重和起重量最大的一台吊车计算挠度） （1）手动起重机和单梁起重机（含悬挂起重机） （2）轻级工作制桥式起重机 （3）中级工作制桥式起重机 （4）重级工作制桥式起重机	$l/500$ $l/750$ $l/900$ $l/1000$	— — — —
2	手动或电动葫芦的轨道梁	$l/400$	—
3	有重轨（重量等于或大于38kg/m）轨道的工作平台梁 有轻轨（重量等于或小于24kg/m）轨道的工作平台梁	$l/600$ $l/400$	— —

（续）

项次	构件类别	挠度容许值	
		$[v_T]$	$[v_Q]$
4	楼（屋）盖梁或桁架、工作平台梁（第3项除外）和平台板	$l/400$	$l/500$
	（1）主梁或桁架（包括设有悬挂起重设备的梁和桁架）	$l/180$	—
	（2）仅支承压型金属板屋面和冷弯型钢檩条	$l/240$	—
	（3）除支承压型金属板屋面和冷弯型钢檩条外，尚有吊顶	$l/250$	$l/350$
	（4）抹灰顶棚的次梁	$l/250$	$l/300$
	（5）除（1）~（4）款外的其他梁（包括楼梯梁）		
	（6）屋盖檩条		
	支承压型金属板屋面者	$l/150$	—
	支承其他屋面材料者	$l/200$	—
	有吊顶	$l/240$	—
	（7）平台板	$l/150$	—
5	墙架构件（风荷载不考虑阵风系数）	—	$l/400$
	（1）支柱（水平方向）	—	$l/1000$
	（2）抗风桁架（作为连续支柱的支承时，水平位移）	—	$l/300$
	（3）砌体墙的横梁（水平方向）	—	$l/100$
	（4）支承压型金属板的横梁（水平方向）	—	$l/200$
	（5）支承其他墙面材料的横梁（水平方向）		
	（6）带有玻璃窗的横梁（竖直和水平方向）	$l/200$	$l/200$

注：1. l 为受弯构件的跨度（对悬臂梁和伸臂梁为悬臂长度的2倍）。

　　2. $[v_T]$ 为永久和可变荷载标准值产生的挠度（如有起拱应减去拱度）的容许值，$[v_Q]$ 为可变荷载标准值产生的挠度的容许值。

　　3. 当吊车梁或吊车桁架跨度大于12m时，其挠度容许值 $[v_T]$ 应乘以0.9的系数。

　　4. 当墙面采用延性材料或与结构采用柔性连接时，墙架构件的支柱水平位移容许值可采用 $l/300$，抗风桁架（作为连续支柱的支撑时）水平位移容许值可采用 $l/800$。

附录 F　梁的整体稳定系数

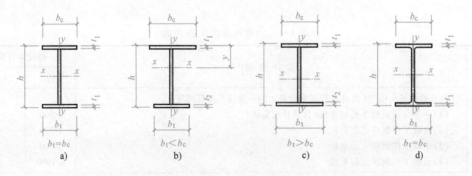

图 F-1　焊接工字形和轧制 H 型钢截面

a）双轴对称焊接工字形截面　b）加强受压翼缘的单轴对称焊接工字形截面

c）加强受拉翼缘的单轴对称焊接工字形截面　d）轧制 H 型钢截面

表 F-1 H型钢和等截面工字形简支梁的系数 β_b

项次	侧向支承	荷载		$\xi \leqslant 2.0$	$\xi > 2.0$	适用范围
1	跨中无侧向支承	均布荷载作用在	上翼缘	$0.69+0.13\xi$	0.95	图 F-1a、b、d 的截面
2			下翼缘	$1.73-0.20\xi$	1.33	
3		集中荷载作用在	上翼缘	$0.73+0.18\xi$	1.09	
4			下翼缘	$2.23-0.28\xi$	1.67	
5	跨度中点有一个侧向支承点	均布荷载作用在	上翼缘	1.15		图 F-1 中的所有截面
6			下翼缘	1.40		
7		集中荷载作用在界面高度上任意位置		1.75		
8	跨中有不少于两个等距离侧向支承点	任意荷载作用在	上翼缘	1.20		
9			下翼缘	1.40		
10	梁端有弯矩,但跨中无荷载作用			$1.75-1.05\left(\dfrac{M_2}{M_1}\right)+0.3\left(\dfrac{M_2}{M_1}\right)^2$ 但 $\leqslant 2.3$		

注: 1. ξ 为参数,$\xi=\dfrac{l_1 t_1}{b_c h}$,其中 b_c 为受压翼缘的宽度。

2. M_1、M_2 为梁的端弯矩,使梁产生同向曲率时 M_1 和 M_2 取同号,产生反向曲率时取异号,$|M_1| \geqslant |M_2|$。

3. 表中项次 3、4 和 7 的集中荷载是一个或少数几个集中荷载位于跨中央附近的情况,对其他情况的集中荷载,应按表中项次 1、2、5、6 内的数值采用。

4. 表中项次 8、9 的 β_b,当集中荷载作用在侧向支承点时,取 $\beta_b=1.20$。

5. 荷载作用在上翼缘系指荷载作用点在翼缘表面,方向指向截面形心;荷载作用在下翼缘系指荷载作用点在翼缘表面,方向背向截面形心。

6. 对 $\alpha_b>0.8$ 的加强受压翼缘工字形截面,下列情况 β_b 的值应乘以相应的系数:

项次 1:当 $\xi \leqslant 1.0$ 时,乘以 0.95。

项次 3:当 $\xi \leqslant 0.5$ 时,乘以 0.90;当 $0.5<\xi \leqslant 1.0$ 时,乘以 0.95。

表 F-2 轧制普通工字钢简支梁的 φ_b

项次	荷载情况		工字钢型号	自由长度 l_1/m								
				2	3	4	5	6	7	8	9	10
1	跨中无侧向支承点的梁	集中荷载作用于 上翼缘	10~20	2.00	1.30	0.99	0.80	0.68	0.58	0.53	0.48	0.43
			22~32	2.40	1.48	1.09	0.86	0.72	0.62	0.54	0.49	0.45
			36~63	2.80	1.60	1.07	0.83	0.68	0.56	0.50	0.45	0.40
2		集中荷载作用于 下翼缘	10~20	3.10	1.95	1.34	1.01	0.82	0.69	0.63	0.57	0.52
			22~40	5.50	2.80	1.84	1.37	1.07	0.86	0.73	0.64	0.56
			45~63	7.30	3.60	3.20	1.62	1.20	0.96	0.80	0.69	0.60
3		均布荷载作用于 上翼缘	10~20	1.70	1.12	0.84	0.68	0.57	0.50	0.45	0.41	0.37
			22~40	2.10	1.30	0.93	0.73	0.60	0.51	0.45	0.40	0.36
			45~63	2.60	1.45	0.97	0.73	0.59	0.50	0.44	0.38	0.35
4		均布荷载作用于 下翼缘	10~20	2.50	1.55	1.08	0.83	0.68	0.56	0.52	0.47	0.42
			22~40	4.00	2.20	1.45	1.10	0.85	0.70	0.60	0.52	0.46
			45~63	5.60	2.80	1.80	1.25	0.95	0.78	0.65	0.55	0.49

（续）

项次	荷载情况	工字钢型号	自由长度 l_1/m								
			2	3	4	5	6	7	8	9	10
5	跨中有侧向支承点的梁（不论荷载作用点在截面高度上的位置）	10~20	2.20	1.39	1.01	0.79	0.66	0.57	0.52	0.47	0.42
		22~40	3.00	1.80	1.24	0.96	0.76	0.65	0.56	0.49	0.43
		45~63	4.00	2.20	1.38	1.01	0.80	0.66	0.56	0.49	0.43

注：1. 同表 F-1 的注 3、注 5。
2. 表中 φ_b 的适用于 Q235 钢，对其他型号，表中的数值应乘以 ε_k^2。

表 F-3　双轴对称工字形等截面（含 H 型钢）悬臂梁的系数 β_b

项次	荷载形式		$0.60 \leqslant \xi \leqslant 1.24$	$1.24 < \xi \leqslant 1.96$	$1.96 < \xi \leqslant 3.10$
1	自由端一个集中荷载作用在	上翼缘	$0.21+0.67\xi$	$0.72+0.26\xi$	$1.17+0.03\xi$
2		下翼缘	$2.94-0.65\xi$	$2.64-0.40\xi$	$2.15-0.15\xi$
3	均布荷载作用在上翼缘		$0.62+0.82\xi$	$1.25+0.31\xi$	$1.66+0.10\xi$

注：1. 本表是按支承端为固定的情况确定的，当用于由邻跨延伸出来的伸臂梁时，应在构造上采取措施加强支承处的抗扭能力。
2. 表中的 ξ 见表 F-1 注 1。

附录 G　型　钢　表

表 G-1　普通工字钢

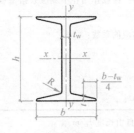

h——高度；　　　　　　i——回转半径；
b——翼缘宽度；　　　　S——半截面的净力矩；
t_w——腹板厚；　　　　　长度：型号 10~18
t——翼缘平均厚；　　　长 5~19m
I——截面二次矩；　　　型号 20~63
W——截面系数；　　　　长 6~19m

型号	尺　寸					截面面积	质量	x-x 轴				y-y 轴		
	h/mm	b/mm	t_w/mm	t/mm	R/mm	/cm²	/(kg/m)	I_x/cm⁴	W_x/cm³	i_x/cm	I_x/S_x/cm	I_y/cm⁴	W_y/cm³	i_y/cm
10	100	68	4.5	7.6	6.5	14.33	11.3	245	49	4.14	8.69	33	9.72	1.52
12.6	126	74	5.0	8.4	7.0	18.1	14.2	488	77.5	5.20	11.0	46.9	12.7	1.61
14	140	80	5.5	9.1	7.5	21.5	16.9	712	102	5.76	12.2	64.4	16.1	1.73
16	160	88	6.0	9.9	8.0	26.11	20.5	1130	141	6.58	13.9	93.1	21.2	1.89
18	180	94	6.5	10.7	8.5	30.74	24.1	1660	185	7.36	15.4	122	26.0	2.00
a 20b	200 200	100 102	7.0 9.0	11.4	9.0	35.55 39.55	27.9 31.1	2370 2500	237 250	8.15 7.96	17.4 17.1	158 169	31.5 33.1	2.12 2.06

（续）

型号	尺 寸					截面面积 /cm²	质量 /(kg/m)	x-x 轴				y-y 轴		
	h /mm	b /mm	t_w /mm	t /mm	R /mm			I_x /cm⁴	W_x /cm³	i_x /cm	I_x/S_x /cm	I_y /cm⁴	W_y /cm³	i_y /cm
a 22b	220	110 112	7.5 9.5	12.3	9.5	42.1 46.5	33.1 36.5	3400 3570	309 325	8.99 8.78	19.2 18.9	225 239	40.9 42.7	2.31 2.27
a 25b	250	116 118	8.0 10.0	13.0	10.0	48.51 53.51	38.1 42.0	5020 5280	401 423	10.2 9.94	21.7 21.4	280 309	48.3 52.4	2.40 2.40
a 28b	280	122 124	8.5 10.5	13.7	10.5	55.37 60.97	43.5 47.9	7110 7480	508 534	11.3 11.1	24.3 24.0	345 379	56.6 61.2	2.50 2.49
a 32b c	320	130 132 134	9.5 11.5 13.5	15.0	11.5	67.12 73.52 79.92	52.7 57.7 62.7	11100 11600 12200	692 726 760	12.8 12.6 12.3	27.7 27.3 26.9	460 502 544	70.8 76.0 81.2	2.46 2.62 2.61
a 36b c	360	136 138 140	10.0 12.0 14.0	15.8	12.0	76.46 83.64 90.84	60.0 65.7 71.3	15800 16500 17300	875 919 962	14.4 14.1 13.8	31.0 30.6 30.2	552 582 612	81.2 84.3 87.4	2.69 2.64 2.60
a 40b c	400	142 144 146	10.5 12.5 14.5	16.5	12.5	86.07 94.07 102.1	67.6 73.8 80.1	21700 22800 23900	1090 1140 1190	15.9 15.6 15.2	34.4 33.9 33.5	660 692 727	93.2 96.2 99.6	2.77 2.71 2.65
a 45b c	450	150 152 154	11.5 13.5 15.5	18.0	13.5	102.4 111.4 120.4	80.4 87.4 94.5	32200 33800 35300	1430 1500 1570	17.7 17.4 17.1	38.5 38.1 37.6	855 894 938	114 118 122	2.89 2.84 2.79
a 50b c	500	158 160 162	12.0 14.0 16.0	20.0	14.0	119.2 129.2 139.2	93.6 101 109	46500 48600 50600	1860 1940 2080	19.7 19.4 19.0	42.9 42.3 41.9	1120 1170 1220	142 146 151	3.07 3.01 2.96
a 56b c	560	166 168 170	12.5 14.5 16.5	21.0	14.5	135.4 146.0 157.8	106 115 124	65600 68500 71400	2340 2450 2550	22.0 21.6 21.3	47.9 47.3 46.8	1370 1490 1560	165 174 183	3.18 3.16 3.16
a 63b c	630	176 178 180	13.0 15.0 17.0	22.0	15.0	154.6 167.2 179.8	121 131 141	93900 98100 102000	2980 3160 3300	24.5 24.2 23.8	53.8 53.2 52.6	1700 1810 1920	193 204 214	3.31 3.29 3.27

表 G-2 H 型钢和 T 型钢

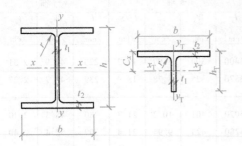

符号 h——H 型钢截面高度；b——翼缘宽度；t_1——腹板厚度；

t_2——翼缘厚度；W——截面系数；i——回转半径；

I——截面二次矩

对 T 型钢：截面高度 h_T，截面面积 A_T，质量 q_T，截面二次矩 I_{yT}，等于相应 H 型钢的 1/2，HW、HM、HN 分别代表宽翼缘、中翼缘、窄翼缘 H 型钢；TW、TM、TN 分别代表各自 H 型钢剖分的 T 型钢。

类别	H 型钢规格尺寸 $\left(\dfrac{h}{mm}\times\dfrac{b}{mm}\times\dfrac{t_1}{mm}\times\dfrac{t_2}{mm}\right)$	截面面积 A /cm²	质量 q /(kg/m)	x-x 轴 I_x /cm⁴	W_x /cm³	i_x /cm	y-y 轴 I_y /cm⁴	W_y /cm³	i_y, i_{yT} /cm	重心 C_x /cm	x_T-x_T 轴 I_{xT} /cm⁴	i_{xT} /cm	T 型钢规格尺寸 $\left(\dfrac{h_T}{mm}\times\dfrac{b}{mm}\times\dfrac{t_1}{mm}\times\dfrac{t_2}{mm}\right)$	类别
HW	100×100×6×8	21.90	17.2	383	76.5	4.18	134	26.7	2.47	1.00	16.1	1.21	50×100×6×8	TW
	125×125×6.5×9	30.31	23.8	847	136	5.29	294	47.0	3.11	1.19	35.0	1.52	62.5×125×6.5×9	
	150×150×7×10	40.55	31.9	1660	221	6.39	564	75.1	3.73	1.37	66.4	1.81	75×150×7×10	
	175×175×7.5×11	51.43	40.3	2900	331	7.50	984	112	4.37	1.55	115	2.11	87.5×175×7.5×11	
	200×200×8×12	64.28	50.5	4770	477	8.61	1600	160	4.99	1.73	185	2.40	100×200×8×12	
	#200×204×12×12	72.28	56.7	5030	503	8.35	1700	167	4.85	2.09	256	2.66	#100×204×12×12	
	250×250×9×14	92.18	72.4	10800	867	10.8	3650	292	6.29	2.08	412	2.99	125×250×9×14	
	#250×255×14×14	104.7	82.2	11500	919	10.5	3880	304	6.09	2.58	589	3.36	#125×255×14×14	
	#294×302×12×12	108.3	85.0	17000	1160	12.5	5520	365	7.14	2.83	858	3.98	#147×302×12×12	
	300×300×10×15	120.4	94.5	20500	1370	13.1	6760	450	7.49	2.47	798	3.64	150×300×10×15	
	300×305×15×15	135.4	106	21600	1440	12.6	7100	466	7.24	3.02	1110	4.06	150×305×15×15	
	#344×348×10×16	146.0	115	33300	1940	15.1	11200	646	8.78	2.67	1230	4.11	#172×348×10×16	
	350×350×12×19	173.9	137	40300	2300	15.2	13600	776	8.84	2.86	1520	4.18	175×350×12×19	
	#388×402×15×15	179.2	141	49200	2540	16.6	16300	809	9.52	3.69	2480	5.26	#194×402×15×15	
	#394×398×11×18	87.6	147	56400	2860	17.3	18900	951	10.0	3.01	2050	4.67	#197×398×11×18	
	400×400×13×21	219.5	172	66900	3340	17.5	22400	1120	10.1	3.21	2480	4.75	200×400×13×21	
	#400×408×21×21	251.5	197	71100	3560	16.8	23800	1170	9.73	4.07	3650	5.39	#200×408×21×21	
	#414×405×18×28	296.2	233	93000	4490	17.7	31000	1530	10.2	3.68	3620	4.95	#207405×18×28	
	#428×407×20×35	361.4	284	119000	5580	18.2	39400	1930	10.4	3.90	4380	4.92	#214×407×20×35	
HM	148×100×6×9	27.25	21.4	1040	140	6.17	151	30.2	2.35	1.55	51.7	1.95	74×100×6×9	TM
	194×150×6×9	39.76	31.2	2740	283	8.30	508	67.7	3.57	1.78	125	2.50	97×150×6×9	
	244×175×7×11	56.24	44.1	6120	502	10.4	985	113	4.18	2.27	289	3.20	122×175×7×11	
	294×200×8×12	73.03	57.3	11400	779	12.5	1600	160	4.69	2.82	572	3.96	147×200×8×12	
	340×250×9×14	101.5	79.7	21700	1280	14.6	3650	292	6.00	3.09	1020	4.48	170×250×9×14	
	390×300×10×16	136.7	107	38900	2000	16.9	7210	481	7.26	3.40	1730	5.03	195×300×10×16	
	440×300×11×18	157.4	124	56100	2550	18.9	8110	541	7.18	4.05	2680	5.84	220×300×11×18	

（续）

类别	H 型钢规格尺寸 $\left(\dfrac{h}{mm}\times\dfrac{b}{mm}\times\dfrac{t_1}{mm}\times\dfrac{t_2}{mm}\right)$	截面面积 A /cm²	质量 q /(kg/m)	I_x /cm⁴	W_x /cm³	i_x /cm	I_y /cm⁴	W_y /cm³	$i_y,\ i_{yT}$ /cm	重心 C_x /cm	I_{xT} /cm⁴	i_{xT} /cm	T 型钢规格尺寸 $\left(\dfrac{h_T}{mm}\times\dfrac{b}{mm}\times\dfrac{t_1}{mm}\times\dfrac{t_2}{mm}\right)$	类别
HM	482×300×11×15	146.4	115	60800	2520	20.4	6770	451	6.80	4.90	3420	6.83	241×300×11×15	TM
	488×300×11×18	164.4	129	71400	2930	20.8	8120	541	7.03	4.65	3620	6.64	244×300×11×18	
	582×300×12×17	174.5	137	103000	3530	24.3	7670	511	6.63	6.39	6360	8.54	291×300×12×17	
	588×300×12×20	192.5	151	118000	4020	24.8	9020	601	6.85	6.08	6710	8.35	294×300×12×20	
	#594×302×14×23	222.4	175	137000	4620	24.9	10600	701	6.90	6.33	7920	8.44	#297×302×14×23	
HN	100×50×5×7	12.16	9.5	192	38.5	3.98	14.9	5.96	1.11	1.27	11.9	1.40	50×50×5×7	TN
	125×60×6×8	17.01	13.3	417	66.8	4.95	29.3	9.75	1.31	1.63	27.5	1.80	62.5×120×6×8	
	150×75×5×7	18.16	14.3	679	90.6	6.12	49.6	13.2	1.65	1.78	42.7	2.17	75×75×5×7	
	175×90×5×8	23.21	18.2	1220	140	7.26	97.6	21.7	2.05	1.92	70.7	2.47	87.5×90×5×8	
	198×99×4.5×7	23.59	18.5	1610	163	8.27	114	23.0	2.20	2.13	94.0	2.82	99×99×4.5×7	
	200×100×5.5×8	27.5	21.7	1880	188	8.25	134	26.8	2.21	2.27	115	2.88	100×100×5.5×8	
	248×124×5×8	32.89	25.8	3560	287	10.4	255	41.1	2.78	2.62	208	3.56	124×124×5×8	
	250×125×6×9	37.87	29.7	4080	326	10.4	294	47.0	2.79	2.78	249	3.62	125×125×6×9	
	298×194×5.5×8	41.55	32.6	6460	433	12.4	443	59.4	3.26	3.22	395	4.36	149×149×5.5×8	
	300×150×6.5×9	47.53	37.3	7350	490	12.4	508	67.7	3.27	3.38	465	4.42	150×150×6.5×9	
	346×174×6×9	53.19	41.8	11200	649	14.5	792	91.0	3.86	3.68	618	5.06	173×174×6×9	
	350×175×7×11	63.66	50.0	13700	782	14.7	985	113	3.93	3.74	816	5.06	175×175×7×11	
	#400×150×8×13	71.12	55.8	18800	942	16.3	734	97.9	3.21	—	—	—	—	
	396×199×7×11	72.16	56.7	20000	1010	16.7	1450	145	4.48	4.17	1190	5.76	198×199×7×11	
	400×200×8×13	84.12	66.0	23700	1190	16.8	1740	174	4.54	4.23	1400	5.76	200×200×8×13	
	#450×150×9×14	83.41	65.5	27100	1200	18.0	793	106	3.08	—	—	—	—	
	446×199×8×12	84.95	66.7	29000	1300	18.5	1580	159	4.31	5.07	1880	6.65	223×199×8×12	
	450×200×9×14	97.41	76.5	33700	1500	18.6	1870	187	4.38	5.13	2160	6.66	225×200×9×14	
	#500×150×10×16	98.23	77.1	38500	1540	19.8	907	121	3.04	—	—	—	—	
	496×199×9×14	101.3	79.5	41900	1690	20.3	1840	185	4.27	5.90	2840	7.49	248×199×9×14	
	500×200×10×16	114.2	89	47800	1910	20.5	2140	214	4.33	5.96	3210	7.50	250×200×10×16	
	#506×201×11×19	131.3	103	56500	2230	20.8	2580	257	4.43	5.95	3670	7.48	#253×201×11×19	
	596×199×10×15	121.2	95.1	69300	2330	23.9	1980	199	4.04	7.76	5200	9.27	298×199×10×15	
	600×200×11×17	135.2	106	78200	2610	24.1	2280	228	4.11	7.81	5802	9.28	300×200×11×17	
	#606×201×12×20	153.3	120	91000	3000	24.4	2720	271	4.21	7.76	6580	9.26	#303×201×12×20	
	#692×300×13×20	211.5	166	172000	4980	26.8	9020	602	6.53	—	—	—	—	
	700×300×13×24	235.5	185	201000	5760	29.3	10800	722	6.18	—	—	—	—	

注："#"表示的规格为非常用规格。

表 G-3 普通槽钢

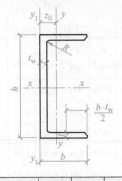

符号 同普通工字型钢，但 W_y 为对应于翼缘肢尖的截面系数

长度：型号 5~8，长 5~12m；
型号 10~18，长 5~19m；
型号 20~40，长 6~19m

型号	尺寸					截面面积 /cm²	质量/ (kg/m)	x-x 轴			y-y 轴			y₁-y₁ 轴	z₀/cm
	h /mm	b /mm	d /mm	t /mm	R /mm			I_x /cm⁴	W_x /cm³	i_x /cm	I_y /cm⁴	W_y /cm³	i_y /cm	I_{y1} /m⁴	
5	50	37	4.5	7.0	7.0	6.925	5.44	26.0	10.4	1.94	8.30	3.55	1.10	20.9	1.35
6.3	63	40	4.8	7.5	7.5	8.446	6.63	50.8	16.1	2.45	11.9	4.50	1.19	28.4	1.36
8	80	43	5.0	8.0	8.0	10.24	8.04	101	25.3	3.15	16.6	5.79	1.27	37.4	1.43
10	100	48	5.3	8.5	8.5	12.74	10.00	198	39.7	3.95	25.6	7.80	1.41	54.9	1.52
12.6	126	53	5.5	9.0	9.0	15.69	12.31	391	62.1	4.95	38.0	10.2	1.57	77.1	1.59
a	140	58	6.0	9.5	9.5	18.51	14.53	564	80.5	5.52	53.2	13.0	1.70	107.2	1.71
14b	140	60	8.0	9.5	9.5	21.31	16.73	609	87.1	5.35	61.1	14.1	1.69	120.6	1.67
a	160	63	6.5	10.0	10.0	21.95	17.23	866	108.3	6.28	73.3	16.3	1.83	144.1	1.80
16b	160	65	8.5	10.0	10.0	25.15	19.75	935	116.8	6.10	83.4	17.6	1.82	160.8	1.75
a	180	68	7.0	10.5	10.5	25.69	20.17	1270	141.4	7.04	98.6	20	1.96	189.7	1.88
18b	180	70	9.0	10.5	10.5	29.29	22.99	1370	152.2	6.84	111.0	21.5	1.95	210.1	1.84
a	200	73	7.0	11.0	11.0	28.83	22.63	1780	178.0	7.86	128.0	24.2	2.11	244.0	2.01
20b	200	75	9.0	11.0	11.0	32.83	25.77	1910	191.4	7.64	143.6	25.9	2.09	268.4	1.95
a	220	77	7.0	11.5	11.5	31.83	24.99	2390	217.6	8.67	157.8	28.2	2.23	298.2	2.10
22b	220	79	9.0	11.5	11.5	36.24	28.45	2570	233.8	8.42	176	30.1	2.21	326.3	2.03
a	250	78	7.0	12.0	12.0	34.91	27.40	3370	270	9.82	176	30.6	2.24	322	2.07
25b	250	80	9.0	12.0	12.0	39.91	31.33	3530	282	9.41	196.4	32.7	2.22	353	1.98
c	250	82	11.0	12.0	12.0	44.91	35.25	3690	295	9.07	218	35.9	2.21	384	1.92
a	280	82	7.5	12.5	12.5	40.02	31.42	4760	339.5	10.90	217.9	35.7	2.33	388	2.10
28b	280	84	9.5	12.5	12.5	45.62	35.81	5130	365.6	10.59	241.5	37.9	2.30	428	2.02
c	280	86	11.5	12.5	12.5	51.22	40.21	5500	393	10.35	268	40.3	2.29	46.3	1.95
a	320	88	8.0	14.0	14.0	48.50	38.07	7600	475	12.5	304.7	46.5	2.51	552	2.24
32b	320	90	10.0	14.0	14.0	54.90	43.10	8140	509	12.2	335.6	49.2	2.47	593	2.16
c	320	92	12.0	14.0	14.0	61.30	48.12	8690	543	11.85	374	52.6	2.47	642.7	2.09
a	360	96	9.0	16.0	16.0	60.89	47.80	11900	659.7	13.96	455.0	63.5	2.73	818	2.44
36b	360	98	11.0	16.0	16.0	68.09	53.45	12700	702.9	13.63	496.7	66.9	2.70	880	2.37
c	360	100	13.0	16.0	16.0	75.29	59.10	13400	746.1	13.36	536	70.0	2.67	948	2.34
a	400	100	10.5	18.0	18.0	75.04	58.91	17600	878.9	15.30	592.0	78.8	2.81	1070	2.49
40b	400	102	12.5	18.0	18.0	83.04	65.19	18600	932.2	14.98	640	82.5	2.78	1140	2.44
c	400	104	14.5	18.0	18.0	91.04	71.47	19700	985.6	14.71	687.8	86.2	2.75	1220	2.42

表 G-4 等边角钢

单角钢   双角钢

角钢型号	厚度	圆角 R /mm	重心矩 z_0 /mm	截面面积 A /cm²	质量 /(kg/m)	截面二次矩 I_x /cm⁴	W_x^{max} /cm³	W_x^{min} /cm³	i_x /cm	i_{x0} /cm	i_{y0} /cm	6mm	8mm	10mm	12mm	14mm
∟20×4	3	3.5	6.0	1.13	0.89	0.40	0.66	0.29	0.59	0.75	0.39	1.08	1.17	1.25	1.34	1.43
	4		6.4	1.46	1.15	0.50	0.78	0.36	0.58	0.73	0.38	1.11	1.19	1.28	1.37	1.46
∟25×4	3	3.5	7.3	1.43	1.12	0.82	1.12	0.46	0.76	0.95	0.49	1.27	1.36	1.44	1.53	1.61
	4		7.6	1.86	1.46	1.03	1.34	0.59	0.74	0.93	0.48	1.30	1.38	1.47	1.55	1.64
∟30×4	3	4.5	8.5	1.75	1.37	1.46	1.72	0.68	0.91	1.15	0.59	1.47	1.55	1.63	1.71	1.80
	4		8.9	2.28	1.79	1.84	2.08	0.87	0.90	1.13	0.58	1.49	1.57	1.65	1.74	1.82
∟36×4	3	4.5	10.0	2.11	1.66	2.58	2.59	0.99	1.11	1.39	0.71	1.70	1.78	1.86	1.94	2.03
	4		10.4	2.76	2.16	3.29	3.18	1.28	1.09	1.38	0.70	1.73	1.80	1.89	1.97	2.05
	5		10.7	3.38	2.65	3.95	3.68	1.56	1.08	1.36	0.70	1.75	1.83	1.91	1.99	2.08
∟40×4	3	5	10.9	2.36	1.85	3.59	3.28	1.23	1.23	1.55	0.79	1.86	1.94	2.01	2.09	2.18
	4		11.3	3.09	2.42	4.60	4.05	1.60	1.22	1.54	0.79	1.88	1.96	2.04	2.12	2.20
	5		11.7	3.79	2.98	5.53	4.72	1.96	1.21	1.52	0.78	1.90	1.98	2.06	2.14	2.23
∟45×5	3	5	12.2	2.66	2.09	5.17	4.25	1.58	1.40	1.76	0.89	2.06	2.14	2.21	2.29	2.37
	4		12.6	3.49	2.74	6.65	5.29	2.05	1.38	1.74	0.89	2.08	2.16	2.24	2.32	2.40
	5		13.0	4.29	3.37	8.04	6.20	2.51	1.37	1.72	0.88	2.10	2.18	2.26	2.34	2.42
	6		13.3	5.08	3.99	9.33	6.99	2.95	1.36	1.70	0.80	2.12	2.20	2.28	2.36	2.44
∟50×5	3	5.5	13.4	2.97	2.33	7.18	5.36	1.96	1.55	1.96	1.00	2.26	2.33	2.41	2.48	2.56
	4		13.8	3.90	3.06	9.26	6.70	2.56	1.54	1.94	0.99	2.28	2.36	2.43	2.51	2.59
	5		14.2	4.80	3.77	11.21	7.90	3.13	1.53	1.92	0.98	2.30	2.38	2.45	2.53	2.61
	6		14.6	5.69	4.46	13.05	8.95	3.68	1.52	1.91	0.98	2.32	2.40	2.48	2.56	2.64
∟56×5	3	6	14.8	3.34	2.62	10.19	6.86	2.48	1.75	2.20	1.13	2.50	2.57	2.64	2.72	2.80
	4		15.3	4.39	3.45	13.18	8.63	3.24	1.73	2.18	1.11	2.52	2.59	2.67	2.74	2.82
	5		15.7	5.42	4.25	16.02	10.22	3.97	1.72	2.17	1.10	2.54	2.61	2.69	2.77	2.85
	8		16.8	8.37	6.57	23.63	14.06	6.03	1.68	2.11	1.09	2.60	2.67	2.75	2.83	2.91
∟63×6	4	7	17.0	4.98	3.91	19.03	11.22	4.13	1.96	2.46	1.26	2.79	2.87	2.94	3.02	3.09
	5		17.4	6.14	4.82	23.17	13.33	5.08	1.94	2.45	1.25	2.82	2.89	2.96	3.04	3.12
	6		17.8	7.29	5.72	27.12	15.26	6.00	1.93	2.43	1.24	2.83	2.91	2.98	3.06	3.14
	8		18.5	9.51	7.47	34.45	18.59	7.75	1.90	2.40	1.23	2.87	2.95	3.03	3.10	3.18
	10		19.3	11.66	9.15	41.09	21.34	9.39	1.88	2.36	1.22	2.91	2.99	3.07	3.15	3.23
∟70×6	4	8	18.6	5.57	4.37	26.39	14.16	5.14	2.18	2.74	1.40	3.07	3.14	3.21	3.29	3.36
	5		19.1	6.88	5.40	32.21	16.89	6.32	2.16	2.73	1.39	3.09	3.16	3.24	3.31	3.39
	6		19.5	8.16	6.41	37.77	19.39	7.48	2.15	2.71	1.38	3.11	3.18	3.26	3.33	3.41
	7		19.9	9.42	7.40	43.09	21.68	8.59	2.14	2.69	1.38	3.13	3.20	3.28	3.36	3.43
	8		20.3	10.67	8.37	48.17	23.79	9.68	2.13	2.68	1.37	3.15	3.22	3.30	3.38	3.46

（续）

角钢型号	圆角R /mm	重心矩 z₀ /mm	截面面积A /cm²	质量 /(kg/m)	截面二次矩 I_x /cm⁴	截面系数 W_x^{max} /cm³	W_x^{min} /cm³	回转半径 i_x /cm	i_{x0} /cm	i_{y0} /cm	当a为下列数值的 i_y/cm 6mm	8mm	10mm	12mm	14mm
∟75×7 5	9	20.3	7.41	5.82	39.96	19.73	7.30	2.33	2.92	1.50	3.29	3.36	3.43	3.50	3.58
6		20.7	8.80	6.91	46.91	22.69	8.63	2.31	2.90	1.49	3.31	3.38	3.45	3.53	3.60
7		21.1	10.16	7.98	53.57	25.42	9.93	2.30	2.89	1.48	3.33	3.40	3.47	3.55	3.63
8		21.5	11.50	9.03	59.96	27.93	11.20	2.28	2.88	1.47	3.35	3.42	3.50	3.57	3.65
10		22.2	14.13	11.09	71.98	32.40	13.64	2.26	2.84	1.46	3.38	3.46	3.54	3.61	3.69
∟80×7 5	9	21.5	7.91	6.21	48.79	22.70	8.34	2.48	3.13	1.60	3.49	3.56	3.63	3.71	3.78
6		21.9	9.40	7.38	57.35	26.16	9.87	2.47	3.11	1.59	3.51	3.58	3.65	3.73	3.80
7		22.3	10.86	8.53	65.58	29.38	11.37	2.46	3.10	1.58	3.53	3.60	3.67	3.75	3.83
8		22.7	12.30	9.66	73.50	32.36	12.83	2.44	3.08	1.57	3.55	3.62	3.70	3.77	3.85
10		23.5	15.13	11.87	88.43	37.68	15.64	2.42	3.04	1.56	3.58	3.66	3.74	3.81	3.89
∟90×8 6	10	24.4	10.64	8.35	82.77	33.99	12.61	2.79	3.51	1.80	3.91	3.98	4.05	4.12	4.20
7		24.8	12.30	9.66	94.83	38.28	14.54	2.78	3.50	1.78	3.93	4.00	4.07	4.14	4.22
8		25.2	13.94	10.90	106.6	42.30	16.42	2.76	3.48	1.78	3.95	4.02	4.09	4.17	4.24
10		25.9	17.17	13.48	128.6	49.57	20.07	2.74	3.45	1.76	3.98	4.06	4.13	4.21	4.28
12		26.7	20.31	15.94	149.2	55.93	23.57	2.71	3.41	1.75	4.02	4.09	4.17	4.25	4.32
∟100×10 6	12	26.7	11.93	9.37	115.0	43.04	15.68	3.10	3.90	2.00	4.30	4.37	4.44	4.51	4.58
7		27.1	13.80	10.83	131.9	48.57	18.10	3.09	3.89	1.99	4.32	4.39	4.46	4.53	4.61
8		27.6	15.64	12.28	148.2	53.78	20.47	3.08	3.88	1.98	4.34	4.41	4.48	4.55	4.63
10		28.4	19.26	15.12	179.5	63.29	25.06	3.05	3.84	1.96	4.38	4.45	4.52	4.60	4.67
12		29.1	22.80	17.90	208.9	71.72	29.47	3.03	3.81	1.95	4.41	4.49	4.56	4.64	4.71
14		29.9	26.26	20.61	236.5	79.19	33.73	3.00	3.77	1.94	4.45	4.53	4.60	4.68	4.75
16		30.6	29.63	23.26	262.5	85.81	37.82	2.98	3.74	1.94	4.49	4.56	4.64	4.72	4.80
∟110×10 7	12	29.6	15.20	11.93	177.2	59.78	22.05	3.41	4.30	2.20	4.72	4.79	4.86	4.94	5.01
8		30.1	17.24	13.53	199.5	66.36	24.95	3.40	4.28	2.19	4.74	4.81	4.88	4.96	5.03
10		30.9	21.26	16.69	242.2	78.48	30.60	3.38	4.25	2.17	4.78	4.85	4.92	5.00	5.07
12		31.6	25.20	19.78	282.6	89.34	36.05	3.35	4.22	2.15	4.82	4.89	4.96	5.04	5.11
14		32.4	29.06	22.81	320.7	99.07	41.31	3.32	4.18	2.14	4.85	4.93	5.00	5.08	5.15
∟125×12 8	14	33.7	19.75	15.50	297.0	88.20	32.52	3.88	4.88	2.50	5.34	5.41	5.48	5.55	5.62
10		34.5	24.37	19.13	361.7	104.8	39.97	3.85	4.85	2.48	5.38	5.45	5.52	5.59	5.66
12		35.3	28.91	22.70	423.2	119.9	47.17	3.83	4.82	2.46	5.41	5.48	5.56	5.63	5.70
14		36.1	33.37	26.19	481.7	133.6	54.16	3.80	4.78	2.45	5.45	5.52	5.59	5.67	5.74

单角钢　　双角钢

（续）

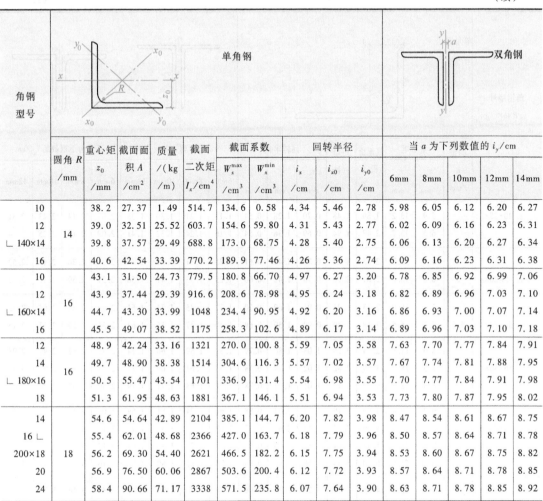

单角钢　　双角钢

角钢型号	圆角R /mm	重心矩 z_0 /mm	截面面积 A /cm²	质量 /(kg/m)	截面二次矩 I_x /cm⁴	截面系数 W_x^{max} /cm³	截面系数 W_x^{min} /cm³	回转半径 i_x /cm	回转半径 i_{x0} /cm	回转半径 i_{y0} /cm	当a为下列数值的 i_y/cm 6mm	8mm	10mm	12mm	14mm
10	14	38.2	27.37	21.49	514.7	134.6	50.58	4.34	5.46	2.78	5.98	6.05	6.12	6.20	6.27
12		39.0	32.51	25.52	603.7	154.6	59.80	4.31	5.43	2.77	6.02	6.09	6.16	6.23	6.31
L 140×14 — 14		39.8	37.57	29.49	688.8	173.0	68.75	4.28	5.40	2.75	6.06	6.13	6.20	6.27	6.34
16		40.6	42.54	33.39	770.2	189.9	77.46	4.26	5.36	2.74	6.09	6.16	6.23	6.31	6.38
10	16	43.1	31.50	24.73	779.5	180.8	66.70	4.97	6.27	3.20	6.78	6.85	6.92	6.99	7.06
12		43.9	37.44	29.39	916.6	208.6	78.98	4.95	6.24	3.18	6.82	6.89	6.96	7.03	7.10
L 160×14 — 14		44.7	43.30	33.99	1048	234.4	90.95	4.92	6.20	3.16	6.86	6.93	7.00	7.07	7.14
16		45.5	49.07	38.52	1175	258.3	102.6	4.89	6.17	3.14	6.89	6.96	7.03	7.10	7.18
12	16	48.9	42.24	33.16	1321	270.0	100.8	5.59	7.05	3.58	7.63	7.70	7.77	7.84	7.91
14		49.7	48.90	38.38	1514	304.6	116.3	5.57	7.02	3.57	7.67	7.74	7.81	7.88	7.95
L 180×16 — 16		50.5	55.47	43.54	1701	336.9	131.4	5.54	6.98	3.55	7.70	7.77	7.84	7.91	7.98
18		51.3	61.95	48.63	1881	367.1	146.1	5.51	6.94	3.53	7.73	7.80	7.87	7.95	8.02
14	18	54.6	54.64	42.89	2104	385.1	144.7	6.20	7.82	3.98	8.47	8.54	8.61	8.67	8.75
16 L		55.4	62.01	48.68	2366	427.0	163.7	6.18	7.79	3.96	8.50	8.57	8.64	8.71	8.78
200×18 — 18		56.2	69.30	54.40	2621	466.5	182.2	6.15	7.75	3.94	8.53	8.60	8.67	8.75	8.82
20		56.9	76.50	60.06	2867	503.6	200.4	6.12	7.72	3.93	8.57	8.64	8.71	8.78	8.85
24		58.4	90.66	71.17	3338	571.5	235.8	6.07	7.64	3.90	8.63	8.71	8.78	8.85	8.92

表 G-5　不等边角钢

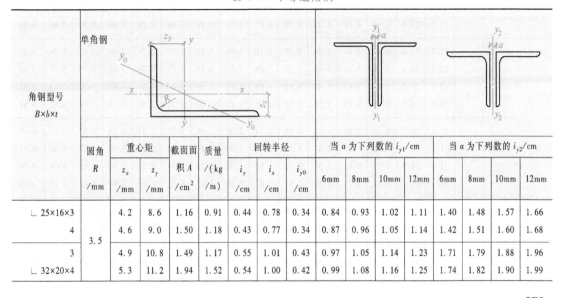

单角钢

角钢型号 B×b×t	圆角R /mm	重心矩 z_x /mm	重心矩 z_y /mm	截面面积 A /cm²	质量 /(kg/m)	回转半径 i_y /cm	回转半径 i_x /cm	回转半径 i_{y0} /cm	当a为下列数的 i_{y1}/cm 6mm	8mm	10mm	12mm	当a为下列数的 i_{y2}/cm 6mm	8mm	10mm	12mm
L 25×16×3	3.5	4.2	8.6	1.16	0.91	0.44	0.78	0.34	0.84	0.93	1.02	1.11	1.40	1.48	1.57	1.66
4		4.6	9.0	1.50	1.18	0.43	0.77	0.34	0.87	0.96	1.05	1.14	1.42	1.51	1.60	1.68
3		4.9	10.8	1.49	1.17	0.55	1.01	0.43	0.97	1.05	1.14	1.23	1.71	1.79	1.88	1.96
L 32×20×4		5.3	11.2	1.94	1.52	0.54	1.00	0.42	0.99	1.08	1.16	1.25	1.74	1.82	1.90	1.99

（续）

角钢型号 B×b×t	圆角 R /mm	重心矩 z_x /mm	z_y /mm	截面面积 A /cm²	质量 /(kg/m)	回转半径 i_y /cm	i_x /cm	i_y0 /cm	当a为下列数的 i_{y1}/cm 6mm	8mm	10mm	12mm	当a为下列数的 i_{y2}/cm 6mm	8mm	10mm	12mm
∟40×25×3	4	5.9	13.2	1.89	1.48	0.70	1.28	0.54	1.13	1.21	1.30	1.38	2.07	2.14	2.23	2.31
4		6.3	13.7	2.47	1.94	0.69	1.36	0.54	1.16	1.24	1.32	1.41	2.09	2.17	2.25	2.34
		6.4	14.7	2.15	1.69	0.79	1.44	0.61	1.23	1.31	1.39	1.47	2.28	2.36	2.44	2.52
∟45×28×4	5	6.8	15.1	2.81	2.20	0.78	1.42	0.60	1.25	1.33	1.41	1.50	2.31	2.39	2.47	2.55
		7.3	16.0	2.43	1.91	0.91	1.60	0.70	1.37	1.45	1.53	1.61	2.49	2.56	2.64	2.72
∟50×32×4	5.5	7.7	16.5	3.18	2.49	0.90	1.59	0.69	1.40	1.47	1.55	1.64	2.51	2.59	2.67	2.75
		8.0	17.8	2.74	2.15	1.03	1.80	0.79	1.51	1.59	1.66	1.74	2.75	2.82	2.90	2.98
∟56×36×4	6	8.5	18.2	3.59	2.82	1.02	1.79	0.78	1.53	1.61	1.69	1.77	2.77	2.85	2.93	3.01
5		8.8	18.7	4.42	3.47	1.01	1.77	0.78	1.56	1.63	1.71	1.79	2.80	2.88	2.96	3.04
		9.2	20.4	4.06	3.19	1.14	2.02	0.88	1.66	1.74	1.81	1.89	3.09	3.16	3.24	3.32
∟63×40×5	7	9.5	20.8	4.99	3.92	1.12	2.00	0.87	1.68	1.76	1.84	1.92	3.11	3.19	3.27	3.35
6		9.9	21.2	5.91	4.64	1.11	1.96	0.86	1.71	1.78	1.86	1.94	3.13	3.21	3.29	3.37
7		10.3	21.5	6.80	5.34	1.10	1.98	0.86	1.73	1.81	1.89	1.97	3.16	3.24	3.32	3.40
		10.2	22.4	4.55	3.57	1.29	2.26	0.98	1.84	1.91	1.99	2.07	3.39	3.46	3.54	3.62
∟70×45×6	7.5	10.6	22.8	5.61	4.40	1.28	2.23	0.98	1.86	1.94	2.01	2.09	3.41	3.49	3.57	3.64
		11.0	23.2	6.64	5.22	1.26	2.21	0.98	1.88	1.96	2.04	2.11	3.44	3.51	3.59	3.67
7		11.3	23.6	7.66	6.01	1.25	2.20	0.97	1.90	1.98	2.06	2.14	3.46	3.54	3.61	3.69
		11.7	24.0	6.13	4.81	1.44	2.39	1.10	2.06	2.13	2.20	2.28	3.60	3.68	3.76	3.83
∟75×50×8		12.1	24.4	7.26	5.70	1.42	2.38	1.08	2.08	2.15	2.23	2.30	3.63	3.70	3.78	3.86
	8	12.9	25.2	9.47	7.43	1.40	2.35	1.07	2.12	2.19	2.27	2.35	3.67	3.75	3.83	3.91
10		13.6	26.0	11.6	9.10	1.38	2.33	1.06	2.16	2.24	2.31	2.40	3.71	3.79	3.87	3.95
		11.4	26.0	6.38	5.00	1.42	2.56	1.10	2.02	2.09	2.17	2.24	3.88	3.95	4.03	4.10
		11.8	26.5	7.56	5.93	1.41	2.56	1.08	2.04	2.11	2.19	2.27	3.90	3.98	4.05	4.13
∟80×50×7		12.1	26.9	8.72	6.85	1.39	2.54	1.08	2.06	2.13	2.21	2.29	3.92	4.00	4.08	4.16
	8	12.5	27.3	9.87	7.75	1.38	2.52	1.07	2.08	2.15	2.23	2.31	3.94	4.02	4.10	4.18
		12.5	29.1	7.21	5.66	1.59	2.90	1.23	2.22	2.29	2.36	2.44	4.32	4.39	4.47	4.55
		12.9	29.5	8.56	6.72	1.58	2.88	1.22	2.24	2.31	2.39	2.46	4.34	4.42	4.50	4.57
∟90×56×7	9	13.3	30.0	9.88	7.76	1.57	2.86	1.22	2.26	2.33	2.41	2.49	4.37	4.44	4.52	4.60
		13.6	30.4	11.2	8.78	1.56	2.85	1.21	2.28	2.35	2.43	2.51	4.39	4.47	4.54	4.62

角钢型号 $B×b×t$	圆角 R /mm	z_x /mm	z_y /mm	截面面积 A /cm²	质量 /(kg/m)	i_y /cm	i_x /cm	i_{y0} /cm	i_{y1} 6mm	i_{y1} 8mm	i_{y1} 10mm	i_{y1} 12mm	i_{y2} 6mm	i_{y2} 8mm	i_{y2} 10mm	i_{y2} 12mm
6		14.3	32.4	9.62	7.55	1.79	3.21	1.38	2.49	2.56	2.63	2.71	4.77	4.85	4.92	5.00
∟100×63×7		14.7	32.8	11.1	8.72	1.78	3.20	1.38	2.51	2.58	2.65	2.73	4.80	4.87	4.95	5.03
8		15.0	33.2	12.6	9.88	1.77	3.18	1.37	2.53	2.60	2.67	2.75	4.82	4.90	4.97	5.05
10		15.8	34.0	15.5	12.1	1.74	3.15	1.35	2.57	2.64	2.72	2.79	4.86	4.94	5.02	5.10
6		19.7	29.5	10.6	8.35	2.40	3.17	1.72	3.31	3.38	3.45	3.52	4.54	4.62	4.69	4.76
∟100×80×7	10	20.1	30.0	12.3	9.66	2.39	3.16	1.72	3.32	3.39	3.47	3.54	4.57	4.64	4.71	4.79
8		20.5	30.4	13.9	10.9	2.37	3.14	1.71	3.34	3.41	3.49	3.56	4.59	4.66	4.73	4.81
10		21.3	31.2	17.2	13.5	2.35	3.12	1.69	3.38	3.45	3.53	3.60	4.63	4.70	4.78	4.85
6		15.7	35.3	10.6	8.35	2.01	3.54	1.54	2.74	2.81	2.88	2.96	5.21	5.29	5.36	5.44
∟110×70×7		16.1	35.7	12.3	9.66	2.00	3.53	1.53	2.76	2.83	2.90	2.98	5.24	5.31	5.39	5.46
8		16.5	36.2	13.9	10.9	1.98	3.51	1.53	2.78	2.85	2.92	3.00	5.26	5.34	5.41	5.49
10		17.2	37.0	17.2	13.5	1.96	3.48	1.51	2.82	2.89	2.96	3.04	5.30	5.38	5.46	5.53
7		18.0	40.1	14.1	11.1	2.30	4.02	1.76	3.13	3.18	3.25	3.33	5.90	5.97	6.04	6.12
∟125×80×8	11	18.4	40.6	16.0	12.6	2.28	4.01	1.75	3.13	3.20	3.27	3.35	5.92	5.99	6.07	6.14
10		19.2	41.4	19.7	15.5	2.26	3.98	1.74	3.17	3.24	3.31	3.39	5.96	6.04	6.11	6.19
12		20.0	42.2	23.4	18.3	2.24	3.95	1.72	3.20	3.28	3.35	3.43	6.00	6.08	6.16	6.23
8		20.4	45.0	18.0	14.2	2.59	4.50	1.98	3.49	3.56	3.63	3.70	6.58	6.65	6.73	6.80
10	12	21.2	45.8	22.3	17.5	2.56	4.47	1.96	3.52	3.59	3.66	3.73	6.62	6.70	6.77	6.85
140×90×12		21.9	46.6	26.4	20.7	2.54	4.44	1.95	3.56	3.63	3.70	3.77	6.66	6.74	6.81	6.89
14		22.7	47.4	30.5	23.9	2.51	4.42	1.94	3.59	3.66	3.74	3.81	6.70	6.78	6.86	6.93
10		22.8	52.4	25.3	19.9	2.85	5.14	2.19	3.84	3.91	3.98	4.05	7.55	7.63	7.70	7.78
12	13	23.6	53.2	30.1	23.6	2.82	5.11	2.17	3.87	3.94	4.01	4.09	7.60	7.67	7.75	7.82
∟160×100×14		24.3	54.0	34.7	27.2	2.80	5.08	2.16	3.91	3.98	4.05	4.12	7.64	7.71	7.79	7.86
16		25.1	54.8	39.3	30.8	2.77	5.05	2.16	3.94	4.02	4.09	4.16	7.68	7.75	7.83	7.90
10		24.4	58.9	28.4	22.3	3.13	5.80	2.42	4.16	4.23	4.30	4.36	8.49	8.56	8.63	8.71
12	14	25.2	59.8	33.7	26.5	3.10	5.78	2.40	4.19	4.26	4.33	4.40	8.53	8.60	8.68	8.75
∟180×110×14		25.9	60.6	39.0	30.6	3.08	5.75	2.39	4.23	4.30	4.37	4.44	8.57	8.64	8.72	8.79
16		26.7	61.4	44.1	34.6	3.06	5.72	2.38	4.26	4.33	4.40	4.47	8.61	8.68	8.76	8.84
12		28.3	65.4	37.9	29.8	3.57	6.44	2.74	4.75	4.82	4.88	4.95	9.39	9.47	9.54	9.62
14	14	29.1	66.2	43.9	34.4	3.54	6.41	2.73	4.78	4.85	4.92	4.99	9.43	9.51	9.58	9.66
∟200×125×16		29.9	67.0	49.7	39.0	3.52	6.38	2.71	4.81	4.88	4.95	5.02	9.47	9.55	9.62	9.70
18		30.6	67.8	55.5	43.6	3.49	6.35	2.70	4.85	4.92	4.99	5.06	9.51	9.59	9.66	9.74

注：单个角钢的截面二次矩、单个角钢的截面系数计算公式如下：

$$I_x = Ai_x^2, \quad I_y = Ai_y^2; \quad W_x^{max} = I_x/z_x, \quad W_x^{min} = I_x/(b-z_x); \quad W_y^{max} = I_y/z_y, \quad W_y^{min} = I_y/(B-z_y)$$

表 G-6 热轧无缝钢管

符号　I——截面二次矩
　　　W——截面系数
　　　i——截面回转半径

尺寸		截面面积 A /cm²	质量 /(kg/m)	截面特性			尺寸		截面面积 A /cm²	质量 /(kg/m)	截面特性		
d/mm	t/mm			I/cm⁴	W/cm³	i/cm	d/mm	t/mm			I/cm⁴	W/cm³	i/cm
32	2.5	2.32	1.82	2.54	1.59	1.05	63.5	3.0	5.70	4.48	26.15	8.24	2.14
	3.0	2.73	2.15	2.90	1.82	1.03		3.5	6.60	5.18	29.79	9.38	2.12
	3.5	3.13	2.46	3.23	2.02	1.02		4.0	7.48	5.87	33.24	10.47	2.11
	4.0	3.52	2.76	3.52	2.20	1.00		4.5	8.34	6.55	36.50	11.50	2.09
38	2.5	2.79	2.19	4.41	2.32	1.26		5.0	9.19	7.21	39.60	12.47	2.08
	3.0	3.30	2.59	5.09	2.68	1.24		5.5	10.02	7.87	42.52	13.39	2.06
	3.5	3.79	2.98	5.70	3.00	1.23		6.0	10.84	8.51	45.28	14.26	2.04
	4.0	4.27	3.35	6.26	3.29	1.21	68	3.0	6.13	4.81	32.42	9.54	2.30
42	2.5	3.10	2.44	6.07	2.89	1.40		3.5	7.09	5.57	36.99	10.88	2.28
	3.0	3.68	2.89	7.03	3.35	1.38		4.0	8.04	6.31	41.34	12.16	2.27
	3.5	4.23	3.32	7.91	3.77	1.37		4.5	8.98	7.05	45.47	13.37	2.25
	4.0	4.78	3.75	8.71	4.15	1.35		5.0	9.90	7.77	49.41	14.53	2.23
45	2.5	3.34	2.62	7.56	3.36	1.51		5.5	10.80	8.48	53.14	15.63	2.22
	3.0	3.96	3.11	8.77	3.90	1.49		6.0	11.69	9.17	56.68	16.67	2.20
	3.5	4.56	3.58	9.89	4.40	1.47	70	3.0	6.31	4.96	35.50	10.14	2.37
	4.0	5.15	4.04	10.93	4.86	1.46		3.5	7.31	5.74	40.53	11.58	2.35
50	2.5	3.73	2.93	10.55	4.22	1.68		4.0	8.29	6.51	45.33	12.95	2.34
	3.0	4.43	3.48	12.28	4.91	1.67		4.5	9.26	7.27	49.89	14.26	2.32
	3.5	5.11	4.01	13.90	5.56	1.65		5.0	10.21	8.01	54.24	15.50	2.30
	4.0	5.78	4.54	15.41	6.16	1.63		5.5	11.14	8.75	58.38	16.68	2.29
	4.5	6.43	5.05	16.81	6.72	1.62		6.0	12.06	9.47	62.31	17.80	2.27
	5.0	7.07	5.55	18.11	7.25	1.60	73	3.0	6.60	5.18	40.48	11.09	2.48
54	3.0	4.81	3.77	15.68	5.81	1.81		3.5	7.64	6.00	46.26	12.67	2.46
	3.5	5.55	4.36	17.79	6.59	1.79		4.0	8.67	6.81	51.78	14.19	2.44
	4.0	6.28	4.93	19.76	7.32	1.77		4.5	9.68	7.60	57.04	15.63	2.43
	4.5	7.00	5.49	21.61	8.00	1.76		5.0	10.68	8.38	62.07	17.01	2.41
	5.0	7.70	6.04	23.34	8.64	1.74		5.5	11.66	9.16	66.87	18.32	2.39
	5.5	8.38	6.58	24.96	9.24	1.73		6.0	12.63	9.91	71.43	19.57	2.38
	6.0	9.05	7.10	26.46	9.80	1.71	76	3.0	6.88	5.40	45.91	12.08	2.58
57	3.0	5.09	4.00	18.61	6.53	1.91		3.5	7.97	6.26	52.50	13.82	2.57
	3.5	5.88	4.62	21.14	7.42	1.90		4.0	9.05	7.10	58.81	15.48	2.55
	4.0	6.66	5.23	23.52	8.25	1.88		4.5	10.11	7.93	64.85	17.07	2.53
	4.5	7.42	5.83	25.76	9.04	1.86		5.0	11.15	8.75	70.62	18.59	2.52
	5.0	8.17	6.41	27.86	9.78	1.85		5.5	12.18	9.56	76.14	20.04	2.50
	5.5	8.90	6.99	29.84	10.47	1.83		6.0	13.19	10.36	81.41	21.42	2.48
	6.0	9.61	7.55	31.69	11.12	1.82	83	3.5	8.74	6.86	69.19	16.67	2.81
60	3.0	5.37	4.22	21.88	7.29	2.02		4.0	9.93	7.79	77.64	18.71	2.80
	3.5	6.21	4.88	24.88	8.29	2.00		4.5	11.10	8.71	85.76	20.67	2.78
	4.0	7.04	5.52	27.73	9.24	1.98		5.0	12.25	9.62	93.56	22.54	2.76
	4.5	7.85	6.16	30.41	10.14	1.97		5.5	13.39	10.51	101.04	24.35	2.75
	5.0	8.64	6.78	32.94	10.98	1.95		6.0	14.51	11.39	108.22	26.08	2.73
	5.5	9.42	7.39	35.32	11.77	1.94		6.5	15.62	12.26	115.10	27.74	2.71
	6.0	10.18	7.99	37.56	12.52	1.92		7.0	16.71	13.12	121.69	29.32	2.70

（续）

尺寸		截面面积 A /cm²	质量 /(kg/m)	截面特性			尺寸		截面面积 A /cm²	质量 /(kg/m)	截面特性		
d/mm	t/mm			I/cm⁴	W/cm³	i/cm	d/mm	t/mm			I/cm⁴	W/cm³	i/cm
89	3.5	9.40	7.38	86.05	19.34	3.03	133	4.0	16.21	12.73	337.53	50.76	4.56
	4.0	10.68	8.38	96.68	21.73	3.01		4.5	18.17	14.26	375.42	56.45	4.55
	4.5	11.95	9.38	106.92	24.03	2.99		5.0	20.11	15.78	412.40	62.02	4.53
	5.0	13.19	10.36	116.79	26.24	2.98		5.5	22.03	17.29	448.50	67.44	4.51
	5.5	14.43	11.33	126.29	28.38	2.96		6.0	23.94	18.79	483.72	72.74	4.50
	6.0	15.65	12.28	135.43	30.43	2.94		6.5	25.83	20.28	518.07	77.91	4.48
	6.5	16.85	13.22	144.22	32.41	2.93		7.0	27.71	21.75	551.58	82.94	4.46
	7.0	18.03	14.16	152.67	34.31	2.91		7.5	29.57	23.21	584.25	87.86	4.45
95	3.5	10.06	7.90	105.45	22.20	3.24		8.0	31.42	24.66	616.11	92.65	4.43
	4.0	11.44	8.98	118.60	24.97	3.22	140	4.5	19.16	15.04	440.12	62.87	4.79
	4.5	12.79	10.04	131.31	27.64	3.20		5.0	21.21	16.65	483.76	69.11	4.78
	5.0	14.14	11.10	143.58	30.23	3.19		5.5	23.24	18.24	526.40	75.20	4.76
	5.5	15.46	12.14	155.43	32.72	3.17		6.0	25.26	19.83	568.06	81.15	4.74
	6.0	16.78	13.17	166.86	35.13	3.15		6.5	27.26	21.40	608.76	86.97	4.73
	6.5	18.07	14.19	177.89	37.45	3.14		7.0	29.25	22.96	648.51	92.64	4.71
	7.0	19.35	15.19	188.51	39.69	3.12		7.5	31.22	24.51	687.32	98.19	4.69
102	3.5	10.83	8.50	131.52	25.79	3.48		8.0	33.18	26.04	725.21	103.60	4.68
	4.0	12.32	9.67	148.09	29.04	3.47		9.0	37.04	29.08	798.29	114.04	4.64
	4.5	13.78	10.82	164.14	32.18	3.45		10	40.84	32.06	867.86	123.98	4.61
	5.0	15.24	11.96	179.68	35.23	3.43	146	4.5	20.00	15.70	501.16	68.65	5.01
	5.5	16.67	13.09	194.72	38.18	3.42		5.0	22.15	17.39	551.10	75.49	4.99
	6.0	18.10	14.21	209.28	41.03	3.40		5.5	24.28	19.06	599.95	82.19	4.97
	6.5	19.50	15.31	223.35	43.79	3.38		6.0	26.39	20.72	647.73	88.73	4.95
	7.0	20.89	16.40	236.96	46.46	3.37		6.5	28.49	22.36	694.44	95.13	4.94
114	4.0	13.82	10.85	209.35	36.73	3.89		7.0	30.57	24.00	740.12	101.39	4.92
	4.5	15.48	12.15	232.41	40.77	3.87		7.5	32.63	25.62	784.77	107.50	4.90
	5.0	17.12	13.44	254.81	44.70	3.86		8.0	34.68	27.23	828.41	113.48	4.89
	5.5	18.75	14.72	276.58	48.52	3.84		9.0	38.74	30.41	912.71	125.03	4.85
	6.0	20.36	15.98	297.73	52.23	3.82		10	42.73	33.54	993.16	136.05	4.82
	6.5	21.95	17.23	318.26	55.84	3.81	152	4.5	20.85	16.37	567.61	74.69	5.22
	7.0	23.53	18.47	338.19	59.33	3.79		5.0	23.09	18.13	624.43	82.16	5.20
	7.5	25.09	19.70	357.58	62.73	3.77		5.5	25.31	19.87	680.06	89.48	5.18
	8.0	26.64	20.91	376.30	66.02	3.76		6.0	27.52	21.60	734.52	96.65	5.17
121	4.0	14.70	11.54	251.87	41.63	4.14		6.5	29.71	23.32	787.82	103.66	5.15
	4.5	16.47	12.93	279.83	46.25	4.12		7.0	31.89	25.03	839.99	110.52	5.13
	5.0	18.22	14.30	307.05	50.75	4.11		7.5	34.05	26.73	891.03	117.24	5.12
	5.5	19.96	15.67	333.54	55.13	4.09		8.0	36.19	28.41	940.97	123.81	5.10
	6.0	21.68	17.02	359.32	59.39	4.07		9.0	40.43	31.74	1037.59	136.53	5.07
	6.5	23.38	18.35	384.40	63.54	4.05		10	44.61	35.02	1129.99	148.68	5.03
	7.0	25.07	19.68	408.80	67.57	4.04	159	4.5	21.84	17.15	652.27	82.05	5.46
	7.5	26.74	20.99	432.51	71.49	4.02		5.0	24.19	18.99	717.88	90.30	5.45
	8.0	28.40	22.29	455.57	75.30	4.01		5.5	26.52	20.82	782.18	98.39	5.43
127	4.0	15.46	12.13	292.61	46.08	4.35		6.0	28.84	22.64	845.19	106.31	5.41
	4.5	17.32	13.59	325.29	51.23	4.33		6.5	31.14	24.45	906.92	114.08	5.40
	5.0	19.16	15.04	357.14	56.24	4.32		7.0	33.43	26.24	967.41	121.69	5.38
	5.5	20.99	16.48	388.19	61.13	4.30		7.5	35.70	28.02	1026.65	129.14	5.36
	6.0	22.81	17.90	418.44	65.90	4.28		8.0	37.95	29.79	1084.67	136.44	5.35
	6.5	24.61	19.32	447.92	70.54	4.27		9.0	42.41	33.29	1197.12	150.58	5.31
	7.0	26.39	20.72	476.63	75.06	4.25		10	46.81	36.75	1304.88	164.14	5.28
	7.5	28.16	22.10	504.58	79.46	4.23							
	8.0	29.91	23.48	531.80	83.75	4.22							

表 G-7　焊接钢管

符号　I——截面二次矩
　　　W——截面系数
　　　i——截面回转半径

尺寸		截面面积 A /cm^2	质量 / (kg /m)	截面特性			尺寸		截面面积 A /cm^2	质量 / (kg /m)	截面特性		
d/mm	t/mm			I/cm^4	W/cm^3	i/cm	d/mm	t/mm			I/cm^4	W/cm^3	i/cm
32	2.0	1.88	1.48	2.13	1.33	1.06	76	2.0	4.65	3.65	31.85	8.38	2.62
	2.5	2.32	1.82	2.54	1.59	1.05		2.5	5.77	4.53	39.03	10.27	2.60
38	2.0	2.26	1.78	3.68	1.93	1.27		3.0	6.88	5.40	45.91	12.08	2.58
	2.5	2.79	2.19	4.41	2.32	1.26		3.5	7.97	6.26	52.50	13.82	2.57
40	2.0	2.39	1.87	4.32	2.16	1.35		4.0	9.05	7.10	58.81	15.48	2.55
	2.5	2.95	2.31	5.20	2.60	1.33		4.5	10.11	7.93	64.85	17.07	2.53
42	2.0	2.51	1.97	5.04	2.40	1.42	83	2.0	5.09	4.00	41.76	10.06	2.86
	2.5	3.10	2.44	6.07	2.89	1.40		2.5	6.32	4.96	51.26	12.35	2.85
45	2.0	2.70	2.12	6.26	2.78	1.52		3.0	7.54	5.92	60.40	14.56	2.83
	2.5	3.34	2.62	7.56	3.36	1.51		3.5	8.74	6.86	69.19	16.67	2.81
	3.0	3.96	3.11	8.77	3.90	1.49		4.0	9.93	7.79	77.64	18.71	2.80
51	2.0	3.08	2.42	9.26	3.63	1.73		4.5	11.10	8.71	85.76	20.67	2.78
	2.5	3.81	2.99	11.23	4.40	1.72	89	2.0	5.47	4.29	51.75	11.63	3.08
	3.0	4.52	3.55	13.08	5.13	1.70		2.5	6.79	5.33	63.59	14.29	3.06
	3.5	5.22	4.10	14.81	5.81	1.68		3.0	8.11	6.36	75.02	16.86	3.04
53	2.0	3.20	2.52	10.43	3.94	1.80		3.5	9.40	7.38	86.05	19.34	3.03
	2.5	3.97	3.11	12.67	4.78	1.79		4.0	10.68	8.38	96.68	21.73	3.01
	3.0	4.71	3.70	14.78	5.58	1.77		4.5	11.95	9.38	106.92	24.03	2.99
	3.5	5.44	4.27	16.75	6.32	1.75	95	2.0	5.84	4.59	63.20	13.31	3.29
57	2.0	3.46	2.71	13.08	4.59	1.95		2.5	7.26	5.70	77.76	16.37	3.27
	2.5	4.28	3.36	15.93	5.59	1.93		3.0	8.67	6.81	91.83	19.33	3.25
	3.0	5.09	4.00	18.61	6.53	1.91		3.5	10.06	7.90	105.45	22.20	3.24
	3.5	5.88	4.62	21.14	7.42	1.90	102	2.0	6.28	4.93	78.57	15.41	3.54
60	2.0	3.64	2.86	15.34	5.11	2.05		2.5	7.81	6.13	96.77	18.97	3.52
	2.5	4.52	3.55	18.70	6.23	2.03		3.0	9.33	7.32	114.42	22.43	3.50
	3.0	5.37	4.22	21.88	7.29	2.02		3.5	10.83	8.50	131.52	25.79	3.48
	3.5	6.21	4.88	24.88	8.29	2.00		4.0	12.32	9.67	148.09	29.04	3.47
63.5	2.0	3.86	3.03	18.29	5.76	2.18		4.5	13.78	10.82	164.14	32.18	3.45
	2.5	4.79	3.76	22.32	7.03	2.16		5.0	15.24	11.96	179.68	35.23	3.43
	3.0	5.70	4.48	26.15	8.24	2.14	108	3.0	9.90	7.77	136.49	25.28	3.71
	3.5	6.60	5.18	29.79	9.38	2.12		3.5	11.49	9.02	157.02	29.08	3.70
70	2.0	4.27	3.35	24.72	7.06	2.41		4.0	13.07	10.26	176.95	32.77	3.68
	2.5	5.30	4.16	30.23	8.64	2.39	114	3.0	10.46	8.21	161.24	28.29	3.93
	3.0	6.31	4.96	35.50	10.14	2.37		3.5	12.15	9.54	185.63	32.57	3.91
	3.5	7.31	5.74	40.53	11.58	2.35		4.0	13.82	10.85	209.35	36.73	3.89
	4.5	9.26	7.27	49.89	14.26	2.32		4.5	15.48	12.15	232.41	40.77	3.87
								5.0	17.12	13.44	254.81	44.70	3.86

（续）

尺寸		截面面积A /cm²	质量 /(kg/m)	截面特性			尺寸		截面面积A /cm²	质量 /(kg/m)	截面特性		
d/mm	t/mm			I/cm⁴	W/cm³	i/cm	d/mm	t/mm			I/cm⁴	W/cm³	i/cm
121	3.0	11.12	8.73	193.69	32.01	4.17	203	6.0	37.13	29.15	1803.07	177.64	6.97
	3.5	12.92	10.14	223.17	36.89	4.16		6.5	40.13	31.50	1938.81	191.02	6.95
	4.0	14.70	11.54	251.87	41.63	4.14		7.0	43.10	33.84	2072.43	204.18	6.93
127	3.0	11.69	9.17	224.75	35.39	4.39		7.5	46.06	36.16	2203.94	217.14	6.92
	3.5	13.58	10.66	259.11	40.80	4.37		8.0	49.01	38.47	2333.37	229.89	6.90
	4.0	15.46	12.13	292.61	46.08	4.35		9.0	54.85	43.06	2586.08	254.79	6.87
	4.5	17.32	13.59	325.29	51.23	4.33		10	60.63	47.60	2830.72	278.89	6.83
	5.0	19.16	15.04	357.14	56.24	4.32		12	72.01	56.52	3296.49	324.78	6.77
133	3.5	14.24	11.18	298.71	44.92	4.58		14	83.13	65.25	3732.07	367.69	6.70
	4.0	16.21	12.73	337.53	50.76	4.56		16	94.00	73.79	4138.78	407.76	6.64
	4.5	18.17	14.26	375.42	56.45	4.55	219	6.0	40.15	31.52	2278.74	208.10	7.53
	5.0	20.11	15.78	412.40	62.02	4.53		6.5	43.39	34.06	2451.64	223.89	7.52
140	3.5	15.01	11.78	349.79	49.97	4.83		7.0	46.62	36.60	2622.04	239.46	7.50
	4.0	17.09	13.42	395.47	56.50	4.81		7.5	49.83	39.12	2789.96	254.79	7.48
	4.5	19.16	15.04	440.12	62.87	4.79		8.0	53.03	41.63	2955.43	269.90	7.47
	5.0	21.21	16.65	483.76	69.11	4.78	219	9.0	59.38	46.61	3279.12	299.46	7.43
	5.5	23.24	18.24	526.40	75.20	4.76		10	65.66	51.54	3593.29	328.15	7.40
152	3.5	16.33	12.82	450.35	59.26	5.25		12	78.04	61.26	4193.81	383.00	7.33
	4.0	18.60	14.60	509.59	67.05	5.23		14	90.16	70.78	4758.50	434.57	7.26
	4.5	20.85	16.37	567.61	74.69	5.22		16	102.04	80.10	5288.81	483.00	7.20
	5.0	23.09	18.13	624.43	82.16	5.20	245	6.5	48.70	38.23	3465.46	282.89	8.44
	5.5	25.31	19.87	680.06	89.48	5.18		7.0	52.34	41.08	3709.06	302.78	8.42
168	4.5	23.11	18.14	772.96	92.02	5.78		7.5	55.96	43.93	3949.52	322.41	8.40
	5.0	25.60	20.10	851.14	101.33	5.77		8.0	59.56	46.76	4186.87	341.79	8.38
	5.5	28.08	22.04	927.85	110.46	5.75		9.0	66.73	52.38	4652.32	379.78	8.35
	6.0	30.54	23.97	1003.12	119.42	5.73		10	73.83	57.95	5105.63	416.79	8.32
	6.5	32.98	25.89	1076.95	128.21	5.71		12	87.84	68.95	5976.67	487.89	8.25
	7.0	35.41	27.79	1149.36	136.83	5.70		14	101.60	79.76	6801.68	555.24	8.18
	7.5	37.82	29.69	1220.38	145.28	5.68		16	115.11	90.36	7582.30	618.96	8.12
	8.0	40.21	31.57	1290.01	153.57	5.66	273	6.5	54.42	42.72	4834.18	354.15	9.42
	9.0	44.96	35.29	1425.22	169.67	5.63		7.0	58.50	45.92	5177.30	379.29	9.41
	10	49.64	38.97	1555.13	185.13	5.60		7.5	62.56	49.11	5516.47	404.14	9.39
180	5.0	27.49	21.58	1053.17	117.02	6.19		8.0	66.60	52.28	5851.71	428.70	9.37
	5.5	30.15	23.67	1148.79	127.64	6.17		9.0	74.64	58.60	6510.56	476.96	9.34
	6.0	32.80	25.75	1242.72	138.08	6.16		10	82.62	64.86	7154.09	524.11	9.31
	6.5	35.43	27.81	1335.00	148.33	6.14		12	98.39	77.24	8396.14	615.10	9.24
	7.0	38.04	29.87	1425.63	158.40	6.12		14	113.91	89.42	9579.75	701.81	9.17
	7.5	40.64	31.91	1514.64	168.29	6.10		16	129.18	101.41	10706.79	784.38	9.10
	8.0	43.23	33.93	1602.04	178.00	6.09	299	7.5	68.68	53.92	7300.02	488.30	10.31
	9.0	48.35	37.95	1772.12	196.90	6.05		8.0	73.14	57.41	7747.42	518.22	10.29
	10	53.41	41.92	1936.01	215.11	6.02		9.0	82.00	64.37	8628.09	577.13	10.26
	12	63.33	49.72	2245.84	249.54	5.95		10	90.79	71.27	9490.15	634.79	10.22
194	5.0	29.69	23.31	1326.54	136.76	6.68		12	108.20	84.93	11159.52	746.46	10.16
	5.5	32.57	25.57	1447.86	149.26	6.67		14	125.35	98.40	12757.61	853.35	10.09
	6.0	35.44	27.82	1567.21	161.57	6.65		16	142.25	111.67	14286.48	955.62	10.02
	6.5	38.29	30.06	1684.61	173.67	6.63							
	7.0	41.12	32.28	1800.08	185.57	6.62							
	7.5	43.94	34.50	1913.64	197.28	6.60							
	8.0	46.75	36.70	2025.31	208.79	6.58							
	9.0	52.31	41.06	2243.08	231.25	6.55							
	10	57.81	45.38	2453.55	252.94	6.51							
	12	68.61	53.86	2853.25	294.15	6.45							

（续）

尺寸		截面 面积 A /cm²	质量 /(kg /m)	截面特性			尺寸		截面 面积 A /cm²	质量 /(kg /m)	截面特性		
d/mm	t/mm			I/cm⁴	W/cm³	i/cm	d/mm	t/mm			I/cm⁴	W/cm³	i/cm
325	7.5	74.81	58.73	9431.80	580.42	11.23	351	8.0	86.21	67.67	12684.36	722.76	12.13
	8.0	79.67	62.54	10013.92	616.24	11.21		9.0	96.70	75.91	14147.55	806.13	12.10
	9.0	89.35	70.14	11161.33	686.85	11.18		10	107.13	84.10	15584.62	888.01	12.06
	10	98.96	77.68	12286.52	756.09	11.14		12	127.80	100.32	18381.63	1047.39	11.99
	12	118.00	92.63	14471.45	890.55	11.07		14	148.22	116.35	21077.86	1201.02	11.93
	14	136.78	107.38	16570.98	1019.75	11.01		16	168.39	132.19	23675.75	1349.05	11.86
	16	155.32	121.93	18587.38	1143.84	10.94							

表 G-8 方形空心型钢

符号 I——截面惯性矩

W——截面模量

i——回转半径

I_t、W_t——扭转常数

r——圆弧半径

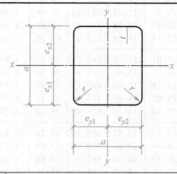

尺寸		截面积	质量	型钢重心		截面特性				
						$x\text{-}x = y\text{-}y$			扭转常数	
a	t	A	q	$e_{x1} = e_{x2}$	$e_{y1} = e_{y2}$	I_{xy}	W_{xy}	i_{sy}	I_t	W_t
mm		cm²	kg/m	cm		cm⁴	cm³	cm	cm⁴	cm³
20	1.6	1.111	0.873	1.0	1.0	0.607	0.607	0.739	1.025	1.067
20	2.0	1.336	1.050	1.0	1.0	0.691	0.691	0.719	1.197	1.265
25	1.2	1.105	0.868	1.25	1.25	1.025	0.820	0.963	1.655	1.352
25	1.5	1.325	1.062	1.25	1.25	1.216	0.973	0.948	1.998	1.643
25	2.0	1.736	1.363	1.25	1.25	1.482	1.186	0.923	2.502	2.085
30	1.2	1.345	1.057	1.5	1.5	1.833	1.222	1.167	2.925	1.983
30	1.6	1.751	1.376	1.5	1.5	2.308	1.538	1.147	3.756	2.565
30	2.0	2.136	1.678	1.5	1.5	2.721	1.814	1.128	4.511	3.105
30	2.5	2.589	2.032	1.5	1.5	3.154	2.102	1.103	5.347	3.720
30	2.6	2.675	2.102	1.5	1.5	3.230	2.153	1.098	5.499	3.836
30	3.25	3.205	2.518	1.5	1.5	3.643	2.428	1.066	6.369	4.518
40	1.2	1.825	1.434	2.0	2.0	4.532	2.266	1.575	7.125	3.606
40	1.6	2.391	1.879	2.0	2.0	5.794	2.897	1.556	9.247	4.702
40	2.0	2.936	2.307	2.0	2.0	6.939	3.469	1.537	11.238	5.745
40	2.5	3.589	2.817	2.0	2.0	8.213	4.106	1.512	13.539	6.970
40	2.6	3.715	2.919	2.0	2.0	8.447	4.223	1.507	13.974	7.205
40	3.0	4.208	3.303	2.0	2.0	9.320	4.660	1.488	15.628	8.109
40	4.0	5.347	4.198	2.0	2.0	11.064	5.532	1.438	19.152	10.120
50	2.0	3.736	2.936	2.5	2.5	14.146	5.658	1.945	22.575	9.185
50	2.5	4.589	3.602	2.5	2.5	16.941	6.776	1.921	27.436	11.220
50	2.6	4.755	3.736	2.5	2.5	17.467	6.987	1.916	28.369	11.615
50	3.0	5.408	4.245	2.5	2.5	19.463	7.785	1.897	31.972	13.149

(续)

尺寸		截面积	质量	型钢重心		截面特性				
						x-$x = y$-y			扭转常数	
a	t	A	q	$e_{x1}=e_{x2}$	$e_{y1}=e_{y2}$	I_{xy}	W_{xy}	i_{xy}	I_t	W_t
mm		cm²	kg/m	cm		cm⁴	cm³	cm	cm⁴	cm³
50	3.2	5.726	4.499	2.5	2.5	20.397	8.159	1.887	33.694	13.890
50	4.0	6.947	5.454	2.5	2.5	23.725	9.490	1.847	40.047	16.680
50	5.0	8.356	6.567	2.5	2.5	27.012	10.804	1.797	46.760	19.767
60	2.0	4.536	3.564	3.0	3.0	25.141	8.380	2.354	39.725	13.425
60	2.5	5.589	4.387	3.0	3.0	30.340	10.113	2.329	48.539	16.470
60	2.6	5.795	4.554	3.0	3.0	31.330	10.443	2.325	50.247	17.064
60	3.0	6.608	5.187	3.0	3.0	35.130	11.710	2.505	56.892	19.389
60	4.0	8.547	6.710	3.0	3.0	43.539	14.513	2.256	72.188	24.840
60	5.0	10.356	8.129	3.0	3.0	50.486	16.822	2.207	85.560	29.767
70	2.0	5.336	4.193	3.5	3.5	40.724	11.635	2.762	63.886	18.465
70	2.6	6.835	5.371	3.5	3.5	51.075	14.593	2.733	81.165	23.554
70	3.2	8.286	6.511	3.5	3.5	60.612	17.317	2.704	97.549	28.431
70	4.0	10.147	7.966	3.5	3.5	72.108	20.602	2.665	117.975	34.690
70	5.0	12.356	9.699	3.5	3.5	84.602	24.172	2.616	141.183	41.767
80	2.0	6.132	4.819	4.0	4.0	61.697	15.424	3.170	86.258	24.305
80	2.6	7.875	6.188	4.0	4.0	77.743	19.435	3.141	122.686	31.084
80	3.2	9.566	7.517	4.0	4.0	92.708	23.177	3.113	147.953	37.622
80	4.0	11.747	9.222	4.0	4.0	111.031	27.757	3.074	179.808	45.960
80	5.0	14.356	11.269	4.0	4.0	131.414	32.853	3.025	216.628	55.767
80	6.0	16.832	13.227	4.0	4.0	149.121	37.280	2.976	250.050	64.877
90	2.0	6.936	5.450	4.5	4.5	88.857	19.746	3.579	138.042	30.945
90	2.6	8.915	7.005	4.5	4.5	112.373	24.971	3.550	176.367	39.653
90	3.2	10.846	8.523	4.5	4.5	134.501	29.889	3.521	213.234	48.092
90	4.0	13.347	10.478	4.5	4.5	161.907	35.979	3.482	260.088	58.920
90	5.0	16.356	12.839	4.5	4.5	192.903	42.867	3.434	314.896	71.767
100	2.6	9.955	7.823	5.0	5.0	156.006	31.201	3.958	243.770	49.263
100	3.2	12.126	9.529	5.0	5.0	187.274	37.454	3.929	295.313	59.842
100	4.0	14.947	11.734	5.0	5.0	226.337	45.267	3.891	361.213	73.480
100	5.0	18.356	14.409	5.0	5.0	271.071	54.214	3.842	438.986	89.767
100	8.0	27.791	21.838	5.0	5.0	379.601	75.920	3.695	640.756	133.446
115	2.6	11.515	9.048	5.75	5.75	240.609	41.845	4.571	374.015	65.627
115	3.2	14.406	11.037	5.75	5.75	289.817	50.403	4.542	454.126	79.868
115	4.0	17.347	13.630	5.75	5.75	351.897	61.199	4.503	557.238	98.320
110	5.0	21.356	16.782	5.75	5.75	423.969	73.733	4.455	680.099	120.517
120	3.2	14.686	11.540	6.0	6.0	330.874	55.145	4.746	517.542	87.183
120	4.0	18.147	14.246	6.0	6.0	402.260	67.043	4.708	635.603	107.400
120	5.0	22.356	17.549	6.0	6.0	485.441	80.906	4.659	776.632	131.767
130	4.0	20.547	16.146	6.75	6.75	581.681	86.175	5.320	913.966	137.040

表 G-9 矩形空心型钢

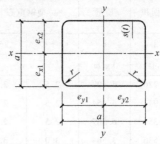

符号 I——截面惯性矩
W——截面模量
i——回转半径
r——圆弧半径

尺寸			截面面积	质量	截面特性							
					x-x 轴			y-y 轴			扭转常数	
a	b	$s=r$	A	q	I_x	W_x	i_x	I_y	W_y	i_y	I_t	W_t
mm			cm²	kg/m	cm⁴	cm³	cm	cm⁴	cm³	cm	cm⁴	cm³
30	15	1.5	1.202	0.945	0.424	0.566	0.594	1.281	0.845	1.023	1.083	1.141
30	20	2.5	2.089	1.642	1.150	1.150	0.741	2.206	1.470	1.022	2.634	2.345
40	20	1.2	1.345	1.057	0.992	0.992	0.828	2.725	1.362	1.423	2.260	1.743
40	20	1.6	1.751	1.376	1.150	1.150	0.810	3.433	1.716	1.400	2.877	2.245
40	20	2.0	2.136	1.678	1.342	1.342	0.792	4.048	2.024	1.376	3.424	2.705
50	25	1.5	2.102	1.650	6.653	2.661	1.779	2.253	1.802	1.035	5.519	3.406
50	30	1.6	2.391	1.879	3.600	2.400	1.226	7.955	3.182	1.823	8.031	4.382
50	30	2.0	2.936	2.307	4.291	2.861	1.208	9.535	3.814	1.801	9.727	5.345
50	30	2.5	3.589	2.817	11.296	4.518	1.774	5.050	3.366	1.186	11.666	6.470
50	30	3.0	4.208	3.303	12.827	5.130	1.745	5.696	3.797	1.163	15.401	7.950
50	30	3.2	4.446	3.494	5.925	3.950	1.154	13.377	5.351	1.734	14.307	7.900
50	30	4.0	5.347	4.198	15.239	6.095	1.688	6.682	4.455	1.117	16.244	9.320
50	32	2.0	3.016	2.370	4.986	3.116	1.285	9.996	3.998	1.820	10.879	5.729
50	35	2.5	3.839	3.017	7.272	4.155	1.376	12.707	5.083	1.819	15.277	7.658
60	30	2.5	4.089	3.209	17.933	5.799	2.094	5.998	3.998	1.211	16.054	7.845
60	30	3.0	4.808	3.774	20.496	6.832	2.064	6.794	4.529	1.188	17.335	9.129
60	40	1.6	3.031	2.382	8.154	4.077	1.640	15.221	5.073	2.240	16.911	7.160
60	40	2.0	3.736	2.936	9.830	4.915	1.621	18.410	6.136	2.219	20.652	8.785
60	40	2.5	4.589	3.602	22.069	7.356	2.192	11.734	5.867	1.599	25.045	10.720
60	40	3.0	5.408	4.245	25.374	8.458	2.166	13.436	6.718	1.576	19.121	12.549
60	40	3.2	5.726	4.499	14.062	7.031	1.567	26.601	8.867	2.155	30.661	13.250
60	40	4.0	6.947	5.454	30.974	10.324	2.111	16.269	8.134	1.530	36.298	15.880
70	50	2.5	5.589	4.195	22.587	9.035	2.010	38.011	10.860	2.607	45.637	15.970
70	50	3.0	6.608	5.187	44.046	12.584	2.581	26.099	10.439	1.987	53.426	18.789
70	50	4.0	8.547	6.710	54.663	15.618	2.528	32.210	12.884	1.941	67.613	24.040
70	50	5.0	10.356	8.129	63.435	18.124	2.474	37.179	14.871	1.894	79.908	28.767
80	40	2.0	4.536	3.564	12.720	6.360	1.674	37.355	9.338	2.869	30.820	11.825
80	40	2.5	5.589	4.387	45.103	11.275	2.840	15.255	7.627	1.652	37.467	14.470
80	40	2.6	5.795	4.554	15.733	7.866	1.647	46.579	11.644	2.835	38.744	14.984
80	40	3.0	6.608	5.187	52.246	13.061	2.811	17.552	8.776	1.629	43.680	16.989
80	40	4.0	8.547	6.111	64.780	16.195	2.752	21.474	10.737	1.585	54.787	21.640
80	40	5.0	10.356	8.129	75.080	18.770	2.692	24.567	12.283	1.540	64.110	25.767
80	60	3.0	7.808	6.129	70.042	17.510	2.995	44.886	14.962	2.397	88.111	26.229
80	60	4.0	10.147	7.966	87.905	21.976	2.943	56.105	18.701	2.351	112.53	33.800
80	60	5.0	12.356	9.699	103.925	25.811	2.890	65.634	21.878	2.304	134.53	40.767

尺寸			截面面积	质量	截面特性							
					x-x 轴			y-y 轴			扭转常数	
a	b	s=r	A	q	I_x	W_x	i_x	I_y	W_y	i_y	I_t	W_t
mm			cm²	kg/m	cm⁴	cm³	cm	cm⁴	cm³	cm	cm⁴	cm³
90	40	2.5	6.089	4.785	17.015	8.507	1.671	60.686	13.485	3.156	43.880	16.345
90	50	2.0	5.336	4.193	23.367	9.346	2.092	57.876	12.861	3.293	53.294	16.865
90	50	2.6	6.835	5.371	29.162	11.665	2.065	72.640	16.142	3.259	67.464	21.474
90	50	3.0	7.808	6.129	81.845	18.187	2.237	32.735	13.094	2.047	76.433	24.429
90	50	4.0	10.147	7.966	102.696	22.821	3.181	40.695	16.278	2.002	97.162	31.400
90	50	5.0	12.356	9.699	120.570	26.793	3.123	47.345	18.938	1.957	115.436	37.767
100	50	3.0	8.408	6.600	106.451	21.290	3.558	36.053	14.121	2.070	88.311	27.249
100	60	2.0	7.126	4.822	38.602	12.867	2.508	84.585	16.917	3.712	84.002	22.705
100	60	2.0	7.875	6.188	48.474	16.158	2.480	106.663	21.332	3.680	106.816	29.004
120	50	2.0	6.536	5.136	30.283	12.113	2.152	117.992	19.665	4.248	78.307	22.625
120	60	2.0	6.936	5.450	45.333	15.111	2.556	131.918	21.986	4.360	107.792	27.345
120	60	3.2	10.846	8.523	67.940	22.646	2.502	199.876	33.312	4.292	165.215	42.332
120	60	4.0	13.347	10.478	240.724	40.120	4.246	81.235	27.078	2.466	200.407	51.720
120	60	5.0	16.356	12.839	286.941	47.823	4.188	95.968	31.989	2.422	240.869	62.767
120	80	2.6	9.955	7.823	108.906	27.226	3.307	202.757	33.792	4.512	223.620	47.183
120	80	3.2	12.126	9.529	130.478	32.619	3.280	243.542	40.590	4.481	270.587	57.282
120	80	4.0	14.947	11.734	294.569	49.094	4.439	157.281	39.320	3.243	330.438	70.280
120	80	5.0	18.356	14.409	353.108	58.851	4.385	187.747	46.936	3.198	400.735	95.767
120	80	6.0	21.632	16.981	405.998	67.666	4.332	214.977	53.744	3.152	465.940	100.397
120	80	8.0	27.791	21.838	260.314	65.078	3.060	495.591	82.598	4.222	580.769	127.046
120	100	8.0	30.991	24.353	447.484	89.496	3.799	596.114	99.352	4.385	856.089	162.886
140	90	3.2	14.046	11.037	194.803	43.289	3.724	384.007	54.858	5.228	409.778	75.868
140	90	4.0	17.347	13.631	235.920	52.426	3.687	466.585	66.655	5.186	502.004	93.320
140	90	5.0	21.356	16.782	283.320	62.960	3.642	562.606	80.372	5.132	611.389	114.267
150	100	3.2	15.326	12.043	262.263	52.452	4.136	488.184	65.091	5.643	538.150	90.818

参考文献

[1] 沈祖炎，陈扬骥，陈以一. 钢结构基本原理 [M]. 北京：中国建筑工业出版社，2000.

[2] 陈绍蕃，顾强. 钢结构：上册 [M]. 北京：中国建筑工业出版社，2003.

[3] 魏明钟. 钢结构 [M]. 武汉：武汉理工大学出版社，2002.

[4] 夏志斌，姚谏. 钢结构：原理与设计 [M]. 北京：中国建筑工业出版社，2004.

[5] 李星荣，魏才昂，等. 钢结构连接节点设计手册 [M]. 北京：中国建筑工业出版社，2005.

[6] 姚谏，赵滇生. 钢结构设计及工程应用 [M]. 北京：中国建筑工业出版社，2008.

[7] 钢结构设计手册编辑委员会. 钢结构设计手册 [M]. 4版. 北京：中国建筑工业出版社，2019.

[8] 赵熙元. 建筑钢结构设计手册 [M]. 北京：冶金工业出版社，1995.

[9] 陈绍蕃. 房屋建筑钢结构设计 [M]. 北京：中国建筑工业出版社，2007.

[10] 王肇民. 建筑钢结构设计 [M]. 上海：同济大学出版社，2002.

[11] 董军. 钢结构基本原理 [M]. 重庆：重庆大学出版社，2011.

[12] 施岚青. 二级注册结构工程师专业考试复习教程 [M]. 北京：中国建筑工业出版社，2016.

[13] 李国强，陆烨，李元齐. 钢结构研究和应用的新进展 [M]. 北京：中国建筑工业出版社，2009.

[14] 肖光宏. 钢结构 [M]. 重庆：重庆大学出版社，2011.

[15] 刘声扬，王汝恒. 钢结构：原理与设计 [M]. 武汉：武汉理工大学出版社，2010.

[16] 韩轩. 钢结构材料标准速查与选用指南 [M]. 北京：中国建材工业出版社，2011.

[17] 王静峰. 钢结构课程设计指导与设计范例 [M]. 武汉：武汉理工大学出版社，2010.

[18] 赵顺波. 钢结构设计原理 [M]. 2版. 郑州：郑州大学出版社，2013.

[19] 李天，赵顺波. 建筑钢结构设计 [M]. 郑州：郑州大学出版社，2010.